I0032470

Ferdinand

Ro

mer, Fritz Frech

Lethaea geognostica. Handbuch der erdgeschichte mit abbildungen der für die formationen bezeichnendsten versteinerungen ..

Ferdinand
Ro
..
mer, Fritz Frech

Lethaea geognostica. Handbuch der erdgeschichte mit abbildungen der für die formationen bezeichnendsten versteinerungen ..

ISBN/EAN: 9783741173240

Hergestellt in Europa, USA, Kanada, Australien, Japan

Cover: Foto ©Andreas Hilbeck / pixelio.de

Manufactured and distributed by brebook publishing software
(www.brebook.com)

Ferdinand

Ro

mer, Fritz Frech

Lethaea geognostica. Handbuch der erdgeschichte mit abbildungen der für die formationen bezeichnendsten versteinerungen ..

Lethaea geognostica

oder

Beschreibung und Abbildung

der

für die Gebirgs-Formationen bezeichnendsten Versteinerungen.

Herausgegeben

von einer Vereinigung von Palaeontologen.

I. Theil.

Lethaea palaeozoica.

2. Band 1. Lieferung

von

Fritz Frech.

Mit 13 Tafeln, 3 Karten und 31 Figuren.

STUTTGART.
E. Schweizerbart'sche Verlagshandlung (E. Koch).
1897.

Einleitung.

Die Kenntniss der palaeozoischen Formationen hat seit dem Ende der siebziger Jahre, seit FERDINAND ROEMER die stratigraphische Einleitung der Lethaea palaeozoica entwarf, so ungewöhnliche Fortschritte gemacht, dass eine Beziehung der zu beschreibenden fossilen Reste auf das dem I. Bande vorangeschickte stratigraphische Schema nicht mehr möglich erschien. Es sei nur an die Hinzufügung der untercambrischen Abtheilung und der fossilführenden präcambrischen Formationen, die neue Abgrenzung von Silur und Devon, die Parallelisirung des marinen und des terrestrischen Carbon, sowie die australisch-indische Dyas erinnert. Ich glaubte anfangs, durch Einfügung einiger ausgedehnter Vergleichstabellen diesem Mangel abhelfen zu können. Doch ergab sich, dass diese Arbeit nicht ohne kritische Durcharbeitung der neuen Literatur und zahlreiche erklärende Noten durchzuführen sei; so erwuchs aus den stratigraphischen Tabellen von selbst eine Darstellung des geologischen Entwickelungsganges der palaeozoischen Aera. Auf Grund einer möglichst genauen Vergleichung der einzelnen Schichtgruppen und ihres organischen Inhaltes wurde dann versucht, die Meeresbewegungen jener entlegenen Zeiten unter einheitlichen Gesichtspunkten in Bild und Wort übersichtlich darzustellen.

Umfassende stratigraphische Vergleichungen, welche in vielen Fällen auf eigener Kenntniss der klassischen[1] Gebiete beruhen, bilden die Grundlage. Da jedoch eine Zusammenstellung des gesammten Materials zu grossen Umfang annehmen würde, so glaubte ich mich bei jeder Formation auf die Besprechung von einigen typischen Schichtenfolgen und die Zusammenstellung ausführlicher Übersichtstabellen beschränken zu müssen, welche letzteren gleichzeitig als geologische Repertorien für die palaeontologischen Theile des Werkes dienen. Trotzdem erforderte die Behandlung der devonischen Formation in ihrer ausserordentlichen faciellen und geographischen Differenzirung grösseren Raum. Der Verfasser kennt selbst am besten die Mängel eines solchen Versuches, den jeweiligen Standpunkt unseres

---

[1] Norwegen, Gothland, England und Wales, fast alle wichtigeren Gebiete Deutschlands, Belgien, Südfrankreich, Böhmen, Ostalpen, Russland z. Th. und Nordamerika sind von mir besucht worden. Ausserdem habe ich mich bemüht, die exotischen Vorkommen in möglichster Vollständigkeit kennen zu lernen, und z. B. das in continentalen Sammlungen aufbewahrte palaeozoische Material aus Centralasien, China und Persien fast ausnahmslos selbst untersucht oder verglichen.

palaeozoischen Wissens zu fixiren. Nur an einer Universität wie der Breslauer, deren palaeozoische Sammlungen durch die Thätigkeit Ferdinand Roemer's zu einer fast einzig dastehenden Vollständigkeit gebracht sind, konnte die Arbeit mit einiger Aussicht auf Erfolg unternommen werden.

Eine weitere und wichtigere Ermuthigung lag darin, dass Ferdinand Roemer selbst mich im Frühjahr 1891 aufgefordert hat, die Fortsetzung seiner Lethaea palaeozoica zu übernehmen. Den Grund für das langsame Vorschreiten der Arbeit bildete vornehmlich der Umstand, dass während einerseits die Palaeontologie die Vergleichung der stratigraphischen Gruppen verlangte, andererseits für die letztere die vorläufige Durcharbeitung der „Leitfossilien"[1] erfolgen musste. Nach Abschluss der Stratigraphie soll der II. Band mit der systematischen Behandlung der Echinodermen, d. h. dort fortfahren, wo der I. Band aufgehört hat.

Die 15 der ersten Lieferung beigegebenen Tafeln bilden mit Zugrundelegung neuerer Forschungen eine Ergänzung des älteren Atlas und sind dementsprechend mit Buchstaben (1 a, 19 a) bezeichnet.

Fritz Frech.

[1] Die gesammten älteren Ammoneen und Graptolithen — siehe I. Bd. 3. Lief. — sowie zahlreiche Gruppen von Fischen, Trilobiten und Brachiopoden.

Die präcambrische Formationsreihe.

Die Annahme, dass die zwischen Cambrium und Urgebirge liegenden Sandsteine und Schiefer einem chronologisch wohl begrenzten, der palaeozoischen Aera gleichwerthigen Abschnitte der Erdgeschichte entsprechen, erfreut sich erst seit kurzer Zeit einer weitergehenden Anerkennung bei den Specialforschern; in den verbreiteten Lehrbüchern ist jedoch dieser wichtigen Thatsache noch nicht hinlänglich Rechnung getragen.

1. Die ältesten organischen Reste und das Vorkommen der Radiolarien von St. Lô (Bretagne).

Es kann selbstredend nicht die Aufgabe eines die Fauna der Vorwelt behandelnden Werkes sein, die Stratigraphie der meist versteinerungsleeren Formationen darzustellen, um so weniger, als viele derselben ausschliesslich aus eruptivem Material[1] bestehen. Es darf dies letztere Merkmal, die unverhältnissmässige Mächtigkeit eruptiver Gebilde als ein wesentlicher Unterschied gegenüber den jüngeren Sedimentärformationen hervorgehoben werden.

Immerhin konnten die präcambrischen Bildungen schon deshalb nicht unberücksichtigt bleiben, weil die Altersbestimmung, ob cambrisch oder präcambrisch, vielfach strittig ist. Ferner wurde in mehreren Formationen, die man mit Sicherheit oder grösserer Wahrscheinlichkeit als präcambrisch bezeichnet, das Vorkommen organischer Reste beobachtet, so vor Allem im Torridon-Sandstein (Schottland), ferner im oberen Huron (Huron-See), in der Chuar-Gruppe des Colorado-Cañon und im Phyllit von St. Lô (Bretagne).

Auch theoretisch konnte man das Auftreten der ältesten Organismen in präcambrischen Schichten gewärtigen, da im tiefsten Cambrium bereits Vertreter aller Stämme mit Ausnahme der Wirbelthiere gefunden worden sind. Ob wir erwarten dürfen, Reste derselben noch tiefer zu finden, das ist eine Frage, die sehr verschieden beantwortet worden ist. Nathorst[2] hat das grosse Verdienst, die Hypothese von dem organischen Ursprung der im Urgneiss vorkommenden Graphite und Kalke widerlegt zu haben. Der schwedische Forscher führte aus, dass das Skelet bei den verschiedenen Thiergruppen ein später, und zwar jedesmal selbstständig angelegtes Schutzorgan sei, dass man somit bei Crustaceen, Mollusken und Korallen einen

[1] Z. B. besteht das Uriconian von Callaway in Shropshire ausschliesslich aus saueren Eruptivdecken.
[2] Neues Jahrbuch f. Min. etc. 1882. Bd. I. S. 169 ff.

skeletlosen Urzustand voraussetzen müsse. Die Frage nach der Entstehung des organischen Lebens und der Ausbildung der hauptsächlichen, systematischen Gruppen fällt somit nicht mehr in den engeren Forschungsbereich der Palaeontologie. Die Differencirung der anfangs noch skeletlosen Hauptstämme ist jedenfalls in präcambrischer Zeit erfolgt, und die Frage ist nur, ob auch eine theilweise Ausbildung der Hartheile schon in präcambrischer Zeit stattgefunden habe.

NATHORST scheint — mit Rücksicht auf das bemerkenswerthe Fehlen zweifelloser organischer Reste in den drei uralten Sedimentformationen Schwedens — auch diese Frage verneinen zu wollen. Erwägt man jedoch den hohen, schon durch Rückbildung mancher Organe (Augen bei *Olenellus*) gekennzeichneten Entwickelungszustand der altcambrischen Fauna, so wird aus theoretischen Gründen das Vorkommen präcambrischer Versteinerungen wahrscheinlich, und man braucht die Hoffnung nicht aufzugeben, an Stelle der zweifelhaften Radiolarien der Bretagne sowie der wenig deutlichen Wurmröhren und Hyolithen des Torridon-Sandsteins besser erhaltene Reste zu finden. Hierdurch rechtfertigt sich vor Allem die kurze Besprechung der präcambrischen Zeit in dem vorliegenden Werke.

Immerhin ist es aus dem von NATHORST hervorgehobenen Grunde kaum denkbar, dass wir je die gewaltige zwischen Urgebirge und Cambrium liegende Schichtenmasse befriedigend in palaeontologisch begründete Systeme oder Formationen werden gliedern können. Ferner haben diese postarchaischen Gesteine sicher zum grösseren Theile eine tiefgreifende Dynamometamorphose erfahren und sind dann von dem archaischen „Urgebirge" kaum zu unterscheiden. Jedenfalls ist eine Trennung dieser Bildungen vom Urgneiss oder Urglimmerschiefer ebenso schwierig wie der Vergleich der phyllitischen oder glimmerschieferartigen Gesteine mit klastischen Formationen.

Aber auch die klastischen Bildungen, wie die Dal- oder Wisingsö-Formation Schwedens, das Torridonian Grossbritanniens, das Huronian und die Grand-Cañon series Nordamerikas können nur mit Hilfe petrographischer und tektonischer Merkmale gegliedert werden. Über den Unwerth petrographischer Merkmale für allgemeine stratigraphische Vergleiche braucht kein Wort verloren zu werden. Auch mit Hilfe von Discordanzen und von den die Basis transgredirender Gruppen bildenden Conglomeraten lässt sich keine die ganze Erde umfassende Eintheilung durchführen. Jedoch ist nirgends die Zahl der Formationsnamen so gross, wie in der präcambrischen Aera. Allein in dem engbegrenzten Gebiet des westlichen England zählt man deren sieben[1].

Immerhin ist so viel sicher, dass die Zeit, in welcher die Protozoen, Coelenteraten, Würmer, Molluskoiden, Mollusken und Crustaceen ihre selbstständige, zum Theil später wenig veränderte Organisation erhielten, der palaeozoischen Zeit zum mindesten gleichkam. Wahrscheinlich übertrifft diese proterozoische (VAN HISE) oder kryptozoische Aera den palaeozoischen Zeitabschnitt um ebenso viel an Dauer, wie der letztere die mesozoische Aera. Jedenfalls wird man mit vollem Rechte von präcambrischen Formationen reden können, wenngleich die Unter-

[1] Pebidian, Arvonian, Dimetian, Uriconian, Dalradian, Monian and Longmyndian (letzteres wahrscheinlich zum Theil Untercambrium).

scheidung und Begrenzung derselben stets der Localuntersuchung vorbehalten bleiben dürfte.

Eine genauere Beschreibung und Abbildung der präcambrischen, verschiedentlich mit Gattungs- oder Gruppennamen erwähnten Organismen wird fast überall vermisst. Somit verdient das Vorkommen von Protozoen und Spongien in kohligen Kieselschiefern (phtanites) der Bretagne besondere Beachtung. Rundliche, winzig kleine, organische Körper wurden zuerst von Barrois entdeckt. Cayeux[1] hat neben einfachen und zusammengesetzten, nicht näher bestimmbaren Foraminiferen eine Anzahl von Radiolarien generisch bestimmen können. Allerdings ist der Erhaltungszustand ein so ungünstiger, dass ein einziger Durchschnitt (von Ville-au-Roi en Maroné, Bezirk Lamballe) die 34 bestimmbaren und abgebildeten Formen geliefert hat. An dem organischen Ursprung der abgebildeten Formen dürfte nicht zu zweifeln sein; Rüst, einer der besten Kenner fossiler Radiolarien, hält dieselben allerdings wegen ihrer minimalen Grösse für Globigerinen. Cayeux hat jedoch die gefundenen Reste in das Häckel'sche System der Radiolarien einzureihen vermocht und eine Anzahl von Formen mit Sicherheit bezw. Wahrscheinlichkeit auf bekannte Gattungen oder Familien bezogen. Von der Aufstellung besonderer Arten oder neuer Gattungen wurde abgesehen. Die ältesten Radiolarien gehören zu der Häckel'schen Legion *Spumellaria*; von derselben ist die Familie *Liosphaeridae* mit der bezeichnenden Gattung *Cenosphaera* am verbreitetsten; ferner sind zu erwähnen *Carposphaera*, *Xiphosphaera*, *Staurosphaera*, *Acanthosphaera*, *Cenellipsis* und *Spongurus*. Zu der weniger häufigen Legion *Nassellaria* gehören u. a. *Tripocalpis*, *Tripilidium*, *Archicorys*, *Dictyocephalus* und *Dicolocapsa*. Hervorzuheben ist der Umstand, dass die meisten Gattungen dieser uralten Radiolarien noch in den heutigen Meeren leben, eine Beobachtung, die von Rüst und Hinde in ähnlicher Weise an den silurischen Formen gemacht worden ist. Im Vergleich mit den letzteren ist der Umstand bemerkenswerth, dass die uralten Formen höher entwickelt sind, was sich jedoch durch die Lückenhaftigkeit unserer Kenntnisse erklärt.

Noch wichtiger als die zoologische Stellung dürfte die Beantwortung der Frage sein, ob die Phyllite von St. Lô, in denen die Radiolarien-Kieselschiefer als Einlagerung und Gerölle vorkommen, wirklich präcambrisch sind? Die Phyllite von St. Lô wurden von den älteren Autoren, von de Lapparent und anfänglich auch von Barrois zum Cambrium gestellt. Später verglich Barrois (sowie u. a. auch Bigot) die purpurrothen Conglomerate von Montfort (= poudingue de Frébel) nebst den hangenden Sandsteinen von Oigny mit dem englischen Cambrium, insbesondere den Basalconglomeraten von Llanberis. Die Formation der Phyllite, welche im Norden der Bretagne klastisch entwickelt ist, im Süden dagegen durch Dynamometamorphose krystalline Beschaffenheit angenommen hat, rückte also in das Präcambrium hinab.

[1] M. L. Cayeux, Les preuves de l'existence d'organismes dans le terrain précambrien. Bull. soc. géol. de France (III) t. 22, p. 197. Mit 1 Tafel und Profilen; — Sur la présence de Foraminifères dans le terrain précambrien de la Bretagne. Comptes rendus, 11. Juni 1894. — De l'existence de nombreux Spongiaires etc. Soc. géol. du Nord. 1895. p. 52 ff. t. I, II. Die Hauptabtheilungen der Kieselspongien, Tetractinelliden, Hexactinelliden und besonders Lithistiden scheinen vertreten zu sein (Anm. während des Druckes).

Die folgende Gliederung der ältesten sedimentären Bildungen des armoricanischen Massivs ist nach den neuesten Arbeiten[1] und brieflichen Mittheilungen des um diese schwierigen Gebiete hochverdienten Ch. Barrois anzunehmen:

4. Armoricanischer Sandstein mit den Fossilien des tieferen Untersilur (Arenig), concordant unterlagert von:
3. den rothen Schiefern und den Conglomeraten von Montfort.
   b. Rothe Schiefer von Pont Réan mit Wurmspuren (*Scolithus*, *Bilobites*).
   a. Basalconglomerate (poudingue) von Montfort.
   Locale Discordanz.
2. Schiefer und Conglomerate von Gourin, fossilleer (bei Rennes überlagert von den grünen Schieferplatten von Néant), enthält massenhaft Gerölle von Gangquarz und seltener solche der Phyllite von St. Lô.
   Discordanz.
1. Phyllit von St. Lô (= Schiefer von Rennes), enthält bei Lamballe kohligen Kieselschiefer mit Radiolarien, Foraminiferen und Spongien.

Am unregelmässigsten ist die Entwickelung der dem Cambrium ganz oder zum Theil entsprechenden Schichten von Montfort (= Schiefer von Sillé und Conglomerate von Oigny); dieselben fehlen z. B. bei Gahard (unweit Rennes) gänzlich, erreichen weiter südlich die bedeutende Mächtigkeit von 2000 m, sind aber besonders in Maine und der Normandie (bei Clécy und la Laize) entwickelt.

Leider fehlen Versteinerungen, welche eine sichere Vergleichung mit anderen Gebieten gestatten, im Liegenden des armoricanischen Sandsteins gänzlich, so dass keine ganz bestimmten Anhaltspunkte für die Horizontirung der Phyllite vorhanden sind. Bei der unregelmässigen Mächtigkeit der klastischen Bildungen lässt sich auf das Vorhandensein einiger unter Umständen mehrere tausend Meter messenden Sandsteinformationen und auf locale Discordanzen keine sichere Altersbestimmung gründen. Der Phyllit von St. Lô mit seinen Radiolarien kann — wie auch Barrois selbst in einer brieflichen Mittheilung Ende 1893 hervorhob — präcambrisch sein, und diese Möglichkeit ist am wahrscheinlichsten. Doch wäre es auch denkbar, die Schichten von Montfort für Tremadoc, die Schiefer von Gourin für ober- bis mittelcambrisch und den Phyllit für untercambrisch zu halten.

2. Einige Beispiele der Entwickelung präcambrischer Formationen.

Von grossem Interesse ist die gleichmässige petrographische Beschaffenheit, das Vorwiegen von reinem Sandstein bezw. Quarzit und Conglomerat, das Zurücktreten thoniger Gesteine und die grosse Seltenheit der Kalke, welche die präcambrischen Gesteine auf der ganzen Erde erkennen lassen. Dieselben können nur aus den Graniten, Gneissen und Schiefern des Archaicum entstanden sein; die rein quarzige Beschaffenheit würde in der Weise erklärt werden, dass den präcambrischen Transgressionen eine Periode von sehr warmem und feuchtem, der säcularen Verwitterung günstigem Klima vorhergegangen sei. Eine ähnliche Entstehung — durch vorhergegangene continentale

[1] U. a. Légende de la feuille de Rennes. Ann. soc. géol. du Nord. XXII. p. 81 und Mémoire sur la faune du grès Armoricain. Ibid. XIX p. 138—140.

Lateritbildung — pflegt man auch für die cambrischen Sandsteine und die bedeutenden Massen rothen Sandsteins anzunehmen, welche vielfach die Grenze palaeozoischer und mesozoischer Schichten kennzeichnen. Jedoch ist die Mächtigkeit und die Verbreitung der präcambrischen Sandsteine viel grossartiger als die der cambrischen und der jüngeren Sandsteinbildungen.

Während die typische Entwickelung der mittleren und oberen cambrischen Schichten in Schweden zu finden ist, sind für die Gliederung der präcambrischen und cambrischen Schichten die Verhältnisse von Manuels Brook auf New Foundland und die Schichtenfolge der nordschottischen Hochlande maassgebend. In dem einen Falle hat sich die Überlagerung der *Olenellus*-Schichten durch die *Paradoxides*-Stufe ergeben. In dem anderen Gebiete finden wir:

4. Untercambrium mit *Olenellus*.
3. Ca. 200 m concordant gelagerte Sandsteine und Quarzit (Arenaceous series).
   Discordanz.
2. Torridon-Sandstein[1] von präcambrischem Alter. Derselbe ist im Parph-District ca. 600 m, am Loch Assynt[2] ca. 1300 m, südlich vom Loch Broom[3] sogar ca. 2000 m mächtig und enthält undeutliche Spuren von Würmern und Hyolithen.
   Discordanz.
1. Erst unter dieser mächtigen, präcambrischen Formation lagert der stark gefaltete Gneiss des Urgebirges.

Diese Schichtenfolge, welche wegen ihrer Wichtigkeit unten (p. 20) vollständiger wiedergegeben wird, beweist:

1. dass die sogenannte *Olenellus*-Zone den mittleren und oberen Theilen des Untercambrium entspricht;
2. dass eine überaus mächtige präcambrische Sandsteinformation als selbstständiges Gebilde zwischen Gneiss und Cambrium lagert.

Die Angaben über die isolirt auftretenden uralten Formationen Schwedens und die algonkischen (präcambrischen) Schichtgruppen des Colorado-Cañon machten zwar den obigen Schluss schon sehr wahrscheinlich, liessen aber immerhin die Möglichkeit eines Zweifels offen[4]. Nach den obigen, auf sehr sorgfältigen Aufnahmen beruhenden Profilen ist die stratigraphische Selbstständigkeit der präcambrischen Formationsreihe vollkommen gesichert.

Ein weiteres Eingehen auf die mit zahlreichen Namen belegten und viel umstrittenen präcambrischen Gebilde Englands liegt dem Zwecke des Buches fern. Hingegen verdienen die gleichalten skandinavischen Bildungen wegen der Eigenart ihres geologischen Auftretens Erwähnung. Die räumliche Trennung und die stratigraphische Unabhängigkeit von einander ist typisch für diese uralten Formationen, von denen spätere Denudation meist nur unvollkommene Fragmente übrig gelassen hat.

[1] Torridon im Süden von Rossshire, gegenüber von Skye.
[2] Westlicher Theil der Nordwestküste von Sutherlandshire.
[3] Nördlicher Theil der Westküste von Rossshire.
[4] Koken, Die Vorwelt und ihre Entwickelungsgeschichte. p. 66.

3. Die jüngste, die Wisingsö-Formation[1], 200—300 m mächtig, besteht aus Thonschiefer und Sandstein; bituminöse Kalklager mit etwas Phosphorsäure deuten auf organisches Leben hin, dessen Existenz möglicherweise durch kleine, 1—2 mm messende, *Estheria*-ähnliche Objecte angedeutet wird. Das Vorkommen der Formation im Graben des Wettersee erklärt ihre Erhaltung.
2. Die Almesåkra-Formation (in Småland), einige hundert Meter mächtig, besteht aus vorherrschenden Sandsteinen und Conglomeraten und ist durch Diabasgänge vor der Verwitterung geschützt.
1. Die älteste und mächtigste der drei im südlichen Schweden gelegenen präcambrischen Formationen ist die Dal-Formation, ca. 1900 m mächtig, aus Sandstein, Quarzit und Thonschiefer aufgebaut. Kalkbänke (niemals über 2 m mächtig) sind selten.

Im südlichen Finnland findet sich — von den archaischen Gesteinen durch eine gewaltige Discordanz getrennt — die Karelische Quarzitformation, welche hauptsächlich aus krystallinen Quarziten nebst Basalconglomeraten (und untergeordnetem Talk- und Chloritschiefer) besteht[2]. Die Mächtigkeit beträgt ca. 3300 m. In Bezug auf Lagerungsverhältnisse und Eruptivgesteine besteht eine bemerkenswerthe Analogie mit den gleichalten Formationen des Grossen Colorado-Cañon (vergl. das Profil). Auch in Finnland sind die präcambrischen Quarzite bedeutend dislocirt und von Dioritgängen durchsetzt, während das Cambrium in den unmittelbar angrenzenden Gebieten ziemlich ungestört lagert. Andererseits setzen die archaischen Intrusivgranite nicht bis in das Präcambrium durch.

In Europa besitzen präcambrische Bildungen in Bezug auf Mächtigkeit und Ausdehnung die grösste Bedeutung innerhalb der centralen Alpenkette.

Die zuerst in den Ostalpen unterschiedene, später bis in die Westalpen verfolgte Schieferhülle ist selbst dort, wo die zugehörigen Kalke und Schiefer einen geringeren Grad der Umwandlung erkennen lassen, versteinerungsleer und als präcambrisch zu bezeichnen. Der Versuch, dieselbe dem Palaeozoicum zuzuweisen, ist nicht geglückt. Von dem Gneiss und dem archaischen Glimmerschiefer sind die Schiefer und Marmore durch ihre deutlich sedimentäre Lagerung meist ohne weiteres zu unterscheiden, während die versteinerungsführenden palaeozoischen Bildungen oft auch petrographisch kenntlich sind.

Vom Lungau (Salzburg) bis zur Brennerlinie zeigen die dem „Centralgneiss“ und Granatenglimmerschiefer discordant aufgelagerten Gesteine der sogenannten Schieferhülle nach den im Wesentlichen übereinstimmenden Angaben verschiedener Beobachter[3] die gleiche Gliederung. Überall bildet das hangendste Glied der Schieferhülle der ziemlich einförmige

[1] Nathorst, Om de äldre Sandstens och Skiffer bildningarne vid Vettern. Sveriges geologiska undersökning. Afhandlingar. Ser. C. No. 39.

[2] J. J. Sederholm, Om berggrunden i södra Finland. Fennia 8. Nr. 3. Helsingfors 1893. Ref. im Neuen Jahrbuch f. Min. etc. 1895. I. p. 301.

[3] M. Vacek, G. Geyer und F. Frech. Die zuerst von Stache vorgeschlagenen Namen der „Kalkphyllitgruppe“, „Quarzphyllitgruppe“ etc. stimmen scheinbar mit den oben angeführten Formationen überein; doch sind diese Gruppen nicht scharf begrenzt und enthalten zudem heterogene Dinge, z. B. Trias-Dolomite und -Kalke.

3. Quarzphyllit oder Thonglimmerschiefer, dessen Zurechnung zum Cambrium discutirbar erscheint.

   Darunter liegt concordant und durch Übergänge verbunden:

2. Kalkphyllit, körnige Kalke und Marmor von wechselnder Beschaffenheit (Brennerphyllit; „Bündner Schiefer" der älteren Autoren z. Th.).
1. Grenzschiefer. Die meist nicht sehr mächtigen Bildungen zwischen den jüngeren Phylliten und den alten Gneissen und Glimmerschiefern zeigen eine sehr mannigfaltige Zusammensetzung und sind ihrer Stellung nach keineswegs klar.

Im Lungau findet man nach Geyer[1] zwischen Centralgneiss und Kalkphyllit wohlgeschichtete Hornblendegneisse; in den Zillerthaler Alpen, östlich vom Brenner, liegt nach Aufnahmen des Verfassers eine wenig mächtige Zone von Hornblendeschiefer, Strahlsteinschiefer und geschichtetem Glimmerquarzit in derselben stratigraphischen Stellung. Eine Discordanz über dem „Centralgneiss" ist hier nicht sonderlich deutlich ausgeprägt, hingegen ist der Zusammenhang mit dem wohlgeschichteten Kalkphyllit durch deutliche Übergänge vermittelt.

Als einer der wichtigsten Beweise für die Übereinstimmung der stratigraphischen Entwickelung in den Alpen und im Himalaya ist das Auftreten der „Haimanta series" anzusehen, welche der Schieferhülle in jeder Hinsicht entspricht.

Bedeutender als in Europa ist die Entwickelung und Verbreitung präcambrischer Formationen in Nordamerika. Die geologische Landesuntersuchung der Vereinigten Staaten bezeichnet dieselben nach dem Namen eines östlichen Indianerstammes als Algonkian und hat eine ungemein ausführliche Darstellung dieser im Osten und Westen gleichmässig verbreiteten Bildungen aus der Feder von C. R. van Hise veröffentlicht[2].

Die vollständigste und mächtigste Vertretung findet sich am Oberen See und im Grossen Cañon des Colorado; die Schilderung dieser beiden Entwickelungen möge hier genügen. Im Osten wie im Westen liegt übereinstimmend der obercambrische Potsdam- (bezw. Tonto-) Sandstein transgredirend über dem Algonkian, so dass für die oberste der drei präcambrischen Formationen, welche man unterschieden hat, die Altersbestimmung als Untercambrium nicht von der Hand zu weisen ist[3]. Hingegen liegt in New Foundland (s. o.) die *Olenellus*-Stufe discordant über präcambrischen Schichten. Weniger leicht ist die Grenzbestimmung dort, wo unter der *Olenellus*-Stufe mächtige Schichtserien von Quarzit und Thonschiefer concordant gelagert sind, wie in der Wahsatch-Kette (Utah), in Nevada, British-Columbia und wohl auch in den südlichen Appalachien. In dem letztgenannten Gebiet sind infolge hochgradiger dynamischer Umwandlung die Verhältnisse am schwierigsten zu entwirren. Krystalline Schichten, die man früher wegen ihres

[1] Reisebericht über die geologischen Aufnahmen im Lungau. Verh. k. k. geol. Reichsanst. 1892, p. 310 ff.

[2] Correlation papers: Archean and Algonkian. Bull. U. S. Survey. No. 86. Washington 1892.

[3] Die Canadische Landesuntersuchung (Selwyn und Bell) betrachtet das Keweenaw und Animikie als cambrisch.

petrographischen Charakters dem Urgebirge zurechnete, haben sich hier bei genauerer Untersuchung als cambrisch, silurisch oder devonisch erwiesen.

Die vielumstrittene Schichtenfolge des Lake Superior zeigt nach van Hise (l. c. Zusammenfassung p. 499 und Tabelle p. 105) die folgende Gliederung:

Hangendes: Potsdam-Sandstein (Obercambrium) flach gelagert.
Discordanz.

3b. Obere Keweenaw-Formation. Ca. 15000′. Sandsteine, gebildet aus den umgelagerten, im Liegenden auftretenden Eruptivmassen.

3a. Untere Keweenaw-Formation. Local angeblich bis 35000′ mächtig, hauptsächlich aus Eruptivdecken bestehend, nur im oberen Theile mit eingelagerten Sandsteinen. (3a und b wird auch als Nipigon bezeichnet und enthält die bekannten Kupferlager des Lake Superior.)
Discordanz.

2. Oberes Huron. Ca. 12000′. Quarzite, Conglomerate und Schiefer mit Eruptivgängen, schwach gefaltet (Animikie der canadischen Geologen, Chippewa- und Barahoo-Quarzit, Upper Marquette). Auf organisches Leben deuten häufig auftretende, kohlige Schiefer, eine im Animikie-Gebiet gefundene Kriechspur, ferner im Minnesota-Quarzit eine *Lingula*-ähnliche Form und ein an Trilobiten erinnernder Abdruck.
Discordanz.

1. Unteres Huron (Huron s. str. der canadischen Geologen). Ca. 5000′. Stark gefaltete Kalke, Quarzite, Glimmerschiefer und Conglomeratschiefer mit Spatheisenstein, von Eruptivgängen durchsetzt (= Lower Marquette).
Discordanz.

Liegendes: Gneiss und Granit (Laurentian).

Die Discordanzen sind scharf ausgeprägt und entsprechen längeren Zeitintervallen; denn, wie R. Pumpelly[1] hervorhebt, beginnen die beiden tieferen Formationen mit Conglomeraten, welche Gerölle der älteren Bildungen enthalten; darauf folgen Sandsteine und erst später die auf tieferes Wasser hindeutenden, kieseligen und kalkigen Bildungen.

Im Colorado-Cañon ist eine überaus ähnliche Schichtenfolge zu beobachten; die beiden oberen ungefalteten und nicht metamorphosirten Formationen werden dem Keweenaw verglichen. Im Hangenden tritt hier wie dort der transgredirende, obercambrische Sandstein auf, so dass Walcott[2] auch hier die beiden oberen Gruppen zuerst als untercambrisch ansah.

Hangendes: Obercambrium (Tonto-Sandstein), horizontal.
Discordanz.

3. Chuar-Gruppe: Schiefer und Kalk. Ca. 5000′. Eine eigenthümliche Fauna umfasst 5 verschiedene Formen: Spongiennadeln, *Hyolithus*, eine discinoide Schale, eine *Lingula*-ähnliche Muschel und den Pleurallobus eines Trilobiten.

---

[1] Internationaler Geologencongress. Washington 1891. Compte rendu p. 173.

[2] Vollständige Litteraturangaben und Excerpte bei van Hise. l. c. p. 491—524. Vergl. besonders Bull. Geol. Soc. of America. I. p. 49 ff.

lomit ca. 500' (800' auf der gegenüberliegenden Seite des Cañon). In dem unteren
en Kalk, welcher ohne jede Uebergangsbildung unmittelbar auf dem Sandstein ruht.
it aus kieseligen Kalken, in welchen sich ein grosses *Allorisma* und einige schlecht
(*Euomphalus* und *Pleurotomaria*) gefunden haben. In dem Coconini- oder Wallaum-
taff, wurden in dem mattrosafarbenen Dolomit, in welchem die berühmten Höhlen-
, folgende Brachiopoden gefunden: *Productus Ivesii* Newberry, sehr häufig; *Pro-*
selten; *Spirifer (Martinia) lineatus* Mart., selten.

ndstein, ca. 400'. Kreuzgeschichtet, einen steilen Absturz bildend, der aus weiter
d inmitten der rothen Felsen deutlich sichtbar ist.

ndstein und Schiefer, ca. 1000'. Die oberen und unteren Theile werden von dünn-
ten und Schiefern gebildet, in deren Mitte sich ein scharf begrenzter Absturz von
en befindet.

1000'. Red Wall limestone.

teht aus einem dichten undeutlich geschichteten rein weissen Kalk, welcher an der
aus den rothen Schichten der Aubrey-Gruppe stammenden Wasser roth gefärbt ist.
alt *Spirifer striatus*.

Schwache Discordanz.

2. Grand-Cañon-Gruppe. 7000'. Grobe rothe Sandsteine mit Wellenfurchen und Trockenrissen; Diabaslager an der Basis.

Bedeutende Discordanz.

1. Wischnu-Gruppe, im Gegensatz zu den beiden anderen nur aufgerichteten, aber nicht umgewandelten Formationen stark gefaltet, aus Quarzit und Schiefer bestehend.

Liegendes: Stark gefalteter Gneiss mit Pegmatitgängen.

Nicht mit Unrecht wird von den amerikanischen Geologen darauf hingewiesen, dass gewaltige, durch Discordanzen begrenzte Schichtenmassen, wie das Keweenaw oder die Grand-Cañon-Gruppe, an Zeitdauer dem Cambrium oder Silur gleichwerthig sind.

3. Das Profil des Grossen Cañon des Colorado.

Der Einschnitt des Grossen Colorado-Cañons beansprucht nicht nur wegen der bezeichnenden Aufeinanderfolge archaischer, präcambrischer und cambrischer Formationen geologisches Interesse. Derselbe enthält den vollständigsten[1] Durchschnitt durch die marine Entwickelung des Palaeozoicum, der bisher beobachtet wurde, und mag daher vorangeschickt werden.

Abgesehen von den auf den vorstehenden Seiten und dem Profil gemachten Angaben ist nur eine nähere Beschreibung der cambrischen Schichten (III und IV) erforderlich:

11. Grünlicher Schiefer und Sandstein. 6 m.
10. Dieselben Schichten wie bei 8. In dem oberen Theile eine Kalksteinschicht. 12 m.
9. Grünliche oder graubraune Schiefer mit Wellenfurchen, einen sanften Abhang bildend. 25 m.
8. Graubraune Sandsteine, einen gut begrenzten Abfall von 8 m Höhe bildend. In dem oberen Theile etwas kalkiger Schiefer. 25 m.
7. Dieselben Gesteine wie bei 5 und 6. Grosse Wellenfurchen in dem unteren Theile, in dem oberen eine 5–15 cm mächtige Glaukonitschicht (*Obolella* sp.?). 10 m.
6. Grünlicher oder graubrauner, schieferiger Sandstein mit Wurmspuren (*Cruziana*), Wellenfurchen und Glaukonit (*Obolella polita* Hall?, *Lingula monticula* Walcott?). 21 m.
5. Wohlbegrenzte Schicht von braunem Sandstein mit Glaukonit, *Obolella*-führend. 1,2 m.
4. Gelbe und chokoladenfarbige, sandige Schiefer, abwechselnd mit kreuzgeschichtetem Sandstein und Conglomeraten. 16 m.

IV. 3. Dünngeschichtete, braune, quarzitische Sandsteine und Schiefer. 4 m.
2. Weisser Sandstein, schwarz gefleckt. Ca. 8 m.

III. 1. Grobe, rothe, kreuzgeschichtete Sandsteine mit Quarzkieseln an der Basis und *Scolithus* im oberen Theile. Ca. 10 m.

Allgemeine Folgerungen.

Das Interesse, welches das Profil des Grossen Cañon darbietet, beschränkt sich nicht auf die rein petrographische und stratigraphische Beschreibung seiner Schichten. Es würde schwierig sein, einen zweiten Punkt zu finden, wo ein Beobachter die durch Discordanzen, Verwerfungen, Faltungen und vulcanische Ausbrüche hervorgerufenen geologischen Veränderungen mit einem Blick so leicht zu über-

[1] Nur das Silur fehlt gänzlich, während das Devon unvollkommen entwickelt ist.

schauen vermag[1]. Wenn wir versuchen, die Seiten des riesigen Handbuches der Geologie zu lesen, welches am Rande der grossen Schlucht aufgeschlagen ist, können wir die folgenden Abschnitte seiner ehemaligen Geschichte unterscheiden:

1. Energische Faltung des Gneisses und gleichzeitiges oder nachfolgendes Eindringen von ebenfalls gefalteten Pegmatitgängen.
2. Vollständige Erosion und Einebnung der prä-algonkischen Gebirge; Ablagerung von 13000 Fuss (4000 m) algonkischer Sandsteine und Schiefer.
3. Ausbruch von Diabas [die Diabasgänge, welche die Pegmatite durchqueren, liegen gleichförmig zwischen den algonkischen Sandsteinen (als oberflächliche Lavaergüsse oder als Lagergänge?), aber durchdringen die postalgonkischen Gesteine nicht].
4. Aufwölbung und Bruch der algonkischen Ablagerungen und der eingeschlossenen Eruptivmassen.
5. Transgression der oberen cambrischen Sandsteine, unvollständige Erosion und Einebnung der algonkischen Landoberfläche.

   Die algonkischen Schichten fehlen theilweise oder vollständig zwischen dem Gneiss und der Tonto-Gruppe; auch die letztere zeigt sehr ungleiche Mächtigkeit oder mit anderen Worten, die Sedimente keilen über den alten Untiefen der cambrischen See aus.
6. Das Silur fehlt, und im Hangenden des unregelmässig vertheilten Devon liegt eine „unconformity by erosion" (ungleichförmige Überlagerung ohne Discordanz der Schichten). Diese Thatsachen können auf 3 Arten erklärt werden:
   1. das Gebiet des Cañon wurde in vor- oder nachdevonischer Zeit trocken gelegt;
   2. oder nach Ablagerung der silurischen Schichten wurden dieselben durch Erosion beseitigt;
   3. oder es fand im silurischen Meer überhaupt kein Absatz statt. In jedem Falle erfolgten die beobachteten Veränderungen ohne irgend welche gewaltsame Bewegung der Erdrinde. Andererseits entspricht der Mangel an Übereinstimmung zwischen dem Devon und dem Carbon augenscheinlich einer Veränderung des Seebodens.

Mit dem älteren Carbon beginnt eine Periode regelmässiger Meeresablagerungen, welche sich bis zum Abschluss der durch rothe Mergelschiefer und Thone vertretenen dyadischen Zeit ununterbrochen fortsetzte. Die letzteren durch ihre lebhafte Färbung ausgezeichneten Bildungen überlagern erst in einiger Entfernung vom Cañon-Rande das Obercarbon.

[1] Tertiary History of the Grand Cañon district, with atlas, by C. E. Dutton. U. S. Survey. Monograph II. Washington 1882. p. 207, 211, 256. Pl. XLI.

Die palaeozoischen Formationen.

Abgrenzung und Benennung der palaeozoischen Formationen.

Die im Wesentlichen auf LYELL zurückgehende, von den meisten Lehrbüchern, geologischen Landesuntersuchungen und der internationalen Karte von Europa angewandte Fünftheilung der palaeozoischen Formationen wird auch im Nachfolgenden zu Grunde gelegt.

Über die Zusammenziehung von Carbon und Perm, sowie über die von einigen Forschern vorgeschlagene Theilung des Silur in zwei Systeme ist das Folgende zu bemerken:

Die beiden Hauptabtheilungen der Silurformation werden entsprechend dem allgemeinen Gebrauch als Ober- und Untersilur bezeichnet. Betreffs der Anwendbarkeit des von LAPWORTH vorgeschlagenen Namens Ordovician haben auf dem Londoner Geologen-Congress längere ergebnisslose Verhandlungen stattgefunden. Thatsächlich ist diese Bezeichnung nur in England bei einer Anzahl von Specialforschern zur Annahme gelangt, wird jedoch auf dem europäischen Continent nicht und in Nordamerika nur in beschränktem Maasse angewandt[1]. Die Ansichten der verschiedenen Geologen[2] über die Benennung der älteren palaeozoischen Formationen lassen sich tabellarisch, wie folgt, veranschaulichen:

Lethaea 1895	SEDGWICK	MURCHISON	LAPWORTH	DANA	DE LAPPARENT
V. Obersilur . . .	II. Silurian	II. Silurian	Silurian	= Niagarian	= Gothlandien (Bohémien l. Aufl.) } Silurien
IV. Untersilur . .	I. Cambrian	II. Silurian	Ordovician	= Silurian	= Ordovicien (Armoricain) } Silurien
III. Obercambrium .	I. Cambrian	II. Silurian	Cambrian	Cambrian	Cambrien
II. Mittelcambrium	I. Cambrian	I. Cambrian	Cambrian	Cambrian	Cambrien
I. Untercambrium	Fossilien erst nach MURCHISON's Zeit gefunden		Cambrian	Cambrian	Cambrien
Liegendes . .	Präcambrische oder archaische Formationen.				

(Die Klammer steht links von dem Namen des Autors, dessen Ansichten sie ausdrückt.)

[1] Beispielsweise bezeichnet WALCOTT meist das Untersilur als Silur mit der näheren Angabe Ordovician in Parenthese.

[2] In England herrscht noch jetzt ein allerdings mit verminderter Heftigkeit geführter Streit über die Benennung der ältesten Formationen, der jedoch mehr formeller, als materieller Art ist. Die einen betrachten nur die *Paradoxides*-Schichten („Menevian") als Cambrian (MURCHISON, Geological Survey); die anderen (SEDGWICK, SALTER, Schule von Cambridge) dehnen die Bezeichnung Cambrian auf die meist als Untersilur bezeichnete Abtheilung einschliesslich aus. Angesichts dieses Wirrwarrs machte LAPWORTH den Vermittelungsvorschlag: 1. Cambrian, 2. Ordovician = Unter-

Sieht man von den englischen Verhältnissen, d. h. der für die Gesammtheit der Geologen gleichgiltigen Meinungsverschiedenheit zwischen den Anhängern von Murchison und Sedgwick ab, so bleibt die folgende palaeontologische Frage zu beantworten: Ist die Verschiedenheit zwischen den Faunen des Obersilur und Ordovician ebenso bedeutsam, wie diejenige zwischen Silur (Obersilur + Ordovician) und Cambrium bezw. Devon?

Ein Zweifel über die Beantwortung ist kaum möglich. Im Cambrium und Silur kommen die Trilobiten in erster Linie als Leitfossilien in Betracht, und die neueren Forschungen gestatten innerhalb dieser beiden ältesten Formationen die Unterscheidung von 5 Trilobitenfaunen, die sich, wie folgt, übersichtlich kennzeichnen lassen. (Die für das Silur wichtigen Cephalopoden und Brachiopoden sind in Klammern beigefügt.)

5. Obersilur: Phacopiden, Proëtiden, Eurypteren (*Gomphoceras*, *Cyrtoceras*, *Ascoceras*, *Spirifer*). An der oberen Silurgrenze Auftreten der Panzerfische und Haie: *Pteraspis*, *Tremataspis*, *Thyestes*, *Onchus*. Taf. 15—10.
4. Untersilur (= Ordovician): Asaphiden, Illaeniden, Trinucleiden (*Endoceras*, *Lituites*, *Porambonites*, erstes Auftreten von *Rhynchonella*, den echten Tabulaten und Pterocoralliern = *Tetracorallia*). An der Basis die letzten Oleniden. Fische (*Palaeodus*) unbestimmten Stellung. Taf. 1 b, 7, 8.
3. Obercambrium: *Olenus*, *Peltura*, *Dicellocephalus*, *Leptoplastus*. Beginn der Abzweigung von Asaphiden, Calymmeniden, Ampyciden. Taf. 1 b.
2. Mittelcambrium: *Paradoxides*, *Anomocare*, *Sao*. Taf. 1.
1. Untercambrium: *Olenellus*, *Olenoides*, *Bathynotus*, *Crepicephalus*. Taf. 1 a.

Ein Blick auf diese Zusammenstellung lehrt, dass das Ordovician nicht dem ganzen Cambrium, sondern nur einem Drittel desselben gleichwerthig ist und dass die Einführung dieses neuen Namens auch die Schaffung von je drei neuen Bezeichnungen für das Cambrium und Devon, bezw. die Unterscheidung von 8 statt 3 palaeozoischen Systemen nöthig machen würde. Man könnte sich auf die Nomenclatur des Jura berufen und die amerikanischen Bezeichnungen Georgian, Acadian und Potsdam — analog mit Lias, Dogger, Malm — zur allgemeinen Einführung vorschlagen. Aber gerade in der vielfach überlasteten stratigraphischen Nomenclatur ist jeder nicht unbedingt nothwendige Name vom Übel[1].

Im oberen Palaeozoicum legen die Transgressionen und Gebirgsbildungen, sowie das Auftreten von Binnenfaunen (Old red, Rothliegendes) ein Hineinziehen

silur auct.) und 3. Silurian (= Obersilur auct.) zu unterscheiden. Diese Nomenclatur beruhte also nicht auf neugefundenen palaeontologischen Thatsachen, sondern war bestimmt, einer in England herrschenden Verwirrung durch einen Compromiss ein Ende zu machen. Da dieselbe anderwärts kaum besteht, ist auch der Compromissvorschlag gegenstandslos. Allerdings hat J. D. Dana angeregt, das Untersilur (Ordovician) als Silurian s. str., das Obersilur als Niagarian zu bezeichnen — ein Vorschlag, der auch in manchen Survey-Reports (z. B. dem von Texas) befolgt wird.

[1] Zudem gestattet die deutsche Sprache die bequeme Bildung von Worten wie Untersilur, Obersilur ohne Weiteres; für das Englische und Französische etc. hat H. S. Williams den beherzigenswerthen Vorschlag gemacht, analoge Wortbildungen wie Eo-, Meso-, Neodevonian einzuführen. Für Eo- ist wohl besser Palaeo- zu setzen.

des physikalischen Moments nahe, aber für eine durchgreifende Gliederung können nur die marinen Faunen Verwendung finden. Gerade im Palaeozoicum ist der Nachweis nicht schwer, dass einzelne Familien, wie die Paradoxiden oder Trinucleiden, die primordialen Goniatiten oder Medlicottien in allen Theilen der Erde einen grösseren Abschnitt der marinen Schichtengruppe durch ihr ausschliessliches oder vorwiegendes Auftreten kennzeichnen.

In den jüngeren palaeozoischen Formationen ist die Unterscheidung etwas schwieriger als in den älteren. Die palaeontologisch am schärfsten charakterisirte Fauna ist diejenige des Oberdevon; das allmähliche Aussterben fast aller Trilobiten und das Auftreten reich differencirter und weit verbreiteter Ammonitiden kennzeichnen diesen Abschnitt der Erdgeschichte ausserordentlich scharf. Weniger einfach ist die Entscheidung über die Fragen, ob man im Devon, sowie im Carbon + Perm je zwei oder je drei wesentlich verschiedene Faunen anzunehmen habe.

Die den geologischen Abtheilungen (wie Unterdevon, Mitteldevon, Oberdevon etc.) entsprechenden Faunen werden im Allgemeinen auf Grund der Verschiedenheit von Familien und Gattungen getrennt, während für die stratigraphischen Eintheilungen niederen Grades die Verschiedenheit der Arten bezeichnend ist. In der europäischen Normalentwickelung des Devon, also am Rhein und in Belgien, beruht der Unterschied der unter- und mitteldevonischen Fauna wesentlich auf der Verschiedenheit der Faciesentwickelung. Vergleicht man hingegen das kalkige Unterdevon, wie es in Böhmen und in den Ostalpen entwickelt ist, mit dem rheinischen Mitteldevon, so fällt — bei aller Verschiedenheit der Species — die Übereinstimmung der meisten Gattungen auf. Diese Thatsache tritt bei sämmtlichen wichtigen Gruppen, bei den Trilobiten, Cephalopoden, Brachiopoden, Gastropoden und Korallen klar hervor; wo sich eigenthümliche Genera finden (z. B. bei Brachiopoden *Karpinskia*, *Bifida* und *Kayseria*) handelt es sich um wenig verbreitete, seltene Formen.

Anders liegen die Verhältnisse im nordamerikanischen Devon, wo die faunistischen Unterschiede von Unter- und Mitteldevon bei den Trilobiten, Brachiopoden und Cephalopoden recht erheblich sind (vergl. unten). Die Helderberg-Schichten bis etwa zur unteren Grenze des oberen Helderberg-Kalkes aufwärts bilden das Aequivalent des europäischen Unterdevon und es bedarf nur eines Blickes in die Hall-schen Monographien, um die Verschiedenheit dieser älteren Faunen von denen der Hamilton- und Portage-Schichten darzuthun. Geographische Verschiebungen der alten Meeresfaunen, die in den folgenden Abschnitten gebührende Berücksichtigung erfahren werden, bilden den Grund dieser Erscheinung.

Die Kenntniss der marinen Carbon- und Permschichten hat in neuerer Zeit sehr erhebliche Erweiterungen erfahren, aber trotz der mannigfachen Localgliederungen der „Permo-Carbon-" und Permschichten (vergl. unten) wird man doch nur zwei, vielleicht drei marine Faunen von allgemeiner Verbreitung zu unterscheiden im Stande sein. Die Fauna des sogenannten oberen Kohlen- (= Fusulinen-) Kalkes schliesst sich an diejenige des eigentlichen Kohlenkalkes unmittelbar an; denn abgesehen von einer Anzahl neuer Arten treten bei einer der wichtigsten Abtheilungen, bei den Brachiopoden, nur zwei Gattungen (*Enteles*, *Meekella*) neu hinzu. Zwar sind bei den Goniatiten die Unterschiede etwas bedeutsamer, entsprechen aber noch keineswegs den Verschiedenheiten, welche z. B. die obere devonische Abtheilung kennzeichnen.

Die Fauna des sogenannten Permo-Carbon (Artinsk und Salt Range) enthält eine Menge neuartiger Brachiopoden und Cephalopoden (*Lyttonia*, *Oldhamina*, *Richthofenia*, *Medlicottia*, *Popanoceras*) und verdient eine selbstständige Stellung; die Fauna des eigentlichen Zechsteins ist in vieler Hinsicht wesentlich verschieden, verhält sich aber zu der des Permo-Carbon, wie die sarmatische Fauna des Wiener Beckens zu der mediterranen: sie ist ein verarmter, durch Individuenreichthum und Artenarmuth ausgezeichneter Überrest der ersteren.

Die Ammonitenfaunen, welche den Übergang zwischen dem Palaeozoicum und Mesozoicum vermitteln, sind neuerdings, wie es scheint, in ziemlicher Vollständigkeit in Armenien (Djulfa), der indischen Salzkette und vor Allem im Himalaya gefunden, aber noch nicht genauer bearbeitet worden. Trotzdem lässt sich aus den bereits veröffentlichten vorläufigen Mittheilungen ersehen, dass die *Otoceras*-Schichten von Djulfa zur Dyas, die *Otoceras*-beds des Himalaya zur unteren Trias gehören, so dass eine wesentliche Bereicherung und Erweiterung der palaeozoischen Fauna nach oben zu nicht mehr stattfinden wird. Der Gesammtbetrag der Veränderung innerhalb des Carbon und der Dyas kommt somit kaum demjenigen gleich, welchen die marinen Faunen während der Zeit des Cambrium oder des Devon allein durchlaufen haben.

Man wird demnach für den oberen Abschnitt der palaeozoischen Aera ebenfalls nur 5 Marinfaunen zu unterscheiden im Stande sein. Ob die hochmarinen Aequivalente des Zechsteins (11.) eine selbstständige Stellung verdienen, ist bei der unzulänglichen Kenntniss der Faunen nicht sicher.

11. Obere Dyas. Zechstein (und *Bellerophon*-Kalk). Hochmarine Aequivalente: *Otoceras*-Schichten von Djulfa, oberer *Productus*-Kalk (Salt Range) mit höherer (ceratitischer) Differencirung der Ammonitiden (*Hungarites*).
10. Untere Dyas (= Perm und „Permo-Carbon"): Auftreten von *Agathiceras*, *Medlicottia* und den ältesten Arcesten (*Popanoceras*); *Lyttonia*, *Richthofenia*; erstes Erscheinen der Reptilien: *Palaeohatteria*, *Kadaliosaurus*, *Proterosaurus*. Proselachier, Trachyacanthiden, Palaeonisciden).
9. Kohlenkalk (einschl. Fusulinenkalk): *Glyphioceras*, *Pronorites* unten; *Thalassoceras*, *Gastrioceras* oben. Productiden. Erstes Auftreten der Amphibien (Stegocephalen). Taf. 40 u. Taf. 49.
8. Oberdevon: Clymenien, Primordiale Goniatiten, *Beloceras*, *Paradoceras*.
7. Mitteldevon: Subnautiline Goniatiten, *Maeneceras* (*Stringocephalus*, *Uncites*). Für 8. Taf. 35, 36; für 7. Taf. 32.
6. Unterdevon: Erstes Auftreten der Goniatiten (und Ctenodipterinen).

Trotzdem die palaeozoischen Formationen, nach dem Maassstabe der Veränderung der Marinfaunen gemessen, ganz ungleichwerthig sind, dürfte doch eine Änderung — etwa durch Zusammenziehung von Carbon und Dyas — nicht empfehlenswerth sein, weil die Eintheilung sich bei jeder Erweiterung unserer Kenntnisse ändern müsste. Fortwährende Umstellungen in der stratigraphischen Registratur würden nur verwirrend wirken, ohne die Erkenntniss zu fördern. Auch kleinere Grenzberichtigungen sind nur dann zu rechtfertigen, wenn thatsächliche Unrichtigkeiten in der Parallelisirung nachweisbar sind, wie dies bei der vielbestrittenen Grenzbestimmung von Silur und Devon der Fall war.

Ausserdem lassen sich auch in theoretischer Hinsicht manche Gründe für eine *Trennung* von *Carbon* und *Dyas*[1] anführen: Eine ausgedehnte *Gebirgsbildung* in Mitteleuropa und Nordamerika, mannigfache Verschiebungen in der Vertheilung von Festland und Meer und vor Allem die Entstehung der *Steinkohlenflötze* kennzeichnen das Carbon; das allmähliche Aufhören dieses letzteren Vorganges und der Ausbruch von *Massenerruptionen* (welche dem Carbon in dieser Form fremd sind) werden für die *dyadische Zeit* bedeutsam.

Diese „physical changes", insbesondere die Unterbrechungen der Schichtenfolge und die Transgressionen, sowie die „cycles of deposition" sind besonders in den Verhandlungen der letzten Geologen-Congresse häufig besprochen und versuchsweise für die Abgrenzung der Formationen benutzt worden. Die wissenschaftliche Stratologie gipfelt in dem Bestreben, aus den Fossilienlisten und Profilbeschreibungen allgemeine Folgerungen zu ziehen und die für die Entwickelung der Erde wichtigen physikalischen Ereignisse ihrer Bedeutung und Ausdehnung nach zu erforschen. Jedoch sind diese Vorgänge zwar zur *Charakterisirung* der einzelnen Erdperioden bedeutsam, fraglicher ist der Werth, den dieselben für die subtile Grenzbestimmung der Formationen besitzen. Selbst ein Ereigniss von so allgemeiner Tragweite, wie die cenomane Transgression, bildet nur einen untergeordneten Abschnitt *innerhalb* der Kreideperiode, die Transgression des oberen Jura und der rhätischen Stufe ist in ihrer geographischen und stratologischen Bedeutung noch um vieles beschränkter. Das für Mitteleuropa wichtigste Ereigniss der palaeozoischen Zeit, die grosse Discordanz inmitten der carbonischen Schichtenreihe, hat weder in Russland noch in Nordamerika wahrnehmbare Spuren hinterlassen und besitzt für die Unterscheidung der marinen Thierwelt nur den Werth einer Stufen- oder Zonengrenze. Von noch geringerer Bedeutung ist die Discordanz, welche in England zwischen Upper und Lower Llandovery besteht; auch hier ist die palaeontologische Verschiedenheit eine so geringfügige, dass von der Mehrzahl der englischen Geologen die Grenze von Ober- und Untersilur (Ordovician) unter das Lower Llandovery gelegt wird.

Andererseits ist die wichtige obercambrische Transgression des Potsdam-Sandstone, welche die ganze weite Fläche der Vereinigten Staaten zwischen Rocky

[1] Für die jüngste palaeozoische Formation wird der Name Dyas gebraucht. Derselbe ist zwar für eine hochmarine Formation ebenso unglücklich gewählt, wie die Bezeichnung Trias, da beide ausschliesslich auf die Verhältnisse der deutschen Binnenentwickelung Bezug nehmen. Doch liegt dem Namen wenigstens keine stratigraphisch unrichtige Anschauung zu Grunde, was bei der Bezeichnung Perm (MURCHISON) zweifellos der Fall ist. Die bunten Mergel des gleichnamigen Gouvernements sind eine ebenso locale Bildung wie die deutsche Dyas, bilden aber — abweichend von dieser — einen *Übergang zur Trias* und sind als typisch um so weniger zu bezeichnen, als die hochmarine, normale Entwickelung des russischen „Perm", der Artinskische Sandstein (= Schichtengruppe 10. 9. 14), von demselben Forscher als Carbon (Millstone grit) gedeutet wurde.

Wird der Name Perm beseitigt, so entfällt hiermit auch die vieldeutige Bezeichnung Permo-Carbon, mit der man dreierlei Dinge, einmal Übergangsbildungen von Dyas und Carbon, zweitens marine Aequivalente der Dyas und drittens die Gesammtheit der beiden Formationen, Dyas + Carbon (Permo-Carbonifère DE LAPPARENT, Traité de géologie, 1. Aufl.), bezeichnet hat.

mountains und Appalachien bedeckt, für Europa bedeutungslos. Die atlantische Provinz des europäischen Cambrium zeigt eine ununterbrochene, in das Silur hinauf fortsetzende Schichtenfolge, während in der mediterranen Provinz die bezeichnende obercambrische Fauna gänzlich fehlt. Selbst in Amerika ist die palaeontologische Verschiedenheit von Potsdam- und Calciferous sandstone viel erheblicher, als diejenige von Potsdam- und *Paradoxides*-Schichten.

Dass gerade Transgressionen keine guten Merkmale für die Abgrenzung der Schichtgruppen liefern können, ergiebt sich von selbst, sobald man das Wesen dieser geologischen Erscheinung in Betracht zieht. Eine Transgression ergiesst sich nicht sintfluthartig über ein grosses Gebiet, sondern dringt allmählich und unregelmässig vor, so dass bald ein höheres, bald ein tieferes Glied der jüngeren Schichtenfolge auf dem älteren Gebirge lagert. Am eingehendsten ist diese Eigenthümlichkeit von NEUMAYR an der ausgedehnten Transgression des oberen Jura nachgewiesen worden; ganz übereinstimmende Eigenthümlichkeiten zeigt die gewaltige Transgression des Mittel- und Oberdevon. Dementsprechend müssen auch die Änderungen, bezw. „Umprägungen" der Faunen unregelmässig vor sich gehen.

Die Transgressionen würden für die Abgrenzung der Formationen bedeutsamer sein, wenn aus den älteren Abschnitten der Erdgeschichte die Landfloren und Landfaunen in ausgedehnterem Maasse bekannt wären. Für die Abgrenzung der letzteren ist eine marine Überfluthung von einschneidender Wichtigkeit. Aber für die Zeit bis zum Untercarbon lässt uns dies Kriterium gänzlich im Stich. Es bleibt somit für die Unterscheidung der Formationen neben dem historischen Moment der ursprünglichen Abgrenzung nur der Charakter der marinen Faunen als alleiniges Kriterium ersten Grades übrig.

I. Das Cambrium.

Abgrenzung. Das Cambrium[1] oder die cambrische Formation ist ein Schichtensystem, das mehrere tausend Meter Mächtigkeit erreicht und meist discordant den präcambrischen Formationen oder den krystallinen Schiefern auflagert. Ein faunistischer und petrographischer Übergang zum Silur wird verhältnissmässig selten[2] beobachtet; doch sind auch durchgreifende, ausgesprochene Discordanzen an der oberen Grenze des Cambrium nur local[3] entwickelt.

Gesteine. Die verbreitetsten Gesteine des Cambrium sind dunkel gefärbte Thonschiefer, Grauwacken und Sandsteine, welche meist mit einem basalen Conglomerat, dem sicheren Anzeichen einer Transgression beginnen. Der Kalkstein ist auf einzelne Gegenden (Schonen, Sardinien, Nordschottland, Ostasien, Nordamerika) beschränkt und häufig in der Form von bituminösen Stinkkalkellipsoiden im Schiefer vorhanden (Skandinavien). Wohlgeschichtete, dichte Kalke sind in den vorerwähnten Gebieten zwar auch vorhanden, aber viel weniger verbreitet als in jüngeren Formationen.

---

[1] Cymria, Cambria alter Name für Wales.

[2] Skandinavien, Nevada.

[3] Böhmen und Mediterrangebiet.

Die cambrischen Gesteine sind meist stark gefaltet und dementsprechend zu ganz- oder halbkrystallinen Gebilden (Phyllit, Marmor) umgewandelt. Wo dieselben ungestört lagern, ist die ursprüngliche Beschaffenheit zuweilen noch erhalten (Potsdam- und Tonto-Sandstein, plastische Thone und lose Sande in Esthland). Deckenartige Eruptivlagen (Diabase), welche gleichzeitig mit den normalen Sedimenten gebildet wurden, sind verhältnissmässig selten (Böhmen, Vogtland, Norwegen).

Von den älteren, präcambrischen Formationen unterscheidet sich das Cambrium durch das stärkere Hervortreten der Schiefer gegenüber den Sandsteinen, von dem Silur durch die geringere Häufigkeit der Kalke.

Palaeontologischer Charakter. Die in grosser Zahl aus dem Cambrium beschriebenen Algenreste sind wohl ausschliesslich als Spuren von Würmern und anderen Meeresthieren zu deuten. Von ersteren gestatten die Wurmröhren (*Scolithus*, *Arenicolites*, *Salterella*) noch die zuverlässigste Deutung. „*Oldhamia*“ ist eine Fältelungsform der Schiefer.

Die grösseren Gruppen der wirbellosen Meeresthiere sind bereits — mit Ausnahme der Asteriden, Echiniden und Bryozoen — vorhanden, obwohl die Reste gerade der niedrigsten Formen, der Protozoen und Spongien (*Protospongia*), wenig hervortreten. Die in der Alten und Neuen Welt weit verbreiteten Archaeocyathinen[1] dürften einer besonderen, ausgestorbenen Gruppe der Korallen entsprechen. Näher an bekannte Formen schliessen sich die fünf- oder vierstrahligen Ausgüsse der Leibeshöhle von Medusen (*Medusites* Taf. 1 a) an. Die Hydrozoen werden durch die erloschene Gruppe der Graptolithiden vertreten, erreichen jedoch erst im obersten Cambrium mit *Dictyonema*[2] (daneben *Bryograptus* und *Dichograptus*) grössere Häufigkeit. Die Mollusken sind durch zweifelhafte Formen, wie *Fordilla* (Zweischaler oder Ostracode?), *Hyolithus* und *Theca*, ferner durch seltene Gastropoden (*Scenella*, *Bellerophon*, *Euomphalus*, *Platyceras*, *Maclurea*) und Cephalopoden (*Volborthella* und *Piloceras*, *Lituites*), sämmtlich schon im Untercambrium vertreten. Von Crustaceen sind vereinzelte Ostracoden (*Leperditia*, *Aristozoe*, *Beyrichia*), Gigantostraca (*Aglaspis* Hall.) und Phyllopoden (*Protocaris* und *Hymenocaris*) bekannt.

Alle genannten Gruppen werden von den Brachiopoden und vor Allem den Trilobiten an Bedeutung bei Weitem übertroffen. Unter den Brachiopoden wiegen hornschalige, schlosslose Formen aus den Familien der Linguliden (*Lingula*, *Lingulella*), Oboliden (*Obolus*, *Mickwitzia*, *Kutorgina*, *Neobolus*[3], *Obolella*, *Lakhmina*, *Linnarssonia*), Acrotretiden (*Acrotreta*, *Acrothele*), Disciniden (*Discinolepis*) vor. Die Oboliden und Acrotretiden sind — abgesehen von einer in das tiefste Silur hinaufgehenden Art (*Obolus siluricus*) — ausschliesslich cambrisch, während die beiden anderen Familien noch jetzt leben. Kalkschalige Brachiopoden — *Orthis*, *Orthisina* und *Camarella* (Rhynchonellide) — treten den erstgenannten gegenüber vollkommen zurück.

[1] Die auf die in Rede stehende Formation bezw. Abtheilung beschränkten Familien oder Gattungen werden hier wie im Folgenden gesperrt gedruckt.

[2] Das erste vereinzelte Erscheinen wurde, wie es scheint, in den *Neobolus*-Schichten des Pendschab beobachtet.

[3] Der Name enthält insofern einen Widersinn, als *Neobolus* nach den neueren Entdeckungen jedenfalls ebenso alt, wahrscheinlich noch älter als *Obolus* ist.

Wie die Brachiopoden durch vorwiegend hornige Ausbildung der Schale, so sind die cambrischen Trilobiten durch das Fehlen der Augen und die Unfähigkeit sich einzurollen ausgezeichnet. Vergl. Taf. 1. 1a u. 1b.

Die wichtigsten, mit Ausnahme von *Agnostus* auf das Cambrium beschränkten Gattungen sind *Olenellus* mit *Holmia* und *Mesonacis* (I[1]), *Paradoxides* (II), *Olenus*, *Peltura* und zahlreiche Untergattungen in III, *Dicellocephalus* (III[2]), ferner *Conocephalus* (I—II) und *Ptychoparia* (I—III), *Sao* (II), *Ellipsocephalus* (I, II), *Arionellus* = *Agraulos* (I, II), *Anomocare* (II), *Dorypyge* (I, II), *Agnostus* (I—III, Untersilur) und *Microdiscus* (I—II).

Da die grosse Mehrzahl der vorstehend erwähnten Gattungen nicht nur in feinschieferigen und kalkigen Gesteinen, sondern auch in zweifellosen, durch Wellenfurchen gekennzeichneten Litoralbildungen (Přibram, Blauer Thon Russlands) vorkommt, so ist eine Erklärung der Augenlosigkeit durch abyssische Lebensbedingungen ausgeschlossen. Die Annahme, dass der Verlust des früher vorhandenen Sehvermögens durch wühlende Lebensweise im Schlamme bedingt ist, erscheint unabweisbar; eine Untersuchung der präcambrischen, mit Augen versehenen Trilobiten ist möglicherweise durch die Skeletlosigkeit derselben ausgeschlossen.

Die Frage der Einrollungsfähigkeit der cambrischen Trilobiten ist verwickelter, als man gewöhnlich annimmt, da die verschiedenen Gattungen einen sehr abweichenden Aufbau besitzen. Man kann im Wesentlichen drei Fälle unterscheiden:

1. Die kleinen *Agnostus*- und *Microdiscus*-Arten waren zwar nicht im Stande, sich einzurollen, aber sie stellten ähnlich wie *Trinucleus* durch Aufeinanderklappen der gleich grossen Kopf- und Schwanzschilder einen vollkommenen Abschluss nach aussen her (Taf. 1a Fig. 11, Taf. 1 Fig. 2b, Taf. 2 Fig. 18).

2. Bei Formen, welche ein stachelartig zugespitztes Pygidium (Taf. 1a Fig. 7) oder ein Schwanzschild von sehr geringer Grösse besitzen (*Paradoxides*, *Conocephalus*, *Olenus* u. s. w.), ist ein Aufeinanderlegen des vorderen und hinteren Körperendes zwecklos, da das Pygidium das Kopfschild nur zum allerkleinsten Theile schützen würde.

3. Bei einigen weniger verbreiteten Gattungen wie *Dolichometopus* (= *Bathyuriscus*), *Asaphiscus* und *Anomocare* sind Cephalothorax und Pygidium gleich gross. Zusammengekugelte Exemplare sind auch bei diesen Formen noch nicht beobachtet, jedoch vielleicht nur, weil ganze Exemplare überhaupt zu den seltenen Erscheinungen gehören.

Jedenfalls ist die Fähigkeit der Trilobiten, sich durch Einrollen oder Zusammenklappen vor Nachstellungen zu schützen, für das Fortleben und die Weiterentwickelung der Gruppe ausschlaggebend gewesen. Bei dem Auftreten der grossen räuberischen Cephalopoden am Beginn des Silur (Orthocerenkalk) sterben die Oleniden und Conocephaliden aus; die Agnostiden leben in kleinen Formen weiter und aus den erwähnten einrollungsfähigen oder wenigstens adaptiven Gattungen *Asaphiscus*, *Dolichometopus* (= *Bathyuriscus*) gehen Asaphiden und wahr-

---

[1] Die beigesetzten Zahlen bedeuten: I Untercambrium, II Mittelcambrium, III Obercambrium. Die Tremadoc-Stufe wird zum Silur gerechnet. *Hydrocephalus* ist die Jugendform von *Paradoxides* (Taf. 1).

[2] In Norwegen noch im tiefsten Silur. Taf. 1b Fig. 11, 16, 17.

scheinlich auch Illaeniden hervor. Die Calymmeniden lassen sich in der Reihe *Calymmene — Pharostoma* (Tieferes Untersilur) — *Euloma* (*Ceratopyge*-Kalk) auf *Ptychoparia brachymetopus* (Mittelcambrium) zurückführen, und auch *Ampyx* dürfte von einer eigenthümlichen, mit spitzem Kopf versehenen, mit *Anomocare* nah verwandten Form abzuleiten sein. *Agnostus* lebt bis zum Ende des Untersilur, und von *Microdiscus* sind die Trinucleiden und Harpediden abzuleiten, welche beide die Fähigkeit, sich zusammenzuklappen, beibehalten haben.

Die Faciesentwickelung des Cambrium.

Die unregelmässige Vertheilung und die verhältnissmässige Seltenheit organischer Reste, sowie die ausserordentliche Verschiedenheit, welche dieselben von den jüngeren Faunen erkennen lassen, machen den Versuch einer physikalischen Beschreibung der cambrischen Meeresbildungen sehr schwierig. Dass grobklastische, mächtige Sandstein- und Grauwackenbildungen in einem flachen Meere zum Absatz gelangt sind, ist ebenso selbstverständlich, wie die Annahme, dass die wenig mächtigen, von einer artenarmen, aber individuenreichen Fauna erfüllten Alaunschiefer und bituminösen Kalke im tiefen Wasser abgelagert wurden. Die erwähnten Thatsachen, zusammen mit dem raschen Wechsel der Fauna, lassen die skandinavischen Andrarum-Kalke und Alaun-Schiefer als typisch entwickelte Vertreter uralter, abyssischer Ablagerungen erscheinen. Neben diesen scharf gekennzeichneten Faciesgebilden ist bei vielen anderen Thonschiefern die Entscheidung schwierig; denn gerade die vorherrschende Thierclasse der Trilobiten war sowohl im tiefen wie im flachen Meere heimisch.

Der Versuch einer Übersicht der cambrischen Faciesbildungen enthält somit noch viel Unbefriedigendes. Man kann nur sagen, dass von den unten angeführten Bildungen 1 und 2 in den flachsten, küstennahen Meerestheilen, 5 und 6 in etwas grösserer Tiefe zum Absatz gelangten. Thonschiefer (3) sind unter sehr verschiedenartigen Verhältnissen gebildet worden.

A. In flachem Meere wurden abgesetzt:

1. Conglomerate, meist an der Basis des Untercambrium (Skandinavien, England, New Foundland) oder des Obercambrium (Potsdam-Sandstein).
2. Sandsteine, grob- oder feinkörnig, vielfach als Grauwacke (z. B. Přibram), selten als Arkose (Nordschottland) entwickelt. Kreuzschichtung, Wellenfurchen und Kriechspuren (Lugnås, Potsdam-Sandstein) und Trockenrisse weisen auf einen Absatz in flachen Meerestheilen hin (Purpur-Sandstein im Pendschab, basaler Sandstein in Nordschottland).

   Modificationen von geringerer Bedeutung sind:

   2a. Sandstein, bezw. Quarzit mit durchsetzenden Wurmröhren: *Scolithus*-Sandstein von Schweden, Pipe rock von Schottland, Unterer Tonto-Sandstein des Cañon, Anneliden-Sandstein, der *Neobolus*-Sandstein.

   2b. Obolensandstein, besteht aus den hornigen Schalen der Obolen und eisenschüssigen Sandkörnern. Russland, Obere Tonto-Schichten.

   2c. Loser Sand (Russland).

2d. Den Gegensatz zu dem losen Sand bildet fester Quarzit (s. auch 2a): Sparagmit der Skandinavischen Hochgebirge, Prospect Mountain-Quarzit von Nevada, „Granular Quartz rock“ der Green Mts. New York.

3. Thonschiefer (bezw. Schieferthon) ist meist durch Übergänge (Grauwackenschiefer) mit dem Sandstein verbunden und vielfach durch gleiche Fauna gekennzeichnet (*Paradoxides*-Schiefer und Grauwacke bei Skrey, Obolen-Sandstein und Mergelschiefer im Colorado Cañon); auch im Pendschab führen die Sandsteine dieselben Brachiopoden, wie die zwischengelagerten, dunkelen *Neobolus*-Schiefer. In Russland wechselt loser Sand mit dem sogenannten blauen (rectius grünen) Thon.

4. Mergel mit Salzpseudomorphosen (Pendschab, Bagmwhalla-Gruppe), versteinerungsleere Bildung eines austrocknenden Meeres.

5. *Archaeocyathus*-Kalk von Sardinien und

5e. Serpulitkalk (mit *Salterella*) von Nordschottland.

6. Dolomit (Magnesian sandstone group), Pendschab, Nordschottland.

B. In tieferem Meere gelangten zum Absatz:

1. Bituminöser Alaunschiefer mit Stinkkalk-Knollen, enthaltend *Agnostus*, *Paradoxides* und vor Allem *Olenus* bezw. *Peltura* etc. (Skandinavien).

2. Kalk mit den in 1 vorkommenden Trilobiten, wenig mächtig (Bituminöser Kalk von Andrarum, Kalk von Liau-Tung).

3. Durness-Kalk von Nordschottland (organischen Ursprungs, Kalkschalen fast sämmtlich aufgelöst), in Bezug auf Art der Entstehung dem Globigerinenschlamm vergleichbar (s. u.).

4. *Dictyonema*-Schiefer (Skandinavien, Esthland, England, Belgien, Nordamerika).

5. *Lingula*-Flags (Mittel-England).

Die Meerestiefen, in denen diese feinkörnigen Schiefer 4—5 zum Absatz gelangten, waren geringer wie bei 1—3, doch dürften litorale Meere nicht in Frage kommen.

Typische Beispiele der Gliederung des Cambrium.

1. Das Cambrium in Nordschottland.

An der nordwestlichen Küste von Schottland zwischen Ullapool, Durness und Loch Eriboll zeigen nach den neueren Aufnahmen der englischen Landesuntersuchung (Peach und Horne[1] unter Mitwirkung von Cadell u. a.) die alt- und mittelcambrischen Schichten eine mächtige und mannigfaltige Entwickelung. Die Reihenfolge der einzelnen Zonen ist von oben nach unten die folgende:

[1] Quart. Journ. Geol. Soc. 1888. p. 400 ff. — Ibid. 1892. p. 270 ff. Die vollständige Aufzählung der Schichtenfolge ist in der ersten umfangreichen Publication „Recent work in the Scotch Highlands“ enthalten, die unter dem Namen von A. Geikie erschienen ist; die zweite Arbeit enthält die Angaben über *Olenellus*, dessen Auffindung die stratigraphischen Deutungen der ersten Arbeit wesentlich änderte.

Discordante Auflagerung von Devon (Old Red sandstone).

C. Kalkige Stufe. Durness-Kalk = Mittelcambrium z. Th. und Untercambrium	7. Durine group. Feinkörniger, heller Kalk mit einer dunkelen, fossilreichen Lage.
	6. Croisaphuill group. Massiger, dunkelgrauer, fossilreicher Kalk mit Hornsteinknollen.
	5. Balnakeil group. Fossilreicher, grauer Kalk wechselt mit thonigen fossilfreien Lagen.
	4. Sangomore group. Feinkörniger Dolomit im Wechsel mit röthlichem Kalk, unten mit weissem Hornstein.
	3. Sailmhor group. Massiger, krystalliner, dolomitischer Kalk mit Wurmröhren und zerstreuten Versteinerungen. An der Basis Hornstein.
	2. Eilean group. 200—300'. Thonige Kalke und Kalkschiefer ohne Versteinerungen.
	1. Ghrudaidh group. 100'. Dunkele Kalke, mit helleren wechselnd. 30' über der Basis eine Kalklage mit *Salterella Maccullochi* und *Orthoceras* sp.
B. Mittlere kalkig-sandige Stufe mit *Olenellus Lapworthi* Peach. Untercambrium 70—80'	3. Obere Zone. Serpulite grit. Oben löcherige Dolomite mit Anhäufungen von *Salterella (Serpulites) Maccullochi*. Unten massige Quarzite und Sandsteine. *Olenellus Lapworthi* findet sich in einer Schieferlage.
	2. Mittlere Zone. Braune kreuzgeschichtete Sandsteine und Schiefer.
	1. Fucoid-Beds. Kalkige „sandstones" und braun verwitternde, dolomitische Lagen mit *Olenellus Lapworthi*, *Olenellus* sp., *Hyolithus* sp. und zahlreichen Wurmröhren.
A. Sandige Stufe. Basales Untercambrium	2. Pipe-Rock (Pfeifenstein = *Scolithus*-Sandstein). Feinkörnige Quarzite mit senkrechten Wurmröhren (*Salterella*). 250—300'.
	1. Kreuzgeschichtete grobkörnige Sandsteine und Arkosen (Wurmröhren nur einmal gefunden). An der Basis ein wenig mächtiges Conglomerat. Die bis zollgrossen Bruchstücke derselben stammen aus den darunter liegenden Schichten. 200—300'.

Discordanz.

Präcambrischer Torridon-Sandstein.

Discordanz.

Gneiss.

Die Faciesentwickelung der altcambrischen Schichtengruppe, welche vor der Entdeckung von *Olenellus* allgemein als Untersilur angesehen wurde, beginnt mit einer fast vollkommen fossilleeren Transgressionsbildung (A. 1.). Während der raschen Anhäufung der kreuzgeschichteten, klastischen, z. Th. conglomeratischen Sandsteinmassen war keine Möglichkeit für die Entstehung thierischen Lebens vorhanden. Mit dem feinkörnigen Pipe rock (A. 2.) begann eine langsamere Schichtenbildung, und die auf den Meeresboden niederfallenden Seethiere bildeten die Nahrung der Ringelwürmer, von deren Dasein nur die vielfach in cambrischen Sandsteinen gefundenen Bohrgänge Kunde geben.

In den „Fucoid Beds" (B. 1.) erscheinen neben den bisherigen Röhrenbewohnern die ersten Olenellen und verschiedene freilebende Anneliden, deren flach gedrückte Excremente und Kriechspuren die Schichtflächen bedecken. Das sind die „Algen" der früheren Beobachter. Die Ablagerung des Serpuliten-Sandsteins (B. 2.) deutet auf vermehrte Zufuhr von klastischem Sediment hin.

Nach dem Absatz des Serpuliten-Sandsteins ist während der Bildung des Durness-Kalkes nur organisches — kein vom Festland stammendes klastisches

Material niedergesunken. Nicht mit Unrecht wird die Bildung der an Kieselsäure reichen Kalke auf den Absatz von Protozoen (Foraminiferen und Radiolarien) zurückgeführt. Allerdings lässt die krystalline Beschaffenheit die Untersuchung der Kalke auf organische Reste aussichtslos erscheinen [1]. Aber der Umstand, dass fast sämmtliche Kalkbänke von Wurmgängen durchsetzt sind, weist auf das Vorhandensein reichlicher, organischer Substanzen in dem Kalkschlamme hin und lässt ferner die Annahme berechtigt erscheinen, dass fast jedes Kalkpartikelchen durch den Darm von Anneliden hindurchgegangen ist. Korallen- oder Muschelbänke sind bei der Bildung dieses Kalkes nicht in Frage gekommen. Abgesehen von den ihrer Stellung nach zweifelhaften Archaeocyathinen ist nur eine einzige Koralle gefunden worden, welche mit „*Michelinia*" verglichen wird. Brachiopoden und Zweischaler, welche festgeheftet bezw. in unveränderter Stellung gefunden wurden, treten ganz zurück. Die häufigsten Mollusken sind Nautileen (*Orthoceras*, *Nautilus* und *Lituites* [2]). Weniger häufig treten Gastropoden wie *Maclurea* und *Pleurotomaria* auf. Die Orthocerenschalen haben so lange unbedeckt gelegen, bis die kalkigen Bestandtheile aufgelöst wurden und nur die widerstandsfähigeren (hornigen) Siphonen zurückblieben. Die letzteren ähneln in der Grösse und Zusammensetzung den Siphonen von *Endoceras* und gaben Veranlassung zur Aufstellung der Gattung *Piloceras* SALTER. Auch diese Erhaltungsart weist darauf hin, dass der Absatz des Durness-Kalkes langsam und in erheblicher Meerestiefe, etwa wie heute der des Globigerinenschlammes, erfolgte.

2. Das Cambrium in Skandinavien.

Trotzdem die cambrische Formation zuerst von SEDGWICK in England unterschieden wurde, bildet jetzt Skandinavien den Ausgangspunkt für die feinere Gliederung in Stufen und Zonen.

Für die eingehendere Kenntniss der Schichtenfolge des Cambrium in Wales und dem angrenzenden Shropshire kann auf die Tabelle I [3] verwiesen werden. Die stark gefalteten und zum Theil metamorphosirten Gesteine, für die zahlreiche, nicht unbedingt nothwendige Localnamen aufgestellt sind, erweisen sich meist als sehr versteinerungsarm. Der unermüdliche Eifer der skandinavischen Geologen hat allerdings die vollkommene Übereinstimmung der Fauna und der meisten Horizonte mit Skandinavien von der *Olenellus*-Zone [4] bis zu der oberen Grenze (*Ceratopyge*-Kalk = Tremadoc; *Dictyonema*-Schiefer) erwiesen. Auch der Harlech grit in Wales

[1] Auch bei den dickeren Schalen von Mollusken ist die Schalensubstanz fast immer fortgeführt und durch infiltrirten Kalkspath ersetzt.

[2] Teste PEACH, l. c. p. 407. Wenn diese allgemein gehaltenen Bestimmungen sich bestätigen, erscheinen *Lituites*, *Nautilus* und *Maclurea* bereits im älteren Cambrium, eine Thatsache, die vorher unbekannt war, aber durch das bisher kaum beobachtete Vorkommen einer Kalkfacies in so tiefem Horizonte zu erklären wäre.

[3] In der älteren Gliederung der silurischen Schichten von MURCHISON (I. Bd. dieses Werkes S. 11) ist Cambrium und Untersilur unvollkommen vertreten.

[4] *Olenellus (Holmia) Kjerulfi* ist zweifellos zunächst verwandt mit *Olenellus (Holmia) Callavei* LAPWORTH aus Shropshire. (LAPWORTH, *Olenellus (Holmia) Callavei*. Geological Magazine. Dec. III. Vol. VIII. p. 529.)

und die basale Serie der Arkosen und Conglomerate der nördlichen Hochlande haben ihr Analogon in dem Fucoiden- und *Eophyton*-Sandstein. Nur die Zone des mit dem amerikanischen *Olenellus Thompsoni* HALL zunächst verwandten *Olenellus Lapworthi* PEACH et HORNE ist in Skandinavien noch nicht nachgewiesen. Die ausserordentlich bedeutende Mächtigkeit der Schichten, welche oft das Hundertfache der entsprechenden skandinavischen Zonen beträgt, dürfte z. Th. auf facielle Unterschiede, z. Th. aber auch auf die durch Faltung bedingte Wiederholung desselben Horizontes zurückzuführen sein (Schuppenstructur).

Ia. Der untercambrische Sandstein.

Regio *Fucoidorum* ANGELIN.

Eophyton-Sandstein und Fucoidensandstein in Schweden (Hardebergа-Sandstein in Schonen, Digerberg-Sandstein in Dalarne), Sparagmitsandstein in Norwegen.

Die verbreitetste aller cambrischen Bildungen Schwedens ist der über die älteren Formationen transgredirende und infolge seiner petrographischen Zusammensetzung äusserst widerstandsfähige Fucoidensandstein. Die Benennung deutet zwar auf eine unrichtige Erklärung, welche man früher den häufig vorkommenden Spuren von Würmern und anderen Thieren gegeben hat, wird aber von den schwedischen Geologen beibehalten. Die Gerölle des an der Basis häufig conglomeratartig ausgebildeten Sandsteines bestehen ausschliesslich aus Quarz, ein Umstand, der eine eingreifende säculare Verwitterung des Urgebirges vor der Transgression wahrscheinlich macht[1]. Die windgeschliffenen Dreikanter, welche NATHORST bei Lugnås fand[2], weisen auf die Nähe des alten Strandes und das allmähliche Vorschreiten der Meeresüberfluthung hin.

In Westgothland, vor Allem an der typischen Localität Lugnås, sind die unteren Schichten des Fucoidensandsteines etwas abweichend entwickelt, indem sich hier dünne Thonlagen einschalten. Für diese locale Ausbildung, welche allein organische Reste in grösserer Zahl geliefert hat, wird die Bezeichnung *Eophyton*-Sandstein gebraucht.

Die organischen Reste bestehen, abgesehen von den mannigfaltigen Kriechspuren und Bohrgängen „*Cruziana*", „*Bilobites*" etc. (*Scolithus linearis*), aus Abdrücken des inneren Hohlraumes von Medusen (*Medusites Lindströmi* LNS., *Medusites favosus* NATH., *Medusites radiatus* LNS.[3] und den ältesten Brachiopoden: *Mickwitzia monilifera* LNS. sp. (zu den Oboliden gehörig) und *Lingulella favosa* LNS. Ein *Hyolithus* (*H. laevigatus* LNS.) ist in Schonen gefunden worden.

Für die Kenntniss der ältesten cambrischen Fauna ist ferner die Gegend von Reval in Esthland bedeutungsvoll. Hier wurde durch MICKWITZ in einer dem Blauen

[1] NATHORST, Sveriges Geologi. p. 117.

[2] Ibidem p. 137.

[3] Taf. Ia Fig. 1—3b. LINNARSSON, On some fossils found in the Eophyton Sandstone at Lugnås in Sweden. Öfv. af Kongl. Svensk. Vet. Ak. Förhandlingar 1869. Id. Kongl. Svensk. Vet. Ak. Handlingar. Bd. 9. No. 7. 1871 (*Agelacrinus Lindströmi*). NATHORST, ibid. Bd. 19. No. 1. p. 25. t. 4 f. 1—10. t. 5 f. 1—4 (*Medusites Lindströmi*). Für die Kenntniss der fossilen Faunen Schwedens sind besonders wichtig die von der palaeontologischen Abtheilung des schwedischen Reichsmuseums (G. LINDSTRÖM) herausgegebenen Arten-Verzeichnisse: I. Cambrian and Lower Silurian. 1888.

Thon eingelagerten glaukonitischen Sandsteinbank ein *Olenellus* (*O. Mickwitzi* SCHMIDT) entdeckt; die zunächst verwandten Formen kommen im Osten von Nordamerika vor und werden zu der durch eigenthümliche Pleural-Stacheln ausgezeichneten Untergattung *Mesonacis* (*M. vermontana*) gestellt. Ferner finden sich winzige Orthoceren (*Volborthella*), Gastropoden (*Scenella*) und Cystideenstiele (*Platysolenites*[1]). Wichtig für den Vergleich mit Schweden ist ein isolirt gefundenes[2] Exemplar von *Medusites Lindströmi* LNS. sp., sowie das häufige Vorkommen von *Mickwitzia monilifera*; letztere Art erfüllt am Strande bei Strietberg eine bestimmte Sandsteinbank, die mindestens 10 m über dem *Olenellus*-Sandstein liegt[3].

Bei einem Vergleich des Cambrium der nördlichen und südlichen baltischen Länder ist davon auszugehen, dass eine Transgression, welche einen flachen, durch säculare Verwitterung beeinflussten Continent allmählich überdeckt, Bildungen von sehr verschiedener Mächtigkeit gleichzeitig zum Absatze bringt. Mit Recht weist NATHORST[4] darauf hin, dass der Fucoidensandstein verschiedenen Bildungszeiten angehören könne. Eine uralte Landmasse hat wahrscheinlich während der ganzen cambrischen Zeit die südliche Begrenzung des esthnischen Meeres gebildet. Während des Untercambrium wurden in der neugewonnenen Küstenzone (d. h. in Esthland) bedeutende Mengen von klastischem Sediment[5] angehäuft. In dem flacher gewordenen Meere konnten daher später nur weniger mächtige Schichten zum Absatz gelangen. Hieraus erklärt sich die geringe Mächtigkeit der Litoralfacies des Obolensandsteins, welche dem ganzen mittleren und dem oberen Cambrium[6] Schwedens homotax ist. Die regelmässige und vollständige Ausbildung, welche die meisten Zonen des nordischen Palaeozoicum besitzen, lassen derartige Lücken als etwas Ungewöhnliches erscheinen, die in anderen Gebieten (etwa im amerikanischen Devon und im alpinen Jura) die Regel darstellen. Grösser als in Esthland ist die Lücke in Dalarne, wo das zwischen Fucoidensandstein und *Phyllograptus*-Schiefer liegende *Obolus*-Conglomerat das mittlere, das obere Cambrium und die *Ceratopyge*-Stufe vertritt. Die Beobachtungen in Jemtland, wo über dem (zu den *Paradoxides*-Schichten gehörenden) Conglomerat mit *Orthis exporrecta* die tieferen *Olenus*-Zonen gelegentlich[7] fehlen, erläutern die allmähliche Entstehung derartiger Lücken.

Während bei den weitverbreiteten Faciesbildungen des tieferen Wassers eine stratigraphische Vergleichung entlegener Gebiete (Schweden, Nordamerika u. a.) möglich ist, wechselt die Versteinerungsführung und der Gesteinscharakter von Flachseeschichten schon auf geringe Strecken. In Esthland ist die einzige bekannte Fauna im oberen Theil des Blauen Thones gefunden worden, während die Fauna

---

[1] F. SCHMIDT, Über eine neu entdeckte untercambrische Fauna in Esthland. Mém. académie impér. St. Pétersbourg. T. 36. No. 2. 1888.

[2] Am Strande bei Ontika von Frau Baronin TOLL (auf Kuckers) gesammelt.

[3] MICKWITZ bei F. SCHMIDT, l. c. p. 8, 9.

[4] Sveriges geologi. p. 146.

[5] Der Untere Sandstein und der Blaue (resp. grüne) Thon besitzen nach SCHMIDT l. c. p. 11 ca. 70 m Mächtigkeit; die Dicke des Fucoidensandsteines beträgt z. B. in Westgötland nur 10 m; derselbe fehlt z. B. in Jemtland fast gänzlich.

[6] Excl. der *Dictyonema*-Zone.

[7] WIMAN, Über die Silurformation in Jemtland. p. 6.

des *Eophyton*-Sandsteines in Westgötland an der Basis des dortigen Untercambrium liegt. Die Übereinstimmung der beiden Faunen ist keineswegs weitgehend und beschränkt sich — da *Medusites Lindströmi* in Esthland isolirt gefunden ist — auf das Vorkommen von *Mickwitzia monilifera*. Die übrigen esthnischen Arten fehlen in dem schwedischen Sandstein. Die Folgerung, dass die unteren 600 Fuss der Esthländer Schichtenfolge ohne Aequivalent in Schweden und in anderen Ländern seien, ist nicht hinlänglich begründet. Es steht nur so viel fest, dass die Mächtigkeit der gleichwerthigen, durch dieselbe Transgression gebildeten Sandsteinmassen im Süden grösser ist als im Norden.

Ib. Die Stufe des Olenellus Kjerulfi.

Die Gattung *Olenellus* s. str. und die Untergattung *Mesonacis* (*M. Lapworthi*) fehlen in Skandinavien, die esthnische Zone des *Olenellus* (*Mesonacis*) *Mickwitzi* Schmidt ist einem nicht genauer abzugrenzenden oberen Abschnitte des versteinerungsleeren Fucoidensandsteines homotax.

Die Zone des *Olenellus* (*Holmia*) *Kjerulfi* Linnarsson, welche in Esthland noch nicht nachgewiesen wurde, ist auch in Skandinavien nur local (Schonen, Jemtland, Christiania) entwickelt und besitzt die geringfügige Mächtigkeit von 1½—2 m. Neben dem Leitfossil finden sich[1] in dem sandigen Schiefer *Arionellus primaevus* Brogg., *Ellipsocephalus Nordenskjöldi* Lns.?, *Lingulella Nathorsti* Lns., *Agnostus atavus* Tbg. (die älteste Art der Gattung), *Torellella laevigata* Lns. und *Hyolithus*.

Olenellus Callavei Hicks aus dem Comley-Sandstein in Shropshire, der zunächst mit *O. Kjerulfi* verwandt ist, wird begleitet von *Kutorgina cingulata*, *Linnarssonia sagittalis*, *Hyolithellus* cf. *micans* Walc. und *Ellipsocephalus* sp.[2]

II. Das mittlere Cambrium oder die Paradoxidesschichten.

Regio *Conocoryphorum* Angelin[3].

Andrarum-Kalk im oberen Theile.

Im mittleren Cambrium wird *Olenellus* von *Paradoxides* abgelöst. Die in drei Untergruppen gegliederte, durch mannigfachen Wechsel der Kopfform und der Stachelfortsätze ausgezeichnete, in lebhafter Differencirung befindliche Urform *Olenellus* entwickelt in *Paradoxides* einen ziemlich ausdauernden Seitenzweig. Auch hier ist die Zahl der auftretenden Arten nicht unbeträchtlich: jedoch erscheint die Variabilität auf viel engere Grenzen beschränkt. Die schon in dem *Olenellus*-Horizont vorkommenden Gattungen *Ellipsocephalus*, *Arionellus* und *Agnostus* setzen in anderen Arten fort. *Microdiscus* und die Conocephaliden (*Conocephalus* und *Ptychoparia*[4]), die in Europa neu auftreten, sind in Nordamerika aus den tieferen Schichten

[1] Taf. 1a Fig. 13. Holm. Geologiska Föreningens förhandlingar. Vol. 9 p. 7. Stockholm 1887, p. 22.

[2] Taf. 1a Fig. 3 u. 6. Hicks, Geological Magazine Dec. III. Vol. VIII. p. 532.

[3] Die Angaben in der älteren Gliederung Angelin's (l. p. 13) sind zum Theile ungenau.

[4] Die noch nicht hinreichend geklärte Synonymik der mittelcambrischen Conocephaliden erschwert die stratigraphische Vergleichung derart, dass eine vorläufige Revision derselben nicht zu umgehen war. Man kann die beiden Gruppen der Gattung *Conocephalus* Zenk. (= *Conocephalites*

bekannt. Sehr bemerkenswerth ist die scharfe palaeontologische Scheidung der Zonen; nur wenige Trilobiten gehen durch zwei Horizonte hindurch. Z. B. ist von den Paradoxiden nur *P. Tessini* auch aus der höheren Zone des *P. Davidis* bekannt. In der Tiefseefacies des Alaunschiefers schliessen die wenigen gleichzeitig lebenden Arten durch massenhaftes Auftreten das Emporkommen anderer Formen aus. Nur *Agnostus* ist durch zahlreichere Arten vertreten. Man bezeichnet die vier unteren Zonen des skandinavischen *Paradoxides*-Schiefers nach den nachfolgend genannten, auf einander folgenden Arten. Die Zone des *Agnostus laevigatus* wird ebenfalls noch als oberer Andrarum-Kalk zum mittleren Cambrium gerechnet, trotzdem *Paradoxides* (und *Ariondlus*) bereits fehlen.

5. Zone des *Agnostus laevigatus*; *Conocephalus costatus*, *Agnostus pisiformis* (Vorkommen in Schonen, Ostgötland, Westgötland und Nerike).
4. Zone des *Paradoxides Forchhammeri* oder unterer Andrarum-Kalk. Auftreten neuer Gattungen: *Anomocare (A. excavatum, laeve)*, *Dolichometopus*, *Acrotocanthus*, *Corynexochus*, *Ariondlus (A. aculeatus* und *acuminatus)*, *Elyx* (Subgenus von *Conocephalus*). *Ptychoparia holometopus*, *Pt. brachymetopus*, *Pt. stenometopus*, *Agnostus glandiformis*, *aculeatus* (und 12 andere Arten). *Microdiscus* fehlt bereits.
3. Zone des *Paradoxides Davidis* (Schonen: Alaunschiefer und bituminöser Kalk).

Barr.) zu zwei verschiedenen Gattungen stellen, wie es Corda (Prodromo t. 8) gethan hat und neuerdings von den meisten Autoren befürwortet wird. Auch Barrande unterscheidet zwei Sectionen (Syst. Sil. I. p. 413), welche den beiden Gattungen entsprechen.

1. Ohne Augenhöcker. Die Wangen sind mit dem Mitteltheile fest verwachsen; Kopf daher meist vollständig:

Conocephalus Zenk. 1833 (*C. Sulzeri* Schloth. sp. Taf. 1 Fig. 7, nah verwandt ist *C. emarginatus* Lnn. sp. aus der *Oelandicus*-Zone).

= *Conocoryphe* Corda 1847.

= *Conocephalites* Barr. 1852. Sect. I.

Hierher gehört als Untergattung *Elyx* Angelin, durch starke Auftreibung und Verlängerung der Wangenschilder ausgezeichnet und durch die Gruppe des *Con. exsulans* Lnn. mit der Hauptform verbunden.

2. Mit Augenhöcker. Die Wangen sind lose; Mitteltheile des Kopfes und Wangenschilder daher sehr häufig isolirt gefunden:

Ptychoparia Corda 1847 (Typus *Ptych. striata* Emmr. sp.). Taf. 1a Fig. 14.

= *Conocephalites* Barr. 1852. Sect. II.

= *Solenopleura* Angelin 1854.

= *Liostracus* Angelin 1854.

Die Abbildungen Angelin's sind nicht sonderlich gelungen, so dass die Wiedererkennung der Gattung sehr erschwert wird. U. a. sind bei der typischen Art *Sol. holometopus* (Pal. scand. t. 18 f. 8) die Furchen der Leibesringe verkehrt gezeichnet (was Walcott copirt). Ein in Berlin befindliches Exemplar der typischen Art lässt keine generischen Unterschiede von *Ptych. striata* erkennen. Das Vorhandensein eines Nackenstachels bei *Liostracus* dürfte ebenfalls kaum als wesentlicher Unterschied anzusehen sein; bei „*Solenopleura*" *brachymetopus* ist eine Warze an Stelle des Stachels entwickelt; bei den nahestehenden Formen *Arionellus sulcatus* Ang. sp. und *difformis* Ang. sp. (*Anomocare* Ang. Taf. 18) zeigt die Entwickelung des Nackenstachels bzw. der Nackenwarze ebenfalls alle möglichen Übergänge.

Auftreten von *Harpides*, Verschwinden von *Ellipsocephalus*. Ausserdem kommen vor: *Microdiscus eucentrus*, *Agnostus elegans*, *Paradoxides brachyrhachis*, *Paradoxides Tessini* u. a.

2. Zone des *Paradoxides Tessini* (Schonen, Ostgötland, Westgötland, Nerike als Alaunschiefer; Jemtland, Christiania, Oeland und Smäland als kalkiger Sandsteinschiefer): *Microdiscus scanicus*, *Agnostus rex*, *Ellipsocephalus granulatus*, *Conocephalus exsulans*, *C. Dalmani*, *Conocephalus (Liostracus) aculeatus*.
1. Zone des *Paradoxides Oelandicus* (Oeland, Smäland, Ostgötland und Jemtland): *Ellipsocephalus polytomus*, *Conocephalus emarginatus*, *Agnostus regius*.

Den obersten Abschluss der *Paradoxides*-Schichten bildet vielfach ein aus Stinkkalkbruchstücken bestehendes Conglomerat mit *Orthis exporrecta* Lss., *O. Hicksi* Lss. und *Obolus* sp. Dasselbe ist aus Oeland und Jemtland bekannt und scheint in der letztgenannten Gegend die Zone des *Agnostus laevigatus* zu vertreten.

Während die vorstehende Eintheilung für das mittlere Schweden, abgesehen von dem etwas unregelmässigen Auftreten der ersten Zone allgemeine Giltigkeit besitzt, sind im südlichen Theil des Landes, in Schonen, verschiedene Abweichungen bemerkbar; u. a. wurde der englische *Paradoxides Davidis* bisher nur hier gefunden.

Über dem Fucoidensandstein und der Zone des *Olenellus Kjerulfi* beobachtet man hier nach Tullberg[1]:

5. —	μ.	Schicht mit *Agnostus laevigatus*.
4.	λ.	" " *Paradoxides Forchhammeri*.
3.	κ.	" " *Agnostus Lundgreni*.
	ι.	" " *Paradoxides Davidis*.
	θ.	" " *Conocephalus aequalis*.
2.	η.	" " *Agnostus rex*.
	ζ.	" " *Agnostus intermedius*.
	ε.	" " *Microdiscus scanicus*.
	δ.	" " *Conocephalus exsulans*.
1.	γ.	" " *Agnostus atavus* (eine Art des *Olenellus*-Horizontes).
	β.	" " Fragmentkalk.
	α.	" " Schwarzer Alaunschiefer.

Abgesehen von den im Vorstehenden genannten Versteinerungen wird das mittlere Cambrium durch das Vorkommen der Hexactinellide *Protospongia fenestrata* ausgezeichnet. Brachiopoden[2] treten gegenüber den vorherrschenden Trilobiten zurück, sind aber häufiger, als in den *Olenus*-Schichten. Ganz vereinzelt sind Angehörige anderer Gruppen[3].

[1] Die Ziffern der vorstehenden 5 Hauptzonen sind an den entsprechenden Stellen eingefügt.
[2] *Acrothele*, *Acrotreta*, *Kutorgina*, *Iphidea*, *Obolella*, *Orthis*.
[3] *Hyolithus*, *Leperditia*, *Metoptoma*.

III. Das obere Cambrium oder die Olenus-Schichten.

Regio *Olenorum* Angelin.

Die mit *Paradoxides* verwandte Gattung *Olenus* und zahlreiche nahestehende Gruppen: *Parabolina*, *Eurycare*, *Leptoplastus*, *Peltura*, *Acerocare*, *Sphaerophthalmus*, *Ctenopyge*, *Cyclognathus*, kennzeichnen die obere Abtheilung des Cambrium in Skandinavien, Grossbritannien und im östlichen Nordamerika. *Olenus* ist auf die untere Stufe beschränkt, während die genannten Gattungen, vor allem *Parabolina*, *Peltura*[1] und *Leptoplastus* überall die höheren Zonen kennzeichnen. Zu Millionen erfüllen die Reste der oft winzig kleinen Trilobiten die bituminösen Kalkknollen der Alaunschiefer; meist findet sich in einer Knollenlage nur eine einzige Art; doch ist andererseits der faunistische Zusammenhang der einzelnen Zonen etwas wahrnehmbarer als im Mittelcambrium. In Nordeuropa (einschliesslich der Ostseeprovinzen), sowie im Osten von Nordamerika bildet die Zone mit *Dictyonema flabelliforme* (und *Acerocare*) stets die obere Grenze. Von den übrigen Horizonten sind ein unterer mit *Agnostus pisiformis* mut. *socialis* und *Olenus*, ein mittlerer mit *Parabolina spinulosa* und ein oberer mit *Peltura scarabaeoides* allgemeiner[2] verbreitet.

Mit *Paradoxides* sind im oberen Cambrium fast alle älteren Trilobiten (*Ellipsocephalus*, *Conocephalus*, *Ptychoparia*[3], *Microdiscus* und *Arionellus*[4]) verschwunden. Von der Gattung *Agnostus*[5], welche an Zahl der Individuen und Arten (30) *Paradoxides* übertraf, sind nur noch vereinzelte Formen (5) übrig geblieben. Der scharfen palaeontologischen Trennung der einzelnen *Paradoxides*-Zonen entspricht die Thatsache, dass keine Art unverändert aus dem mittleren in das obere Cambrium hinaufgeht; eine scheinbare Ausnahme bildet *Agnostus pisiformis*, welche bereits in der *Laevigatus*-Zone vorkommt und im unteren Obercambrium durch Mutationen (mut. *socialis* Tullb. und mut. *spinigera* Dalm.) vertreten wird. Von ferneren neu auftretenden Formen sind zwei Graptolithen (*Bryograptus Kjerulfi* Brögg. und *Dichograptus tenellus* Lns.) zu nennen. Von Brachiopoden und Ostracoden ist nur je eine Art bekannt (*Orthis lenticularis* Wahl. und *Beyrichia Angelini* Wahl.). Kleinere Abweichungen, welche die obercambrischen Zonen in den getrennten Gebieten Skandinaviens erkennen lassen, sind in der Tabelle auf folgender Seite zur Darstellung gebracht.

Die facielle Entwickelung der cambrischen Ablagerungen in Skandinavien.

Die facielle Entwickelung der cambrischen Ablagerungen in den einzelnen Provinzen Schwedens lässt sich im Anschluss an Nathorst[6] etwa in folgender Weise schildern:

[1] Taf. 1 Fig. 6, Linnarsson, Über die Versteinerungen in den Schichten mit *Peltura* und *Sphaerophthalmus*. Sveriges geologiska undersökning. Ser. C. No. 43.

[2] Einschliesslich Neu-Braunschweig, ausschliesslich der Ostseeprovinzen.

[3] Nur in Amerika ist *Ptychoparia*, in England *Conocephalus* im Obercambrium vorhanden.

[4] Hierzu seltene Formen wie *Aneuacanthus* und *Dolichometopus*.

[5] *Agnostus* fehlt zum Beispiel in den mittleren Zonen des Christianiagebiets (2c, d, e) gänzlich.

[6] Sveriges geologi. Stockholm, Beijer. 1893. p. 145.

Der transgredirende Fucoidensandstein gehört möglicherweise nicht überall derselben Bildungszeit an. Die Zone des *Olenellus Kjerulfi* kennt man mit Sicherheit aus Schonen, Jemtland und Norwegen (Christiania); das Vorkommen in Oeland und Lappland ist nicht vollkommen verbürgt. In den folgenden Zonen ist eine allmähliche Vertiefung des Oceans nachweisbar. Die jemtländische Entwickelung als Phosphoritconglomerat, kalkiger Sandstein und grünlicher Schiefer bildet einen Übergang zu der älteren Transgressionsbildung. Die Zone des *Paradoxides oelandicus* fehlt in mehreren Provinzen und ist nur selten (Jemtland) als abyssischer Alaunschiefer ausgebildet; auch die *Tessini*-Schichten treten noch in verschiedener Entwickelung auf, zuweilen als kalkiger Sandsteinschiefer, zuweilen

Die Zonen des oberen Cambrium in Schweden (nach NATHORST).

Schonen (TULLBERG)	Oeland, Ostgötland und Jemtland[1]	Westgötland	Nerike	Christiania
Schicht mit:	Schicht mit:	Schicht mit:	Schicht mit:	Schicht:
Bryograptus Kjerulfi *Dictyonema*	*Dictyonema flabelliforme*	*Dictyonema flabelliforme*		3aα
Acerocare				2e
Cyclognathus micropygus		*Sphaerophthalmus alatus*		2dγ
Peltura scarabaeoides	*Peltura* und *Sphaerophthalmus*	*Peltura scarabaeoides*	*Peltura scarabaeoides* *Ctenopyge flagellifera*	2dα,β
Eurycare camuricorne	*Eurycare* und *Leptoplastus*	*Eurycare latum*	*Leptoplastus stenotus*	2c
Parabolina spinulosa	*Parabolina* und *Orthis lenticularis*	*Parabolina spinulosa*	*Parabolina spinulosa*	2b
Ceratopyge sp. *Olenus truncatus*	*Olenus gibbosus*	*Olenus gibbosus*	*Beyrichia Angelini* *Olenus gibbosus* und *truncatus*	2a
Leperditia sp. *Agnostus pisiformis* mut. *socialis* Fossilleerer Alaunschiefer	*Agnostus pisiformis* mut. *socialis*		*Agnostus reticulatus*	

als grünlicher Schieferthon, zuweilen als Alaunschiefer mit Knollen von bituminösem Kalk[2]. Nur die Kalkknollen enthalten Versteinerungen, und wo die Kalke fehlen, ist auch im Alaunschiefer die scheinbare Abwesenheit einzelner Zonen bemerkbar. Diese Faciesverschiedenheit, sowie das theilweise Fehlen der älteren Zonen erklärt sich daraus, dass bis zur Zone des *Paradoxides Tessini* die Schichten in geringerer Wassertiefe mit gelegentlichen Lücken und in ungleicher Mächtigkeit abgelagert wurden.

Mit der Zone des *Paradoxides Forchhammeri* (Andrarum-Kalk) erfolgt ein Tieferwerden des Meeres, und daher besitzt dieselbe auch grössere Ver-

[1] In Jemtland fehlt die *Dictyonema*-Zone.
[2] Schwedisch orsten, französisch ampélite.

breitung als die vorhergehenden. In Schonen und Jemtland war vermuthlich schon während der ganzen cambrischen Zeit, vor und während der Ablagerung der *Tessini*-Schichten, tieferes Wasser vorhanden, als in irgend einer der übrigen Landschaften; wahrscheinlich enthalten aus diesem Grunde die Alaunschiefer in Schonen Faunen, die man in anderen Gegenden vermisst. Im Osten scheint der Meeresboden weniger tief gewesen zu sein; hierauf verweist die Beschaffenheit der *Paradoxides*-Schichten, die geringe Mächtigkeit der Alaunschiefer auf Oeland, sowie das vollkommene Fehlen derselben in den Ostseeprovinzen.

Die Untiefen der deutschen Ostseeprovinzen dürften mit einem östlich, in der Gegend von Finnland gelegenen Urgebirgsstrand zusammengehangen haben. Denn nach Süden zu erstreckte sich das mittelcambrische Meer weithin. Aus Sandomir in Polen sind neuerdings von GÜRICH schwarze Quarzite mit den Arten der schwedischen Zone des *Paradoxides Tessini* beschrieben worden[1].

Norwegen. Die Entwickelung des Cambrium in der Gegend von Christiania stimmt mit der schwedischen, insbesondere der jemtländischen — abgesehen von geringen, aus der Tabelle zu ersehenden Abänderungen — vollständig überein.

Bornholm. Aus JOHNSTRUP's Beschreibung der Schichtenfolge und der vergleichenden Übersicht von BRÖGGER[2] ergiebt sich, dass die cambrischen Schichten der Insel versteinerungsarm und sehr wenig mächtig entwickelt sind, aber in allen wesentlichen Zügen mit Skandinavien übereinstimmen. JOHNSTRUP's unterer Alaunschiefer und Andrarum-Kalk entsprechen den *Paradoxides*-Schichten, trotzdem sie zusammen kaum einen Meter Mächtigkeit besitzen. In dem bei Laesä bis 17 m mächtigen oberen Alaunschiefer sind nach dem Fossilienverzeichniss die Hauptzonen der *Olenus*-Schichten vertreten. *Dictyonema flabelliforme* EICHW. (= *D. Hisingeri* GÖPP.) kennzeichnet das obere Grenzniveau, in welchem Trilobiten kaum beobachtet werden. Die *Ceratopyge*-Schichten fehlen.

IV. Die obere Grenze des Cambrium.

Die Grenze von Cambrium und Silur ist in Schweden (und noch mehr in den Ostseeprovinzen) sehr scharf ausgeprägt. Wenn wir, wie bisher, nur die Trilobiten in Betracht ziehen, so gehen nur drei Gattungen (*Agnostus*, *Harpides* und *Ceratopyge*), aber keine einzige Art[3] aus dem Cambrium in den *Ceratopyge*-Kalk hinauf; andererseits erscheinen in demselben nicht weniger als drei neue Familien und 13 Gattungen[4]. Eine derartige scharfe Scheidung macht zwar die Grenzbestimmung der Formationen leicht und selbstverständlich, lässt aber andererseits die Frage nach den Gründen dieser auffälligen Erscheinung naheliegend erscheinen. Ein Vergleich mit dem südlichen Norwegen[5] lehrt nun, dass die schwedische Schichtenfolge unvollständig entwickelt ist. Zwei zum Theil durch eigenartige

[1] Neues Jahrb. f. Min. etc. 1892. I. (*Agnostus fallax* LNS., *A. gibbus* LNS., *Ptychoparia Linnarssoni* BRÖGG. sp., *Paradoxides* cf. *Tessini* BRONGN.)

[2] Die Siluretagen 2 und 3 im Kristianiagebiet und auf Eker. p. 140.

[3] *Cyclognathus micropygus* kommt allerdings in Norwegen noch mit *Symphysurus* zusammen vor, geht aber nicht mehr in den eigentlichen *Ceratopyge*-Schiefer hinauf.

[4] Hierzu noch *Parabolinella* aus Norwegen. Vergl. Taf. 1b Fig. 1—14.

[5] BRÖGGER, Die Siluretagen 2 und 3 im Kristianiagebiet und auf Eker. p. 10—18.

Formen ausgezeichnete Zonen liegen im Christianiagebiet zwischen den Schichten mit *Dictyonema* und dem *Ceratopyge*-Kalk.

Man braucht selbstredend nicht anzunehmen, dass eine Trockenlegung des südlichen schwedischen Meeresbodens erfolgt ist. Mangel an Sediment ist auf dem Grunde der heutigen Oceane so häufig beobachtet worden, dass man die gleiche Voraussetzung auch für die Meere der Vorwelt machen darf.

Im südlichen Norwegen, wo die Sedimentirung und die Entwickelung der Lebewesen ruhig und gleichmässig vor sich ging, beobachtete nun Brøgger einen allmählichen und unmerklichen Übergang vom Cambrium in das Silur.

Etwas höher als der Schiefer, welcher von *Dictyonema flabelliforme* (2e) erfüllt ist, liegt — wie in Schonen (s. oben) — *Bryograptus Kjerulfi* Lapw.

3aα. Schiefer und Kalkstein mit *Symphysurus incipiens*[1] (4—5 m) überlagert, durch unmerklichen Übergang verbunden, die Schiefer, welche *Dictyonema* und *Bryograptus* führen. Mit Rücksicht auf das Erscheinen der im Obercambrium fehlenden Familie der Asaphiden[2] hat Brøgger die Grenze von Cambrium (= Primordialsilur l. c.) und Untersilur an diese Stelle gelegt. Der untrennbare stratigraphische Zusammenhang mit den älteren Schichten wird faunistisch durch *Cyclognathus micropygus* erwiesen, der in einer kaum abweichenden Form im obersten *Olenus*-Schiefer vorkommt, über den *Dictyonema*-Schiefer hinausgeht und noch in derselben Schicht mit *Symphysurus* liegt. Gleichzeitig findet sich *Parabolinella limitis* Brøgg., eine neue von *Parabolina* abzuleitende Gattung, und *Ceratopyge forficula* (die ebenfalls im schwedischen *Olenus*-Schiefer vorkommt). Vergl. Taf. 1b Fig. 5, 9 u. 10.

Die Auffassung Brøgger's, welcher trotz des numerischen Überwiegens älterer Oleniden die stratigraphische Scheidung mit dem Auftreten eines neuartigen Familientypus zusammenfallen lässt, ist durchaus berechtigt. Die Grenze von Silur und Devon ist in ähnlicher Weise in diejenige Zone gelegt, in welcher die ersten Ammoneen auftreten.

3aβ. Der *Ceratopyge*-Schiefer (6—7 m). In der nächsten Zone erscheint mit *Niobe insignis* Lns. ein neues Asaphidengeschlecht *Niobe*; *Cyclognathus* fehlt und *Symphysurus incipiens* wird durch eine neue Art *S. angustatus* Boeck ersetzt. Die neu auftretenden Oleniden gehören sämmtlich Gattungen an, welche dem *Olenus*-Schiefer fremd sind: *Shumardia pusilla* Sars (= *Conophrys*), *Remopleurides dubius* Lns., *Euloma ornatum* Ang., *Triarthrus Angelini* Lns. Nur wenige Gattungen wie *Agnostus* (*A. Sidenbladhi* Lns.), *Parabolinella* und *Ceratopyge* (das Leitfossil *C. forficula* Sars) sind schon tiefer vorhanden. *Ceratopyge* und *Orthis Christianiae* Kjer. sind die häufigsten Formen. Vergl. Taf. 1b.

Auch in Schonen (Lund[3]), sowie in Oeland ist neuerdings durch Moberg[4] der *Ceratopyge*-Schiefer entdeckt worden: die Zone mit *Symph. incipiens* ist jedoch

[1] Brøgger l. c. p. 10.

[2] Zweifellose Vorläufer dieser silurischen Familie sind *Asaphiscus* und *Dolichometopus*.

[3] K. O. Segerberg, Meddelanden från Lunds geologiska Fältklubb. Geol. För. Förhdl. Bd. 15. Heft. 7.

[4] Moberg, Über eine Abtheilung des *Dictyonema*-Schiefers Oelands, dem *Ceratopyge*-Schiefer Norwegens entsprechend. Sveriges Geologiska undersökning. Ser. C. No. 109. 1890. — Grönwall, Was ist unter *Dictyonema*-Schiefer zu verstehen? Geol. För. Förhdl. Bd. 12. No. 4.

nicht vorhanden. Über dem eigentlichen *Dictyonema*-Schiefer lagert Schiefer mit *Ceratopyge forficula* und *Shumardia pusilla*, der dem *Ceratopyge*-Schiefer Brögger's (3 a β.) entspricht und wie dieser zu horizontiren ist[1].

3 a γ. Der *Ceratopyge*-Kalk. Der *Ceratopyge*-Kalk erinnert durch die geringe Mächtigkeit (1—1,5 m) und die eigenartige Beschaffenheit seiner Thierwelt in gewissem Sinne an alpine Juraschichten, in denen zuweilen die Oberseite einer Kalkbank andere Formen enthält als die Unterseite. Hier wie dort weisen alle Beobachtungen auf einen Absatz der Kalke in tiefem Wasser hin. Die Vorläufer der im Untersilur artenreich entwickelten Gattungen nehmen zu und übertreffen an Zahl bereits die alterthümlichen Formen: *Cheirurus*, *Amphion* (Cheiruridae), *Ampyx* (Ampycidae[2]), *Nileus* und *Megalaspis* (Asaphidae). Besonders bezeichnend für den Horizont sind die Gattungen *Dicellocephalus*, *Holometopus*, *Euloma* und *Harpides*. Die wichtigsten Gattungen sind auf Taf. 1b dargestellt.

Sogar innerhalb des wenig mächtigen Kalkes lassen sich zwei, durch kleine faunistische und petrographische Verschiedenheiten getrennte Horizonte unterscheiden:

I. Unterer *Ceratopyge*-Kalk (schwarze Kalkknollen).	II. Oberer blauer *Ceratopyge*-Kalk.
	Agnostus Sidenbladhi Lns.
Triarthrus Angelini Lns.	*Triarthrus Angelini* Brögg.
Parabolinella rugosa Brögg.	*Euloma ornatum* Ang.
Ceratopyge forficula Sars.	*Ceratopyge forficula* Sars.
	Shumardia pusilla Sars.
Dicellocephalus angusticauda Ang.	*Dicellocephalus serratus* Sars et Boeck.
Nileus limbatus Brögg.	*Symphysurus angustatus* Sars et Boeck.
Niobe obsoleta Lns.	*Niobe obsoleta* Lns.
	„ *insignis* Lns.
Amphion primigenius Ang.	*Megalaspis heroides* Brögg. u. aff. *stenorhachidi* Ang.
Cheirurus foveolatus Ang.	*Harpides rugosus* Sars et Boeck. (Taf. 7 Fig. 6b)
Bellerophon norvegicus Brögg.	*Remopleurides dubius* Lns.
Orthoceras aterum Brögg.	*Holometopus* (?) *elatifrons* Ang.
Lingulella lepis Salt.	*Lingulella lepis* Salt.
Obolus (?) *Salteri* Holl. var.	*Obolus Salteri* Holl. var.
	Linnarssonia sagittalis Salt. var.
	Discina Ceratopygarum Brögg.
Acrotreta socialis v. Seeb. var. (?)	*Acrotreta socialis* v. Seeb. var. (?)
Orthis Christianiae Kjer.	*Orthis Christianiae* Kjer.

Bei der **Vergleichung** der Silurschichten von **Skandinavien** und **England** ergeben sich nothwendigerweise kleine Abweichungen bezüglich der Altersdeutung.

Die Streitfrage über die Grenze von Silur und Cambrium ist schon deshalb von untergeordneter Bedeutung, weil über die Parallelisirung der in Frage kommenden skandinavischen und englischen Grenzschichten (*Ceratopyge*-Kalk = Tremadoc) kein

[1] Moberg, Über die Grenze zwischen Cambrium und Untersilur in Schweden. Ibid. Bd. 12. 5. (Referat im Neuen Jahrb. f. Min. etc. 1892. I. p. 342.)

[2] *Ampyx* ist bisher nur in dem schwedischen, sonst vollkommen übereinstimmenden *Ceratopyge*-Kalk gefunden und entspricht einer besonderen Familie, die von den Trinucleiden, mit denen sie bisher vereinigt wurde, aus phylogenetischen und systematischen Gründen zu trennen ist.

Zweifel besteht. Hingegen rechnen die englischen Autoren ihr Tremadoc zu den *Lingula* flags, d. h. zum oberen Cambrium, während die skandinavischen und deutschen Forscher fast ausnahmslos die *Ceratopyge*-Schichten zum Untersilur (Ordovician) stellen und das Cambrium mit dem überall verbreiteten *Dictyonema*-Schiefer abschliessen. Zur Rechtfertigung dieser Verschiedenheit, über welche eine Einigung anscheinend nicht erzielt ist, lässt sich anführen, dass die palaeontologischen Beziehungen des englischen Tremadoc zu dem Cambrian infolge der Häufigkeit der Oleniden und Lingulellen ausgeprägter sind, als die der *Ceratopyge*-Schichten zu dem *Olenus*-Schiefer. Doch kommt diese Thatsache angesichts des Umstandes nicht in Betracht, dass die in Frage stehenden Grenzbildungen, *Ceratopyge*-Kalk und Tremadoc durch das erste Auftreten derjenigen Trilobitenfamilien gekennzeichnet werden, welche ihre Hauptentwickelung im Untersilur erreichen. Die Asaphiden (*Symphysurus incipiens* in der norwegischen Zone 3aα, *Symphysurus Crofti* im Shineton shale, *Niobe Homfrayi* im Lower Tremadoc), die Lichaden (*Lichapyge cuspidata* bei Shineton, *L. primula* bei Hof, Taf. 1b Fig. 14) und die Ampyciden (*Ampyx praenuntius* im Lower Tremadoc) erscheinen unmittelbar im Hangenden des *Dictyonema*-Schiefers. Im oberen Tremadoc, das von den Engländern ebenfalls dem Cambrium zugerechnet wird, finden wir bereits zahlreiche Vertreter der Cheiruriden, so *Cheirurus foveolatus* und *Amphion primigenius* in Skandinavien, *Cheirurus Friderici* in England; gleichzeitig nehmen die zu den untersilurischen Gruppen gehörigen Arten an Zahl und Mannigfaltigkeit zu: *Megalaspis stenorhachis*, *Nileus armadillo* var. *depressa* in Skandinavien, *Dionide atra* (*Trinucleidae*) in England. Es verdient ferner hervorgehoben zu werden, dass auch die Oleniden und Conocephaliden in dem Grenzhorizont meist durch Gattungen vertreten werden, welche im eigentlichen Cambrium fehlen: *Ceratopyge*, *Parabolinella*, *Shumardia*, *Euloma*, *Remopleurides*, *Angelina*, *Holometopus*. Die Zahl der aus dem Cambrium in das Tremadoc hinaufgehenden Gattungen (*Harpides*, *Cyclognathus*, *Dicellocephalus*, *Agnostus*) ist hingegen unerheblich, umsomehr als *Agnostus* wegen seiner allgemeinen Verbreitung im Untersilur nicht in Betracht kommt; auch ist *Dicellocephalus* der europäischen *Olenus*-Stufe fremd und höchst wahrscheinlich aus Amerika eingewandert (vergl. Taf. 1b Fig. 8–13).

In palaeontologischer Hinsicht kann somit ein Zweifel über die Zugehörigkeit der Tremadoc-*Ceratopyge*-Schichten zum Silur nicht obwalten. Eine Rücksichtnahme auf die Rechte historischer Priorität ist ausgeschlossen angesichts der Verwirrung, die in England bezüglich der Grenze von Cambrium und Silur herrscht.

Die Shineton shales in Shropshire[1] werden von Callaway als ein Übergangshorizont der *Lingula* flags zum Tremadoc angesehen. Dieselben sind, wie Brögger durch eine Revision der Gattungen[2] nachwies, dem *Ceratopyge*-Schiefer äquivalent: *Dictyonema* kommt nicht an dem eigentlichen Fundort Shineton, sondern in den Malvern Hills vor.

Auch die gelben Schieferthone von Leimitz bei Hof dürften demselben Horizonte angehören[3]. Die wichtigsten Arten sind: *Niobe Wirthi* (Taf. 1b Fig. 1,

[1] Quart. Journ. Geol. Soc. Bd. 33. p. 652 (1877).

[2] Die Siluretagen 2 und 3 im Kristianiagebiet. p. 141.

[3] Brögger l. c. p. 140.

N. extrema, *inornata* u. a., *Euloma Geinitzi*, *Symphysurus problematicus*, *Bavarilla* (= *Neseuretus* Hicks) *hofensis*, *Amphion discretus* und *Lichapyge primula* (Taf. 1 b Fig. 14).

Schon im Tremadoc, besonders in den oberen Schichten, macht sich eine Verschiedenheit der Faunen[1] zwischen Skandinavien und England geltend, die in den folgenden Schichten wesentlich zunimmt (vergl. unten). Immerhin kommen noch eine Anzahl bezeichnender Formen wie *Euloma*, *Parabolinella*, *Niobe* und *Symphysurus* hier wie dort vor.

Vergleich mit dem Cambrium von Neu-Braunschweig und New Foundland.

Die Verbreitung der nordeuropäischen Arten und Horizonte über die ganze Breite des Atlantischen Oceans bis in den Osten des heutigen Nordamerika ist sehr bemerkenswerth. Die verschiedenen Gruppen von *Olenellus* sind zuerst aus Amerika beschrieben worden, aber auch in Europa im Norden und Süden (Sardinien s. u.) durch nah verwandte Arten vertreten. Das Profil von Manuels Brook (New Foundland) ergab zuerst die directe concordante Überlagerung der *Olenellus*-Schichten durch *Paradoxides*-Schiefer und beginnt mit einem dem Fucoidensandstein vergleichbaren Conglomerat.

Bis dahin hatten die amerikanischen Forscher (im Gegensatz zu Brögger) die *Olenellus*- (oder Georgia-) Schichten für jünger als die *Paradoxides*-Stufe angesehen.

Die Schichtenfolge bei Manuels Brook ist nach C. D. Walcott[2] die folgende:

Oben: 7. Dunkler Schieferthon mit dünnen Lagen von Kalk und Sandstein . . . . . . 295′

c) Zone (zwischen 295 und 250′) mit *Aristocoe* sp., *Agnostus* sp., *Conocephalus* sp., *Lingulella* sp.

b) Zone (65′ über der Basis) des *Paradoxides Davidis*. U. a. mit *Parad. Hicksi* und englischen Gattungen wie *Anopolenus* (*A. venustus*), *Holocephalina* (*H. inflata*), *Harpides* (= *Erinnys*), welche sonst in Nordamerika nicht vorkommen. Ausserdem: *Arionellus socialis*, *Conocephalus variolaris*, *C. Robbi*, *C. elegans*, *C. Matthewi*, *Microdiscus punctatus*, *Agnostus punctuosus*, *Linnarssonia misera*, *Lingulella* sp., *Orthis* sp.

a) Zone (von 10—20′ über der Basis) des *Paradoxides Hicksi*; *Arionellus socialis*, *Conocephalus Matthewi*, *C. elegans*, *Microdiscus punctatus*, *Ptychoparia tenera*, *Acrothele Matthewi*, *Hyolithus* sp., *Linnarssonia misera*, *Lingulella* sp.

6. Grüner Schieferthon mit harten Sandsteinbänken (*Paradoxides*- und *Olenellus*-Schichten) . . . . 270′

c) 260′ über der Basis von 6 finden sich: *Paradoxides Hicksi*, *Conocephalus Matthewi*, *Acrothele Matthewi*, *Agnostus* sp., *Lingulella* sp.

b) 218′ über der Basis: Röthlicher Kalk mit *Arionellus* cf. *circans*.

a) An der Basis: *Olenellus* sp., *Arionellus* sp., *Conocephalus*.

5. Kalkiger Sandstein . . . . 2′

4. Röthlicher Schieferthon . . . . 4′

3. Grünlicher Schieferthon . . . . 40′

2. *Olenellus*-Zone im engeren Sinne . . . . 25′

---

[1] Vorkommen von *Angelina*, *Dionide*, *Ogygia*, *Bavarilla* (= *Neseuretus*), *Lichapyge* in England.

[2] American Journal of science 3d ser. Vol. 37 (1889). p. 380, 381 und Bull. U. S. Geol. Survey. No. 81 (Correlation paper. Cambrian). p. 250, 251. Die vorstehende Beschreibung ist etwas gekürzt.

Unregelmässige Schichten von kalkigem Sandstein, kieseligem Kalk und grünlichem Schieferthon liegen auf der unebenen Oberfläche des Conglomerates: *Olenellus (Holmia) Bröggeri*, *Arionellus strenuus* und var. *nasuta*, *Conocephalus lumbifrons*, *Harveyi* und *Howleyi*, *Avalonia*[1] *manuelensis*, *Microdiscus Helena*, *speciosus*, *Stenotheca rugosa*, *Scenella reticulata*, *Hyolithus princeps*, *H. terranovicus* n. n., *Helenia bella*, *Hyolithellus micans*, *Obolella atlantica*.

Unten: 1 Conglomerat in mächtigen Bänken . . . . 35'
Der Durchmesser der aus Quarz und Gneiss bestehenden Blöcke beträgt bis zu 6'. In den oberen Bänken kleine Geschiebe und Sand.

Das vorstehend wiedergegebene Profil beweist, dass die cambrischen Horizonte auf beiden Seiten des Atlantischen Oceans einander genau entsprechen; entweder sind in Amerika die europäischen Arten (*Olenellus Kjerulfi*, *Paradoxides Davidis*, die obercambrischen *Oleni*) beobachtet worden oder es finden sich vicariirende Formen[2]. Nur das obere Mittelcambrium, der Horizont der Andrarum-Kalke mit *Paradoxides Forchhammeri* und *Agnostus laevigatus*, konnte in Neu-Braunschweig bisher nicht nachgewiesen werden. Auch in England werden die entsprechenden Schichten (Upper Menevian) durch heterope Bildungen mit *Orthis Hicksi* vertreten (welch letztere Art jedoch auch im Andrarum-Kalk vorkommt). Abgesehen hiervon ergeben die zahlreichen Veröffentlichungen von MATTHEW eine weitgehende Übereinstimmung:

1. Die basalen Transgressionsconglomerate und Sandsteine sind in New Foundland, wie überall vorhanden.
2. Die Zone des *Olenellus (Holmia) Bröggeri* von Mannels Brook (2. s. o.) erinnert an die Schichten mit *Olenellus Lapworthi* in den schottischen Hochlanden.
3. Das Vorkommen von *Olenellus Kjerulfi*[3] (cf. *O. Callavei*) wird von MATTHEW mehrfach (z. B. Kennebecasis Riv., New Foundland) angegeben; doch ist eine unmittelbare Überlagerung der vorstehenden Zone durch *O. Kjerulfi* noch nicht beobachtet.
4. Die Zone des *Paradoxides Oelandicus* entspricht etwa den Schichten mit *Paradoxides lamellatus* HARTT in Acadia[4].

---

[1] Ist generisch nicht von *Conocephalus* verschieden, soweit Abbildungen ein Urtheil gestatten.

[2] So vergleicht MATTHEW die Fauna des tieferen Mittelcambrium von Neu-Braunschweig mit der der gleichalten Wallisischen Solva group (Transactions Royal Soc. Canada. 1891. p. 172):

Wales (Solva Group)	Acadia (Neu-Braunschweig, St. John group)
Microdiscus sculptus HICKS	*Microdiscus Dawsoni* HARTT
Ptychoparia Lyelli HICKS	*Ptychoparia Robbi* HARTT sp.
Conocephalus solvensis HICKS	*Conocephalus Matthewi* HARTT
„ *bufo* HICKS	„ *elegans* HARTT
Paradoxides Harknessi HICKS	*Paradoxides Eteminicus* MATTHEW
„ *aurora* SALTER	?
Plutonia Sedgwicki HICKS	?
Agnostus cambrensis HICKS	*Agnostus* sp. ind.

Par. Harknessi und *Eteminicus* entsprechen wiederum dem böhmischen *P. rugulosus* CORDA.

[3] American Journal of science. 3d ser. Bd. 31. 1886. p. 472. Etwa = 6a im vorstehenden Profil. (Teste WALCOTT, Correlations papers, Cambrian. p. 81.)

[4] Canadian Record. IV. (1890—1891.) p. 255—272 bes. 265.

Fichtelgebirge	Grossbritannien: Shropshire	Grossbritannien: Süd-Wales (Pembrokeshire) / Nord-Wales (Merionethshire)	Schweden
		Arenig rocks (*Phyllograptus, Tetragraptus*)	Unterer Graptolithenschiefer mit *Phyllograptus* und *Tetragraptus*
Schichten von Leimitz b. Hof mit *Niobe discrepans, Niobe Wirthi, Euloma Geinitzi, Symphys. problematicus, Cheirurus gracilis, Amphion discretus, Lichapyge, Bavarilla hofensis*	Shineton shale mit *Shumardia pusilla, Niobe Homfreyi, Symphysurus Crofti, Euloma cf. ornatum, Parabolinella triarthrus, Lichapyge, Bryograptus* (ohne *Dictyonema*)	Tremadoc 2000': Upper: *Angelina Sedgwicki, Dionide atra, Cheirurus Friderici, Ogygia scutatrix, Lingulocaris, Conularia* Lower: *Euloma, Harpides* (= *Erinnys*), *Niobe Homfreyi, Dicellocephalus, Bavarilla, Symphysurus, Ampyx praenuntius, Lichapyge cuspidata, Ctenodonta, Modiolopsis, Palaearca*	Ceratopyge-Kalk mit *C. forficula, Cheirurus, Amphion, Harpides rugosus, Hemipleurides, Triarthrus, Dicellocephalus, Euloma ornatum, Megalaspis, Nileus, Niobe, Ampyx, Holometopus* Ceratopyge-Schiefer
	Dictyonema flabelliforme (Malvern Hills)	Upper Dolgelly mit *Dictyonema flabelliforme* Lower Dolgelly mit *Pelt. scarabaeoides* und *Sphaerophthalmus alatus*	Z. m. *Dictyonema flabelliforme, Acerocare* (Z. m. *Cyclognathus micropygus*, nur in Schonen) Z. m. *Peltura* u. *Sphaerophthalmus*
Grauwacke von Siegmundsburg mit *Dinobolus Lorettzi* v. Fritsch		Lingula-Flags u. ctr.: Upper Ffestiniog mit *Conocephalus bucephalus* und *Bellerophon cambrensis*	Z. m. *Eurycare* u. *Leptoplastus*
		Lower Ffestiniog mit *Lingulella Davisi* und *Hymenocaris*	Z. m. *Par. spinulosa* u. *O. lenticularis* (Z. m. *Beyrichia Angelini*, Nerike)
		Upper Maentwrog mit *Olenus truncatus* und *cataractes*	(Z. m. *Olenus gibbosus* u. *truncatus*)
Nord-Schottland		Lower Maentwrog mit *Agnostus pisiformis* und *Olenus gibbosus*	Z. m. *Agnostus pisiformis* (mut. *socialis*)
?	Kalk u. Conglomerat mit *Paradoxides Groomi, Ptychoparia, Obolella, Protospongia*	„Lower Lingula-flags" (Sedgwick): Upper Menevian mit *Orthis Hicksi* und ? *Paradox. Forchhammeri* Middle Menevian mit *Par. Davidis* Lower Menevian mit *Par. Hicksi* und *aurora*	Andrarum-Kalk: Conglomerat mit *O. exporrecta* u. *Orthis Hicksi* Z. m. *Agnostus laevigatus* Z. m. *Paradoxides Forchhammeri* (u. *Orthis Hicksi, Anomocare, Harpides, Dolichometopus*) Z. m. *Par. Davidis* (*Microdiscus* u. *Par. Tessini*)
		Solva: Upper *Par. aurora* Middle *Par. solvensis, Con. solvensis* Lower *Par. Harknessi, Plutonia Sedgwicki*	Z. m. *Par. Tessini* (u. *Par. Hicksi, Ellipo. granulatus, Conor. exsulans, Ptych. Linnarssoni, Agnostus rex*) Z. m. *Par. Oelandicus* (*Ellipocephalus polytomus, Agn. regius*)
Durness-Kalk		Harlech grit (Bangor beds, Penrhyn oder Llanberis slate) mit *Conocoryphe viola* u. *Hyolithus*	
Zone mit *Olenellus Lapworthi* u. *reticulatus, Olenelloides* Basales Untercambrium (Sandstein und Conglomerat)	Comley sandstone (Hollybush sandstone) mit *Olenellus Callavei, Kutorgina, Linnarssonia, Hyolithellus, Ellipsocephalus*	Caerfai: U.: Rother Sandstein mit Wurmspuren M.: Schiefer mit *Lingulella ferruginea* und *primaeva* L.: Sandstein mit Wurmspuren, Conglomerat	Z. m. *Olenellus Kjerulfi* (*Obolella sagittalis, Protosp. fenestrata*) ? Hardeberga-Quarzit: Fucoiden-Sandstein, Eophyton-Sandstein mit *Mickwitzia monilifera*

des tiefsten Silur in der nordatlantischen Meeresprovinz.

	Norwegen (Christiania)	Ostseeprovinzen (Esthland) und Polen		Acadia (Neu-Braunschweig) und New Foundland (N. F.)	
12 m	3b. *Phyllograptus*-Schiefer (mit *Tetragraptus*)			Zone mit *Tetragraptus IV brachiatus* und *Dichograptus Logani*	Unter-Silur
	3aγ. *Ceratopyge*-Kalk mit *C. forficula*, *Nileus*, *Niobe*, *Megalaspis*, *Ampyx*, *Cheirurus*, *Dicellocephalus*, *Euloma*, *Holometopus*	Glaukonitkalk 3 m			
	3aβ. *Ceratopyge*-Schiefer mit *C. forficula*, *Niobe insignis*, *Shumardia pusilla*, *Triarthrus*, *Remopleurides dubius*	Glaukonitsand mit *Conodonten*		Versteinerungsleerer Schiefer (Acadia)	
	3aα. Zone mit *Symphysurus incipiens* (und *Parabolinella limitis*) Unten *Cyclognathus* und *Bryograptus Kjerulfi*				
Alaunschiefer mit Stinkkalkknollen 45—50 m	2e. Zone mit *Dict. flabelliforme*	Bituminöser Schiefer mit *Dictyonema flabelliforme*		Schiefer mit *Dictyonema flabelliforme*	Ober-Cambrium (Acadia)
	2d. *Peltura*-Zone: γ. mit *Cyclognathus* cf. *micropygus*; β. mit *Pelt. scarabaeoides*, *Sph. alatus* und *Ctenopyge*; α. mit *Protopeltura acanthura*, *Sph. flagellifer*	Ungulitensandstein mit *Obolus Apollinis*	Wenig mächtige Litoral-Bildung	Zone mit *Peltura scarabaeoides*, *Sphaerophthalmus alatus* (und *Dictyonema*)	
	2c. Zone mit *Eurycare latum* (und *Leptoplastus ovatus*)				
	2b. Zone mit *Parabolina spinulosa* (und *O. lenticularis*)			Zone mit *Leptoplastus* und *Parabolina spinulosa*	
	2a. Oben: *Olenus truncatus* und *A. pisiformis* var. *socialis*. Unten: *Agnostus pisiformis*			Zone mit *Agnostus pisiformis*	
Alaunschiefer von Krekling 20 m	1d. Schiefer mit *Par. Forchhammeri*, *Anomocare*, *Ellipsocephalus*				Mittel-Cambrium
	1cγ. Schiefer m. *Par. rugulosus*, *Con. Sulzeri*, *Agnostus nudus*		Sandstein mit *Par. Tessini* (Sandomir)	Zone mit *P. Davidis* und *Ptych. Linnarssoni* Brögg. (N. F.)	
	1cβ. Schiefer mit *Par. Tessini*			Schichten mit *Paradoxides Hicksi* (N. F.)	
	1cα. Zone mit *Par. Oelandicus* (Ringsaker)			Schichten mit *P. Eteminicus*, Schichten mit *P. lamellatus* } Acadia	
	1b. Sandstein mit *Olenellus Kjerulfi* (Ringsaker)	Blauer Thon mit Sandsteinlagen		Zone mit *Olenellus Kjerulfi*	Unter-Cambrium
	1a. Sparagmit	Oben mit *Mickwitzia* und *Olenellus Mickwitzi*		Zone mit *Olenellus (Holmia) Broeggeri*	
		Unterer Sandstein		Basale Sandsteine und Conglomerate (N. F.)	

5. Die Zone des *Paradoxides Tessini*[1] ist in Acadia ungefähr den Schichtengruppen mit *Paradoxides Eliminicus* (cf. *Par. Harknessi*) und *Paradoxides Abenacus* zu vergleichen. *Paradoxides Hicksi* SALT. (Lower Menevian und Zone des *Par. Tessini*) kommt in Neu-Braunschweig und New Foundland vor (6c und 7a).

6. Das Leitfossil der nächsten Zone *Paradoxides Davidis* SALT. (Wales und Schweden) findet sich zusammen mit *Conocephalus* [*Liostracus*] *Linnarssoni* BRÖGG. In New Foundland (Mannels Brook Schicht 7b).

Noch grösser ist die Übereinstimmung des nordeuropäischen Obercambrium mit den entsprechenden Zonen in Acadia. MATTHEW beobachtete hier:

7. Schichten mit *Agnostus pisiformis*;
8. „ „ *Parabolina spinulosa* und *Leptoplastus*[2];
9. „ „ *Peltura scarabaeoides* und *Sphaerophthalmus alatus*;
10. „ „ *Dictyonema flabelliforme*[3].

Die einzige Abweichung von Nordeuropa ist das Fehlen von *Olenus* und das frühere Auftreten von *Dictyonema* im *Peltura*-Horizont.

Die Ergebnisse der ziemlich mühevollen Vergleichungen über die Verbreitung der cambrischen Faunen im nordatlantischen Gebiet sind in der vorstehenden Tabelle I zusammengefasst. Dieselbe veranschaulicht gleichzeitig die Parallelisirung der Grenzbildungen von Cambrium und Silur, bei deren Erörterung ebenfalls die skandinavischen Verhältnisse zu Grunde gelegt werden müssen.

3. Das Cambrium in Böhmen.

Am nordwestlichen Rande des altpalaeozoischen Gebietes von Mittelböhmen befindet sich das cambrische Vorkommen von Skrey und Tejřovic, das unter dem ersteren Namen durch die älteren Arbeiten BARRANDE's[4] allgemein bekannt ist. Die an der Basis des Cambrium (C) gelegenen Grauwacken (Přibramer Grauwacke) waren von BARRANDE zu der präcambrischen Gruppe der halbkrystallinen Thonschiefer (B) gestellt worden. Doch hatte KREJCI richtig erkannt, dass sie durch eine Discordanz von der letzteren getrennt werden und somit dem Cambrium zuzurechnen sind. Das Vorkommen von *Orthis Romingeri* in den Sandsteinen und Grauwacken schien zu dem Schlusse zu berechtigen, dass dieselben dem Untercambrium entsprächen und die *Paradoxides*-Schiefer unterlagern. Durch eingehende Beobachtungen hat JAHN[5] jedoch neuerdings eine häufige Wechsellagerung von Grauwacke und *Paradoxides*-Schiefer festgestellt und somit den Beweis erbracht, dass in Böhmen nur die mittelcambrische Abtheilung vertreten ist. Das Fehlen der *Olenellus*- und *Olenus*-Schichten wird durch Discordanzen

[1] MATTHEW sucht diese Schichtengruppe in 2 Horizonte, den des *Par. rugulosus* cf. Schicht mit *Conocephalus exsulans* in Schonen, und die eigentliche Zone des *Par. Tessini* zu gliedern.

[2] Canadian Record. IV. p. 339 u. 343.

[3] Ibid. p. 461.

[4] Vergl. das Profil im ersten Band S. 19. Die nach BARRANDE regelmässig beckenförmige Schichtstellung ist nach neueren Forschungen stark gestört.

[5] Verh. d. k. k. Geol. Reichsanst. 1893. p. 267.

erklärt, von denen die untere jedenfalls als vollkommen sicher angenommen werden kann. Die obere Discordanz wurde zuerst von Marr angegeben und palaeontologisch durch den Umstand wahrscheinlich gemacht, dass die über C folgende Zone D 1 α durch *Harpides* und *Amphion* gekennzeichnet wird. Das Zusammenvorkommen dieser Gattungen kennzeichnet im Norden die *Ceratopyge*-Schichten ebenso wie das Tremadoc[1]. Die *Olenus*-Stufe fehlt also gänzlich.

Jahn hat die nachstehende Schichtenfolge beobachtet:

Oben: 12. „Aphanit."

11. Conglomerat (wie 4.), sehr mächtig, mit Sandstein und *Paradoxides*-Schiefer wechselnd. Einzelne Schichten bestehen aus Bruchstücken von *Sao hirsuta* und *Paradoxides*. Das Auftreten von Trilobiten in den dickbankigen grobkörnigen (Bruchstücke bis 1 dm) Conglomeraten ist bemerkenswerth.

10. Porphyrisches Gestein mit *Paradoxides*-Schiefer wechselnd.

9. Zone des *Ellipsocephalus Germari*. Schiefer mit Sandsteineinlagerungen. 10—15 m. Im Schiefer *Conocephalus striatus* und Bruchstücke von *Paradoxides*. In der obersten Sandsteinbank sind häufig:

Ellipsocephalus Germari Barr.	*Paradoxides spinosus* Barr.
Ptychoparia striata Emmr. sp.	*Lichenoides priscus* Barr.

Seltener sind:

Conocephalus Sulzeri Schl.	*Agnostus* sp.
Arionellus ceticephalus Barr.	*Trochocystites bohemicus* Barr.
Arionellus nov. sp.	cf. *Agelacrinus*.
cf. *Anomocare*, wie in 3.	*Orthis Romingeri* Barr., wie in 3.

8. Lager von Labradorporphyrit. 30 m.

7. *Paradoxides*-Schiefer. Ca. 100 m mit der bekannten „Faune primordiale". Im Schiefer hie und da Sandsteinbänke.

6. Conglomerat wie 4. Ca. 5 m.

5. Sandsteinbänke mit Schiefereinlagen (letztere mit Trilobiten) wechselnd. Ca. 10 m.

4. Graues bröckliges, grobkörniges Conglomerat. 2—4 m.

C. 3. Basales Conglomerat. 20 m. Conglomeratbänke (bis ½ m mächtig), wechseln mit lettigem Schiefer und sandsteinartigen Grauwacken. Letztere enthalten ausser *Orthis Romingeri* Barr. „*Solenopleura* n. sp." und cf. *Anomocare* sp.

Discordanz.

B. 2. Schwarzer Diabas. } Präcambrisch.

Unten: 1. Schwarzer halbkrystalliner Thonschiefer. } Präcambrisch.

Ein stratigraphischer Vergleich mit Skandinavien ist nur im Allgemeinen durchführbar. Doch verweist die Verwandtschaft von *Paradoxides bohemicus* mit *Par. Tessini*, das Vorkommen von *Agnostus rex*, *nudus* und *Par. rugulosus*, sowie der Umstand, dass *Ellipsocephalus* in Skandinavien nicht mehr in die Zone des *Par. Davidis* hinaufgeht, auf die drei mittleren Horizonte des baltischen Mittelcambrium.

[1] *Harpides* Beyr. = *Erinnys* Salt.

Für die nördlichen Ablagerungen ist das Vorkommen von *Microdiscus*, für die südlichen das von *Sao* und *Trochocystites* bezeichnend. (*Hydrocephalus* Barr. ist die Embryonalform von *Paradoxides*.)

Nach Brögger und Linnarsson lässt sich die folgende Tabelle der identen und vicariirenden Arten zusammenstellen, deren böhmische Vertreter grossentheils auf Taf. 1 dargestellt sind:

Norwegen	Böhmen	England
Ellipsocephalus circulus Brögg. (*Forchhammeri-Zone*)	*Ell. Germari* Barr.	
Par. Tessini Brongn. (*Tessini-Zone*)	*Par. bohemicus* Barr. (nach Brögger = *Par. Tessini*)	
Par. rugulosus Corda (cf. *Par. Eteminicus*, Acadia)	*Par. rugulosus* Corda (cf. *Par. Pradoanus*, Asturien)	*Par. Harknessi* Hicks (Solva)
Par. Forchhammeri Ang.	*Par. spinosus* Boeck.	
Con. Sulzeri Schl. (*Rugulosus-Zone*)	*Con. Sulzeri* Schl.	
Agn. nudus Beyr. var. (*Tessini-Forchhammeri-Zone*)	*Agn. nudus* Beyr.	*Agn. Eskriggei* Hicks
Schweden		
Con. coronatus Barr. (nach Brögger)	*Con. coronatus* Barr.	
Ellips. polytomus Lns. (*Oelandicus-Zone*)	*Ellips. Hoffi* Schl.	
Agnostus rex Barr. (*Tessini-Zone*)	*Agn. rex* Barr.	

4. Das Cambrium in Sardinien[1].

Die cambrische Schichtenreihe ist durch die reiche faunistische Entwickelung der *Olenellus*-Stufe, sowie durch die Häufigkeit der kalkigen, zu den Cölenteraten gehörenden Archaeocyathinen ausgezeichnet und am schönsten an der Küste bei Canalgrande, sowie in dem Profile des Bergkammes von Maria Sa. Gloria entwickelt; man beobachtet hier einen häufigen Wechsel von Trilobiten-reichem Thonschiefer, Sandsteinen und Kalksteinbänken. Die versteinerungsleeren Sandsteine mit Diagonalstructur werden als Strand- oder Dünenbildung angesehen. Andere Sandsteine enthalten zusammengeschwemmte Panzerstücke zerfallener Trilobiten, kleine Lingulen und freie Kelche von Archaeocyathinen. Alle diese Dinge liegen hier flach ausgebreitet auf Sandstein, ganz ebenso wie der Strandauswurf des Meeres auf flacher Küste. Grosse Archaeocyathinen mit Wurzelschopf fehlen hier, kommen aber in anderen Bänken vor. Die *Protopharetra*-Stämme wachsen auf sandigem Meeresboden in grossen Colonien. In anderen Bänken, in welchen der Sand zurücktritt und schwarzer massiger Kalk vorherrscht, finden wir die schön entwickelten Kelche der Archaeocyathinen mit Wurzeln; die Thiere liegen hier am Orte ihrer Entwickelung als Riffbewohner oder auf Bänken und Untiefen im Meere. Die Hauptmenge der Trilobiten, besonders die im Zusammenhange erhaltenen, findet

[1] Bornemann, Nova Acta d. kaiserl. Leop.-Carol. Deutschen Akademie d. Naturforscher. Bd. LI. 1. 1886. Mit 33 Tafeln. Bd. LVI. 3. 1891. Mit 10 Tafeln. (Ref. im Neuen Jahrbuch f. Min. etc. 1889. I. p. 329 und 1893. II. p. 126.)

sich in Schiefern, welche mit den anderen Gesteinsbänken abwechseln. Hier liegen auch Colonien von Embryonen dieser Thiere, so dass man einen schlammigen Meeresgrund als ihre Wohnstätte betrachten kann. Seltener sind ganze Exemplare von Trilobiten in Sandsteinen und Quarziten zerstreut.

Nach den vorläufigen Angaben BORNEMANN's und nach einer Revision der von ihm beschriebenen Versteinerungen sind Vertreter aller drei Abtheilungen des Cambrium, vor allem der ältesten, vorhanden.

I. Die ältesten cambrischen Schichten bestehen aus einem Wechsel von Trilobiten-reichem Thonschiefer, quarzitischem Sandstein und dunklem Kalk. Die häufigste, von MENEGHINI als *Olenus*, von BORNEMANN 1891 als *Olenopsis* nov. gen. bezeichnete Gattung ist ohne jeden Zweifel ident mit dem zu *Olenellus* gehörigen Subgenus *Holmia* MATTHEW 1890. Abgesehen von der starken Entwickelung des Nackenstachels bei *Olenellus* (*Holmia*) *Bröggeri* (New Foundland) besteht die weitgehendste Übereinstimmung zwischen diesen und den sardischen Arten *Olenellus* (*Holmia*) *Zoppii* MENEGH. sp., *Bornemanni* MENEGH. sp., *micruroides* BORN. und *longispinatus* BORN. Häufiger ist ferner die vor allem im älteren Cambrium heimische Gattung *Conocephalus* (5 Arten; hierher auch *Metadoxides* BORN.). Im Unter- und Mittelcambrium sind anderwärts *Sao* (*Sao sarda*) und *Arionellus* heimisch.

II. Eine mächtige Kalksteinbank trennt die ältere Abtheilung von einer jüngeren, ebenfalls aus Sandstein, Kalk und Schiefer (mit *Lingula*) bestehenden Gruppe; in den kalkigen Schichten sind vor allem *Archaeocyathus* und *Coscinocyathus* heimisch. Grobschiefrige Sandsteine mit Kriechspuren (*Bilobites*) werden als Aequivalente dieser Schichten betrachtet. Die Gattung *Paradoxides* ist wenigstens durch ein grösseres Rumpfbruchstück sicher vertreten. Auch *Sao* (*S. sarda*) dürfte dieser Abtheilung angehören.

III. Hierüber folgt eine Schichtengruppe mit Trilobiten und *Archaeocyathus*, deren Abschluss eine Oolithbank bildet. Das neue Illaeniden-Genus *Giordanella* deutet auf Obercambrium oder auf tiefstes Untersilur (Tremadoc-*Ceratopyge*-Kalk). Zweifelhaft sind die Gattungen *Pellura*, *Nesuretus* und *Anomocare*.

Ausserdem kommen in den verschiedenen cambrischen Schichten schlecht erhaltene Vertreter von *Eocystites*, *Lingula*, *Obolella*, *Kutorgina*, *Hyolithus*, *Hyolithellus*, *Capulus* und *Carinaropsis* vor. Die Archaeocyathinen sind durch die typische Gattung *Coscinocyathus* (von *Archaeocyathus* durch das Auftreten von regelmässigen Quersepten verschieden), *Dictyocyathus* und *Anthomorpha* vertreten.

Auf Spongien sollen die eigenthümlichen Palaeospongien hinweisen, die von RAUFF als Druckerscheinungen gedeutet werden. Algenreste sind zahlreich aber zweifelhaft.

In den merkwürdigen Protopharetren möchte BORNEMANN die vegetative Entwickelungsform sehen, aus der sich die Kelche von *Archaeocyathus* entwickeln.

„Die mächtige Kalkformation des Calcare metallifero schliesst sich an das obere Cambrium an, gehört aber der Hauptmasse nach wohl zum Silur und enthält

Tabelle II: Uebersicht der Hauptabtheilungen des Cambrium in Europa.

	Schweden (incl. Norwegen und Bornholm)	Grossbritannien: Wales und Shropshire	Grossbritannien: Nord-schottland	Balticum	Thüringen und Fichtelgebirge (Sachsen)	Belgien	Böhmen	Südfrankreich und Nordspanien	Sardinien und Südspanien
Hangendes	Unterer Graptolithenschiefer *Ceratopyge*-Schichten	Arenig Tremadoc Shineton-shale	Old red sandstone (Devon)	Glaukonit und Chloritischer Kalk	Phycodes-schichten (Untersilur) Lederschiefer	Untersilur	D. 1 γ. Schiefer mit *Harpides* und *Amphion* D. 1 α. Conglomerat und Sandstein mit *Lingula*	† Grès Armoricain. Schiefer mit *Megalaspis*, *Amphion* u. *Bellerophon*	**Untersilur (Calcare metallifero)**
Ober-Cambrium	Obere Alaunschiefer: Zone mit *Dictyonema* Zonen mit *Peltura*, *Eurycare* und *Parabolina* Zonen mit *Olenus* und *Agnostus pisiformis*	*Lingula*-Flags: Upper Dolgelly Lower Dolgelly Ffestiniog Maentwrog	Lücke und Discordanz	Schiefer mit *Dictyonema* Keine Discordanz *Obolus*-Sandstein (wenig mächtig)	? Grauwacke von Siegmundsburg mit Linguliden und Disciniden	Schiefer mit *Dictyonema* **Phyllite von Salm**	**Lücke und schwache Discordanz**	**Lücke**	**+ ?** **? Schichten mit ? *Peltura* und *Giordanella***
Mittel-Cambrium	Andrarumkalk mit *Agnostus* und *Paradoxides* Untere Alaunschiefer mit *Paradoxides*	Upper Menevian Lower Menevian Solva +	+ ?		? Phyllite des Thüringer Waldes, Fichtel- und Erzgebirges (ohne Versteinerungen)	**? Phyllite von Revin und Fumay**	C. *Paradoxides*-Schiefer Sandstein und Conglomerat	*Paradoxides*-Schiefer der Montagne Noire und Asturien (z. B. Vega, Schiefer von Rivadeo) ? Sandsteine u. Warnsparra von Languedoc	Schichten mit *Paradoxides* und Sao
Unter-Cambrium	Zone mit *Olenellus Kjerulfi* Sparagmit u. Fucoiden-Sandstein Scolithen-Sandst. Nexösandstein, Grüne Schiefer, Bornholm	Comley-Sandst. mit *Olenellus* Caerfai Harlech grit Llanberis (Penrhyn) Conglomerate	Durness limestone Zone mit *Olenellus Lapworthi* Sandstein und Conglomerat	Blauer Thon Zone mit *Olenellus Mickwitzi* Unterer Sandstein	+ ?	: + ?	Lücke und Discordanz	+ ?	Schiefer, Kalk u. [illegible] Schichten mit [illegible] der Sierra Morena
Liegendes	Discordanz Gneiss und Granit	Discordanz Precambrian: Arvonian, Pebidian, Dimetian, Uriconian	Discordanz Precambrian: Torridon sandstone	Discordanz **Urgebirge**			B. Phyllit und Schiefer **A. Gneiss**	**Urgebirge**	

an ihrer Grenze, da wo sie mit dem silurischen Thonschiefer zusammentrifft, fast überall eine Zone von Kalkschiefer mit erkennbaren Fossilresten. An manchen Orten beobachtet man ein wechselseitiges Ineinandergreifen der Kalkschiefer und der dichten Kalkbänke und kommt zu der Annahme, dass der Calcare metallifero eine im Cambrium beginnende, weit in das Silur fortsetzende Riffkalkbildung ist.[2] Mannigfache noch nicht näher untersuchte Eruptivgesteine treten in den azoischen, cambrischen und silurischen Schichten auf.

5. Das Cambrium im Westen von Nordamerika.

(Eureka-Profil, Nevada.)

Während die bisher erwähnten Beispiele cambrischer Schichtenfolgen eine mehr oder weniger nahe Zusammengehörigkeit erkennen lassen, ist die Entwickelung der mittleren und oberen Abtheilung im Westen von Nordamerika wesentlich abweichend. Die Verbreitung des Cambrium in den verschiedenen Theilen des Continentes soll in einem folgenden Abschnitte geschildert werden. Doch ist die Darstellung wenigstens eines vollständigen und typischen Profiles nicht zu umgehen.

Die Feststellung der Schichtenfolge beruht auf den meisterhaften Beobachtungen von Arnold Hague, während die palaeontologischen Untersuchungen von Walcott ausgeführt wurden[1]. Die Gesammtmächtigkeit der cambrischen Schichtenfolge beträgt 2300—2400 m. Die Zahl ist deshalb wichtig, weil hier nicht, wie in England, die durch Faltung bedingte Wiederholung derselben Schichten jede Schätzung illusorisch macht.

Der höchste Theil des Eureka-Profils wird gebildet von

VIII. Untersilur in typischer Entwickelung. Die oberen Theile der Schichten enthalten:

b. *Cheirurus*, *Asaphus*, *Amphion*, *Endoceras*, *Maclurea*, *Chaetetes* und entsprechen dem Chazy-Kalk von New York oder dem Orthocerenkalk der alten Welt.

Das Vorkommen von zahlreichen *Receptaculites*, *Orthis testudinaria* und *pervetus* (non —*a*), sowie *Tellinomya contracta* verweist sogar schon auf die Trenton-Gruppe.

a. Etwas tiefere Schichten enthalten *Bathyurus*, *Symphysurus*, *Maclurea*, *Asaphus*, *Chaetetes*, *Receptaculites* und entsprechen dem New Yorker Calciferous Sandrock oder der englischen Arenig group (bezw. den tiefsten Theilen des Orthocerenkalkes).

VII. Der Pogonip-Kalk bildet faunistisch einen allmähligen Übergang vom Cambrium zum Silur. Derselbe ist somit der Tremadoc-Gruppe oder den *Ceratopyge*-Schichten vergleichbar (einschliesslich der Zonen mit *Symphysurus incipiens* und *Niobe insignis*). Neben eigenthümlichen Formen (1.) erscheinen die ersten Vertreter der silurischen Trilobitengattungen

[1] Hague, U. S. Geol. Survey. 2 Ann. Rep. 1880—1881. p. 29; 3 Ann. Rep. 1881—1883. p. 254—258. — Walcott, Palaeontology of the Eureka district. U. S. Geol. Survey Monographs. Vol. 8. 1884. — Id. U. S. Geol. Survey. Bull. 81 (Correlation paper. Cambrian). p. 313—317. Die letztgenannte Darstellung liegt der nachfolgenden Aufzählung zu Grunde.

(2.; mit revidirten Gattungsbestimmungen) und eine Anzahl obercambrischer Arten (3.), die in der folgenden Übersicht in drei Columnen angeordnet sind.

1. Eigenthümliche Arten:	2. Silurische Gattungen und Arten:	3. Cambrische Arten:
Discina sp.	*Orthis testudinaria*	*Lingulepis maera*
Schizambon typicus (non —*alis*)	*Amphion sp.*	" *minuta*
Obolella ambigua	*Megalaspis congener* Walc. sp. (= *Bathyurus congeneris* Walc.; Pygidium t. 12 f. 8a)	*Lingula? manticula*
Orthis hamburgensis	*Megalaspis nevadensis* Walc. sp. (Pygidium t. 12 f. 14)	*Acrotreta gemma*
Triplesia calcifera	*Niobe Macoyi* (*Barrandeia* Walc.) } Asaphiden	*Orthis discoidea*
Tellinomya? hamburgensis	*Asaphus cambrensis* } Asaphiden	*Leptaena? melita*
Dicellocephalus finalis	*Symphysurus eurekensis* (*Illaenurus* Walc.) } Asaphiden	*Agnostus communis*
" *inexspectans*[1]	*Ceratopyge? Goldfussi* Walc. sp. (*Symphysurus?* Walc.)	" *bidens*
Ptychoparia? annectens[1]		" *neon*
		Ptychoparia affinis
		" *granulosa* (non —*us*)
		" *Haguei*
		" *Oweni*
		" *unisulcata* (non —*us*)
		Harpides? americanus Walc. sp.[2]

VI. Der **Hamburg-Schiefer** entspricht dem **Obercambrium** (Potsdam-Sandstein) der inneren und östlichen Staaten. Der bald sandige, bald kalkige Schiefer ist 350′ mächtig und enthält die reiche, einige Beziehungen zum Nordosten (Wisconsin, Montana, Dakota, New Foundland) zeigende Fauna vor allem im obersten Theile:

Lingulepis maera	*Kutorgina minutissima*
" *minuta*	*Hyolithus primordialis* (Wisconsin)
Lingula? manticula	*Dicellocephalus mcedia* (Wisconsin)
Obolella discoidea	" *bilobus*
Acrotreta gemma (Calciferous sandrock von New Foundland)	" *marica*
	" *angustifrons*

[1] Rectius *inexspectatus*. Der Speciesname soll offenbar das unerwartete Auftreten der Gattung zum Ausdruck bringen. Wenn man in dem vorliegenden Falle im Zweifel sein könnte, ob die sinngemässe Änderung des Namens am Platze ist, so ist die Richtigstellung von grammatischen Unrichtigkeiten und Druckfehlern, wie *perrecta*, *annectans*, *typicalis* (vom englischen typical), *Ptychoparia granulosus*, wohl geboten.

[2] Die Bestimmung als *Arethusina* ist zweifellos unrichtig, da sowohl die Furchen der Glabella wie die Sculptur des Schwanzentheils ganz abweichend gestaltet sind. Der letztere ist bei *Arethusina* s. str. punctirt, bei *Harpides* und *Ar. americana* mit radiären Eindrücken versehen. Eine vollkommen sichere Entscheidung, ob die amerikanische Art untergeordnete Verschiedenheiten von *Harpides* zeigt und etwa einer Untergattung zuzurechnen sei, ist angesichts der mangelhaften Erhaltung des abgebildeten Fragmentes (Monogr. l. c. t. 9 f. 27. p. 69) nicht möglich. *Harpides* ist ein Conocephalide mit einem ausserordentlich breiten und flachen, die kleine Glabella umgebenden Rande und erinnert in der äusseren Gestalt an die zu den Proëtiden gehörende *Arethusina*. Die letztere Gattung erscheint erst im Obersilur und ein vollkommen isolirtes Auftreten der Familie an der Grenze des Cambrium ist schon aus geologischen Gründen unwahrscheinlich. Es sei nur kurz erwähnt, dass auch die übrigen Bestimmungen der cambrischen Trilobiten z. Th. revisionsbedürftig sind; bei einigen Arten des Pogonip-Kalks wurden Berichtigungen eingefügt.

Dicellocephalus ? nasutus	*Ptychoparia unisulcata*
Ptychoparia affinis	„ *breviceps*
„ *Oweni* (Montana, Dakota)	*Harpides ? americanus*
„ *Haguei*	*Ptychaspis minuta* (Potsdam von Wisconsin)
„ *granulosa*	
„ *simulator*	

V. Der Hamburg-Kalk, ein dunkelgraues, körniges, sehr undeutlich geschichtetes Gestein zeigt nur Spuren organischer Reste und ist 1200′ mächtig.

IV. Der Secret-Cañon-Schiefer, ein gelbbrauner Thonschiefer von ca. 1600′ Mächtigkeit entspricht trotz des Fehlens der typischen Gattung *Paradoxides* dem mittleren Cambrium und enthält in seinem obersten Theile:

Protospongia fenestrata	*Olenoides richmondensis*
Lingulepis maera	*Ptychoparia pernasuta*
„ *minuta*	„ *laticeps*
Lingula ? manticula	„ *bella*
Iphidea depressa	„ *Oweni*
Acrotreta gemma	„ *Haguei*
Kutorgina minutissima	„ *similis*
Hyolithes primordialis	„ *unisulcata*
Agnostus communis	„ *laeviceps*
„ *bidens*	„ (*Elyx*) *Linnarssoni* WALC. sp.
„ *neon*	*Chariocephalus tumifrons*
„ *seclusus*	„*Ogygia*"[1] *problematica*
Olenoides ? nasutus	

Der Übergang zu III ist unmerklich.

III. Prospect-Mountain-Kalk, ein massiger, körniger Kalk mit eingelagerten Schieferzonen von 3050′ Mächtigkeit entspricht dem unteren Theile des mittleren Cambrium, in den tieferen Theilen dem Untercambrium zum Theil (etwa der Zone des *Olenellus Kjerulfi*).

b. Die aus den oberen Kalken stammenden Arten entsprechen, wie BRÖGGER durch Untersuchung der *Agnosti* nachwies, den tieferen *Paradoxiden*-Zonen:

Obolella cf. *pretiosa*	*Agnostus richmondensis*
Lingula manticula	*Protypus senectus*
Kutorgina Whitfieldi	„ *expansus*
Orthis eurekensis	*Olenoides ? nasutus*
Stenotheca elongata	*Ptychoparia Oweni*
Agnostus communis	„ *Haguei*
„ *bidens*	„ *occidentalis*
„ *neon*	„ *dissimilis*

a. Aus den tieferen Kalken (cf. Zone des *Olenellus Kjerulfi*) werden die folgenden Arten citirt, welche meist aus einer ca. 500′ über der Basis liegenden Schicht stammen:

[1] Nach WALCOTT's späteren Angaben generisch falsch bestimmt.

Tabelle III: Uebersicht der Hauptabtheilungen des Cambrium in Amerika, Asien und Australien.

	Neu-Braunschweig, New Foundland und Massachusetts (wesentlich nach Matthew)	New York (J. Hall, Walcott)	Tennessee (Walcott)	Kentucky (Bayley Willis)	Oberes Mississippithal (Wisconsin, Minnesota, Iowa)	Arizona	Texas
Hangendes	Schiefer mit *Tetragraptus* u. *Dichograptus* Versteinerungsleerer Schiefer	Chazy limestone Calciferous sandrock	Untersilur (Knox-Dolomit)	Untersilur (Knox-Dolomit)	St. Peter sandstone Lower magnesian limestone	Untercarbon (Red wall limestone) Lücke	**Kreide**
Ober-Cambrium	Schiefer mit *Dictyonema* Zonen mit *Peltura* und *Parabolina* Zone mit *Agn. pisiformis*	Kalk der Südseite d. Adirondacks mit *Lingulepis*, *Ptychoparia*, *Ptychaspis* u. *Dicelocephalus* — Transgredirender Potsdam-Sandstein der Nord- u. Ostseite der Adirondack Mountains	Knox shale mit *Crepicephalus* und *Agnostus* Knox sandstone	Nolichucky-Schiefer Maryville Kalke Rogersville Schiefer	Potsdam sandstone (Sioux-Quarzite, St. Croix sandstone, Lake Superior sandstone) mit *Dicellocephalus minnesotensis*, *Dendrograptus*, *Aglaspis*, *Ptychaspis*, *Chariocephalus*, *Pemphigaspis*	Ohne Discordanz Kalkiger Tonto-Sandstein mit *Obolella*, *Lingulella* und *Ptychoparia* Rother Tonto-Sandstein mit *Scolithus*	Kalk **Sandstein** **Kalk** **Sandstein**
Mittel-Cambrium	St. Johngroup (Acadia) mit *Paradoxides* N. B., N. F. Braintree Argillites (Mass.) mit *Par. spinosus* und *Harlani*	? Kalk von Stissing mit *Olenoides stissingensis*, *Leperditia*, *Kutorgina* + ?	?	Rutledge Kalk (hierher auch der Blue Ridge Sandstein von Virginia)	Fehlt ?	+ ? Fehlt ?	+ ?
Unter-Cambrium	Georgia (Placentia): Zone des *Olenellus Kjerulfi* (N. B.) Zone mit *Ol. Bröggeri* (N. F.) Schiefer v. N. Attleboro (Mass.) mit *Ol. Walcotti*; Kalk von Nahant (Mass.) Basale Conglomerate N. F. (Etcheminian-series)	Schiefer von Troy mit *Olenellus asaphoides*, *Microdiscus*, *Fordilla*, *Archaeocyathus*, *Scenella* Quarzit des Westabhanges der Green Mts (Granular quartz)	Chilhowee sandstone mit *Olenellus* und *Scolithus* Ocoee conglomerate	Rome Schiefer	Fehlt	**Fehlt**	
Liegendes	Präcambrisches (Mass.) oder Archaisches (N. F.) **Urgebirge**	**Archaisch**	?		Discordanz Archaisch oder Algonkisch (Keweenaw sandstone am Lake Superior)	Discordanz Präcambrische Grand Cañon und Llano series und Archaischer Gneiss	Llano-Formation

	Nevada (Eureka und Highland Range) HAGUE	Utah Big Cottonwood Cañon und Antelope Springs	British Columbia und Mt. Stephens, Alberta	Nordchina (Liao-Tung) und Korea v. RICHTHOFEN, GOTTSCHE	Ostindische Salzkette (Salt Range, Pendschab) NOETLING	Südaustralien und Tasmania	Argentinien
Hangendes	Pogonip limestone mit *Asaphus, Amphion, Ptychoparia* u. *Dicellocephalus*	Untersilur	? Untersilur		Obercarbon mit Glacialgeröllen	Schiefer mit *Phyllograptus*. Unmittelbares Hangendes unbek.	Untersilur
Ober-Cambrium	Hamburg shale mit *Dicellocephalus, Ptychoparia, Ptychaspis*; Hamburg limestone ohne Verst.	Lücke ohne	? Obercambrium	+ ?	Lücke	Schichten mit *Dicellocephalus tasmanicus* und *Conocephalus*	Glimmersandstein v. Salta und Jujuy mit *Olenus, Agnostus* und *Arionellus*
	Secret Cañon shale mit *Ptychoparia* und *Agnostus*	Discordanz		Silurische Formation transgredirend über Gneiss und präcambrischen Wutai-Schichten		? Parara limestone (York-Halbinsel, Südaustralien) mit *Conocephalus australis* und *Dolichometopus Tatei*	
Mittel-Cambrium	Prospect Mountain-Kalk oben: *Protypus* und *Kutorgina*; unten: *Olenoides* und *Scenella*	Kalkiger Schiefer mit *Asaphiscus* und *Olenoides nevadensis* (Antelope Springs)	Castle Mountain group mit *Agnostus, Dolichometopus Howelli, Dorypyge, Olenoides nevadensis* und *Asaphiscus*	Kalke von Liao-Tung und Korea mit *Dorypyge* und *Anomocare*	IV. Gruppe der Salzpseudomorphosen (Bhaganwalla group)		
Unter-Cambrium	*Olenellus*-Zone mit *Ol. Gilberti* und *Olenoides* Prospect Mountain-Quarzit	Schiefer mit *Olenellus Gilberti* u. *Dolichometopus productus* (Cottonwood u. Oquirrh) Quarzite und Schiefer von Big Cottonwood Cañon	Bow River Series: Oben: Thonschiefer mit *Olenellus Gilberti* im Castle Mountain limestone Unten: Sandsteine, Quarzite und Conglomerate (Bow River-Quarzite)	+	III. Dolomitgruppe (Magnesian sandstone = Jutana group) mit *Stenotheca rugosa* und *Schizopholis*, 5maliger Wechsel von Dolomitwänden und Schichten von sandigem Dolomit und Thon II. *Neobolus*-Schichten oder Khussak group 5. Z. mit *Olenellus* 4. Z. d. *Neobolus Warthi*, Schiefer mit *Lakhmina, Schizopholis, Acrotreta* 3. Ob. Anneliden-Sandstein 2. Z. d. *Hyolithes Wynnei*, Schiefer mit Trilobiten 1. Unt. Anneliden-Sandstein I. Purpur-Sandstein oder Khewra group	Schichten mit *Olenellus? sp., Ethmophyllum Hindei* u. *Coscinocyathus* (York-Halbinsel, Ardrossan, Südaustralien)	
	? ?	+ ? Algonkian	+				

Scenella conula (schon in II)	*Olenoides quadriceps* (schon in II)
Agnostus interstrictus?	" *spinosus*
Ptychoparia prospectensis	

II. Der untercambrische typische *Olenellus*-Schiefer ist 100'—200' mächtig und erscheint theils sandig, theils kalkig entwickelt. Es kommen vor:

Kutorgina prospectensis	*Olenellus Gilberti*
Scenella conula	" *Iddingsi*
Olenoides quadriceps	*Anomocare? parvum*
Ptychoparia sp.	

I. Der wohlgeschichtete, 1500' mächtige Prospect-Mountain-Quarzit geht nach oben zu allmählig in den *Olenellus*-Schiefer über und entspricht den überall die Basis der cambrischen Schichtfolge bildenden Quarziten und Sandsteinen[1].

Die geographische Verbreitung und Entwickelung des Cambrium.

Allgemeines. Den mühevollen Einzeluntersuchungen über Gliederung und Vergleichung der Schichtgruppen verschiedener Gebiete schwebt als letztes Ziel eine Reconstruction des Zustandes der Erdoberfläche in den verschiedenen geologischen Perioden vor. NEUMAYR's umfassende Studien über die Juraformation haben in Bezug auf andere Erdperioden mannigfache Nachahmung in kleinerem Maassstabe gefunden; für die palaeozoische Aera harrt das in den letzten Jahrzehnten aufgestapelte Beobachtungsmaterial noch der gründlichen Durcharbeitung.

Bevor wir diesem schwierigen Unternehmen näher treten, ist es nöthig, die Grenzlinien zu bestimmen, welche von der Natur selbst der Forschung gesteckt sind.

Gewaltige Gebiete sind vom Ocean bedeckt und von den Festlandsmassen ist kaum ein Drittel geologisch durchforscht. Aber auch abgesehen hiervon sind die Aufschlüsse der palaeozoischen Formationen an sich räumlich beschränkter als die der mesozoischen Bildungen. Die wichtigen Hinweise, welche die physische und zoologische Geographie der Jetztwelt für die Enträthselung der Tertiärzeit giebt, fehlen in den Uranfängen der geologischen Zeitrechnung so gut wie ganz. Ein gewaltiger Continent, Afrika, enthält nur im äussersten Süden und Norden Reste palaeozoischer Bildungen. Die bisher bekannten in unsere Aera zu stellenden Ablagerungen der Südhemisphäre gestatten nur in Bezug auf Theile des Obersilur, des jüngeren Devon und der Dyas Folgerungen weitergehender Art. Cambrium ist nur in vereinzelten, z. Th. zweifelhaften Vorkommen aus Süd-Australien und Argentinien bekannt.

Trotzdem bei geologisch-geographischen Vergleichungen die auf weite Strecken gleichbleibende Beschaffenheit äquivalenter Bildungen zuweilen das Vorhandensein von Lücken weniger empfindlich macht, sind wir doch bei den meisten Erörterungen

[1] Während HAGUE denselben als cambrisch bezeichnete, rechnete WALCOTT den Quarzit anfänglich zum Präcambrium; daher ist auch die abweichende Numerirung der Schichten zu erklären, indem die *Olenellus*-Schiefer (II.) das Profil als I. eröffnen.

allgemeinerer Art fast immer auf die Nordhemisphäre — mit Ausschluss von Afrika — beschränkt.

Trotz dieser räumlichen Beschränkungen liegt eine Beantwortung der Grundfrage der geologisch-geographischen Forschung nicht ausserhalb des Bereiches der Möglichkeit: Haben gewaltige, auf kosmische oder allgemeine terrestrische Ursachen zurückzuführende Transgressionen den Erdball betroffen, oder haben weniger ausgedehnte, negativ und positiv wirkende Meeresschwankungen sich gegenseitig compensirt?

Für die älteren palaeozoischen Formationen, insbesondere für das Cambrium, sind bereits einige palaeogeographische Versuche gemacht worden. Schon BARRANDE wies darauf hin, dass die primordialen Ablagerungen Böhmens ihrer Gliederung und Versteinerungsführung nach von dem nordischen Cambrium verschieden seien. In DANA's Manual of geology wird jeder Epoche eine geographische Übersicht der alten Meere und Continente beigefügt. Ein neuerer Versuch ähnlicher Art (dessen Ergebnissen ich jedoch nur theilweise beizustimmen vermag) rührt von E. KOKEN[1] her. WALCOTT hat für Amerika sogar eine geographische Nomenclatur für die verschiedenen Entwickelungsgebiete des Cambrium eingeführt. Da jedoch hierbei nicht nur der faunistische Charakter gleichalter und isoper Schichten in Rechnung gezogen, sondern auch die Faciesverschiedenheit und das Fehlen einzelner Stufen mit berücksichtigt wird, so ergiebt sich eine überaus verwickelte Namengebung. Dieselbe entspricht jedenfalls nicht den Grundsätzen, welche bei der Reconstruction der mesozoischen Meere in Anwendung gekommen sind. Wollte man beispielsweise den Jura Deutschlands nach den von WALCOTT angewandten Grundsätzen eintheilen, so würden sich fünf bis sechs „Provinzen"[2] ergeben, während nach NEUMAYR, welcher nur die unter gleichen physikalischen Bedingungen lebenden („isopen") Thiere berücksichtigt, diese Provinzen einem einheitlichen Meeresbecken angehören. Es bedarf keines Nachweises, dass die WALCOTT'sche Methode nur für locale Zwecke verwendbar ist; für die geographische Übersicht der gesammten Erdoberfläche muss von der localen Faciesbildung abgesehen werden. Ebenso wenig ist es möglich, für lange Perioden wie Cambrium oder Jura mit einer Nomenclatur auszukommen, da während derselben bedeutsame Veränderungen in der Vertheilung von Festland und Meer eintreten. Beispielsweise umschliesst das obere Cambrium in Nordamerika — abgesehen von dem äussersten Nordosten — eine gleichmässig verbreitete Fauna. Trotzdem werden in WALCOTT's Nomenclatur nicht zwei, sondern vier Provinzen mit einer fast dreifachen Anzahl von „subprovinces" unterschieden.

1. Das Untercambrium[3].

Die Verbreitung der basalen Conglomerate und Sandsteine.

Das untere Cambrium beginnt überall, wo dasselbe in vollständiger Entwickelung aufgeschlossen ist, mit Conglomeraten und anderen klastischen Ge-

[1] Die Vorwelt p. 63–96 passim.

[2] 1 Franken-Schwaben; 2 Westfalen; 3 Harz; 4 Pommern; 5 Oberschlesien etc.

[3] Die in den nachfolgenden Abschnitten zusammengestellten Betrachtungen stützen sich auf die in den vorstehenden Tabellen (bes. II und III) vereinigten Thatsachen.

steinen. Die Anzeichen einer weitausgreifenden, alte präcambrische Festländer bedeckenden Transgression sind aus ganz Nordeuropa (nördliche und südliche baltische Länder, Skandinavien, Wales, Schottland und Nordfrankreich), aus Sardinien[1], aus dem Osten und Westen von Nordamerika, New Foundland — Utah, Nevada, British Columbia[2], aus China, sowie aus der Indischen Salzkette (Purple sandstone oder Khewra group des Pendschab) bekannt geworden. In China (sinische Formation v. RICHTHOFEN'S) dürften präcambrische Schichten ohne Discordanz und ohne scharfe Trennung in cambrische Bildungen fortsetzen.

Die gleichen geologischen Verhältnisse wie in China beobachten wir auf der anderen Seite des Stillen Oceans. In Nevada (Prospect mountain), British Columbia (Bow River) und Utah (Big Cottonwood Cañon) ist die Mächtigkeit der unter dem *Olenellus*-Niveau liegenden Quarzite und Sandsteine derart, dass man mit grösserer oder geringerer Einstimmigkeit den unteren Theil derselben in das Präcambrium versetzt. Die ausserordentliche Mächtigkeit, welche die sinische Formation im Liegenden des Mittelcambrium besitzt, lässt diese Ansicht naheliegend erscheinen. Allerdings beginnt auch die sinische Formation mit einer Transgression über Gneiss und Präcambrium (Wutai-Formation); auf die gewaltige Ausdehnung derselben und auf die Bedeutung dieser geologischen Erscheinung hat v. RICHTHOFEN aufmerksam gemacht. Aber eben die Mächtigkeit der älteren aus Sandstein, Schiefer und Kalk bestehenden sinischen Bildungen macht die Annahme wahrscheinlich, dass die sinische Transgression zeitlich früher erfolgt ist als die untercambrische. Mag nun die Entscheidung über die Einzelfragen der Stratigraphie ausfallen wie sie wolle, jedenfalls ergiebt sich für den nördlichen Theil des Pacifischen Weltmeeres ein geologisches Alter, welches dem Beginn der durch bestimmbare Versteinerungen gekennzeichneten Schichtenfolge entspricht, wahrscheinlich aber noch über denselben hinausreicht.

Die Conglomerate und groben Sandsteine sind versteinerungsleer; die in den feineren klastischen Gesteinen vorkommenden organischen Reste bestehen aus häufigen Spuren von Würmern, seltener aus Brachiopoden, Hyolithen und Abdrücken von Medusen. Reste von Crustaceen fehlen noch, wenn man nicht einige Kriechspuren auf diese Gruppe beziehen will.

Die faunistische Ähnlichkeit zwischen den untercambrischen Sandsteinen und den präcambrischen Bildungen ist somit ausgeprägt und erklärt u. a. die Schwierigkeit einer Grenzbestimmung in denjenigen Gebieten, in welchen die basale Discordanz fehlt.

Die Olenellus-Stufe.

Die grobklastischen Bildungen gehen nach oben zu in feinere, sandige oder thonige Schichten über, deren Mächtigkeit wenige Dutzende bis Tausende von Fuss[3] beträgt. Kalke sind äusserst selten. Die bezeichnende Gattung *Olenellus*[4]

[1] Wo BORNEMANN die vorhandenen Sandsteine als Strand- oder Dünenbildung deutet — cf. die Dreikanter von Lugnås.

[2] Bow River-Quarzit.

[3] New Foundland bildet das eine, der Prospect Mountain-Quarzit das andere Extrem.

[4] Daneben *Microdiscus*, *Ellipsocephalus*, *Olenoides*, *Ptychoparia*, *Conocephalus*, *Bathynotus*, *Crepicephalus*, *Oryctocephalus* u. a.

ist in allen erwähnten Gebieten — mit Ausnahme von China — sowie ferner in Westaustralien[1] gefunden worden.

Innerhalb der *Olenellus*-Stufe ist eine Altersverschiedenheit dadurch angedeutet, dass *Olenellus* s. str. (*O. Thompsoni*, *O. Gilberti* und *O. Lapworthi*) mit der Untergattung *Mesonacis* (*M. Mickwitzi* und *M. vermontana*) zusammen mit *Protypus* und einigen selteneren Gattungen[2] auf die ältere Zone beschränkt ist. Auch die Untergattung *Holmia* (*H. Bröggeri*) ist bereits hier (Schicht No. 2, bei Mannels Brook u. a.) nachgewiesen. Die tiefere Zone ist bisher in Nordschottland, Wales (St. Davids[3]), Esthland, Sardinien, ferner in New Foundland, British Columbia, Utah und Nevada nachgewiesen.

Die höhere Zone ist durch *Ellipsocephalus* und das Fortleben von *Holmia* (*H. Kjerulfi* in Skandinavien und Neu-Braunschweig, *H. Callavei* in Shropshire) ausgezeichnet, scheint jedoch etwas geringere Verbreitung zu besitzen.

Trotzdem wir bezüglich der Kenntniss untercambrischer Faunen erst am Beginn des Erkennens stehen, heben sich doch einige faunistische Verschiedenheiten (bei Trilobiten und Brachiopoden) deutlich hervor und gestatten die Annahme des Vorhandenseins getrennter Meeresbecken (vergl. Kartenskizze I):

a) Meeresbecken der Rocky Mountains und des Pacific.

Für die Kenntniss des Untercambrium bildet Nordamerika den Ausgangspunkt, sowohl hinsichtlich der Deutlichkeit der Profile wie des Reichthums der Faunen. In einer überaus lehrreichen und umfassenden Zusammenstellung unterscheidet Walcott[4] innerhalb der ältesten Ablagerungen drei Provinzen, die sich jedoch bei näherer Betrachtung auf zwei beschränken.

Mag man mehr Werth auf das Vorhandensein allgemein verbreiteter Arten oder auf das Vorkommen eigenthümlicher Gattungen legen, jedenfalls ergiebt sich, dass das Meeresbecken der Rocky Mountains-Provinz[5] von dem Osten Amerikas faunistisch verschieden und durch breite Landmassen getrennt war. Die im Osten liegende „Atlantic-coast" und „Champlain-Hudson province" zeigen hingegen keinerlei durchgreifende Unterschiede, sondern gehören beide dem Nordatlantischen Meeresbecken der unter- und mittelcambrischen Zeit an. Die Zahl der Arten[6], welche dem Osten[7] und Westen gemeinsam sind, ist

[1] Geol. Mag. 1890. p. 99 beschreibt H. Woodward ganz kurz das Vorkommen von *Olenellus (?) Forresti* und *Salterella Hardmani* von Kimberley, Westaustralien.

[2] *Bathynotus* Hall, *Oryctocephalus* Walc., *Crepicephalus* D. Owen und *Olenelloides* Peach (Nordschottland).

[3] Hicks, Quart. Journ. May 1892. p. 241. Die Schichten mit *O. Lundgreni* Moe. (Schonen) sollen nach Moberg zwischen der älteren und der jüngeren Zone liegen.

[4] The Fauna of the Lower Cambrian or *Olenellus*-Zone. 10. Ann. Rep. U. S. Survey 1890.

[5] Umfasst British Columbia (Mt. Stephens und Cathedral Mt. an der Canadischen Pacific-Bahn), Utah (Wahsatch und Oquirrh Mts.) und Nevada (Silver Peak, Pioche, Highland Range, Eureka). Im Süden (Arizona, Neu-Mexico, Texas) war Festland, das Cambrium beginnt erst mit viel höheren Schichten. Die einzelnen Durchschnitte sind, soweit sie Bedeutung beanspruchen, der grossen Tabelle einverleibt.

[6] Gegenüber den generischen Bestimmungen Walcott's sind im Folgenden einige Änderungen eingeführt: *Olenoides* Walc. = *Zacanthoides* Walc., *Ptychoparia* Corda = *Solenopleura* Ang., *Conocephalus* Zenk. = *Avalonia* Walc. Über *Solenopleura* vergl. oben. Nach eingehender Vergleichung habe ich keine Merkmale entdecken können, auf welche die Selbständigkeit von *Avalonia* und *Zacanthoides* begründet werden könnte.

[7] Champlain-Hudson + Atlantic-coast province (Walcott).

sehr geringfügig (7[1] von ca. 150). Entsprechend der gründlicheren Ausbeutung der östlichen Fundorte ist die Zahl der für die Rocky Mountains-Provinz bezeichnenden Gattungen[2] verhältnissmässig gering. Immerhin befinden sich unter denselben bezeichnende Typen wie die Gruppe des *Olenellus Gilberti*, *Crepicephalus*, *Oryctocephalus*, *Anomocare*, *Acrotreta*, *Acrothele* und *Ethmophyllum*. Der Zusammenhang des östlichen und westlichen Meeres, auf den das Vorhandensein gemeinsamer Arten hinweist, könnte im Süden, etwa in der Mitte der Mexicanischen Staaten gesucht werden. Das Meeresgebiet der heutigen Felsengebirge hing wahrscheinlich mit dem Stillen Ocean zusammen, für dessen Vorhandensein schon aus dem Präcambrium bestimmte Beweise vorliegen.

b) Nordatlantisches Meer.

Unverhältnissmässig grösser (18) ist die Zahl der Gattungen, welche bisher nur im Osten gefunden wurden: *Mesonacis* und *Holmia*, *Conocephalus*, *Arionellus* (= *Agraulos* CORDA auct.), *Agnostus*, *Microdiscus*, *Bathynotus*, *Platyceras*, *Straparollina*, *Raphistoma*, *Helenia*, *Hyolithellus*, *Salterella*, *Camarella*, *Orthisina*, *Paterina* (= *Kutorgina labradorica* BILL.), *Linnarssonia*, *Iphidea*.

Andererseits ergiebt eine Vergleichung der „Champlain-Hudson province" mit dem Gebiet der Atlantischen Küste, dass beide zahlreiche idente Arten[3] dagegen eine kaum in Betracht kommende Zahl (4 bezw. 2[4]) eigenthümlicher Gattungen besitzen. Es gehört demnach zum Nordatlantischen Becken die langgestreckte Zone von Ablagerungen, welche von Labrador (Belle-Isle-Strasse) durch New Foundland, Neu-Braunschweig (Acadia), Vermont (Bennington-Quarzit), Massachusetts (N. Attleboro und Braintree), New Jersey (Reading-Quarzit), New York (Adirondack und Green Mts.), Pennsylvania[5], Virginia (Chilhowee-Quarzit) bis Ost-Tennessee und Alabama hinabreicht (vergl. Tab. III p. 46).

Die Bedeutung dieser faunistischen Übereinstimmung tritt erst in das rechte Licht, wenn wir uns vergegenwärtigen, dass in den gleichalten Ablagerungen des weit entlegenen europäischen Gebietes neben zahlreichen amerikanischen Formen nur eine einzige eigenthümliche Gattung, die Litoralform *Mickwitzia* vorkommt. Hingegen sind gerade die wichtigsten, auch in tieferem Wasser heimischen Trilobiten, die Gruppe des *Olenellus Thompsoni* HALL, *Holmia* und *Mesonacis*, *Ellipsocephalus*, *Arionellus* und *Agnostus*, auch in Europa durch nah verwandte

[1] *Protypus senectus* BILL., *Ptychoparia subcoronata* WALC., *Olenoides levis* WALC. sp., *Spirocyathus atlanticus* BILL. sp., *Hyolithes Billingsi* WALC. und *princeps* BILL., *Stenotheca elongata* WALC. *Kutorgina pannula* WHITE sp. (Nevada) ist im Osten nicht sicher identificirt.

[2] Bei der Vergleichung der Gattungen wurden nur Trilobiten, Gastropoden, Brachiopoden und Archaeocyathinen, d. h. die allgemeinen verbreiteten Gruppen berücksichtigt.

[3] *Protypus senectus* BILL. und var. *parvula* BILL., *Arionellus cylindricus* BILL., *Olenellus Thompsoni* HALL (?), *Salterella pulchella* BILL., *Hyolithellus micans* BILL., *Hyolithes americanus* BILL., *communis* BILL., *impar* FORD, *princeps* BILL., *Platyceras primaevum* BILL., *Stenotheca rugosa* HALL sp., *elongata* WALC., *Scenella reticulata* BILL., *Fordilla Troyensis* BARR., *Orthisina* sp., *Paterina labradorica* BILL. sp., *Kutorgina cingulata* BILL., *Iphidea bella* BILL.

[4] Champlain-Hudson province: *Linnarssonia*, *Orthis*, *Agnostus*, *Bathynotus*; Atlantic-coast province: *Straparollina*, *Raphistoma*.

[5] WALCOTT, Notes on the Cambrian rocks of Pennsylvania. American Journal of science. Vol. 47. Jan. 1894. p. 37.

und idente Arten[1] vertreten. Auch unter den weniger leicht veränderlichen Brachiopoden finden sich idente Arten wie *Linnarssonia sagittalis* SALT. sp. und *Kutorgina cingulata* BILL. (Taf. 1 a Fig. 3, 6). Von „Pteropoden" werden *Salterella pulchella*, *Helenia bella* und *Hyolithellus micans* angeführt, deren Identität mit amerikanischen Formen sicher oder wenigstens höchst wahrscheinlich ist. Dass eine Anzahl amerikanischer Typen in den entsprechenden europäischen Bildungen noch nicht gefunden sind, erklärt sich aus der Versteinerungsarmuth der letzteren.

Eine weite Ausdehnung des skandinavisch-baltischen Meeres nach Osten wird durch neuere in **Ostsibirien** gemachte Funde angedeutet.

Aus dem Gebiete der **mittleren Lena** (Olekminsk) erwähnt Baron TOLL mergelige Kalke mit *Microdiscus* (aff. *Parkeri* WALC. und aff. *connexus* WALC.), sowie *Kutorgina* und *Obolella*. Da *Microdiscus* im unteren Cambrium von Ostamerika am häufigsten vorkommt und nur in die unteren Zonen der *Paradoxides*-Schichten hinaufgeht, ist die obige Bestimmung wahrscheinlich. Ein directer Zusammenhang mit den nördlichen Meeren wird auch dadurch erwiesen, dass die genannte Gattung in den Rocky Mountains fehlt. Die von FR. SCHMIDT vom Olenek und Wilui beschriebenen Arten von *Liostracus*, *Anomocare* und *Agnostus* deuten eher auf mittelcambrisches Alter hin; ein Zusammenhang mit den chinesisch-koreanischen Schichten ist faunistisch möglich.

Das Untercambrium von **Sardinien** (vgl. oben p. 40) bildete jedenfalls nur einen Ausläufer des Nordatlantischen Meeres. Wenngleich ein eingehender Vergleich durch die mangelnde Horizontbestimmung und die nicht immer gelungene Beschaffenheit der bisher veröffentlichten Zeichnungen ausgeschlossen ist, so verweist doch das Vorkommen von Archaeocyathinen sowie der mit *Holmia Bröggeri* und *Callavei* nahverwandten Trilobiten auf einen **unmittelbaren Zusammenhang** mit dem **Nordatlantischen Ocean**.

Aus dem **spanischen**, räumlich sehr ausgedehnten **Cambrium** sind bisher — abgesehen von *Paradoxides*-Schichten — nur Archaeocyathinen[2] bekannt geworden, so dass eine bestimmte Angabe über die geographische Stellung unthunlich ist. Das häufige Auftreten dieser Gruppe kennzeichnet die kalkigen Ablagerungen des Untercambrium von Sardinien und Westamerika. In den sandigen oder schieferigen Bildungen Nordeuropas fehlt *Archaeocyathus*, wird aber in den kalkigen Schichten Schottlands (Durnesskalk) gefunden.

c) Pendschab-Provinz des Untercambrium.

Die in der indischen Salzkette[3] bisher gefundenen Trilobitengattungen *Olenellus* sp. und *Ptychoparia* (*Pt. indica* WAAG. sp.[4]) gehören nebst *Lingula*, *Orthis* und

[1] *Olenellus Lapworthi* PEACH et HORNE cf. *O. Thompsoni* HALL, *Olenellus (Mesonacis) Mickwitzi* SCHMIDT cf. *O. vermontana* WALC. *Olenellus Kjerulfi* kommt auf beiden Seiten des Oceans vor.

[2] Vergl. Bd. I. p. 303. *Ethmophyllum Marianum* F. ROEM. sp. aus der Sierra Morena; die andere bisher beschriebene Art von *Ethmophyllum* stammt aus Nevada und wird hier von *Archaeocyathus* s. str. begleitet. (HINDE, Quart. Journ. Geol. society. Febr. 1889. p. 133, 134.)

[3] Vergl. besonders WAAGEN, Salt Range Fossils IV. p. 94 und 97, und NOETLING, On the Cambrian Formation of the Eastern Salt Range. Rec. Geolog. Survey of India. Vol. XXVII. Pt. 3. 1894. In beiden Arbeiten finden sich die weiteren Literaturnachweise über die früher zum Silur und dann zum Obercarbon gestellten „Neobolus-Beds". Die Stratigraphie ist in der Tabelle p. 47 auszugsweise wiedergegeben.

[4] *Conocephalus Warthi* WAAG. ist eine typische *Ptychoparia* mit beweglichen Wangen; zu derselben Gattung dürfte auch *Olenus? indicus* WAAG. gehören, sofern man eine Bestimmung der mangelhaft erhaltenen Reste versuchen will.

Stenotheca zu den auch anderwärts das untere Cambrium kennzeichnenden Typen. Die Brachiopoden sind jedoch fast durchweg eigenthümlich, so *Neobolus*, *Lakhmina*, *Schizopholis* und *Discinolepis*. Nimmt man hierzu noch die — abgesehen von dem untersten Sandstein — durchaus eigenartige petrographische Entwickelung, die Häufigkeit der Dolomite und vor allem das Vorkommen einer sonst im Cambrium und Untersilur fehlenden Salzbildung, so erscheint die Annahme einer selbständigen Provinz naturgemäss. Dieselbe entspricht der Epoche des Untercambrium und vielleicht dem Mittelcambrium; ein wesentlich höheres Alter der *Neobolus*-Schichten lässt sich nach NOETLING's Beobachtungen nicht mehr rechtfertigen. Andererseits kann die Dolomitgruppe (III. s. Tabelle) noch nicht dem Mittelcambrium zugewiesen werden, da untercambrische Reste in derselben vorkommen.

d) Die Continente des Untercambrium (algonkischer, arktischer, mitteleuropäischer Continent).

Wenn bei der Reconstruction alter Meeresbecken die gleichmässige Vertheilung der fossilen Faunen manche geographischen Lücken ausfüllt, so ist der Versuch, die Grenzen der Continente zu bestimmen, mehr von geologischen Beobachtungen abhängig. Selbstverständlich muss die Thatsache des Fehlens von Ablagerungen auf der heutigen Erdoberfläche mit um so grösserer Vorsicht bei der Beurtheilung palaeogeographischer Verhältnisse benutzt werden, je weiter wir in der geologischen Zeitrechnung zurückgehen, je grösser mit anderen Worten die Wirkung der denudirenden Kräfte gewesen ist.

Die sichersten Schlüsse gestattet die Beobachtung transgredirender Lagerung, vorausgesetzt, dass die stratigraphische Lücke nicht allzu gross ist. Wenn eine grössere Anzahl von Formationen fehlt (wenn z. B. obere Kreide die Steinkohlenformation überlagert), so ist die Entscheidung über die Frage schwierig, welche älteren Marinbildungen während der, der letzten Meeresbedeckung vorausgehenden Festlandzeit denudirt wurden. Vollkommen sichergestellt ist nach dem eben Erörterten das Vorhandensein des

Algonkischen Festlandes im Centrum des heutigen Nordamerika[1]. Bis zu dem Wahsatchgebirge in Utah und dem Eurekagebiet in der Mitte von Nevada reicht von Norden her die vollständige Entwicklung der drei cambrischen Gruppen. Bereits in Arizona (Grand Cañon), in Neu-Mexico und Texas lagern die transgredirenden Schichten des Obercambrium auf schwach aufgewölbten präcambrischen (algonkischen[2]) Schichten. Dieselbe Lagerung wurde, wie die schönen Übersichtskarten von WALCOTT zeigen, in Wyoming, Süd-Montana, Dakota (den Black Hills), Missouri (Ozark Mt.), Wisconsin, Minnesota und in den Adirondack-Bergen (New York) beobachtet. Jedenfalls hat hier während oder nach dem Abschluss der präcambrischen Zeit eine Aufrichtung der Schichten stattgefunden, und dieses ziemlich genau die Mitte des Continentes einnehmende Land wurde erst von der obercambrischen Transgression wieder überfluthet. Die nach Osten hindeutenden faunistischen Beziehungen des untercambrischen West-

[1] 10. Ann. Rep. U. S. Geol. Survey. Taf. 41. Bull. U. S. Survey. No. 81 (Cambrian). Taf. III p. 368.
[2] In geringerem Maasse kommen archäische Schichten in Frage.

meeres machen eine Verbindung mit dem nordatlantischen Becken wahrscheinlich. Da sich der algonkische Continent nach Norden (nach der Grenze von Canada zu) verbreitert, dürfte eine südliche Verbindung etwa in der westlichen Fortsetzung des heutigen mexicanischen Golfes bestanden haben.

Weniger sicher begründet ist die Annahme eines arktischen Continentes. Es ist wesentlich der litorale Charakter der unteren und der mittelcambrischen Sedimente, sowie die einheitliche Zusammensetzung der europäischen und ostamerikanischen Fauna, welche das Vorhandensein einer uralten, den Norden des Atlantic in ost-westlicher Richtung durchziehenden Küstenlinie wahrscheinlich macht. Hierzu kommt als Bestätigung das vollkommene Fehlen cambrischer Ablagerungen in den arktischen Gebieten, wo nach den vorliegenden Berichten altsilurische Ablagerungen auf dem Urgebirge lagern.

Auch die Mitte von Europa dürfte am Beginn der cambrischen Zeit landfest gewesen sein. Sardinien, Süd-Spanien, Nordfrankreich, Bornholm, Esthland enthalten altcambrische litorale Bildungen. Das vollkommene Fehlen gleichalter Formationen in der wohldurchforschten Mitte von Europa fällt um so mehr ins Gewicht, als aus Languedoc und Böhmen gleichartig[1] entwickelte mittelcambrische Transgressionsbildungen[2] bekannt sind.

Wie weit sich im heutigen Asien der arktische Continent südwärts erstreckt hat, muss unentschieden bleiben. Immerhin macht die discordante Auflagerung von silurischen(?) und devonischen Schichten auf Urgebirge, welche im nördlichen Ural beobachtet wurde, das Vorhandensein von Land in diesem Gebiet nicht ganz unwahrscheinlich. Abgesehen von dem conglomeratischen Charakter des basalen Cambrium ist die Ausdehnung der nachweisbar vorhandenen cambrischen Landmassen so bedeutend, dass eine Besprechung der Mythe von dem uferlosen altpalaeozoischen Meer unnöthig erscheint.

2. Das Mittelcambrium.

Während der mittelcambrischen Zeit lässt sich in einigen Gebieten ein Vorrücken, in anderen ein Rückzug des Meeres nachweisen. Wenngleich die positive Bewegung die negative auf dem unserer Untersuchung zugänglichen Theile der Erdoberfläche vielleicht um ein Geringes überwiegt, so liegt doch keine Veranlassung vor, in mittel- oder obercambrischer Zeit ein allgemeines Vorrücken des Meeres gegen die Festländer anzunehmen[3].

a) Die Ausdehnung des Nordatlantischen Meeres

erfährt, wie die Vertheilung der Faunen in Amerika und Europa beweist, einige Veränderungen. Ob das Vorkommen skandinavischer *Paradoxides*-Quarzite in der Gegend von Sandomir (Polen) auf ein Vordringen des mittelcambrischen Meeres in dieser Richtung hinweist, ist ungewiss. Da ältere Bildungen in den zwischen Polen und Schweden liegenden Gebieten überhaupt nicht bekannt sind,

[1] *Paradoxides rugulosus* Corda, *Conocephalus coronatus*.

[2] Man vergleiche die obige ausführliche Schilderung des klastischen bezw. conglomeratischen Charakters des mittelböhmischen Cambrium, das discordant auf präcambrischem Thonschiefer lagert.

[3] Man vergl. KOKEN, Vorwelt. p. 85 u. p. 94.

ist die Annahme einer entsprechenden Ausdehnung des untercambrischen Meeres ebenfalls denkbar. Andererseits ist in Nordschottland eine Einengung des cambrischen Meeres nachweisbar. Der Durnesskalk mit *Salterella* und *Archaeocyathus* schliesst sich am nächsten dem Untercambrium[1] an und könnte nur in geringer Ausdehnung noch dem Mittelcambrium homotax sein. Jedenfalls hat wohl zur Zeit der *Paradoxides*-Schichten in Schottland wie auf der Westseite des Atlantischen Oceans eine negative Bewegung des Meeres stattgefunden. Die *Paradoxides*-Fauna ist in Nordamerika nur in den drei am weitesten östlich gelegenen Küstengebieten bekannt: im östlichsten Theile von New Foundland (Manuels Brook, Halbinsel Avalon), Neu-Braunschweig (St. John) und Massachusetts (Braintree bei Boston). An dem letztgenannten, weiter nach Süden vorgeschobenen Punkte sind nur Schichten mit dem böhmischen *Paradoxides spinosus* Boeck und dem nahe verwandten *Paradoxides Harlani* Green[2] gefunden worden, während im östlichen Theile der britischen Besitzungen die europäischen Zonen sämmtlich mit Ausnahme des obersten Horizontes (Andrarum-Kalk) vertreten sind.

Gegenüber der weiten Ausdehnung der *Olenellus*-Fauna, welche sich bis Süd-Labrador (Anse-à-Loup), Quebec (in den silurischen Conglomeraten) und Ost-Tennessee verbreitet, bedeutet dies eine wesentliche Einengung[3] des Meeresgebietes. Indirect deutet auch die faunistische Selbstständigkeit des westlichen Mittelcambrium (s. unten) auf eine Unterbrechung der südlichen Meeresverbindung hin, welche die *Olenellus*-Fauna des Felsengebirges mit der des Atlantischen Oceans verband.

b) Die mediterrane mitteleuropäische Transgression.

Der negativen Meeresbewegung im atlantischen Gebiete steht eine Transgression gegenüber, welche zur Zeit des älteren Mittelcambrium den südlichen, zwischen Böhmen und Mittel-Frankreich gelegenen Theil des europäischen Urcontinentes überfluthete und auch in Nordspanien[4] Reste der *Paradoxides*-Fauna hinterlassen hat. Allerdings liegen nur aus Languedoc[5], Sardinien (vergl. oben) und Mittelböhmen (vergl. oben) die bezeichnenden Faunen vor; jedoch lässt das Vorkommen der böhmischen Arten *Paradoxides rugulosus* und *Conocephalus*

[1] *Pilocerus* ist bisher nur in Schottland vorgekommen, gewährt also keine stratigraphischen Anhaltspunkte.

[2] Walcott, Fauna of the Braintree Argillites. Bull. U. S. Geol. Survey. No. 10. (1884.) p. 41 ff.

[3] Nur in Labrador könnte das Fehlen der *Paradoxides*-Fauna durch spätere Denudation erklärt werden, da hier *Olenellus*-Schichten das hangendste Glied der Schichtenfolge bilden. Bei Quebec fehlt die *Paradoxides*-Fauna in den silurischen Conglomeratlagen und bei Rogersville, Ost-Tennessee, ist das Mittelcambrium zwischen den oberen und unteren Gliedern der Formation nicht vertreten. Aus Georgia und Alabama wird nur die Thatsache des Vorkommens einer „middle Cambrian Fauna" ohne nähere Angaben erwähnt. Bull. U. S. Geol. Survey. 81. p. 304.

[4] Schiefer von Rivadeo, Verneuil und Barrois.

[5] Bergeron, Étude géologique du massif ancien situé au sud du Plateau Central. Ann. des sciences géologiques. Bd. 22. 1889. p. 75 ff. Beschreibung der Arten p. 303–312. Im Liegenden der *Paradoxides*-Schichten treten grobe Sandsteine mit Spuren von Röhrenwürmern auf, welche eine Mächtigkeit von einigen Hundert Metern besitzen und allmählig in Phyllite übergehen sollen. Wenn man diese Schichten dem Untercambrium zurechnet, ergiebt sich eine verhältnissmässig geringere Ausdehnung der mittelcambrischen Transgression.

coronatus den Gedanken einer unmittelbaren Verbindung naheliegend erscheinen; an eine unmittelbare Verbindung mit dem Norden Europas kann um so weniger gedacht werden, als die typische Fauna der Zone des *Paradoxides Tessini* in verhältnissmässig geringer Entfernung in Russisch-Polen vorkommt. Die oben angeführten identen oder vicariirenden Arten treten gegenüber der grossen Zahl verschiedener Arten und Gattungen zurück (*Sao* bezw. *Microdiscus*, *Anomocare* und *Harpides*). Die Überfluthung der Mitte von Europa ist also von Süden, von dem sardinischen *Olenellus*-Meer ausgegangen und hat nur in mittelbarer Verbindung mit dem Nordatlantischen Ocean gestanden. Bemerkenswerth ist die faunistische Verwandtschaft des mediterranen Meeres mit dem Osten Amerikas (vergl. unten).

Das Vorkommen des böhmischen *Paradoxides spinosus* in Massachusetts wurde schon erwähnt, und für die mittelcambrische Fauna der Montagne Noire (Languedoc) nennt Matthew eine Anzahl vicariirender Formen aus Neu-Braunschweig[1].

c) Der Pacifische Ocean der cambrischen Zeit.

Eduard Suess hat aus der Lage der Gebirgsketten in den grossen Meeresbecken der Nordhemisphäre den Schluss gezogen, dass der Pacifische Ocean ein uraltes Becken darstellt, während das Atlantische Meer jüngeren Ursprunges sei. Die vergleichende Stratologie bestätigt im Wesentlichen diese auf Grund tektonischer Erwägungen erwachsene Theorie: einen arktischen Continent in dem Norden des heutigen Atlantischen Oceans haben wir bereits kennen gelernt; die bemerkenswerthe Übereinstimmung der mittelcambrischen Versteinerungen in den Felsengebirgen und in China lässt das Vorhandensein eines pacifischen Beckens in mittelcambrischer Zeit als gesicherte Thatsache erscheinen; für die vorhergehenden Perioden konnte dieselbe Annahme auf übereinstimmende stratologische Verhältnisse begründet werden.

Während das Leitfossil des Untercambrium weltweite Verbreitung besitzt, fehlt die Gattung *Paradoxides*, welche in allen bisher erwähnten mittelcambrischen Schichten am häufigsten und artenreichsten auftritt, in Westamerika und Ostasien vollkommen.

[1] Canadian Record, IV (1890), p. 280.

Languedoc:	Acadia:
Par. rugulosus var.	cf. *Par. Eteminicus*
Conocephalus coronatus var.	cf. *Con. Matthewi*
„ *Levyi*	cf. „ *Baileyi*
„ *Heberti*	cf. „ *Walcotti*
Ptychoparia Rouayrouxi	cf. *Ptych. Robbi*
Agnostus Sallesi	cf. *A. vir*
Trochocystites Barrandei	cf. *Eocystites primaevus*.

Abgesehen von den bei Bergeron (Ann. Sc. géol. t. 22) betonten Ähnlichkeiten mit Böhmen, besteht eine gewisse faunistische Übereinstimmung mit der skandinavischen Zone des *Par. ölandicus*: *Conocephalus emarginatus* Lns. (Geol. För. Förh. III, t. 15 f. 3—4) ist ident mit *Conocoryphe* sp. bei Bergeron (t. 3 f. 2); der schlecht gezeichnete *Con. Heberti* Berg. sp. (t. 3 f. 3) steht *Con.* (*Solenopleura*) *cristatus* Lns. sp. (Geol. För. Förh. t. 15 f. 5, 6) sehr nahe. Neu für Frankreich ist die im Breslauer Museum befindliche *Acrothele granulata* Lns. (Ibid. t. 15 f. 15), welche ebenfalls der Zone des *Par. ölandicus* angehört.

Die Fundorte des Mittelcambrium in den Felsengebirgen sind, abgesehen von den Kalken des Prospect-Berges bei Eureka (Nevada s. o. p. 43), die Highland Kette (Nevada), Antelope Springs und Oquirrh-Berge in Utah, die Gallatin-Berge in Montana (nördlich des Yellowstone-Park), endlich die Schiefer des Mt. Stephens[1] (Territorium Alberta, an der canadischen Pacific-Bahn), welche das Hangende der *Olenellus*-Schichten bilden. Mit Ausnahme der Fundorte Antelope Springs und Mt. Stephens herrschen hier wie auf der anderen Seite des Stillen Oceans im Mittelcambrium Kalke vor, eine Thatsache, die auf eine Zunahme der oceanischen Tiefe hinweist.

Die Fauna, welche v. Richthofen[2] in den Kalksteinen der Provinz Liao-Tung, nahe der koreanischen Grenze, und Gottsche[3] später in Korea selbst auffand, entspricht, wie Dames[4] erkannte, dem Mittelcambrium und zwar besonders der oberen Abtheilung desselben. Auch in Asien werden die mächtigen Quarzite, Sandsteine und Schiefer der untercambrischen (bezw. älteren) sinischen Formation von Kalken überlagert.

Für die Vergleichung erwies sich die dem amerikanischen sehr bezeichnenden *Olenoides quadriceps* (s. Eureka-Profil) nahestehende, auch in Korea vorkommende Gattung *Dorypyge* als besonders wichtig. Diese durch ein Stacheln tragendes Pygidium ausgezeichneten Formen charakterisiren z. B. im Eureka-Profil die *Olenellus*-Schichten und das Mittelcambrium. Allerdings wurden in den bis 1882 erschienenen amerikanischen Arbeiten die Schichten mit *Olenoides quadriceps* fälschlich als „Quebec group" (Untersilur) bezeichnet, und Dames war somit vollkommen im Recht, wenn er die *Dorypyge*-Schichten mit dem *Ceratopyge*-Kalk verglich. Auf Grund der neueren amerikanischen Forschungen sind die Gesteine mit *Dorypyge Richthofeni* von Wu-lo-pu älter als die mittelcambrischen Kalke von Sai-ma-ki und Ta-ling mit *Conocephalus*, *Anomocare* und *Ptychoparia* (= *Liostracus*[5]). Die letzteren könnten mit den ostsibirischen Hornsteinen des Wilui und Olenek verglichen werden, welche *Anomocare*, *Ptychoparia* (*Liostracus*) *Meydelli* und *Agnostus Czekanowskii* enthalten[6].

---

[1] Nach Rominger und Walcott finden sich hier (U. S. Bull. 30. p. 170 u. 327, wo auch die Literatur angegeben ist): *Lingulella Macconelli* Walc., *Crania? columbiana* Walc., *Kutorgina prospectensis* Walc., *Acrotreta gemma* var. *depressa* Walc., *Linnarssonia sagittalis* Hall sp., *Orthisina Alberta* (non — a) Walc., *Platyceras Romingeri* Walc., *Hyolithellus micans* Bill., *Agnostus interstrictus* White, *Olenoides nevadensis* Meek sp., *Olenoides spinosus* Walc. sp., *Ptychoparia Cordillerae* Rom. sp., *Dolichometopus [Bathyuriscus] Howelli* Walc. sp., *D. Dawsoni* Walc. sp., *Karlia stephenensis* Walc., *Ogygiopsis Klotzi* Rom. sp.

[2] v. Richthofen, China II. p. 94. 101.

[3] Gottsche, Geologische Skizze von Korea. Sitz.-Ber. der K. preuss. Akad. 1886. (XXXVI.) Sitzung vom 15. Juli. S.-A. p. 2. Gottsche gliedert die cambrische Schichtenreihe in (Unten) 1. Sandstein. 2. untere Mergelschiefer mit Wellenfurchen und Trockenrissen, 3. obere Mergelschiefer mit Kalk vom Habitus des Andrarumkalkes, 4. untere Kalke mit Trilobiten. 5. obere Kalke ohne Versteinerungen.

[4] Dames in v. Richthofen, China IV. p. 33 (1883).

[5] Die Annahme eines untercambrischen Alters für die *Dorypyge*-Schichten ist discutabel geworden, seit Walcott eine echte *Dorypyge* aus den *Olenellus*-Schichten von Vermont beschrieben hat (X. Ann. Rep. U. S. Surv. p. 644. 645); *Dorypyge* unterscheidet sich durch die Körnelung der Oberfläche von *Olenoides*.

[6] Fr. Schmidt, Über einige neue ostsibirische Trilobiten. Mélanges physiques et chimiques. Bull. Ac. d. Sc. de St. Pétersbourg. 12. p. 407—424.

In Korea kommen die cambrischen Trilobiten, u. a. *Anomocare planum* Dames, *A. majus* Dam., sowie *Lingulella* cf. *Nathorsti* Lns. nur in einer 30 m mächtigen Schichtgruppe vor (3. und 4).

Ein bezeichnender Charakterzug der pacifischen Fauna des Mittelcambrium ist neben dem Fehlen von *Paradoxides* das häufigere Auftreten der ältesten Asaphiden *Ogygiopsis*, *Dolichometopus* und *Asaphiscus*; die bedeutende, dem Kopfschilde gleichkommende Grösse des Pygidiums und der Verlauf der Gesichtsnähte zeichnet diese Formen aus, deren weitere Verbreitung erst am Beginn der silurischen Zeit erfolgte. Daneben beobachtet man zahlreiche Arten von *Conocephalus*, *Ptychoparia* und *Agnostus* (während *Microdiscus* und *Ellipsocephalus* fehlen). Als eigenthümliche neue Formen sind ferner *Karlia*, *Chariocephalus* und *Ptychaspis* zu nennen, während *Olenoides*, *Acrothele* und *Acrotreta* auch das westliche Untercambrium kennzeichnen; *Hyolithellus micans* ist ein Überrest aus dem Untercambrium, *Linnarssonia sagittalis* die einzige Art, welche in den älteren und mittleren Schichten allgemeine Verbreitung besitzt und kaum verändert bis in das unterste Silur hinaufgeht.

3. Das Obercambrium.

Zwei grossartige, sicher nachweisbare geologische Ereignisse kennzeichnen die obercambrische Zeit.

I. Der Rückzug des Meeres aus dem mitteleuropäischen Gebiet.

II. Das Verschwinden des algonkischen Continentes in Nordamerika.

Gleichzeitig mit der Überfluthung des Binnenlandes von Nordamerika erfolgte eine vollständige Trennung des akadischen, durch die nordatlantische *Olenus*-Fauna gekennzeichneten Obercambrium von der *Dicellocephalus*-Fauna des den heutigen amerikanischen Continent bedeckenden Meeres. Vielleicht ist das letztere Ereigniss als die erste Aufwölbung im Gebiet der Appalachien zu deuten.

Auch im Obercambrium dürften die positiven und negativen Änderungen des Meeresniveaus ungefähr die gleiche räumliche Ausdehnung besitzen.

I. Der Beweis für den Rückzug des Meeres aus dem Mediterrangebiet bildet das vollkommene Fehlen aller obercambrischen Schichten zwischen dem *Paradoxides*-Niveau und dem in Böhmen sowie im Süden von Europa nachgewiesenen Untersilur. Die Schichten, die man bisher in den erwähnten Gegenden als Obercambrium gedeutet hat, sind Aequivalente des Tremadoc. So vor allem die durch *Harpides* und *Amphion* gekennzeichneten Zonen D 1 *a* in Böhmen, die Schiefer mit *Megalaspis* (Montagne Noire) und die Schichten von Leimitz bei Hof. Auch in Languedoc[1], in Sardinien und Spanien sind nirgends Vertreter des Obercambrium bekannt geworden.

II. Die Transgression des algonkischen (nordamerikanischen) Continents überfluthet das ganze weite Innere des Landes vom Rande der heutigen Rocky

[1] Es liegt keine Veranlassung vor, das von Bergeron (l. c. p. 81) angenannte „Olénidien" vom Mittelcambrium zu trennen; *Olenus* ist in diesem „Olénidien" nicht gefunden worden.

Mountains bis New York, ohne jedoch den damaligen Nordatlantischen Ocean zu erreichen. Auch Theile eines, wie es scheint zur mittelcambrischen Zeit trocken gelegten Gebietes (Ost-Tennessee) werden wieder von dem obercambrischen Ocean bedeckt. Andererseits verschiebt sich, wahrscheinlich durch eine von der Bewegung des Meeres unabhängige Gebirgsfaltung, die Küste des Nordatlantischen Oceans weiter nach Nordosten: Die europäischen Zonen mit *Parabolina* und *Dictyonema* finden sich nur in Acadia, während die *Paradoxides*-Fauna noch in Massachusetts in typischer Entwickelung vorkommt.

Die eingehende Untersuchung der obercambrischen *Dicellocephalus*-Fauna und ihrer Sedimente in den verschiedenen Theilen der Vereinigten Staaten ist besonders das Werk von JAMES HALL. Doch tritt sogar bei einer flüchtigen Durchquerung der im Osten und Westen fast unverändert bleibende Charakter des Potsdam-Sandsteins[1] mit seinen Wellenfurchen und Trockenrissen klar hervor. Das Meer drang über das Land vor und lagerte die klastischen Massen, welche von der Brandung verarbeitet oder von Strömen zugeführt waren, als Sandbänke längs der Küste oder in weiter abliegenden flach bleibenden Meerestheilen ab. In Arizona und Texas, Missouri, in den Black Hills (Wyoming-Dakota), am Ostabfall der Felsengebirge, dann längs der ganzen Nordgrenze in Minnesota, Wisconsin, Michigan, endlich in Canada und den Adirondack-Bergen im Staate New York, überall ist das Bild dasselbe: Der Potsdam-Sandstein lagert discordant auf präcambrischen Gesteinen und umschliesst eine, im wesentlichen einheitlich gestaltete, von der atlantischen völlig verschiedene Fauna. Nur in einigen Gegenden nahm das Meer rascher an Tiefe zu, und dann lagern über den reinen Sandsteinen kalkigsandige oder reinkalkige Gesteine (Arizona, Texas, Black Hills). Die letzteren enthalten meist eine reichere Fauna, so im Grand-Cañon des Colorado, wo die unteren rothen („Tonto-") Sandsteine nur Wurmröhren enthalten, während in den oberen, heller gefärbten mergeligen Sandsteinlagern[2] Brachiopoden und Trilobiten gefunden werden (s. p. 9).

Nach dem Vorhergegangenen sind zur obercambrischen Zeit die folgenden Meeresbecken nachweisbar:

a) Das Nordatlantische Meer.

Nachdem dies uralte Meeresbecken anfänglich in Amerika (Massachusetts) und in Osteuropa (wo in Polen die *Olenus*-Schichten fehlen) eine Einengung erfahren zu haben scheint, erfolgte gegen Schluss des cambrischen Zeitalters eine Vertiefung des Oceans. Die *Dictyonema*-Schiefer, eine ausgesprochene Tiefseebildung, finden sich nicht nur über den altcambrischen Schichten von Skandinavien, England und Neu-Braunschweig; sie überlagern auch in den deutschen Ostseeprovinzen die wenig mächtige Küstenbildung des Obolensandsteins und erscheinen in Belgien als einzige versteinerungsführende Schicht des Cambrium; die im Liegenden auftretenden Phyllite von Salm, Revin und Fumay sind zwar schon seit lange mit den Penrhyn-

[1] „Potsdam" liegt im Staate New York. — Der untersilurische „Berlin grit" bildet das für deutsche Ohren ebenso heimatlich klingende Gegenstück.

[2] Die Deutung derselben als Silur bei E. KAYSER, Allgemeine Geologie p. 145, ist unrichtig.

schiefern Englands verglichen worden [1]. Doch beruht diese Annahme im Wesentlichen auf der concordanten Überlagerung durch *Dictyonema*-Schiefer (Tab. I p. 37).

b. Das Pacifisch-amerikanische Meer

bedeckt fast die ganze südliche Hälfte von Nordamerika und reicht wahrscheinlich über den Pacifischen Ocean bis Nordchina. Die Kalke von Lian-Tung bilden jedenfalls noch nicht den hangendsten Theil der sinischen Formation.

Ein von E. KAYSER aus Argentinien beschriebener, nicht sonderlich günstig erhaltener *Olenus* verbürgt nur das obercambrische Alter der betreffenden Ablagerung, ohne weitergehende Folgerungen zu gestatten [2].

Die entsprechenden Ablagerungen aus Südostaustralien und Tasmanien mit *Dicellocephalus tasmanicus* R. ETHER. jun. und *Conocephalus? Stephensi* R. ETHER. würden auf die amerikanisch-pacifische Fauna verweisen [3]. Die von H. WOODWARD von der York-Halbinsel, Südaustralien, beschriebenen *Conocephalus australis* und *Dolichometopus Tatei* [4] gestatten keine ganz sichere Altersdeutung.

Von den drei grossen Landmassen des Beginnes der cambrischen Zeit ist am Schluss dieses Weltalters der algonkische Continent verschwunden, die beiden anderen haben jedoch allem Anscheine nach eine wesentliche Erweiterung erfahren.

Das arktische Festland dürfte sich in Ostamerika weiter nach Süden ausgedehnt haben, da die einschneidende Verschiedenheit der amerikanisch-pacifischen und der atlantischen Fauna eine solche Trennung voraussetzt.

Das europäische Festland entspricht dem heutigen Mittelmeergebiet und wahrscheinlich auch der sarmatischen Ebene. Allerdings beruhen diese Annahmen vor allem auf dem Fehlen der obercambrischen Ablagerungen in den fraglichen Gegenden und sind daher nicht vollkommen einwandfrei.

II. Das Silur.

Abgrenzung. Nach dem altkeltischen Volksstamme der in Wales heimischen Silurer wird allgemein die mächtige, zwischen Cambrium und Devon lagernde Schichtenreihe als Silur (Silurian System MURCHISON) bezeichnet. Bei der Ähnlichkeit der Gesteine und Lagerungsverhältnisse war eine endgiltige Trennung von Cambrium und Silur erst möglich, nachdem die Thierwelt der älteren Periode genauer bekannt geworden war.

In Bezug auf den Gesteinscharakter ist die wesentlich grössere Mächtigkeit und Verbreitung der durch ihren organischen Inhalt mannigfach gestalteten Kalke hervorzuheben. Ferner sind eruptive Ergussgesteine sehr verbreitet.

[1] Denen dieselben zum Theil petrographisch sehr ähnlich sind.

[2] In STELZNER, Beiträge zur Geologie und Palaeontologie der Argentinischen Republik. 1876, p. 28.

[3] Papers and Proceedings of the Royal Soc. of Tasmania. 1882. p. 152, 151. (Teste WALCOTT Bull. 81, p. 378.)

[4] Geolog. Mag. Dec. III. Vol. I. 1884. p. 342—344.

Faltung und Bruchbildung kennzeichnet weitaus die meisten Verbreitungsgebiete von silurischen Gesteinen. Die Ausnahmen sind wenig zahlreich: vollkommen ungestört lagert das Silur im nordwestlichen Russland, Schweden und in ausgedehnten Theilen des Inneren von Nordamerika[1].

Palaeontologische Beschaffenheit. Neben der lebhaften Fortentwickelung der Trilobiten kennzeichnet die mächtige Entfaltung der Graptolithiden, der kalkschaligen Brachiopoden und der Nautileen das Silur in erster Linie. Ferner ist das Auftreten echter Korallen, der Pterokorallier[2] und Tabulaten, sowie die Entwickelung der Pelmatozoen (Crinoiden und Cystideen) hervorzuheben. *Gigantostraca*, Ostracoden, Cirripeden, Gastropoden, Zweischaler[3], Asterozoen, Tentaculiten und Spongien[4] sind nur für bestimmte Faciesbildungen von Bedeutung.

Erwähnenswerth ist endlich das Vorkommen der ältesten, fischartigen Wirbelthiere, von denen ganz isolirte Zähnchen schon im Untersilur vorkommen, während die Pteraspiden vereinzelt im unteren Obersilur und einigermaassen zahlreiche Vertreter erst in den obersten Grenzschichten auftreten.

Während Landthiere im Cambrium gänzlich fehlten, sind in silurischen Ablagerungen vereinzelte Reste von Skorpionen, Insecten und Myriapoden gefunden worden, welche durch ihre mannigfache Differencirung und ihren zum Theil mit lebenden Formen übereinstimmenden Bau beweisen, dass auch die cambrischen Continente nicht eine unbelebte Einöde bildeten.

Bei einer, wenn auch noch so allgemein gehaltenen Übersicht der Entwickelung der Silurfauna ist von der Zweitheilung der Formation auszugehen. Wenngleich schon aus äusseren Gründen an diesem Schema nichts geändert werden soll, so darf doch so viel gesagt werden, dass die beiden Abtheilungen keineswegs gleichwerthig sind. Misst man die Zeitlänge an den Veränderungen, welche die herrschende Thierclasse (die Trilobiten[5]) durchlaufen haben, so ergiebt sich, dass die untersilurische Periode mindestens doppelt so lange gewährt hat, als die obersilurische.

Die grösste Bedeutung beanspruchen in geologischer Hinsicht die Trilobiten und Graptolithen; jedoch sind besonders im Obersilur, in welchem die Mannigfaltigkeit beider abnimmt, auch andere Gruppen von Wichtigkeit (Brachiopoden, Cephalopoden und Korallen).

Der untere Theil des Untersilur ist im Wesentlichen durch die Weiterentwickelung eigenthümlicher, aus dem Cambrium stammender Oleniden (Regio *Ceratopygarum* I. Bd. S. 13), sowie durch das zum Theil durch Einwande-

[1] Wo jedoch flache Aufwölbungen (Ozark-Berge und Kentucky) nicht fehlen.

[2] = *Zoantharia rugosa* oder *Tetracorallia.*

[3] Taxodonten, Anisomyarier, Palaeoconchen (eine wesentlich obersilurische Gruppe) und die ersten ?Heterodonten.

[4] Hierzu kommen noch die schon im Cambrium vorhandenen Hyolithiden und Phyllocariden.

[5] Vergleicht man z. B. nach der Tabelle IV die Trilobitenfauna der *Ceratopyge*-Stufe mit der des Brachiopoden- oder *Trinucleus*-Schiefers, so ergiebt sich, dass beide mit Ausnahme des conservativen *Agnostus* keine Gattung mit einander gemein haben. Ähnliche Veränderungen macht keine andere Classe durch.

rung erklärbare Auftreten der Asaphiden[1] und Cheiruriden, sowie einiger Lichaden gekennzeichnet, welche in der „Regio *Asaphorum*" ANGELIN's, dem Orthocerenkalke die älteren Formen überflügeln. Ungefähr gleichzeitig oder wenig später treten die Familientypen *Illaenus*, *Harpes*, *Acidaspis*, *Cybele*, *Pharostoma* (*Calymmenidae*) in seltenen Arten auf. Unter den Graptolithen walten die eigenartigen, complicirt gebauten Gestalten *Tetragraptus*, *Isograptus* und *Phyllograptus* vor und die Nautileen erreichen mit *Endoceras* und *Lituites* einen ersten Höhepunkt in ihrer Entwickelung. Die Brachiopoden treten noch sehr zurück; als bezeichnende Gattungen sind *Lycophoria* und *Siphonotreta* zu nennen.

Der obere Theil des Untersilur (Llandeilo-Caradoc = *Chasmops-Leptaena*-Kalk), dessen Abgrenzung nach unten nur in künstlicher Weise möglich ist, wird durch die starke Entwickelung der Phacopiden (*Chasmops* bezw. *Dalmania*) und der Trinucleiden[2], sowie durch die zweizeiligen, äusserst vielgestaltigen Graptolithen ausgezeichnet. Vereinzelte Vorläufer der Phacopiden[3] und Trinucleiden erscheinen zwar schon in tieferen Schichten. Andererseits gehen die letzten Überreste der cambrischen Oleniden und Agnostiden bis an die obere Untersilurgrenze[4] hinauf. Bezeichnende Formen des höheren Untersilur sind ferner: *Platystrophia*, *Porambonites* und *Aulocopium*. Hierzu kommen die ältesten Pterokorallier (*Streptelasma*, *Ptychophyllum*) und Tabulaten (besonders Monticuliporiden und *Syringophyllum*), sowie vereinzelt Nautileen (*Trocholites* und *Discoceras*).

Während das Auftreten der Asaphiden, Phacopiden, Cheiruriden und Trinucleiden an der Basis des nordeuropäischen Untersilur an die „unvermittelt auftretenden Cephalopodentypen" des Jura und der Trias erinnert, ist die weitere faunistische Entwickelung des Silur durch eine im Wesentlichen[5] ungestörte faunistische „Filiation" vorhandener Stämme zu erklären. Wie im tieferen Untersilur die Vorläufer der Gruppen erscheinen, deren mächtige Entwickelung den *Chasmops*- und *Trinucleus*-Schichten ihr Gepräge aufdrückt, beobachtet man in den *Trinucleus*-Schichten und den folgenden Kalkbildungen (*Leptaena*-Kalk, *Isotelus*-Kalk, Cincinnati group) die ersten Vertreter der typisch obersilurischen Gruppen: *Calymmene*, *Homalonotus*, *Proëtus*, sowie die ältesten Arten von *Atrypa*, *Pentamerus*, *Strophomena*, *Cyathophyllum* und *Heliolites*. Im Obersilur ist die Gestaltungskraft der Trilobiten in entschiedenem Rückgange begriffen, wie die geringfügige Zahl der neuen Gattungen und die verminderte Menge der Arten und Individuen beweist.

Von Echinodermen sind im tieferen Untersilur nur die Cystideen (*Echinosphaerites* im „Cystideenkalk", *Glyptocystites*, *Echinoencrinus*, *Hemicosmites* Taf. 3 u. a.) von geologischer Bedeutung, während die Crinoiden (*Hybocrinus*), Echinoiden (*Cystocidaris*) und Seesterne nur ganz vereinzelt auftreten. Im höheren

[1] Der dem schwedischen und westamerikanischen Mittelcambrium angehörende *Dolichometopus* ist schon als echter Asaphide anzusprechen. Auf eine spätere Einwanderung aus Amerika weist das erste Auftreten von *Dicellocephalus* in Europa hin.

[2] Hierzu die selteneren Encrinuriden (*Cybele* und *Encrinurus*).

[3] Der im Orthocerenkalk isolirt auftretende *Phacops* (*Pterygometopus*) *sclerops* ist als die weniger differencirte Stammform von *Dalmania*, *Chasmops* und *Phacops* s. str. anzusehen.

[4] Nur *Remopleurides* ist von LINNARSSON noch im Gotländer Obersilur beobachtet worden.

[5] Die unten besprochenen Wanderungen umfassen weniger ausgedehnte Gebiete und lassen sich oft im Einzelnen verfolgen.

Untersilur (Trenton-Kalk in Amerika, Cystideenschichten von Grand-Glanzy, Languedoc) behaupten die Cystideen mit neuen Formen[1] (*Agelacrinus* Taf. 3, *Pleurocystites* Taf. 11) ihre Wichtigkeit, während gleichzeitig die eigentlichen Crinoideen bedeutsamer hervortreten. Die beiden nach neueren Forschungen unterscheidbaren Hauptgruppen[2] sind durch ziemlich zahlreiche Gattungen vertreten, die *Cladocrinoidea* durch *Glyptocrinus*, *Archaeocrinus*, *Xenocrinus* u. a., die *Pentacrinoidea* vor allem durch die Unterordnung *Fistulata*, deren Mittelpunkt die Cyathocriniden bilden: *Carabocrinus*, *Palaeocrinus*, *Heterocrinus*, *Dendrocrinus* u. a..

Im Obersilur entsteht ebensowenig wie im Devon eine neuartige Trilobitenfamilie, wir begegnen nicht einmal einer Gruppe, der man den Rang einer Unterfamilie anerkennen könnte. Die Entwickelung der Trilobiten ist auf die Differenzirung zahlreicher Arten innerhalb der schon vorhandenen Formenkreise beschränkt. Auch die wenig zahlreichen neuen Gattungen schliessen sich unmittelbar an untersilurische Stammformen an. So *Youngia* an *Sphaerexochus*, *Trapelocera* (Subgenus) an *Acidaspis*, *Trochurus* an *Lichas*, *Bumastus* an *Illaenus*. Nur in der jungen Familie der Proëtiden, deren ältester noch nicht specifisch bestimmter Vertreter aus dem *Chasmops*-Kalke citirt wird, entfaltet sich ein etwas grösserer Formenreichthum: *Arethusina*, *Cyphaspis*, *Phaëtonides*[3]. *Proëtus* gehört ebenso wie *Phacops*, *Lichas* und *Bronteus* zu den artenreichsten Gruppen (vergl. Taf. 12).

In ähnlicher Weise wie die Trilobiten nehmen die Graptolithen an Mannigfaltigkeit ab; während *Diplograptus* noch die untersten zum Obersilur gerechneten Zonen kennzeichnet, geht von den sonstigen zweizeiligen Formen nur *Retiolites* etwas höher hinauf; die Masse der obersilurischen Graptolithen besteht aus einzeiligen, meist geraden Gestalten wie *Monograptus* (= *Monoprion*), *Rastrites* und *Cyrtograptus*. Die genannten obersilurischen Gattungen sind neben den untersilurischen auf Taf. 3 dargestellt.

Der Charakter der Obersilur-Fauna wird in erster Linie bedingt durch die an Zahl und Mannigfaltigkeit gleich hervorragende Entwickelung der Korallen, Crinoideen und der Spiral-tragenden Brachiopoden. Unter den Pterokoralliern sind die bezeichnenden Deckelkorallen (*Goniophyllum*, *Rhizophyllum*, *Araeopoma*) und eine Anzahl Charakterformen, wie *Omphyma*, *Ptychophyllum* †[4], *Stauria*, *Acervularia*, *Calostylis* zu nennen, während weitere Gruppen ihre Hauptentwickelung[5] erst im Devon erfahren. Eine ähnliche Entwicklung durchlaufen die Tabulaten, deren Erscheinen im Untersilur nicht sonderlich weit zurückliegt, mit *Favosites**, *Thecia**, *Halysites* †, *Syringopora**, *Heliolites** und *Plasmopora* (vergl. Taf. 9 u. 10).

Die obersilurischen Cystideen umfassen zwar noch interessante und eigenartige Formen (Taf. 11 Fig. 1—4), treten aber an Zahl und geologischer Bedeutung

[1] Nur vereinzelte Gattungen wie *Caryocystites* gehen aus dem tieferen in das höhere Untersilur hinauf.

[2] O. Jaekel, Entwurf einer Morphogenie und Phylogenie der Crinoiden. Sitz.-Ber. d. Ges. naturforschender Freunde. Berlin 1894. Nr. 4.

[3] Die Proëtiden entwickeln auch noch im Devon (*Phaëtonellus*, *Dechenella*) und sogar im Kohlenkalk (*Phillipsia* mit *Griffithides* und *Brachymetopus*) einige Mannigfaltigkeit.

[4] Die gesperrt gedruckten Gruppen sind auf die Formation beschränkt, ein † bezeichnet das letzte, ein * das erste Auftreten.

[5] *Cyathophyllum*, *Hallia*, *Zaphrentis*, *Cystiphyllum*.

hinter den Crinoideen bei Weitem zurück. Dieselben erreichen bezüglich ihrer Gesammtentwickelung hier ihren Höhepunkt, wenn sich auch einzelne Gruppen erst später reicher differenciren. Neben einer Menge von *Cladocrinoidea* treten vier Hauptgruppen der *Pentacrinoidea* (*Fistulata*, *Costata*, *Larvata* und *Articulosa*) in reichster Entfaltung auf. Eine Aufzählung der Familien und Gattungen gehört schon desshalb nicht in eine geologische Übersicht, da gegenüber den allseitig verbreiteten Trilobiten und Brachiopoden die Crinoiden auf bestimmte, verhältnissmässig wenig zahlreiche Facies und Fundorte (z. B. Gotland, Dudley, Chicago) beschränkt sind. Doch sei erwähnt, dass neben der mannigfaltigen Entwickelung der Hauptstämme bereits aberrante, z. Th. abenteuerlich gestaltete Formen (so *Calyptocrinus*, *Harrandocrinus*, *Anthocrinus* (= *Crotalocrinus*, Taf. 11 Fig. 10, 11) auftreten.

Die Entwickelung, welche die kalkschaligen Brachiopoden durchmachen, ist nicht weniger lebhaft. Während ältere Typen z. Th. verschwinden (*Platystrophia*, *Porambonites*, *Orthisina*), nehmen andere wie *Rhynchonella*, *Atrypa*, *Strophomena* zu. Besonders wesentlich ist das Auftreten von *Spirifer*, *Pentamerus* sowie *Streptorhynchus*, *Chonetes* und *Retzia*; auch die Zahl der specifisch obersilurischen Formen ist nicht unerheblich: *Whitfieldia*, *Meristina*, *Glassia*, *Stricklandinia*, *Trimerella* (vergl. Taf. 12, 13).

Das Auftreten der Palaeoconchen[1] und der Nautileen, welche hier einen zweiten Höhepunkt der Entwickelung erreichen, ist in Gotland, in Böhmen und den Alpen auf bestimmte Facies beschränkt. Neben der Hunderte von Arten umfassenden Gattung *Orthoceras* erreichen hier *Cyrtoceras*, *Phragmoceras*, *Gomphoceras*, *Trochoceras*, sowie *Ascoceras* und *Ophidioceras* die Höhe ihrer Entwickelung (vergl. Taf. 15 u. 16; die hier ebenfalls dargestellten Gattungen *Gyroceras*, *Hercoceras* und *Nothoceras* werden jetzt in das Devon gestellt).

Das Auftreten neuer Trilobitentypen an der Basis des Silur.

Die meisten Formationsgrenzen beruhen entweder auf Discordanzen oder auf dem Erscheinen neuartiger Faunenelemente, welche aus anderen Meerestheilen eingewandert sind.

In diesem Sinne hat Koken das Erscheinen eigenthümlicher Trilobiten am Beginn des Silur gedeutet. Jedoch bedarf diese Annahme insofern einer wesentlichen Einschränkung, als eine Anzahl von Vorfahren der im tiefsten Silur auftretenden Gruppen bereits im kalkigen Mittelcambrium (Andrarum-Kalk) Schwedens bekannt ist.

1. *Niobe* knüpft unmittelbar an *Dolichometopus* an (*Dol. suecicus* Ang., Tril. Taf. 37 Fig. 9), wie schon Brögger vermuthet. *Dolichometopus* ist ident mit *Bathyuriscus* Walcott. Die amerikanischen in vollständigen Exemplaren[2] bekannten Arten stimmen in Bezug auf die Grösse des Pygidium, den Verlauf der Gesichtsnähte, die Gestalt der Körperfurchen und die Zahl der Ringe (8) mit den Asaphiden überein. Auch *Symphysurus* ist von *Dolichometopus* abzuleiten.

2. Auf den Zusammenhang von *Microdiscus* und *Trinucleus* hat schon Brögger hingewiesen.

[1] Höheres Obersilur in Böhmen.

[2] Bull. U. S. Survey. No. 30. t. 30.

3. Die eigenthümliche sehr vielgestaltige Gruppe des *Anomocare acuminatum* (Angelin, Tril. t. 18 f. 7) mit zugespitzter Glabella, ist als Vorläufer von *Ampyx* anzusehen und als *Proampyx* zu bezeichnen. Die Verschiedenheit von der typischen *Anomocare* mit rundem Kopfschild ist augenfällig. Die Abzweigung der Gattung *Proampyx* von den typischen Conocephaliden erfolgt durch Vermittelung von *Arionellus sulcatus* (*Anomocare* Angelin, Tril. t. 10 f. 6) und *Ar. difformis* (ibid. f. 5). Der Stachel bei *Proampyx acuminatus* ist bei vollständigen Exemplaren länger als auf der Abbildung Angelin's. Die Art erinnert zunächst an *Ampyx nasutus* Dalm. (Orthocerenkalk). *Ampyx* und *Trinucleus* sind keinesfalls in eine Familie zu stellen.

4. Ebenso lässt sich der Stammbaum von *Calymmene* zu dem untersilurischen *Pharostoma* (Schmidt, Revision der ostbalt. Trilobiten. IV. t. 2 f. 19[1]) und demnächst zu *Euloma laeve* Angelin (*Ceratopyge*-Kalk) zurückverfolgen. Die Figur bei Angelin (t. 42 f. 3) ist allerdings wenig gelungen. Ich hebe daher hervor, dass die Ähnlichkeit (u. A. in Bezug auf die Wülste der Glabella und das Vorhandensein eines Zwischenraumes zwischen Glabella und Schnauzenrand) aus dem Vergleich von Originalexemplaren hervorgeht. Die Verschiedenheit beruht vor allem auf dem Verlauf der Gesichtsnähte. *Euloma* ist wiederum von *Ptychoparia brachymetopus* Ang. sp. (*Solenopleura* Angelin, Tril. t. 19 f. 1, Andrarum-Kalk) abzuleiten. Der Unterschied der älteren Form besteht im Wesentlichen in der weniger scharfen Ausprägung der Glabellenwülste.

Abgesehen von den Cheiruriden, deren Abstammung vielleicht auf *Oryctocephalus* (Untercambrium, Nordamerika) zurückgeht, lässt sich der Ursprung von vier Familien bis in das Cambrium verfolgen. Die eigenartige Differencirung derselben kennzeichnet den Beginn des Silur.

Die eingehenderen Ausführungen bleiben dem palaeontologischen Theil vorbehalten. Hier sollte nur darauf hingewiesen werden, dass der Zusammenhang der cambrischen und silurischen Fauna enger ist, als man anzunehmen pflegt. Die faunistische Lücke wird nur durch das Fehlen der Olenenstufe im Mediterrangebiet und durch das Vorherrschen schiefriger Tiefseebildungen in den am besten durchforschten Theilen der nordatlantischen Provinz bedingt.

Da jedoch das letztgenannte Meeresbecken eine weite Ausdehnung besass und aus Nordeuropa nur wenige einförmige Faciesbildungen bekannt sind, braucht man keine ausgedehnten Wanderungen anzunehmen, um Fortleben und Weiterentwickelung der Fauna des Andrarum-Kalkes zu erklären. Andrarum-Kalk und *Ceratopyge*-Kalk sind in ihrer Entstehung im Wesentlichen gleichartig, und ähnliche Faciesbildungen sind in dem ganzen nordeuropäischen Obercambrium noch nicht nachgewiesen. Wären dieselben irgendwo vorhanden, so würde auch im atlantischen Gebiete derselbe unmerkliche faunistische Übergang vorhanden sein,

---

[1] *Calymmene Filacovi* Bergeron (Montagne Noire, t. 1 f. 7) ist eine Art, welche ebenfalls für die nahe Verwandtschaft der beiden Gattungen spricht. Diese *Calymmene* ist allerdings, wie ein Vergleich der Abbildung Bergeron's mit Angelin, Trilobiten t. 42 f. 3 zeigt, mit *Euloma* zu vereinigen. Die Untergattung *Calymenopsis* Brgn. ist überflüssig.

der im Westen von Amerika (im Pogonip-Kalk des Eureka-Profils s. oben) beobachtet wurde.

Die mittlere Lückenhaftigkeit der europäischen Schichtenfolge bedingt auch in diesem Falle die Abgrenzung der Formationen.

Die Faciesentwickelung des Silur.

Im Silur lassen sich bereits zahlreiche, z. Th. eigenartig entwickelte Faciesgebilde unterscheiden, die durch mannigfache Übergänge mit einander verbunden sind. Bestimmte Angaben über die absolute Meerestiefe, in der die einzelnen Bildungen zum Absatz gelangten, dürften kaum gemacht werden können. Die Radiolarienschiefer sind, wie der Vergleich mit den heutigen Meeren zeigt, wahrscheinlich in den grössten Tiefen zum Absatz gelangt. Aber schon für das Verhältniss von Graptolithenschiefer und Orthocerenkalk sind wir im Wesentlichen auf Vermuthungen angewiesen. Eine zusammenhängende Darstellung der Art der Entstehung palaeozoischer Sedimentbildungen kann erst auf Grund einer vollständigen, alle fünf Formationen umfassenden Zusammenstellung erfolgen[1].

I. Im tieferen Meer gelangten zum Absatz:

1. Kieselschiefer mit Radiolarien neuerdings in weiterer Verbreitung nachgewiesen: Untersilur von Sachsen, obersilurischer „phtanite" von Frankreich.
2. Graptolithenschiefer und Kalk, letzterer mit Trilobiten, Orthoceren und kleinen Brachiopoden. Der Kalk ist meist bituminöser Knollenkalk.
   a) Sandstein des unteren Ludlow mit Seesternen und Graptolithen (Churchhill, England).
3. Orthocerenkalke des baltischen Untersilur und mediterranen Obersilur in mannigfachen Abänderungen, Black River- und Birds Eye-Kalk von New York. Graue und rothe Kalke gehen innerhalb derselben Schicht in einander über. Eigenartig entwickelt sind die Glauconitkalke. Der Glauconit bildet bekanntlich die Ausfüllung der Schalen von Foraminiferen und setzt den an der Basis liegenden Glauconitsand (bei St. Petersburg) ausschliesslich zusammen.
4. Trilobitenschiefer.
   a) *Trinucleus*-Schiefer (Oberes Untersilur von Nordeuropa und Böhmen). Die Trilobitenaugen verkümmert (*Trinucleus*) oder immens vergrössert (*Aeglina*).
   b) *Triarthrus*-Schiefer (Utica slate), New York.
   c) *Asaphus*-Schiefer (Tieferes Untersilur: Llandeilo, *Ogygia*-Schiefer in Skandinavien, $D_1\gamma$ in Böhmen, „*Expansus*-Schiefer" von Christiania, *Asaphus*-Schiefer in Portugal, Nord- und Süd-Frankreich).
5. *Dalmania*-Quarzite (D_2 in Böhmen).
6. Tentaculitenkalk (Obersten Silur, *Tentaculites* limestone. New York). Christiania).

[1] Hierbei wird sich auch die Gelegenheit ergeben, auf die neuere Literatur, insbesondere auf das Werk von J. Walther einzugehen.

II. Im flacheren Meere gelangten zum Absatz:

7. **Beyrichienkalk** (Baltisches Obersilur, Einlagerung im *Chasmops*-Kalk von Westgothland; *Beyr. costata*) und
Leperditienkalke (Baltisches Obersilur und New York). Tentaculitenkalke und Beyrichienkalke sind nicht streng von einander geschieden, da auch in den letzteren Tentaculiten häufig vorkommen. Man wird annehmen dürfen, dass das Vorherrschen der Tentaculiten auf tieferes Meer hindeutet, da im Mittel- und Unter-Devon Tentaculiten und Goniatiten häufig zusammen vorkommen. Einen Übergang zu den normalen Brachiopodenschichten (8) stellen die Thone von Mulde auf Gotland dar, in denen neben den vorherrschenden Brachiopoden die Häufigkeit der Beyrichien und Tentaculiten bemerkenswerth ist.

8. **Kalke mit gemischter Fauna von Trilobiten und Brachiopoden**; bald wiegen die einen, bald die anderen vor.
   a) *Chasmops*-**Kalk** und kieselsäurereicher Backsteinkalk.
   b) *Leptaena*-**Kalk** von Dalarne.
   c) **Dudley-Platten** (Mulde, Gotland), ausgezeichnet durch das Vorkommen zahlreicher Bryozoen.
   d) **Cincinnatikalk**, reich an Monticuliporiden, in einzelnen Lagen mit Anhäufungen von Crinoideen und Cystideen (Ottawa).

9. **Kalke mit Brachiopoden.** Meist sind verschiedene Brachiopodengattungen gemischt (z. B. E_2 in Böhmen). Besondere Ausbildungen sind:
   a) **Pentamerenkalk** und Dolomit. Unteres Obersilur (Clinton) und oberes Obersilur (Aymestry-Kalk).
   b) **Rhynchonellenkalk** (*Rhynchonella nucula*), Obersilur.
   c) **Strophomenenkalke** (Cincinnati group).
   d) *Atrypa*-**Kalke** (Gotland etc.).
   e) **Oolithe** (Phacites-Oolith von Gotland).

10. **Mergel, Schiefer und Mergelkalke** (Wenlock, Niagara, Podolien), **Thone** (Waldron, Indiana; Mulde auf Gotland), **Sandstein mit Brachiopoden** (Caradoc-Sandstein und -Tuff).

11. **Zweischalerschichten**: *Megalomus*-Kalk von Gotland, **Guelph limestone** mit *Megalomus*, Canada; **Sandstein mit Aviculiden** auf Gotland, im Upper Ludlow und der Hudson river group. Eine besonders interessante, vorwiegend aus Zweischalern (besonders Nuculiden) bestehende Fauna enthält der **Grès Armoricain** (= Arenig) in Nordfrankreich; ausserdem finden sich zahlreich Linguliden, sowie seltener Trilobiten, Gastropoden und Ceratiocariden. [Der Grès Armoricain des Südens (Languedoc) enthält wesentlich Linguliden.]

12. **Gastropodenkalk**: Chazykalk mit *Maclurea*, Gastropodenkalk in Norwegen.

13. **Korallenkalk**
   a) rein kalkig (Gotland, Dudley, Böhmen E_2):

b) mit mergeliger Ausfüllung der Zwischenräume (*Monticulipora* der Cincinnati group); in 8 d übergehend.
c) Korallenmergel (IIIA hell auf Gotland).

14. Crinoidenkalk (Gotland, Dudley, *Scyphocrinus*-Kalk von Karlstein in Böhmen), meist rein, seltener als Crinoidenschiefer entwickelt (Cincinnati und Ottawa). Eine besondere Ausbildungsform ist:
a) Echinosphaeritenkalk aus dem baltischen Untersilur. Derselbe ist möglicherweise, wie die enge Verknüpfung mit Orthocerenkalk beweist, in tieferem Meere abgelagert; doch gestattet die unbekannte Lebensweise der ausgestorbenen Cystideen keinen sicheren Rückschluss auf die Entstehung.

III. Auf austrocknendes bezw. brakisch werdendes Meer deutet hin:
15. Eurypterenkalk von Oesel und Hydraulischer Kalk (Waterlime) des Staates New York, Schicht e auf Gotland.
16. Die rothen Sandsteine und Mergel der Salina group, die man als fast versteinerungsleeren, silurischen Old-red-sandstone bezeichnen könnte. Rothe sandige und breccienartige Gesteine an der Lena mit Salz und Gyps.

Die Frage, welche Umstände gleichzeitig die Reduction und die enorme Vergrösserung der Trilobitenaugen (*Trinucleus—Aeglina*) veranlasst haben, ist allein mit Hinblick auf die Fauna der *Trinucleus*-Schiefer zu erörtern. Zwar deutet die Zusammensetzung derselben aus klastischem Material auf eine Meerestiefe hin, welche nicht der des Globigerinenschlammes, sondern nur der des blauen und grünen Continentalthones entspricht. Aber immerhin beweist die allgemeine Verbreitung, welche diese Facies in Skandinavien, England, Böhmen und Nordamerika (Hudson group) besitzt, dass wir es mit einer Bildung des tiefen Wassers zu thun haben. Zudem ist das allmählige Verschwinden des *Trinucleus*-Auges durch einen Vergleich der jungen, mit Augenhöcker versehenen Exemplare mit älteren glattwangigen Stücken nachzuweisen. Suess und Neumayr haben auf die Rückbildung und Vergrösserung des Auges bei lebenden Tiefseekrebsen hingewiesen und die übereinstimmende Erscheinung bei den palaeozoischen Formen in derselben Weise erklärt. Für die untersilurischen *Trinucleus*-Schiefer ist diese Annahme durchaus wahrscheinlich, für die cambrischen Schichten hingegen nicht haltbar (s. oben).

Typische Beispiele für die Gliederung.

1. Das Untersilur des Festlandes von Skandinavien (s. Tab. IV S. 77).

Das klassische Land für die Entwickelung des Silur ist Skandinavien. Die Erkenntniss des häufigen Wechsels der Facies wird durch die regelmässige Lagerung erleichtert, und eine verständige, auf die Namen der Leitfossilien begründete Bezeichnung der Hauptstufen und Zonen ermöglicht auch dem Fernerstehenden die Übersicht. Die sorgfältigen Untersuchungen der skandinavischen Forscher (Angelin[1],

[1] Die ältere nur die Hauptstufen berücksichtigende, aber auch in dieser Hinsicht neuerdings veränderte Eintheilung Angelin's siehe I. S. 13.

KJERULF, LINNARSSON, BRÖGGER, NATHORST, LINDSTRÖM, HOLM u. a.) ergeben eine Zonengliederung, wie sie bis vor kurzem nur im Jura durchgeführt war. In England erschwert nicht nur die Complication des tektonischen Aufbaus die Erkenntniss der Schichtenfolge; auch die wesentlich auf Localnamen begründete Benennung der Gebirgsglieder, die von verschiedenen Forschern gleichzeitig und zum Theil in gegenseitiger Concurrenz erfolgt ist, machen eine Übersicht[1] schwierig.

Die mannigfaltige Faciesentwickelung des skandinavischen Untersilur erklärt die Verschiedenheit der Schichtenfolge in den einzelnen Gegenden. Man kann in petrographischer Hinsicht kalkige und schiefrige Bildungen[2] unterscheiden. Die ersteren sind meist durch das Überwiegen der Trilobiten ausgezeichnet, neben denen Brachiopoden in grösserer (*Chasmops*-Kalke) oder geringerer Häufigkeit vorkommen; nur in der tieferen Abtheilung bilden Orthoceren die Hauptmasse der Versteinerungen. In den Schiefern überwiegen meist die Graptolithen, die zuweilen von Trilobiten begleitet werden. Seltener bilden die letzteren die herrschende Thierclasse. Man wird nicht fehlgehen, wenn man Orthoceren-, Graptolithen- und *Trinucleus*-Schichten als Bildungen des tieferen Wassers, Trilobitenkalke und Brachiopodenfacies als Bildungen des flacheren Meeres auffasst.

Wie gross die örtlichen Gegensätze sind, ergiebt sich am besten aus der Thatsache, dass in Schonen die Kalke — mit Ausnahme der kaum 1 m mächtigen Orthocerenkalkbänke — auf Oeland andererseits die Schiefer vollständig fehlen. Doch ist der untere „Graptolithenschiefer“ überall — mit Ausnahme von Nerike — vorhanden, mittlere Graptolithenschiefer sind hingegen überall, mit Ausnahme von Schonen und einem wenig bedeutenden Vorkommen im Christianiagebiet, durch Cystideen- und *Chasmops*-Kalk ersetzt. Andererseits ist die Stufe der *Trinucleus*-Schichten in Schweden fast überall schiefrig entwickelt; nur in Dalarne sowie in Norwegen ist *Trinucleus*-Kalk bekannt, dessen Fauna jedoch der des Schiefers sehr ähnlich ist. Die Brachiopodenschiefer (welche in Westgotland, Ostgotland, Jemtland und Schonen vorkommen) werden in Dalarne durch den vielfach irrthümlich gedeuteten *Leptaena*-Kalk vertreten.

Während die Parallelisirung der Faciesbildungen der mittleren und oberen Stufen keine wesentlichen Schwierigkeiten macht, erschien die Gleichwerthigkeit der unteren Graptolithenschiefer und der Orthocerenkalke wegen der allgemeinen Verbreitung des erstgenannten Horizontes und der ausgeprägten faunistischen Verschiedenheit weniger zweifellos zu sein. Neuerdings hat jedoch G. HOLM[3] in dem glauconitischen grauen Orthocerenkalk von Oeland die bezeichnenden Arten

[1] Die Übersicht nach MURCHISON siehe I. p. 10 und 11. Man könnte nach derselben die Bedeutung und Mächtigkeit des Obersilur, in der untergeordnete Faciesgebilde wie der Wenlock-Kalk als selbständige Stufen angenommen wurden, überschätzen. Ein Vergleich mit unserer Tabelle zeigt, welche Fortschritte die Gliederung von Untersilur und Cambrium seit MURCHISON gemacht hat.

[2] Der Blauquarz, wie er z. B. in Jemtland vorkommt, führt in den zuweilen vorkommenden Schiefereinschaltungen Fossilien, die theils auf mittleren Graptolithenschiefer, theils auf den Olenenhorizont (*Peltura*, *Ctenopyge*) hinweisen. Derselbe wird somit als eine dem normalen Cambrium und Silur äquivalente Faciesbildung gedeutet. (Vergl. u. a. WIMAN, Über die Silurformation in Jemtland. p. 19.)

[3] Om *Didymograptus*, *Tetragraptus* och *Phyllograptus*. Sveriges geologiska undersökning. C. No 150. 1895. Vergl. auch KAYSER, Geol. Formationskunde p. 59.

der unteren Graptolithenstufe nachgewiesen: *Phyllograptus angustifolius* HALL, *Tetragraptus Bigsbyi* HALL, *Didymograptus minutus* TÖRNQU. mut. und *Didymograptus gracilis* TÖRNQU. mut. Jeder Zweifel über das gleiche Alter der beiden Gebirgsglieder erscheint hiermit beseitigt.

Geht man von der Thatsache aus, dass nirgends die in den üblichen Übersichtstabellen (u. a. bei C. REMELÉ und auch bei LINDSTRÖM[1]) enthaltene Folge von 9 abwechselnden Schiefer- und Kalkbildungen beobachtet wurde, dass vielmehr in einem Profil entweder die mittlere Schieferzone oder das mittlere Kalkniveau fehlt, so ergiebt sich die Richtigkeit der folgenden Übersicht der homotaxen Faciesglieder:

Kalk:		Schiefer:
Leptaena- und *Isotelus*-Kalk	=	Brachiopodenschiefer
Trinucleus-Kalk	=	*Trinucleus*-Schiefer }
Chasmops- und Cystideen-Kalk	=	Mittlerer Graptolithenschiefer }
Orthocerenkalk	=	Unterer Graptolithenschiefer
Ceratopyge-Kalk und *Ceratopyge*-Schiefer.		

Der „obere Graptolithenschiefer"[2] lagert in Dalarne über dem *Leptaena*-Kalk und gehört demnach zum Obersilur.

In der nachstehenden Tabelle ist der Versuch gemacht worden, ein Bild von der verschiedenen Faciesentwickelung des Untersilur in dem am besten durchforschten baltisch-skandinavischen Gebiet zu geben. Es wurden zu diesem Behufe die von ST. TULLBERG (Schonen), MOBERG (Oeland), NATHORST (Dalarne), BRÖGGER (Christiania) und C. SCHMIDT (Balticum) veröffentlichten Schichtfolgen zusammengestellt und die Namen der die einzelnen Zonen kennzeichnenden Versteinerungen beigefügt. Die beiden extremen Facies, die Schieferentwickelung von Schonen und die kalkigen Bildungen der Ostseeprovinzen sind auch in der äusseren Anordnung als Gegensätze kenntlich gemacht worden. In der zweiten Columne (Schweden) sind die Schichtenfolgen von Oeland für den unteren und Dalarne[3] für den oberen Theil des Unter-

[1] List of the Fossil Faunas of Sweden I (Edited by the palaeontolog. dep. of the Swedish state Museum 1888) giebt folgende Reihe: 1. *Ceratopyge* limestone. 2. Lower Graptolite schists. 3. *Orthoceratite* limestone. 4. Middle Graptolite schists. 5. *Chasmops* limestone. 6. *Trinucleus* schists. 7. Brachiopod schists. 8. Upper Graptolite schists. 9. *Leptaena* limestone.

[2] Der Name „oberer Graptolithenschiefer" ist entweder durch die genaueren Angaben *Diplograptus*-, *Rastrites*-, *Retiolites*-Schiefer, oder besser auch durch die Bezeichnung Graptolithenschiefer des Obersilur zu ersetzen. Denn der obere Graptolithenschiefer Schwedens entspricht wenigstens theilweise dem „unteren Graptolithenschiefer" Thüringens.

[3] Für die genannte Gegend konnte ich, zum Vergleiche mit der durch NATHORST richtig gestellten Schichtenfolge (Geol. Fören. Förhandl. Bd. VII. H. 9. p. 537 ff., bes. p. 559), die von Herrn Professor DAMES gesammelten und bestimmten Belegstücke studiren, welche ein vollständiges Profil darstellen. Zur Ergänzung sei bemerkt, dass der Masurkalk, Cystideenkalk und Bryozoenkalk zusammen dem sonst verbreiteten *Chasmops*-Kalk entsprechen. Der Flagkalk dürfte etwa dem *Centaurus*- und Strombolituitkalk der vollständigeren und versteinerungsreicheren Öländer-Schichtenfolge gleichzustellen sein. Die darunter folgenden Horizonte, Rother Orthocerenkalk mit *End. duplex* und *Orthoceras tortum*, rother *Limbata*- und glauconitischer *Planilimbata*-Kalk zeigen keine wesentlichen Abweichungen von der sonst in Skandinavien beobachteten Schichtenfolge, stimmen aber in allen Einzelheiten mit der Gliederung der baltischen Provinzen überein (s. die Tabelle). An letztere erinnert auch die Entwickelung des Cambrium, in dem über den Sandsteinen und Conglomeraten von Digerberg nur *Obolus*-Conglomerate und -Kalke unterschieden werden.

silur combinirt. Die mit ausserordentlicher Sorgfalt durchgeführte Gliederung des Untersilur von Christiania ist für die Erkenntniss der Gleichwerthigkeit der abweichenden Facies deshalb von besonderer Bedeutung, weil hier einer vorherrschenden Kalkentwickelung einzelne Schieferzonen mit Graptolithen eingefügt sind. Die unteren Schiefer mit *Tetragraptus* und *Phyllograptus*, die Zone mit *Didymograptus geminus* und *Ogygia*, ferner die Horizonte mit *Trinucleus seticornis* und *Dicellograptus pristis*, sowie endlich die Schicht mit *Tr. Wahlenbergi* verleihen der Vergleichung der faunistisch verschiedenen, aber zeitlich gleichwerthigen Bildungen eine sichere Unterlage. Die Einfügung der englischen Gliederung war wegen der Unzahl überflüssiger Localnamen mit besonderen Schwierigkeiten verknüpft.

Die verticale Verbreitung der Trilobiten und Graptolithen[1] ist aus der Tabelle nur unvollkommen ersichtlich. Beide Gruppen erreichen im Untersilur ihre Hauptentwickelung und sind schon deshalb etwas eingehender zu behandeln.

Der unterste Horizont der *Ceratopyge*-Schichten zeichnet sich durch eine verhältnissmässig grosse Zahl eigenthümlicher, zu cambrischen Familien gehörender Gattungen aus. Die geringe Mächtigkeit und die eigenartige Fauna beweisen, dass die *Ceratopyge*-Stufe im tiefen Wasser abgelagert wurde und einem langen Zeitraume entspricht. Eigenthümlich sind die Nachkommen cambrischer Typen, *Ceratopyge*[2], *Parabolinella*, *Shumardia*[2], während die ebenfalls neu auftretenden *Remopleurides*, *Triarthrus*, *Dicellocephalus*, *Euloma*, *Holometopus* noch in höhere Schichten fortsetzen. Die wenigen unverändert aus dem Cambrium hinaufgehenden Gattungen (*Agnostus*, *Cyclognathus*, *Harpides*) treten gegenüber den neuartigen Typen zurück: *Symphysurus*, *Megalaspis*, *Niobe*, *Nileus* (Asaphiden[3]), *Cheirurus*, *Amphion* (Cheiruriden), *Ampyx* (Ampyciden).

Die Graptolithen werden nur durch den vereinzelten *Bryograptus* vertreten.

Im Orthocerenkalk kommen zu den vorstehend genannten Asaphiden, welche nunmehr ihre Hauptentwickelung erreichen, *Asaphus* s. str., *Ptychopyge* und *Illaenus* (mit verschiedenen Untergruppen). Am artenreichsten sind die Gattungen *Megalaspis*, *Asaphus* und *Ptychopyge* vertreten.

Neben den Vorläufern der später zu reicherer Entwickelung gelangenden Gruppen *Trinucleus* und *Phacops* (Gruppe *Pterygometopus*) treten die ersten Angehörigen von selteneren Familien, wie *Harpes*, *Lichas* und *Encrinurus* (nebst *Cybele*), auf, während *Cheirurus* sich weiter verzweigt (*Cyrtometopus*, *Sphaerexochus*). Eigenthümliche Gattungen[4] sind äusserst selten.

Zu den bezeichnendsten Formen der Orthocerenkalke gehören ferner ausser

[1] Die Grundlage für die Zusammenstellung bildet Lindström's List of the Fossil Faunas of Sweden. I. 1888 und die verschiedenen Arbeiten von Brögger. Vergl. auch die Darstellung oben p. 68 ff.

[2] Diese Gattungen gehen noch bis in die tiefste Uncuszone des Orthocerenkalkes hinauf.

[3] Brögger (Sveriges geologiska under. C. N. 82. p. 68) betrachtet als besondere Gattungen: 1. *Asaphus* (mit *Ptychopyge* und *Isotelus* als Subgenera). 2. *Megalaspis* (mit *Megalaspides*). 3. *Nileus* (mit *Symphysurus*). 4. *Niobe*. 5. *Ogygia*.

[4] *Celmus*, *Corynexochus*.

Cystideen[1] sowie kalkschaligen Brachiopoden[2] und Korallen[3], vor allem die massenhaft vorkommenden Nautiliden: *Endoceras* und *Estonioceras* (auf diese Abtheilung beschränkt), sowie *Orthoceras*, *Cyrtoceras*, *Lituites*, *Planctoceras* und *Bathmoceras*.

Die Grenzzonen des unteren und oberen Untersilur sind gekennzeichnet durch *Ogygia*, *Echinosphaerites* und *Ancistroceras* Boll (= *Strombolituites* Rem.), welche auf diese Abtheilung beschränkt sind oder nur wenig weiter aufwärts gehen; *Lituites* und *Discoceras* erreichen ihre Hauptentwickelung; die zweizelligen Graptolithen *Diplograptus*, *Climacograptus* und die eigenthümliche Gattung *Telephus* treten zum ersten Male auf.

Die Frage, zu welcher Hauptabtheilung die Schichten mit *Ogygia*, *Lituites* und *Echinosphaerites* zu stellen sind, ist im Wesentlichen formaler Art; die Entscheidung richtet sich nach der localen Faciesentwickelung. In Norwegen liegt unmittelbar über dem Kalk mit *Megalaspis gigas*[4] der Schiefer mit *Ogygia dilatata* und *Lituites lituus*; in Jemtland[5] folgen von unten nach oben: 1. Zone mit *Meg. gigas*, 2. Zone mit *As. platyurus*, 3. Zone mit *Illaenus centaurus*, 4. Zone mit *Ogygia dilatata*. In Oeland wird der Schiefer mit *Ogygia dilatata* vollständig durch die Zone des *Ancistroceras undulatum*[6], eine reine Kalkbildung mit Asaphiden (nebst *Ogygia*) und Orthoceren, ersetzt. Man würde demnach mit Rücksicht auf die localen Faciesverhältnisse die obere Grenze des Orthocerenkalkes in jeder Gegend etwas anders definiren müssen. Da eine einheitliche Regelung dieser formalen Frage nothwendig ist, schliesse ich mich der Ansicht von Brögger und C. Schmidt an, welche mit der Zone des *Megalaspis gigas* den Vaginatenkalk nach oben begrenzen. Für diese Auffassung spricht auch die Vertheilung der Graptolithen: In den norwegischen Schichten mit *Ogygia dilatata* fehlt der bezeichnende *Phyllograptus* und es erscheinen neben dem älteren *Didymograptus* neue Gattungen wie *Diplograptus*, *Pterograptus* und *Climacograptus*, welche erst weiter oben ihre Hauptentwickelung erreichen.

In den *Chasmops*-Kalken und den äquivalenten mittleren Graptolithenschichten sind *Megalaspis* (und *Symphysurus*) gänzlich verschwunden, *Ptychopyge*, *Nileus* und *Niobe* nur durch vereinzelte Arten vertreten; *Asaphus* (s. str.) und *Illaenus* (sowie *Ampyx*) zeigen noch keine wesentliche Abnahme. Die Hauptrolle spielen jedoch in den Kalken die Phacopiden, vor allem die Gattung *Chasmops*, in

[1] *Glyptosphaerites*, *Sphaeronites*, *Hemicosmites*.

[2] *Orthis*, *Orthisina*, *Strophomena*, *Porambonites*, *Lycophoria*.

[3] *Monticulipora*.

[4] Die im Schwedischen übliche Bezeichnung „*Gigas*-Kalk“ ist im Deutschen besser in der obigen Weise zu ändern.

[5] C. Wiman gliedert das Silur in Jemtland (Bull. Geol. Inst. of Upsala. Vol. I. No. 2 [1893]) in: 1. *Phyllograptus*-Schiefer (*Ceratopyge*-Kalk fehlt), 2. *Limbata*-Kalk (3 b α in Norwegen), 3. *Asaphus*-Kalk, 4. *Gigas*-Kalk, 5. *Platyurus*-Kalk (= 3 c β und 3 c γ in Norwegen), 6. *Centaurus*-Kalk, 7. *Ogygia*-(*curis*)-Schiefer, 8. *Chasmops*-Lager (= 4 a, 4 b), 9. Schwarzer Schiefer, 10. Brachiopodenschiefer (= 4 c, 4 d und 5), 11. Quarzit mit *Phacops elliptifrons*, 12. *Pentamerus*-Kalk, 13. Oberer Graptolithenschiefer (= 6).

[6] Eine weitere Verbreitung des Namens „Strombolituitkalk“ ist nicht nur aus phonetischen Gründen wenig empfehlenswerth; *Strombolituites* ist ein Synonym für *Ancistroceras*.

den Schiefern die Genera *Diplograptus*, *Dicellograptus* und *Climacograptus*[1], welche auch im *Chasmops*-Kalk vorkommen. Zwei neue Familientypen werden durch *Proëtus* und *Acidaspis* vertreten; neu sind ferner *Calymmene*, *Sphaerocoryphe* (Subgenus von *Cheirurus*) und unter den Brachiopoden die bekannte englische Caradoc-Art *Orthis Actoniae* sowie *Leptaena*, unter den Gastropoden *Trematonotus*. Bis in die mittleren Graptolithenschiefer geht der cambrische *Dicellocephalus* hinauf.

In den *Trinucleus*-Schiefern (denen der oberste Theil der mittleren Graptolithenschiefer nicht nur homotax, sondern auch faunistisch verwandt ist[2]), spielt die namengebende Gattung die Hauptrolle; daneben sind *Illaenus* und *Ampyx* häufig. Das plötzliche Auftreten von *Aeglina*[3], *Dindymene* und *Phillipsinella* ist durch Wanderungen (vergl. unten) zu erklären. Ausserdem sind neu *Dionide* und *Stygina*. Die älteren Gattungen sind mit Ausnahme von *Nileus* noch sämmtlich — wenngleich nur in vereinzelten Arten vertreten.

Dem *Trinucleus*-Horizont ähnlich ist die faunistische Entwickelung der höchsten Stufe des Untersilur, zu welcher die Brachiopodenschichten sowie die äquivalenten *Isotelus*- und *Leptaena*- (besser *Illaenus*-) Kalke gehören. *Homalonotus*, *Bronteus*, wahrscheinlich auch *Deiphon*, *Staurocephalus* und *Isotelus* wandern aus Gebieten ein, in denen dieselben schon seit langer Zeit heimisch waren; neu sind ausserdem *Dalmania (D. mucronata)* und *Platymetopus* (zu *Lichas*). Die altsilurischen, zum Theil aus dem Cambrium herrührenden Gattungen sind mit Ausnahme von *Triarthrus* und *Asaphus* s. str. noch sämmtlich vorhanden und erreichen, wie die Namen *Isotelus*-Kalk und Oberster *Chasmops*-Kalk andeuten, noch einmal einige Bedeutung. Der in mehrfacher Hinsicht unglücklich gewählte Name „*Leptaena*-Kalk" würde besser Kalk mit *Illaenus* lauten, da diese Gattung, besonders *Ill. Linnarssoni*, am häufigsten vorkommt.

Die Brachiopodenschiefer enthalten die älteste echte *Rhynchonella*[4], welche mit *Atrypa reticularis* L. und einer *Meristella* zusammen vorkommt; in den Kalkbildungen hat *Pentamerus* bereits den älteren *Porambonites* ersetzt. Auf Wanderungen der Meeresthiere ist das Vorkommen zahlreicher obersilurischer Korallengattungen zurückzuführen: *Cyathophyllum*, *Plasmopora*, *Heliolites*, *Halysites*, *Syringophyllum* (*Favosites* und *Ptychophyllum* stammen schon aus älteren Schichten). Ebenso ist das unvermittelte Erscheinen der charakteristischen, in Amerika an der Basis des Untersilur heimischen *Maclurea* im „Gastropodenkalk" von Langesund in Norwegen (= 4 d δ oberster *Chasmops*-Kalk) wohl durch Wanderungen zu erklären.

Die Trilobiten stellen gegenüber diesen Veränderungen ein verhältnissmässig conservatives Element dar; die gestaltgebende Kraft beginnt zu erlahmen — wie denn auch im Obersilur keine wesentlich neuen Typen mehr erscheinen. Abgesehen von *Asaphus* s. str., *Niobe* und *Triarthrus* treten die cambrischen Typen,

[1] Ausserdem in den unteren Schichten: *Didymograptus*, *Pterograptus* und *Glossograptus*, in den oberen Zonen: *Dicranograptus*, *Cornograptus*.

[2] *Climacograptus*, *Dicellograptus* und *Diplograptus* finden sich im *Trinucleus*-Schiefer, *Trinucleus*, *Ampyx* und *Calymmene* in den Graptolithenschichten.

[3] Die in Böhmen viel früher auftretende Gattung ist in Skandinavien auf den *Trinucleus*-Schiefer beschränkt.

[4] Die als *Rhynchonella* bezeichneten Formen des Orthocerenkalkes gehören zu *Lycophoria*.

wie *Agnostus*, *Holometopus* und *Remopleurides*, die untersilurischen, wie *Chasmops*, *Trinucleus*, *Ampyx*, *Phillipsinella*, *Cybele*, *Sphaerocoryphe*, *Isotelus* und *Illaenus* (s. str.[1]), im Brachiopodenschiefer zum letzten Male auf. Nur vereinzelt erscheinen im *Leptaena*-Kalk eigenthümliche generische Typen, wie *Isocolus* und der eigenartige, eine Untergattung von *Proëtus* bildende „*Homalonotus*“ *punctillosus* Törnquist.

Mit Rücksicht auf die eingehende Darstellung, welche im ersten Theil dieses Werkes das Silur von England (p. 10, 11), Esthland (p. 16, 17) und New York (p. 26) erfahren hat, erscheint ein ausführlicheres Eingehen auf die einzelnen Länder unnöthig.

2. Das Obersilur der Insel Gotland.

Der Facieswechsel zwischen kalkigen, schiefrigen und sandigen Gesteinen, zwischen Cephalopoden-, Trilobiten- und Brachiopodenfacies, der das Untersilur des skandinavischen Festlandes kennzeichnet, wiederholt sich auf dem beschränkten Raume, den das Obersilur der Insel Gotland einnimmt. Ähnlich wie man auf dem Festlande die gleichalten Kalk- und Schieferbildungen zu einer künstlichen Aufeinanderfolge anordnete, hat man auch auf der durch ihren Versteinerungsreichthum sogar das böhmische Silur übertreffenden Insel die Dreigliederung einer sandigen, mergeligen und kalkigen Schichtengruppe unterscheiden zu können geglaubt.

Doch kann nach den neueren Forschungen Lindström's für den unbefangenen Beobachter kein Zweifel darüber bestehen, dass ganz verschiedene Faciesbildungen ein und dieselbe Stufe zusammensetzen. Die Mergel und Kalke von Wisby besitzen das gleiche Alter wie die südlichen Sandsteine und gehen allmählig in dieselben über. Die steilen Wände von Hohburg (der Südspitze der Insel) lassen das fingerförmige Ineinandergreifen von rothem Crinoidenkalk und ungeschichtetem Korallenriffkalk mit einer Deutlichkeit erkennen, welche kaum von den Aufschlüssen der Südtiroler Triasbildungen übertroffen wird.

Die Grundlage der folgenden Darstellung bildet die Arbeit von Lindström[2], deren Ergebnisse in Bezug auf die oberen Schichten durch Dames[2] ein wenig geändert wurden.

I. (a. bei Lindström und Dames[2].) Der rothe Mergelschiefer mit *Phacops quadrilineatus* Ang., *Encrinurus laevis* Ang., *Arachnophyllum diffluens* Ed. H., *Syringophyllum organum* L. und *Cyrtia exporrecta* Wahl. steht bei Wisby unter dem Meeresspiegel an und ist nur in Strandgeröllen bekannt.

II. (b. Lindström und Dames.) Die Mergel mit *Stricklandinia lirata* erscheinen im Norden von Wisby im Meeresniveau und sind gekennzeichnet durch *Bronteus platyactin* Ang., *Calymmene papillata* Lnd., *Spirifer Marklini*. Andere Brachiopoden und kleine Korallen gehen weiter aufwärts.

[1] Die Untergattung *Bumastus* ist ausschliesslich obersilurisch.

[2] Da Lindström und Dames die Schichten mit lateinischen kleinen Buchstaben bezeichnen, in der Deutung der oberen Zonen aber etwas von einander abweichen, musste eine neutrale Numerirung gewählt werden. Vergl. Lindström, Über die Schichtenfolge des Silur auf der Insel Gotland. Neues Jahrb. f. Min. etc. 1888. I. p. 147; Dames, Über die Schichtenfolge der Silurbildungen von Gotland. Sitz.-Ber. d. Akad. d. Wissenschaften. Berlin 1891. Hier auch die ältere Literatur

I. und II. entsprechen dem englischen Llandovery, dem amerikanischen Clinton u. s. w.

III. (c. LINDSTRÖM und DAMES.) Jüngerer Mergelschiefer und Sandstein vom Alter des Wenlock shale. Diese ca. 80 m mächtige Gruppe bildet den Hauptborizont der tieferen Schichten, ebenso wie VI. den der oberen Abtheilung.

Fünf verschiedenartige Faciesgebilde mit abweichender Fauna lassen sich unterscheiden:

1. Die Wisby-Fauna ist besonders reich an Korallen: *Palaeocyclus porpita*, *Goniophyllum pyramidale*, *Cyath. angustum*, *Cystiph. siluriense*; daneben finden sich Schalthiere, wie *Strophomena Walmstedti* und *Pleurotomaria undulans*.
2. Die Westergarn-Fauna enthält besonders Brachiopoden, wie *Orthis osiliensis* und *Bouchardi*, *Pentamerus galeatus* und *linguifer*, *Nucleospira pisum*, *Atrypa imbricata*, *Rhynchonella deflexa* und als besonders bezeichnendes Fossil *Polytropis discors*.
3. Die Fauna von Fröjel, Eksta, Mulde (plastischer Thon) und Slite entspricht der Mitte der Insel und ist durch andere Brachiopoden: *Stroph. funiculata* und *euglypha*, *Orthis elegantula* und *crassa*, *O. biloba*, sowie durch *Orthoceras annulatum*, *Phac. (Dalmania) vulgaris*, *Proëtus* sp. und *Arachnophyllum typus* ausgezeichnet. Beyrichienkalke kommen ebenfalls vor.
4. Die Fauna von Petesvik-Hablingbo enthält *Rhizophyllum gotlandicum*, *Phac. obtusus*, *Cal. intermedia*, *Pentam. conchidium*, *Orthis canaliculata*, *Stroph. filosa* und *euglypha*, *Dayia navicula* und *Pisocrinus*.
5. Die Sandsteinfauna des südlichen Gotland ist durch die Gesteinsbeschaffenheit ebenso wie durch das Vorkommen von *Homalonotus Knighti*[1] und von Zweischalerbänken mit *Pterinaea retroflexa* und *Cyrtodonta* ausgezeichnet.

IV. (d. LINDSTRÖM und DAMES.) Kalksteinschichten mit Mergelbändern oder Oolith in Südgotland (= Wenlock-Kalk). Der dünngebänderte, korallenreiche Kalkstein ist eng mit der unten liegenden Schicht verbunden, enthält jedoch bezeichnende Brachiopoden, wie *Orthis basalis*, *Orthis biforata* var., *Eichwaldia Capewelli* und *Atrypa Angelini*. Eine eigenthümliche Facies bilden feste Kalksteine mit *Orthis imbrex*, *columnare*, *Sjögreni* u. a.

V. (e. LINDSTRÖM und DAMES.) *Pterygotus*-Schicht bei Wisby. Eine wenige Centimeter bis ½ m mächtige Schicht ist nur local entwickelt, aber durch eigenthümliche organische Reste, *Pt. osiliensis*, Annelidenkiefer, *Conularia aspersa*, *Eatonia* (zwei Arten) und die des ältesten Skorpions (*Palaeophonus nuncius*) ausgezeichnet.

VI. (f. bei DAMES, f. ex parte, g., h. bei LINDSTRÖM.) Crinoiden-, Korallen- und Cephalopodenschichten stellen das obere Kalkniveau der Insel (= Ludlow und Aymestry) dar und wetteifern in Bezug auf Mannigfaltigkeit der

[1] *Homalonotus* kommt nur in schieferiger und sandiger Facies vor und ist überall ein Leitfossil derselben (Rheinisches Schiefergebirge).

Norwegen (Christiania) (Kiaer und Brøgger)	Deutsche Ostseeprovinzen (Fr. Schmidt)
Chasmops-Kalk, 30 m (= Gastropodenkalk) tus, *Chasmops* n. sp., *Trin. Wahlenbergi*, *Penta- Roemeri*, *Dalm. mucronata*, *Maclurea neritoides*, ostalis, *Stroph.* cf. *pecten*, *Atrypa* cf. *imbricata*, antula, *Halysites*, *Syringophyllum*, *Heliolites*) *Isotelus*-Kalk, 20 m hlenbergi, *Remopleurides* cf. *radians*, *Ampyx*, s, *Cyrtoceras*, *Gomphoceras*) mit *Isotelus*, 8 m *Isotelus*-Kalk, 12 m Ampyx, *Remopleurides*, *Lichas*, *Cybele*, *Chasmops* mis)	F_2 Borkholmer Schicht, 4 m *Cal. arenaria*, *Cheir. conformis*, *Isotelus gigas*, *Ill. Roemeri*, *Atr. imbricata*, *Stricklandinia*, *Leptaena Schmidti*, *Halysites*, *Heliolites* } [illegible] F_1 Lyckholmer Schicht *Chasmops Eichwaldi*, *Cheir. granulatus*, *Cybele brevicauda**, *Sphaerexochus angustifrons*, *Encrinurus*, *Harpes Wegelini*, *Trinucleus seticornis*, *Bronteus laticauda*, *Ambonychia radiata**, *Tor. gigas*?, *Strept. europaeum*, *Syringophyllum*, *Orth. Actoniae*, *Auloc. cepa*, *Disc. antiquissimum*
chiefer mit *Trinucleus* cf. *seticornis*, 30 m Gomphoceras sp.)	E. Wesenberger Schicht *Chasmops wesenbergensis*, *Encrinurus Seebachi*, *Cybele brevicauda**, *Lich. Eichwaldi*, *Orthisina wesenbergensis*, *Orthis testudinaria*, *Gomphoc. conulus*, Cyclocrinitenkalk
Kalk mit *Trinucleus* cf. *seticornis*, 30 m yptus, *Rem. radians*, *Chasm. wesenbergensis*, *Ill.* *Amp. tetragonus*, *As. laevigatus*, *Pteryg. recurvus*, a, *Cybele*)	
mit *Trinucleus seticornis*, 8 m *trinucleina*, *Ill.* cf. *Linnarssoni*, *Lichas*, *Cybele*, us *pristis*, *Climacograptus*)	Hemicosmitenschicht *H. porosus*, *Halysites*, *Asaphus ornatus*, *Lepl.* [illegible] Obere Jewe'sche (Kegel'sche) Schicht *Ch. maximus*? (aff. *ornata*), *bucculentus*?, *nasutus*, [illegible]

Faciesentwickelung mit der Stufe c. Rothe Crinoidenkalke enthalten massenhaft Stielglieder von *Anthocrinus*, daneben aber die Mehrzahl der auf Gotland gefundenen Kelche. In die geschichteten Crinoidenkalke greifen die massigen, aus Korallen (*Polyorophe*) und Stromatoporen bestehenden Riffe mit unzweideutiger Wechsellagerung ein. Zahlreiche kleinere Nautileen (abgesehen von *Orthoceras* vor allem *Ophidioceras*, *Ascoceras* und *Glossoceras*) lebten in unmittelbarer Nachbarschaft der Riffe und ebendort finden sich die Schalen von Gastropoden, deren geringe Grösse und vortreffliche Erhaltung etwas an St. Cassian erinnert (*Palaemaea*, *Platyceras*, *Bellerophon*, *Pleurotomaria*, *Murchisonia*, *Euomphalus*, *Loxonema*, *Trochus*, *Polytropis*, *Holopella*, *Macrochilina*, *Euchrysalis* u. a.).

Ebenso wechseln Bänke, welche ganz aus den dicken Schalen von *Megalomus* oder von *Trimerella ostreiformis* bestehen, mit den Stromatoporenkalken. Diese Facies stimmt vollkommen mit dem Guelph-Kalk von Canada überein.

VII. (g. Dames, f. ex parte Lindström.) Die oberen Cephalopodenkalke sind graurothe, krystalline, nur im Norden vorkommende Gesteine, welche in Masse grosse Cephalopoden, vor allem *Phragmoceras*, ausserdem *Orthoceras*, *Gomphoceras* und *Cyrtoceras* enthalten. Die oben genannten drei Gattungen fehlen hingegen.

Die Verbreitung der cambrischen und silurischen Gesteine des Balticum beschränkt sich nicht auf die Punkte, an denen die Felsart anstehend getroffen wird. Bekanntlich hat das Inlandeis die schwedischen, gotländischen und esthnischen Geschiebe weit über das norddeutsche Flachland verbreitet und die Untersuchung der versteinerungsführenden Findlinge ist zum Theil dem der anstehenden Felsarten vorausgeeilt. Eine Aufzählung der in letzter Zeit wieder mit besonderem Eifer studirten Geschiebe liegt dem Zwecke des vorliegenden Werkes fern; zudem enthalten die Tabelle IV, sowie die Faciesübersichten des Cambrium und Silur die wichtigsten in Skandinavien vorkommenden Gesteinsarten. Im Übrigen sei auf die 1885 erschienene Lethaea erratica von Ferdinand Roemer verwiesen, welche den gesammten Stoff unter Hervorhebung der wichtigen Thatsachen zusammenfasst[1].

[1] Seitdem sind die folgenden wichtigeren Arbeiten über silurische und cambrische Geschiebe erschienen:

Cohen, E. und W. Deecke, Über Geschiebe aus Neuvorpommern und Rügen. Mitth. d. naturw. V. f. Neuvorp. u. Rügen. 1891. S. 1—8. Litteratur der pommerschen Diluvialgeschiebe.

Geinitz, F. E., Die Geschiebestreifen in Mecklenburg. Leopoldina 1886. Halle.

Jentzsch, A., Über die Herkunft unserer Diluvialgeschiebe. S. XXVII. 1886.

Lundbohm, H., Geschiebe aus der Umgegend von Königsberg in Ostpreussen, eingesandt an die schwedische geol. Landesuntersuchung von dem Mineraliencabinet der Universität zu Königsberg i. Pr. S. XXIX. 1888.

Jentzsch, A., Verzeichniss einer Sammlung ost- und westpreussischer Geschiebe. S. XXVII. 1886.

Vanhöffen, Einige für Ostpreussen neue Geschiebe. Z. d. d. g. G. 1886.

Remelé, A., Untersuchungen über die versteinerungsführenden Diluvialgeschiebe des norddeutschen Flachlandes mit besonderer Berücksichtigung der Mark Brandenburg. I—III. Berlin (Springer) 1880—1883. (III. Untersilurische gekrümmte Cephalopoden.)

[illegible], Über *Scolithus*-Sandstein von Müncheberg. Z. d. d. g. G. 1889.

Dames, W., Über Geschiebe von cambrischem Sandstein aus der Umgebung von Berlin. Z. d. d. g. G. 1888.

Krause, A., Ein Geschiebe von Ungulitensandstein aus Pommern. V. N. F. 1890.

3. Das Untersilur in Nordamerika.

Das Untersilur ist im Gegensatz zu den beiden im Hangenden und im Liegenden auftretenden Gruppen durch eine **allgemeine negative Bewegung des Meeres in der Nordhemisphäre** ausgezeichnet. Die ungleichartige, von dem New Yorker Schema[1] vielfach abweichende Entwickelung lässt daher eine kurze Übersicht um so nothwendiger erscheinen, als auch die Ansichten über die Gliederung in New York selbst durch neuere Forschungen wesentlich umgestaltet sind.

Die widersprechenden Angaben über das Auftreten der verschiedenen tieferen untersilurischen Faunen im **Staate New York** erklären sich zum Theil aus dem eigenthümlichen, an die Kalklinsen des Harzer Unterdevon erinnernden Vorkommen: In einer mächtigen Masse von **Schiefern** (die gelegentlich Graptolithen[2] führen) erscheinen einzelne **Kalklinsen, in denen die Calciferous-, Chazy- und**

Gagel, K., Die Brachiopoden der cambrischen und silurischen Geschiebe im Diluvium der Provinzen Ost- und Westpreussen. Beiträge zur Naturkunde Preussens. No. 6. Königsberg 1890.

Reuter, G., Die Beyrichien der obersilurischen Diluvialgeschiebe Ostpreussens. Z. d. d. g. G. 1885.

Remelé, A., Über den Cystideenkalk unter den märkischen Geschieben. Z. d. d. g. G. 1886.

—, *Rhinaspis erratica* Rem. und *Hybocephalus Hauchecornei* Rem. Z. d. d. g. G. 1886.

—, *Trinucleus*-Schiefer als Geschiebe von Eberswalde. Z. d. d. g. G. 1886.

—, Geschiebe mit *Cyrtendoceras* von Wriezen. Tagebl. d. 59. Vers. D. Nat. u. Ärzte zu Berlin 1886.

Dames, W., *Illaenus crassicauda* in einem Diluvialgeschiebe von Sorau. Z. d. d. g. G. 1886.

Gottsche, C., Geschiebe mit *Eurypterus Fischeri* von Kiel. Z. d. d. g. G. 1887.

Krause, A., *Beyrichia* und verwandte Schalenkrebse in märkischen Silurgeschieben. V. N. Fr. 1887.

—, Über *Harpides*-Reste aus märkischen Silurgeschieben. V. N. Fr. 1887.

Remelé, A., Über einige Glossophoren aus Untersilurgeschieben des norddeutschen Diluviums. Z. d. d. g. G. 1888.

Wahnschaffe, F., Über ein Geschiebe mit *Pentamerus borealis* von Havelberg. Z. d. d. g. G. 1888.

Jaekel, O., Über das Alter des sogen. Graptolithengesteins mit besonderer Berücksichtigung der in demselben enthaltenen Graptolithen. Z. d. d. g. G. 1889.

Kiesow, J., Beitrag zur Kenntniss der in westpreussischen Silurgeschieben gefundenen Ostracoden. J. 1889.

Krause, A., Über Beyrichien und verwandte Ostracoden in untersilurischen Geschieben. Z. d. d. g. G. 1889.

Remelé, A., Über *Hyolithus inaequistriatus* Rem. Z. d. d. g. G. 1889.

—, Über Geschiebe von Backsteinkalk. Z. d. d. g. G. 1889.

Dames, W., Über die Schichtenfolge der Silurbildungen und ihre Beziehungen zu obersilurischen Geschieben Norddeutschlands. Sitz.-Ber. d. Königl. Akad. d. Wiss. Berlin 1890.

Pompecki, Die Trilobitenfauna der ost- und westpreussischen Diluvialgeschiebe. Beiträge zur Naturkunde Preussens. No. 7. Königsberg 1890.

H. Schröder, Silurische Cephalopoden. Palaeont. Abh. v. Dames u. Kayser. V. 4. Jena 1891.

Krause, A., Heimathsbestimmung eines obersilurischen Diluvialgeschiebes. Sitz.-Ber. d. Ges. nat. Fr. Berlin 1891.

—, Beitrag zur Kenntniss der Ostracodenfauna in silurischen Diluvialgeschieben. Z. d. d. g. G. 1891.

—, Neue Ostracoden aus märkischen Silurgeschieben. Z. d. d. g. G. 1892.

Weissermel, Über silurische Korallen in den Geschieben Ostpreussens. Z. d. d. g. G. 1894.

Krause, P. G., Über Backsteinkalk in den Geschieben Norddeutschlands. Jahrb. d. geol. Landesanstalt für 1893.

[1] I. p. 36. Die nothwendigen Veränderungen, welche diese Schichtenfolge auf Grund der neueren Forschungen erfahren muss, sind im Folgenden kurz angegeben.

[2] Normans Kill bei Albany. Vergl. Walcott, Berichte des Congresses zu Washington. p. 402.

Trenton-Fauna gefunden ist. Zuweilen finden sich zwei Faunen in derselben Linse (Washington Cy.).

In dem nach den älteren Angaben zusammengestellten Profil des New Yorker Untersilur liegt der Black River-Kalk unter dem Trenton-Kalk, wird aber trotz der palaeontologischen Verschiedenheit häufig zu diesem gerechnet (Dana). Die Cephalopodenfacies des Birds Eye-Kalkes (im Sinne Hall's) ist im Wesentlichen dem Gastropodenkalk des Chazy homotax. So liegt in dem Profile von Watertown, N. Y., zwischen Calciferous- und Trenton- nur Birds Eye-Kalk. Die „Quebec group" ist die abweichende Entwickelung des Untersilur in Ostcanada (s. u.).

Es bleiben somit 5 Hauptgruppen des Untersilur übrig:

Hangendes: Obersilur.
V. Hudson River group.
IV. Trenton limestone. (a. Kalke mit Trilobiten etc., b. Cephalopodenfacies mit *Trocholites*.)
III. Black River limestone. (Nur Cephalopodenfacies mit *Gonioceras* etc.)
II. Chazy limestone; Kalk mit Gastropoden, Trilobiten und Brachiopoden; (einschliesslich des cephalopodenreichen Birds Eye-[1], bezw. des Fort Cassin-Kalkes mit *Eurystomites* und *Discoceras*).
I. Calciferous sandrock („sandstone" auct.).
Liegendes: Potsdam sandstone.

Die Bezeichnung der unteren, in New York wenig entwickelten Gruppe müsste eigentlich „kalkiger Dolomit" lauten, da diese Gesteine in New York wie im Inneren des Continentes (Lower magnesian limestone des oberen Missisippigebietes) bei weitem vorwiegen. Die Bezeichnung lautete ursprünglich Calciferous sandrock und sollte wohl die sandige Verwitterung des Dolomites kennzeichnen. Der ältere Name ist schon wegen des Gleichklanges mit dem carbonischen Calciferous sandstone Schottlands wieder einzuführen.

Eine wesentliche Ergänzung unserer Kenntnisse enthält die Schichtenfolge im Champlain-Thal, Vermont. Nach den Untersuchungen von Brainerd[2], Seeley und Whitfield liegt bei Fort Cassin im Champlain-Thal (Vermont) über dem Potsdam-Sandstein und unter dem Chazy-Kalk eine 1800' mächtige, vorwiegend aus Kalk bestehende Schichtengruppe, deren unterer Theil zweifellos dem Calciferous sandrock entspricht. Die Reihenfolge ist in etwas abgekürzter und combinirter Form:

---

[1] Die weissen runden Durchschnitte von *Tetradium* erinnern an Vogelaugen.

[2] Ezra Brainerd and H. M. Seeley, The Calciferous formation in the Champlain Valley. Bull. American Mus. Nat. History. New York. Vol. III. No 1. p. 1—23. — Whitfield, Observations of the fauna of the rocks at Fort Cassin, Vermont, with descriptions of a few new species. Ibid. p. 25. Whitfield weist mit Recht darauf hin, dass die gesammte Schichtenfolge A—E nicht als Calciferous bezeichnet werden könnte; vielmehr schlösse sich D_2 und E den hangenden Bildungen an. Ob man dieselben als Birds Eye-Kalk bezeichnet — wie in einer früheren Arbeit derselben Verfasser — oder mit einem neuen Namen belegt, ist gleichgiltig. Im ersteren Falle ist hervorzuheben, dass gegenüber der Hall'schen Bestimmung eine Erweiterung des Begriffs Birds Eye vorliegt. Der Birds Eye-Kalk Hall's ist dem Chazy als heterope Bildung ungefähr homotax, die Schichtengruppe E und D_2 ist etwas älter.

II b.	Oberer Chazy-Kalk mit *Rhynchonella plena* Hall, *Calymmene multicostata* Hall, *Cyrtoc. Boycii* Whitf., *Lichas champlainensis* Whitf. Unterer Chazy-Kalk mit *Maclurea magna* Hall.
II a. Birds Eye-Kalk (Fort Cassin Rock)	E. Dolomitischer Kalk mit *Bucania triplex* (non —*pla*) Whitf., *Murchisonia confusa* Whitf., *Maclurea affinis* Vanux., *Discoceras Eatoni* Whitf. sp., *Eurystomites Kelloggi* Whitf. sp., *Bathyurus extans* Hall? D_2. Obere Abtheilung. Dickbankiger blauer Kalk (z. Th. dolomitisch) mit *Maclurea affinis* Van. und *acuminata* Bill., *Discoceras Eatoni* Whitf. und *D. internestriatum* Whitf., *Asaphus canalis* Conr., *Calaurops lituiformis* Whitf., *Murchisonia obeliscus* Whitf., *Orthoceras bilineatum* Hall, *O. Brainerdi* Whitf., *Gomphoceras minimum* Whitf., *Triplesia lateralis* Whitf.
I. Calciferous sandrock	D_1. Untere Abtheilung. Dünngeschichtete blaue Kalke mit *Ophileta complanata* Van. C. Kalkführender Sandstein (s. str.) mit *Scolithus minutus* Hall. B. Kalk (und eingelagerter Dolomit) mit *Orthoceras primigenium* Vanux. und *Holopea* sp.; Riesenoolithe (= *Cryptozoon Steeli* Whitf.) ähnlich den alpinen Evinospongien sehr verbreitet. A. Kalkiger Dolomit.

Liegendes: Potsdam-Sandstein (Obercambrium).

Versteinerungsreicher als in den Vereinigten Staaten ist das Untersilur in dem angrenzenden Theile von Canada: I. Bemerkenswerth ist die Entwickelung des Calciferous sandrock im Gebiete des Ottawa-Flusses (Prov. Ontario), wo derselbe ebenfalls das Hangende des Potsdam bildet. Nach der Darstellung der Canadischen Landesuntersuchung[1] treffen wir neben spärlichen Brachiopoden das älteste *Conocardium* (*C. Blumenbachi* Bill.) und zahlreiche Gastropoden, wie *Maclurea matutina* Hall, *Pleurotomaria calcifera* Bill., *Murchisonia linearis* Bill., *M. arenaria* Bill., *Subulites calciferus* Bill.; weniger häufig sind Orthoceren (*O. Lamarcki* Bill., *Endoceras montrealense* Bill. sp., *E. sordidum* Bill. sp.) und Trilobiten (*Bathyurus amplimarginatus* Bill.).

II. Der durch Reichthum an Gastropoden und Brachiopoden ausgezeichnete Chazy-Kalk enthält abgesehen von den genannten Arten *Raphistoma stamineum* Hall, *Bucania rotundata* Hall, *Scalites angulatus* Conr., *Rhynchonella capax*, *Strophomena plicifera*, *Orthis costalis*, *Palaeocrinus striatus* und *Malocystites Murchisoni*.

III. Der Black River-Kalk ist eine Orthocerenfacies wie der Birds Eye (s. o.), enthält jedoch neue Formen, wie *Gonioceras anceps* Hall, *Ormoceras tenuifilum* Hall, *Cyrtocerina* Bill., *Estonioceras convolvens* (Eichw.) Hall, *Phragmoceras immaturum* Bill., *Endoceras multitubulatum* Hall und *subcentrale* Hall. Bemerkenswerth ist das Vorkommen einiger Korallen, wie *Columnaria alveolata* Hall[2], *Tetra-*

[1] Report of Progress from its commencement to 1863. Montreal 1863. p. 110 ff.

[2] Diese bezeichnende Art findet sich u. a. in Michigan und Tennessee.

dium columnare Hall, *Streptelasma profundum* Hall. Gleichzeitig erscheinen die ältesten Stromatoporiden.

IV. Der Trenton-Kalk s. str. ist wieder durch das Vorwiegen der Trilobiten (*Isotelus gigas*, *Cheirurus pleurexanthemus*) und Brachiopoden (*Platystrophia lynx*, *Strophomena alternata*) ausgezeichnet.

Andere bezeichnende Brachiopoden sind *Strophomena occidentalis*, *Rhynchonella increbescens*, *Leptaena sericea*, *Camerella hemiplicata* und *Trematis*. Korallen, vor allem die vielgestaltigen Monticuliporiden, erscheinen in denselben Schichten wie die Brachiopoden, ebenso die selteneren Zweischaler, wie *Ctenodonta* und *Cyrtodonta*. Hingegen sind Cystideen und Crinoiden, welche beide hier zum ersten Male in grösserer Mannigfaltigkeit auftreten, auf ganz bestimmte (bei Ottawa aus schwarzem Thon bestehende) Lager beschränkt. Besonders bezeichnend sind *Pleurocystites*, *Glyptocystites*, *Comarocystites*, *Agelacrinus*, *Porocrinus*, *Glyptocrinus*, *Archaeocrinus*.

Unter den in einer dritten, ebenfalls abweichenden Cephalopodenfacies vorkommenden Arten sind *Trocholites ammonius* Conr. und *Endoceras proteiforme* Hall zu nennen.

V. Die Hudson River group[1] ist fast ausschliesslich schiefrigsandig und zerfällt in die Lorraine-Schiefer und Sandsteine und die Utica-Schiefer. Die unteren Anticosti-Kalke, die u. a. die ältesten Ascoceren enthalten, sind gleichalt mit V b.

V a. Der Utica-Schiefer ist besonders wichtig durch das Vorkommen der für die mittleren Abtheilungen des schwedischen Graptolithenschiefers bezeichnenden Arten (*Diplograptus pristis*, *pusillus* Hall und IV *mucronatus* Hall, *Climacograptus bicornis* Hall, *Leptograptus flaccidus* Hall, *Lasiograptus bimucronatus* Hall), sowie der für die gleiche Abtheilung bezeichnenden Gattungen *Dicranograptus*, *Dicellograptus* und *Didymograptus*.

Die subtilere Vertheilung der Graptolithen in Zonen ist in Skandinavien genauer studirt worden, als in Amerika; immerhin ergiebt sich so viel, dass der Utica-Schiefer dem mittleren Theile des „mittleren Graptolithenschiefers", also etwa dem oberen *Chasmops*-Kalke Schwedens oder der Jewe'schen Schicht des Balticum gleichsteht[2]. Hiermit stimmt überein, dass die bezeichnendsten Trilobiten des Cincinnati-Schiefers und oberen Trenton-Kalkes, *Calymmene senaria*, *Isotelus gigas* u. a., im Caradoc Europas vorkommen. Black River-Kalk, Chazy-Kalk und Calciferous sandrock sind also etwa den nordeuropäischen Schichtengruppen vom Echinosphäritenkalke an abwärts homotax. Jedoch bestehen hier weder nähere Beziehungen der Faunen noch eine Übereinstimmung in der Gliederung.

V b. Die höhere Abtheilung der Hudson River group (= Lorraine-Sandstein) ist im Wesentlichen durch das Fehlen der Graptolithen ausgezeichnet. Die bezeichnenden Arten von *Trinucleus*, *Triarthrus*, *Calymmene* gehen ebenso wie die meisten der bereits im Trenton-Kalk vorkommenden Brachio-

[1] Walcott, The value of the term Hudson river group. Bull. geol. Soc. of America, I. p. 335–356.

[2] Um die Beziehungen zwischen der Graptolithenfauna der Neuen und Alten Welt auf einfache Weise hervortreten zu lassen, sind in der Tabelle des skandinavischen Silur (p. 77) sämmtliche bisher bestimmten amerikanischen Arten des mittleren Graptolithenschiefers aufgenommen.

poden bis an die obere Grenze hinauf, wie besonders die neueren Beobachtungen WALCOTT's (l. c. p. 344—350) beweisen. Besonders bezeichnend für die obere Abtheilung sind *Cyrtolites ornatus* CONR. und einige Zweischaler, wie *Ambonychia radiata* HALL, *Avicula demissa* HALL und *insueta* CONR., *Lyrodesma poststriatum* HALL, *Modiolopsis modiolaris* HALL u. a.

Stellt man palaeontologische Gesichtspunkte bei der Gliederung der Schichten in den Vordergrund, so ist eine überaus nahe Verwandtschaft des Trenton-Kalkes mit dem Hudson nicht zu verkennen. Bezeichnende Arten des Trenton gehen bis in die obere Zone der Hudson-Gruppe hinauf, so *Triarthrus Becki*, *Trinucleus ornatus*, *Cal. senaria* und *Endoceras proteiforme*[1]. Nur die Graptolithenfacies ist auf die Stufe der Utica-Schiefer beschränkt und fehlt sowohl in den Trenton- wie in den oberen Hudson-Schichten.

Die Angaben über die Verbreitung des Untersilur in den übrigen Theilen von Nordamerika beweisen, dass die älteren und mittleren Stufen desselben am wenigsten regelmässig entwickelt sind, während die Schichten vom Alter der Trenton-Hudson-Schichten die weiteste Verbreitung besitzen und überall, z. B. in Minnesota, Michigan, Manitoba und Colorado, die gleiche Fauna enthalten. Die Eigenthümlichkeit des inneren Gebietes (Manitoba, Minnesota) besteht in dem Auftreten eines aus sehr reinem, lockerem Sandstein bestehenden Gebirgsgliedes in der Mitte des Untersilur (St. Peter sandstone).

Der bezeichnenden trilobitenreichen Übergangsbildung des Pogonip-Kalkes von Nevada wurde schon oben (p. 43) gedacht und gleichzeitig hervorgehoben, dass im Hangenden desselben Schichten bis zum unteren Trenton[2] einschliesslich auftreten. Das Vorkommen von *Receptaculites* in diesen Untersilurschichten ist erwähnenswerth. Die folgende Tabelle giebt eine Übersicht der bisher beobachteten Vorkommen von Untersilur, soweit ich dieselbe mit Hilfe eigener Beobachtungen aus der noch nicht einheitlich bearbeiteten Literatur zu sammeln vermochte. Eine kurze Besprechung erheischt nur das Untersilur von Colorado, die sogenannte Quebec group im Osten der Britischen Besitzungen und die Entwickelung im Faltengebiet der Appalachien.

Das Untersilur in Colorado.

Das Untersilur von Colorado hat durch das von WALCOTT entdeckte Vorkommen von Fischresten die Aufmerksamkeit der geologischen Welt auf sich gezogen[3]. Wie die Discussion und die von ZITTEL und JAEKEL[4] geäusserten Meinungen lehren, handelt es sich um Reste, welche nicht an die bekannten Fischreste des Obersilur, sondern vielmehr an *Asterolepis* und *Holoptychius* aus dem oberen Old Red erinnern. Auch das Gestein ist im Wesentlichen das des alten rothen Sandsteins. Mit begreiflichem Interesse betraten daher die Geologen auf der „Western excursion" die Steinbrüche von Cañon city, um die Beweise für die Umgestaltung der bisherigen Auffassung zu prüfen.

[1] WALCOTT, l. c. p. 348.
[2] Correlation Papers. Cambrian. p. 316, 317.
[3] Bull. Geol. soc. Amer. III, p. 153.
[4] l. c. p. 168.

Schon eine oberflächliche Betrachtung lehrte, dass in der Natur nicht die Regelmässigkeit herrscht, welche die von Walcott veröffentlichte Zeichnung aufweist. Das erste, was ich in dem Aufschluss der rothen Knochenbreccie — denn in einer solchen liegen die Fischreste — wahrnahm, war eine Anzahl grosser glänzender Harnische, die auf starke tektonische Verschiebungen an dem Absturze des Felsengebirges hinweisen. Diese Auffassung der Gegend als einer arg dislocirten wurde durch die Beobachtung befestigt, dass das Streichen und Fallen der Silurschichten sehr häufig wechselt und dass der Kohlenkalk, das mächtigste (7000′ messende) und verbreitetste Gebirgsglied des Palaeozoicum der Rocky Mountains, hier gänzlich fehlt[1]. Auf die Silurbildungen folgen in dem Steinbruche unmittelbar rothe Sandsteine, *Atlantosaurus*-beds von verhältnissmässig nicht bedeutender Mächtigkeit und dann in flacher Lagerung die jüngere Kreide. Das unmittelbare Nebeneinandervorkommen von Knochenbreccie (Bone bed) und untersilurischen Versteinerungen (*Illaenus*, *Platystrophia lynx* u. a.) wurde als zweifellos festgestellt, dürfte aber für das silurische Alter der ersteren ebensowenig beweisend sein, wie etwa das Vorkommen von Doggerversteinerungen neben dem Gneiss des Gstellihorns für das jurassische Alter des letzteren. Im vorliegenden Falle kommt hinzu, dass, wie erwähnt, die palaeontologische Beschaffenheit der Fischreste nicht für Silur[2] spricht. Falls bessere Profile, als das der geologischen Excursion vorgeführte, anderwärts vorliegen sollten, könnte auf Grund derselben die Frage von neuem erörtert werden. Der Durchschnitt von Cañon city erweist vor Allem das Vorhandensein gewaltiger tektonischer Störungen und ist eben desshalb nicht geeignet, um als Grundlage für den Beweis eines untersilurischen Auftretens der Old Red-Fische zu dienen.

Die Quebec group[3].

Im östlichen Theile von Canada, der Provinz Quebec, liegt unter den Hudson- und Trenton-Schichten und über dem Potsdam-Sandstein eine vielfach dislocirte, aus Sandstein, Schiefer und vor allem aus Kalkconglomeraten bestehende Formation, die nach der ersten Darstellung[3] ganz eigenthümliche palaeontologische Kennzeichen aufwies. Da die Gerölle der in mehreren Horizonten auftretenden Kalkconglomerate petrographisch von dem Bindemittel wenig verschieden sind und in beiden Gesteinen Trilobiten vorkommen, sah man dieselben anfangs durchweg als gleichalt an und erhielt auf diese Weise eine Thierwelt, die aus untersilurischen, ober- und untercambrischen Bestandtheilen bunt gemischt war. Eine Anzahl cambrischer Trilobiten ist zuerst aus diesen Kalkgeröllen durch Billings beschrieben worden; erst die genauere Bekanntschaft mit der Fauna der ältesten verstei-

[1] Dass derselbe in der Nähe vorkommt, beweisen die in einer Localsammlung von Cañon city befindlichen Stücke; auch Walcott giebt denselben in seinem Profil an.

[2] Old Red mit Fischresten ist von Walcott selbst aus dem südlich angrenzenden Gebiet beschrieben worden.

[3] Logan, Geological Survey of Canada, Report of Progress since its commencement to 1863 p. 225—297.

rungsreichen Formation ermöglichte eine Trennung der auf primärer und secundärer Lagerstätte befindlichen Versteinerungen.

Eine Durchsicht der jetzt in Ottawa (Geological Survey) aufbewahrten Originale zeigt, dass sämmtliche Arten von *Olenellus* (*O. Thompsoni* und *vermontana*), *Dicellocephalus* (14 Species, Taf. 1b Fig. 17), *Ptychoparia* und *Conocephalus* cambrisch sind[1].

Als untersilurisch sind hingegen fast alle Gastropoden (*Subulites*, *Maclurea*, *Murchisonia*, *Pleurotomaria*, *Ecculiomphalus*, *Ophileta*), Nautiliden (*Estoniaceras Farnsworthi*), sowie die Mehrzahl der beschriebenen Trilobiten[2] anzusprechen.

Selbst nachdem die erste Verwirrung beseitigt war, wurde von den neueren Autoren der Name Quebec group in ganz verschiedenem Sinne gebraucht. Dawson[3] definirt die Quebec group als die ostamerikanische, mit der europäischen übereinstimmende Entwickelung des tieferen Untersilur. Gerade aus der Übereinstimmung der *Phyllograptus*-(„Levis-“)Schiefer mit der überall vorkommenden Fauna dieser Stufe ergiebt sich jedoch die Überflüssigkeit eines besonderen Namens.

Ganz anders definirt Ells[4] die Quebec group, nämlich als die Gesammtheit der archaischen und palaeozoischen Formationen der Provinz Quebec: 1. Ältere krystalline Schiefer. 2. Cambrium. 3. Die dritte Untergruppe dieser Quebec group entspricht ungefähr der Quebec group von Dawson; sie beginnt mit den 3a. *Dictyonema*-Schiefern von Cap Rosier (Matane-Zone) und umfasst den Sillery sandstone von Quebec. 3b. Darüber lagert der *Phyllograptus*-Schiefer (Lower Arenig Lapworth = Levis). 3c. Die *Coenograptus*-Zone (Upper Arenig) bildet die weitere

[1] Ausserdem *Loganellus Logani*, *Menocephalus Sedgwicki* und *globosus*, *Bathyurus armatus*, *Agnostus Orion*, *americanus* und *canadensis*, *Obolella Ida* und *Quebecensis*.

[2]

Bathyurus capax (auch sonst im Calciferous gefunden)	*Cheirurus Mercurius*
Harpes Granti	„ *solitarius*
Harpides atlanticus	„ *glaucus*
„ *desertus*	*Lichas Jukesi*
Holometopus Angelini	*Encrinurus mirus*
Illaenus simulator	*Ampyx rutilius*
Nileus affinis	„ *semicostatus*
„ *macrops*	„ *normalis*
„ *scrutator*	„ *laeviusculus*
Remopleurides affinis	*Amphion convexus*
„ *Panderi*	„ *insularis*
„ *Schlotheimi*	„ *Bayleyi*
Illaenus arcuatus	„ *Westoni*
„ *tumidifrons*	„ *Julius*
„ *consimilis*	*Asaphus illaenoides*
„ *fraternus*	„ *Pelops*
„ *crassabrianus*	„ *goniurus*
Telephus americanus	„ *canalis*
Cheirurus Vulcanus	„ *Morrisi*
„ *Sol*	„ *quadricaudatus*
	„ *Huttoni*

[3] Canadian Record. IV. p. 133—141.

[4] R. W. Ells, The Stratigraphy of the „Quebec group“. Bulletin of the Geological Society of America. Vol. I. 453—458. Pl. X.

Fortsetzung. Die *Protospongia*-beds von Metis liegen wahrscheinlich zwischen 3b und 3c. 4. und 5. Die Aequivalente der Chazy-, Trenton- und Hudson-Schichten bilden den Abschluss.

Das Untersilur der Appalachien.

In der uralten Faltungszone der Appalachien sind die durch Gebirgsdruck stark veränderten Gesteine des Silur lange Zeit als Urgebirge angesprochen worden. Auch jetzt lässt die Dürftigkeit der gefundenen Versteinerungen keine weitergehenden Schlussfolgerungen zu; jedoch beweist der gleichbleibende petrographische Charakter (s. d. Tabelle) die Gleichartigkeit der Entstehung.

A. Das Untersilur zerfällt nach B. Willis[1] in zwei Abschnitte, welche durch einen „intervall by erosion" getrennt sind. Die untere Gruppe besteht aus 1000 m mächtigen hornsteinführenden Dolomiten und Kalken, welche sich in gleicher Beschaffenheit von Massachusetts bis Alabama verfolgen lassen (I.—III. in der obigen Übersicht).

Eine Hebung des Meeresbodens — vielleicht eine Andeutung der Appalachischen Faltung — beschloss diese Epoche. Die Bildung von Kalkconglomeraten, die auf eine Brandungsküste hinweisen (Massachusetts, Tennessee), kennzeichnet dies Ereigniss, welches etwa dem Ende der Trenton-Schichten von New York entspricht.

B. Der zweite, weniger umfangreiche Abschnitt des Untersilur begann mit einer Transgression (einem Ereigniss, das in etwas anderer Form in Europa nachweisbar ist). Der im Norden und Osten gelegene arktische (bezw. algonkische) Continent war durch die Transgressionen des Obercambrium noch nicht vernichtet und liefert jetzt das Material für die Conglomerate, Sandsteine und Schiefer, welche in New York bis zu einer Mächtigkeit von 1500—1600 m[2] anschwellen und in den südlichen Appalachien noch 300—400 m besitzen. Nach Nordwesten zu nimmt mit der Entfernung von dem nordöstlichen Continent auch die Mächtigkeit der klastischen Sedimente ab, gleichzeitig wird die Zusammensetzung der Schichten wesentlich kalkiger; bei Cincinnati[3] besteht die nach dieser Stadt benannte Facies des oberen Untersilur aus Schiefern und Kalken, welche überaus reich an Brachiopoden, Korallen, Trilobiten und Crinoiden sind. Faunistisch stimmen die Cincinnati-Schichten mit denen des Ostens überein. Während in Ohio die Mächtigkeit noch über 200 m beträgt, sinkt dieselbe im Maquoketa shale von Iowa bis auf ca. 50 m.

Die soeben skizzirte Gliederung des appalachischen Untersilur in zwei ungleich mächtige Glieder beruht auf der Verschiedenheit der petrographischen (bezw. faciellen) Entwicklung und dem Vorhandensein einer Unterbrechung. Der locale Charakter dieses Ereignisses wird am besten dadurch erläutert, dass dasselbe nur geringe Einwirkung auf die Entwickelung der Thierwelt ausübt. Einige der bezeichnendsten Trilobiten des Trenton-Kalkes, *Isotelus gigas*, *Calymmene senaria*, *Trinucleus concentricus* Eat. (= *ornatus* Stbg.) und *Triarthrus Becki* geben aus

[1] Berichte des Internationalen Geologen-Congresses zu Washington. 1891. p. 240.

[2] Walcott, Bull. Geol. Soc. of America. Vol. I, p. 347.

[3] Man theilt dieselbe wohl in eine untere (Cincinnati-) und eine obere (Lebanon-)Gruppe.

Tabelle V: Das Silur

	Östliches Canada (Quebec)	New York und Pennsylvania	Virginia und Maryland	Südliche Appalachien: Kentucky, Georgia, Tennessee, Alabama
Hangendes	Lower Helderberg	Lower Helderberg	Monterey-Sandstein	**Rückzug des Meeres**
Obersilur	Obere Gruppen der Anticosti-Kalke; Guelph-Kalk	Cementkalk (Waterlime) mit *Eurypterus*	Cementkalk	**Hancock-Kalk**
		Salina-Sandstein und Mergel (local)		
		Niagara-Kalk mit Schiefer und Lewiston Kalk (Pennsylvania)	Rockwood-Schiefer	**Rockwood-Schiefer**
		Clinton-Schiefer und Kalk mit *Pentam. oblongus*		Clinch-Sandstein
		Medina-Sandstein; Oneida-Conglomerat	Massanutten-Sandstein	Bays-Sandstein
	Concordanz	Hebung und locale Discordanz →		
Untersilur	Unterer Anticosti-Kalk mit *Asaphus* ←	Hudson-Gruppe: Lorraine-Sandstein u. Schiefer; Utica-Schiefer mit *Dicellograptus*	**Martinsburg-Schiefer**	Nashville-Schiefer
		← Uplift and interval by erosion →		
	„Quebec group": Trenton-Kalk im weiteren Sinne	Stockbridge-Kalk: Trenton-Kalk		
	Cornograptus-Schiefer	**Black River-Kalk**	**Shenandoah-Kalk**	**Chickamauga-Kalk**
	Chazy-Kalk	Chazy u. Birds Eye-Kalk (Fort Cassin)		
	Levis-Schichten mit *Tetragraptus* u. *Phyllograptus*		**Valley-Kalk**	**Knox-Dolomit (Hornstein führend)**
	Sillery-Sandstein	Calciferous „Sandrock" (rectius Dolomit)		
Liegendes	**Obercambrium: Potsdam-Sandstein**		**Blue Ridge-Sandstein**	**Nolichucky-Schiefer**

dem oberen Trenton-Kalk in den Hudson-Schiefer hinauf. Dieselben Arten sind gleichzeitig in Europa nachgewiesen; ihr Auftreten ist von einer um so grösseren Wichtigkeit, als im tieferen Untersilur keine europäische Art (s. p. 91) auftritt. Eine neue Meeresverbindung hat sich also nach Absatz des Black River-Kalkes geöffnet, welche faunistisch wichtiger ist, als die locale Transgression im Hangenden der mächtigen Kalkbildung.

Das vorliegende Beispiel ist vortrefflich geeignet, um den Gegensatz einer auf petrographisch-facielle Kennzeichen begründeten Stratigraphie von der palaeontologischen Betrachtungsweise zu zeigen. Gemäss der ersteren, welche in Amerika manche Anhänger zählt und auch in Deutschland von J. Walther vertreten wird, erhält man zwar eine für ein begrenztes Gebiet brauchbare Gliederung, verzichtet aber, indem man die palaeontologischen Merkmale in die zweite Reihe stellt, auf eine allgemeinere Übersicht der geologischen Entwickelung. Vom entwickelungs-

in Nordamerika.

Missouri	Manitoba	Minnesota, Wisconsin und Iowa	Illinois, Indiana und Ohio	Nevada	Arkansas	Colorado
Unter-Helderberg	Mitteldevon	Corniferous limestone Lücke	Corniferous limestone und Ohio-Schiefer	Ogden-Quarzit		Devon in Old-Red-Facies mit Fischen
Niagara-Kalk Cape-Girardeau-Kalk	Obersilur-kalk	Unterer Korallenkalk mit *Pentam. oblongus* Byron-Schichten Mayville-Schichten	Dolomit von Chicago Illinois Mergelthon von Waldron, Indiana Clinton-Kalk	Lücke		Lücke
Hudson-Schiefer Receptaculiten-Kalk Trenton-Kalk Joachim-Kalk Crystal city-Kalk St. Francois R.: Potosi-Kalk, St. Joseph-Kalk	Hudson-Schiefer Trenton-Kalk Weisser quarzitischer Sandstein	Maquoketa-Schiefer (Iowa): Galena-Kalk mit *Cheir. pleurexanthemus* und *Isotelus gigas* Trenton-Kalk St. Peter-Sandstein Unterer dolomitischer Kalk (Lower magnesian limestone)	Cincinnati-Schiefer u. Kalk: Brachiopoden, Korallen, *Is. gigas*, *Cheir. pleurexanthemus*, *Cal. senaria*	Trenton-Kalk Chazy-Kalk Pogonip-Kalk	Quarzit und „Novaculit" mit Einlagerungen von Graptolithenschiefer mit *Dicellograptus*; Graptolithenschiefer mit *Phyllograptus*	Fremont-Kalk *Halysites*-Kalk Harding-Sandstein Rother Kalk mit *Ophileta* und *Bathyurus*
? Cambrisch: La Motte-Sdst. Iron Mountain-Conglomerat		Potsdam-Sandstein		Hamburg-Schiefer (Potsdam-Fauna)	Potsdam	

geschichtlichen Standpunkt ist das Auftreten amerikanischer Trilobiten in Europa weit bedeutungsvoller, als eine Transgression in den Appalachien, welche auf die Verbreitung ebenderselben Lebewesen keinen Einfluss ausübt.

Die geographische Entwickelung des Silur.

1. Das Untersilur.

Abgesehen von den überaus zahlreichen Beschreibungen einzelner Gebiete haben in neuerer Zeit einige wenige Autoren die Vergleichung der Silurhorizonte verschiedener Länder in Angriff genommen: J. Wentzel hat die Beziehungen der Barrande'schen Etagen C, D, E zum britischen Silur erörtert, W. Dawson die Schichten von Neu-Braunschweig und Neu-Schottland mit dem europäischen Silur verglichen und TORNQUIST die cambrische und silurische Chorologie des westlichen Europa behandelt. Jedoch ist die von MOJSISOVICS und NEUMAYR angewandte Methode der palaeographischen Forschung dem schwedischen Gelehrten unbekannt geblieben. Insbesondere werden die Unterschiede der Faciesentwickelung und der geographischen Differencirung nicht scharf getrennt. So soll das obere Untersilur Esthlands (von der Jewe'schen Schicht an aufwärts) in einer anderen faunistischen Provinz abgelagert sein, als die gleichzeitigen Bildungen von Skandinavien und England. Eine nähere Untersuchung zeigt jedoch nur, dass in dem einen Gebiet reine Kalkbildungen, in dem anderen wesentlich Graptolithenfacies, Brachiopodenschiefer und vulcanische Tuffe zum Absatze gelangten, die Unterschiede also „heteroper", nicht „heterotoper" Art sind. Ein näheres Eingehen auf die Arbeit erscheint somit unthunlich.

Dagegen ist eine ältere, 1873 erschienene Studie LINNARSSON's[1], welche die Vergleichung des Silur in Böhmen, Schweden und England zum Ziel hat, noch immer von maassgebender Bedeutung.

Die Schwierigkeiten einer vergleichenden Betrachtung sind im Silur angesichts der grösseren Mannigfaltigkeit der Facies erheblich grösser als im Cambrium.

Die Meeresprovinzen des Untersilur. (S. Kartenskizze II.)

Wie schon die vorstehende Übersicht zeigt, sind die Trilobiten die am meisten verbreitete Thiergruppe des Silur; sie waren, als hoch entwickelte Raubthiere, ebensowohl in den von den Graptolithen und Cephalopoden bevölkerten pelagischen Tiefen, wie in den flacheren mit Brachiopoden und Korallen erfüllten Meerestheilen zu Hause. Aus diesem Grunde bilden die Trilobiten nicht nur für die stratigraphischen Horizonte, sondern auch für die Unterscheidung der alten Meeresprovinzen die besten Leitfossilien. Im Untersilur müssen die betreffenden Vergleichungen auf Trilobiten allein begründet werden, weil Cephalopoden nur in bestimmten Facies vorkommen und die Brachiopoden sowie die Korallen erst im oberen Theile des Untersilur grössere Wichtigkeit erlangen.

Zum Verständniss der vier nachstehend aufgeführten Hauptprovinzen des Untersilur ist zu bemerken, dass die Unterschiede am schärfsten im unteren Theile dieser Abtheilung ausgeprägt sind und sich im oberen Theile (Caradoc-Stufe) allmählig verwischen; zur Zeit des O b e r s i l u r besitzt nur noch die b ö h m i s c h e P r o v i n z einige wahrnehmbare Eigenthümlichkeiten; die übrigen dieser Stufe angehörenden Faunen der N o r d h e m i s p h ä r e zeigen einen g l e i c h f ö r m i g e n C h a r a k t e r. Es kehren also die für die Zeit der *Paradoxides*-Schichten maassgebenden Verhältnisse wieder.

Für das untere und mittlere Untersilur (Tremadoc, Arenig und Llandeilo; $D_1 D_2$; Ceratopyge- und Orthocerenkalk; Calciferous, Chazy, Black River) ist das Vorhandensein von 4 getrennten Meeresprovinzen anzunehmen:

1. Das b ö h m i s c h - m e d i t e r r a n e M e e r e s b e c k e n (grande zone centrale de l'Europe von BARRANDE ernannt) umfasst B ö h m e n, T h ü r i n g e n, die Ostalpen, S ü d f r a n k r e i c h, S p a n i e n und P o r t u g a l.

[1] Zeitschr. d. deutschen geol. Ges. 1873. p. 675—690.

2. Das baltische Meeresbecken ist ausgezeichnet durch überaus mannigfaltige Faciesentwickelung und umfasst Skandinavien, die deutschen Ostseeprovinzen und dehnte sich in südlicher Richtung bis nach Russisch-Polen (Kielce[1]) und dem inneren Russland (Minsk), in nördlicher Richtung wahrscheinlich bis Grönland[2] aus. Die noch wenig bekannten Vorkommen von Sibirien, Ostchina und dem Himalaya schliessen sich wahrscheinlich ebenfalls hier an.
3. Das nordatlantische Meer umfasst die britischen Inseln (mit Ausnahme von Nordschottland), Belgien und Nordfrankreich; es stand im Westen oder in der Mitte von Frankreich mit der böhmischen Provinz in Verbindung.
4. Das pacifisch-nordamerikanische Meer umfasst zweifellos den Osten und die gesammte[3] Mitte des Continentes, wo die zuerst im Staate New York unterschiedenen Gebirgsglieder mit den gleichen Versteinerungen wiederkehren; ferner gehört wahrscheinlich hierher das Gebiet des nördlichen Pacific und des nordamerikanischen Polarlandes[4]. (Arktisches Meer.)

Wohin das gewaltige Untersilurgebiet der Mitte von Sibirien (Tunguska bis Lena) zu rechnen ist, kann nach den vorliegenden Angaben nicht mit Sicherheit entschieden werden.

Eine scheinbare Ausnahme von dieser Provinzeintheilung bilden die Graptolithenschichten, deren Fauna in Skandinavien, England, Nordamerika und sogar in Australien eine von allen Beobachtern bestätigte Übereinstimmung erkennen lässt. Gerade aus den, eine sehr tiefe Stellung im Untersilur einnehmenden *Phyllograptus*-Schiefern werden eine ganze Auswahl amerikanischer Arten von schwedischen und englischen Autoren citirt. Sogar in Australien (Castlemaine) finden sich nach Etheridge *Phyllograptus typus* Hall und *Tetragraptus bryonoides* Hall und aus Neuseeland (Bedsted gully, Perseverance Mine) liegen mir *Isograptus gibberulus* Mob.? und *Tetragraptus* vor.

Die biologischen Verhältnisse der Graptolithen sind noch nicht vollkommen aufgeklärt. Wir wissen nicht, ob dieselben festgeheftet waren oder lose im Schlamme steckten; jedenfalls sind die Graptolithen niemals als Bewohner der flacheren oder küstennahen Meere angesehen worden. Da nun sowohl die pelagischen wie die abyssischen Organismen der heutigen Oceane weltweit verbreitet sind, so ist die obige Controverse für den vorliegenden Zweck bedeutungslos.

---

[1] Die Bukowka-Sandsteine von Kielce enthalten nach Gürich *Orthisina plana* und *Orthis calligramma*. Die erstere Art fehlt in Böhmen, deutet also auf eine Verbindung in nördlicher Richtung hin.

[2] Diese Angabe gründet sich auf das Erscheinen von *Maclurea magna* (Chazy) in Grinnell-Land (80—82° n. Br.) und auf das Vorkommen der bekannten Cystidee des Petersburger Vaginatenkalkes, *Caryocystites granatum*, in Ostgrönland. Ich verdanke die Mittheilung des auf dem Treibeise gefundenen Stückes Herrn Prof. Dr. Jaekel in Berlin. Die Bestimmung von *Asaphus tyrannus* aus Grinnell-Land ist zweifelhaft.

[3] Vom Lake Winnipeg (Manitoba) sind bezeichnende untersilurische Versteinerungen, wie *Maclurea*, *Strophomena alternata*, *Calymmene senaria* und zahlreiche Cephalopoden (*Eurystomites*, *Actinoceras*) bekannt geworden.

[4] Man kennt Trenton-Kalk von Boothia, North-Somerset und King Williams Land.

Für die Unterscheidung der Meeresprovinzen kommen in der Vorwelt, wie in den jetzigen Meeren nur die Bewohner der weniger tiefen See in Betracht. Auch unter diesen besitzen manche Gruppen allgemeine Verbreitung: *Illaenus*, *Asaphus*, *Trinucleus*, *Cheirurus*, *Calymmene*, *Ampyx*, *Lichas* und *Acidaspis*; auch einige seltene Formen, wie *Amphion* (= *Pliomera*) und *Remopleurides* kehren überall wieder.

Bei dem vergleichenden Studium der Verbreitungsbezirke wurde das Hauptgewicht auf das Fehlen oder Vorhandensein der Gattungen (einschl. der Untergattungen) gelegt. Die Species wurden nicht herangezogen, weil dann die Vergleichung bis in die einzelnen Zonen hätte durchgeführt werden müssen und ein solches Verfahren angesichts des gewaltigen Gebietes undurchführbar wäre. Immerhin ist die Äusserung von F. Schmidt[1] bemerkenswerth, „es bestehe bei der im Balticum überaus artenreichen Gattung *Lichas* so fast gar keine specifische Übereinstimmung mit England und Nordamerika. Von Böhmen war es überhaupt nicht zu erwarten."

Die Verschiedenheit der Trilobitenfauna in England und im baltischen Gebiete ist nicht unerheblich und vornehmlich in dem tieferen Theile des Untersilur stark ausgeprägt. Die Angabe des Horizontes lässt in der folgenden Aufzählung leicht erkennen, dass in den höheren Zonen des Untersilur die Verschiedenheiten wesentlich geringer sind.

Es fehlen in England die folgenden baltischen Gattungen:

Megalaspis, eine der wichtigsten Gruppen des Orthocerenkalkes[2].
Megalaspides (Untergattung von *Megalaspis* aus dem tiefsten Untersilur).
Ptychopyge (Untergattung von *Asaphus*).
Nileus.
Symphysurus (Untergattung von *Nileus*).
Rhodope (Orthocerenkalk).
Holometopus (*Ceratopyge*-Kalk und Orthocerenkalk).
Ceratopyge (Leitform der untersten Zone).
Telephus (mittleres und oberes Untersilur, auch in Böhmen).
Triarthrus.
Nieszkowskia (tieferes Untersilur).
Celmus (Orthocerenkalk).
Dindymene (oberes Untersilur).
Corynexochus (Orthocerenkalk).
Diaphanometopus (nur im Vaginatenkalk von Esthland, selten).
Parabolinella (*Ceratopyge*-Kalk von Norwegen).
Dicellocephalus (*Ceratopyge*-Kalk von Norwegen).
Isocolus (*Leptaena*-Kalk).
Die Untergattungen von *Lichas*:
Hoplolichas, *Conolichas*.

Auch zwischen Skandinavien und den baltischen Provinzen bestehen manche faunistische Verschiedenheiten, die jedoch im Wesentlichen auf der heteropen Ent-

[1] Revision der ostbaltischen silurischen Trilobiten. p. 33.
[2] Die häufigeren Gruppen sind gesperrt gedruckt.

wickelung des oberen Untersilur beruhen. Die südbaltischen Schichten sind bekanntlich reine Kalke, im skandinavischen Silur ist der Schiefer sehr verbreitet.

In Skandinavien fehlen die folgenden englischen Genera:

Basilicus (*B. tyrannus* Llandeilo; Subgenus von *Asaphus*, auch in Böhmen).

Salteria (Caradoc).

Placoparia (unteres Silur von Böhmen, Frankreich, Spanien).

Dalmania (erscheint erst in der obersten Zone des schwedischen Untersilur).

Bronteopsis (unteres Untersilur von Schottland).

Angelina (in Skandinavien nur im Cambrium).

Brongniartia (Subgenus von *Homalonotus*; die meisten Arten erscheinen im tiefsten Untersilur, einige im Caradoc).

Illaenopsis (Arenig).

Cyphoniscus (Caradoc).

Barrandia (= *Neseuretus*; Tremadoc).

Tiresias (Caradoc [1]).

Selbst wenn man einzelne der vorstehenden Formen, die in einem oder in wenigen Exemplaren bekannt sind, von der Vergleichung ausschliessen wollte, bleiben noch genug artenreiche Gruppen übrig, welche die geographische Verschiedenheit der beiden Gebiete klar erweisen.

Für die Vergleichung der skandinavischen und englischen Silurbildungen ist ferner der Umstand bedeutsam, dass eine ganze Anzahl wichtiger Gattungen in England erheblich früher erscheinen, als in Schweden. Die vorzüglich angeordnete List of the fossil Faunas of Sweden (ed. Lindström, Stockholm 1888) und die Zusammenstellungen von Etheridge (Manual of geology, II) machen eine unmittelbare Vergleichung möglich. Die vollkommene faunistische Übereinstimmung der skandinavischen und englischen *Olenus*-Schichten hört schon in den unteren Theilen des Tremadoc auf [2]; in dem unmittelbar darüber folgenden unteren Orthocerenkalk, bezw. in dem unteren Arenig erscheinen die erwähnten Verschiedenheiten scharf ausgeprägt. Im unteren Arenig Englands finden sich bereits *Calymmene*, *Trinucleus*, *Dionide*, *Aeglina* und im oberen Arenig treten *Placoparia* und *Acidaspis* hinzu. All diese wichtigen Gattungen erscheinen erst in dem skandinavischen *Chasmops*-Kalk, dem ungefähren Aequivalent des englischen Llandeilo, oder in höheren Schichten.

Für das amerikanische Untersilur (Calciferous — incl. Trenton) sind die folgenden Gattungen bezeichnend, welche, mit Ausnahme von *Bolbocephalus*, aus dem Potsdam-Sandsteine hinaufreichen:

Bathyurus (sehr artenreich, besonders in Canada bis zum Trenton limestone).

Bathyurellus (bis zum Calciferous).

[1] Nach den vorliegenden Verzeichnissen sollte unsere Liste noch durch *Barrandia* M'Coy (England) und *Ogygiocaris* Angelin (Skandinavien) vermehrt werden. Doch sind die beiden Gattungen wohl ident. Man vergleiche Salter, British Trilobites, t. 19 und Angelin, Palaeontologia scandinavica, t. 42. Jedenfalls ist *Barrandia* (*Homalopteon*) *Portlocki* Salt. t. 19 f. 6—10 von *Ogygiocaris dilatata* var. *Sarsi* Angelin t. 42 f. 2 generisch nicht verschieden.

[2] Man vergleiche die Aufzählung der Gattungen in Tabelle I p. 36

Bolbocephalus WHITF. (Birds Eye-Kalk, Fort Cassin).

Ptychaspis (Calciferous).

Endymionia (Calciferous).

Dagegen **fehlen** die folgenden 19, in den verschiedenen **europäischen** Verbreitungsgebieten vorkommenden Gruppen:

Angelina.
Ceratopyge (vielleicht im Pogonip-Kalk vorhanden).
Euloma.
Bavarilla.
Aeglina.
Cyphoniscus (England).
Homalonotus (erscheint in Amerika erst im Obersilur).
Ogygia[1] (= *Barrandeia*[2]).
Von *Asaphus* die Subgenera:
Basilicus und
Stygina (England und Skandinavien).
Ferner:
Illaenopsis.
Chasmops[3] (England und Balticum).
Tiresias.
Placoparia.
Nieszkowskia.
Die Untergattungen von *Lichas*: *Hoplolichas*[4] und *Conolichas*.
Cybele.

Von den europäischen Meeresgebieten steht das baltische dem nordamerikanischen zweifellos am nächsten; die folgenden auf Skandinavien und das Balticum beschränkten Gattungen reichen bis Amerika, fehlen aber in England:

Megalaspis.
Nileus.
Holometopus.
Telephus.
Triarthrus.

Trotzdem ergeben sich auch hier bei eingehenderem Vergleiche wesentliche Verschiedenheiten: Der Birds Eye und der Black River Kalk entsprechen den höheren Zonen des Orthocerenkalkes und sind vollkommen isop mit diesem entwickelt, zeigen aber trotzdem faunistisch nur sehr geringe Ähnlichkeit.

Abgesehen von der schon berührten Verschiedenheit der Trilobiten, sind z. B. die Gattungen *Eurystomites*, *Gonioceras* und *Huronia* ausschliesslich amerikanisch,

---

[1] Die unter diesem Namen aus Amerika beschriebenen Formen sind der Gattungsbestimmung nach zweifelhaft (*Ogygia problematica* WALCOTT) oder gehören zu anderen Gattungen, wie *Ogygia Klotzi* ROMINGER zu *Ogygiopsis*. Nach BRÖGGER kommen echte Ogygien nur im mittleren Untersilur vor.

[2] *Barrandeia Maccoyi* WALCOTT ist nach Angabe des Autors selbst zweifelhaft.

[3] Die aus dem unteren Helderberg-Kalk beschriebenen Formen gehören zu *Dalmania*.

[4] Die als *Hoplolichas* bezeichneten Arten des unteren Helderberg gehören jedenfalls nicht zu dem untersilurischen Subgenus.

Lituites (s. str.) und *Ancistroceras* europäisch; idente Arten kommen überhaupt nicht vor. Dasselbe Verhältniss waltet bei den Cystideen[1] und bei anderen Gruppen ob.

Allerdings werden im tiefsten Silur des östlichen Canada, den Schichten von Sillery (= Tremadoc) und vor allem den Schichten von Point Levis (= Unter-Arenig) aus der Gegend von Quebec Graptolithen (*Tetragraptus* und *Phyllograptus*) gefunden, die in ununterscheidbaren Arten auch im Arenig Englands und in den unteren Graptolithenschiefern Skandinaviens und Australiens vorkommen.

Wenn man sich erinnert, dass die europäische *Olenus*- und *Dictyonema*-Faunen des oberen Cambrium ebenfalls in diesen Gebieten vertreten sind, in dem ganzen übrigen Nordamerika aber fehlen, so ergiebt sich, dass in diesem östlichen Meere keine Veränderung vorgekommen ist. Die Bezeichnung „Quebec-Formation“ beruht zwar z. Th. auf unrichtigen Fossilbestimmungen, giebt aber wenigstens der Thatsache Ausdruck, dass die Entwickelung des Untersilur von der des westlichen Nordamerika abweicht. Da dieselbe jedoch andererseits nicht von der nordeuropäischen verschieden ist, erscheint ein besonderer Name überflüssig.

Eine Landbarrière dürfte auch während des tieferen und mittleren Untersilur das amerikanische Meer von den bis Acadia reichenden Ausläufern des nordatlantischen Beckens getrennt haben.

Die Eigenthümlichkeit der böhmischen Trilobitenfauna ist im Vergleich mit Skandinavien sehr ausgeprägt: Die sämmtlichen vorstehend angeführten Trilobiten fehlen mit Ausnahme von *Telephus*, *Harpides*, *Basilicus* und *Placoparia* auch in Böhmen. Ausserdem sind in Böhmen nicht vertreten *Nileus*, *Cybele*, *Pterygometopus* (Subgenus von *Phacops*), *Sphaerocoryphe* (Subgenus von *Cheirurus*) und *Platymetopus* (Subgenus von *Lichas*). Weiter sind die sämmtlichen in Böhmen auftretenden Arten mit einer einzigen, noch nicht einmal sicheren Ausnahme[2] der böhmischen Provinz eigenthümlich und ferner erscheinen fünf recht eigenartige Gattungen:

Areia (D_1 D_4).
Carmon (D_1 D_4).
Triopus (D_2[3]).
Harpina ($D_1\gamma$).
Bohemilla ($D_1\gamma$; wird in einer zweifelhaften Art aus jüngeren Schichten Skandinaviens citirt).

Endlich ist das frühere Auftreten der überaus bezeichnenden *Dalmania* (*D. socialis*) in Böhmen bemerkenswerth; die Gattung gelangt erst während des Obersilur nach Norden und wird im Untersilur durch *Chasmops* vertreten.

Dass die Verschiedenheit zwischen Skandinavien und Böhmen grösser ist als zwischen England und dem letzteren Lande, muss wohl wesentlich auf die ungleiche Entwickelung der Facies zurückgeführt werden; fehlen doch eigentliche Orthoceren-

---

[1] Z. B. ist *Malocystites* auf den Chazy-Kalk von Canada, *Cryptocrinus*, *Echinoencrinus*, *Sphaeronis* und *Glyptosphaerites* auf den gleichalten baltischen Orthocerenkalk beschränkt.

[2] *Aeglina rediviva* Barr. Vergleiche Wentzel, Jahrb. d. k. k. geol. Reichsanstalt. 1891. p. 141 ff.

[3] Wird neuerdings zu den Chitoniden gerechnet, ist aber jedenfalls für das böhmische Gebiet bezeichnend.

kalke und Graptolithenschiefer im Untersilur Böhmens gänzlich. Eingehendere stratigraphische Vergleiche sind somit für die Stufen D_1 bis D_4 ausgeschlossen[1]. Auch England, das immerhin eine Anzahl vicariirender böhmischer Species besitzt, bietet nur geringe Ähnlichkeit. Arenig und Llandeilo, die zusammen 5 Trilobitenzonen umfassen, entsprechen im Allgemeinen den Stufen $D_1 \gamma$ und D_2; das Caradoc im Ganzen bildet ein Aequivalent der oberen 3 Stufen Barrande's, die sich nach Katzer's zutreffenden Ausführungen auf 2 reduciren[2].

Aequivalente des tiefsten Silur (Shineton shale ausschliesslich der *Dictyonema*-Zone; *Ceratopyge*-Schiefer, Leimitz-Schiefer) fehlen in Böhmen überhaupt oder sind durch die Conglomerate und Grauwacken mit Linguliden (= $D_1 \alpha$) angedeutet, deren transgredirende Lagerung keinem Zweifel unterliegt. Die Linguliden, Discinen und Obolen, welche allein die Fauna zusammensetzen, gestatten keine speciellere Vergleichung.

Die aus Rotheisenstein und Diabas bestehende Zone mit *Harpides* und *Amphion* entspricht etwa dem Tremadoc (unteres Tremadoc Salter) und dem skandinavischen *Ceratopyge*-Kalk, welch letzterer ebenfalls *Amphion* und *Harpides* enthält.

Die reiche Trilobitenfauna der Schiefer mit *Placoparia*, *Aeglina* und *Ogygia* ($D_1 \gamma$) deutet auf unteres und oberes Arenig, sowie den unteren Theil der Llandeilo-Schiefer hin. Diese an Concretionen reichen Schiefer besitzen faunistisch nahe Beziehungen zu den Drabover Quarziten mit *Dalmania socialis* und *Homalonotus* (D_2). Die Vergleiche mit England beschränken sich auf *Didymograptus Murchisoni* und *Dalmania Phillipsi* Barr., welche *D. apiculata* Salt. nahe steht.

Erst im unteren Caradoc (etwa = D_3) erscheint eine geringe Anzahl gemeinsamer Arten: *Aeglina rediviva* Barr., *Asaphus tyrannus* Murch., *nobilis* Barr., *Trinucleus concentricus* Eaton und *Barrandeia Cordai* M'Coy; nur auf der Übereinstimmung dieser Schichten beruht die Gleichstellung von D_3 und dem oberen Llandeilo.

Die untersilurischen Meere, welche den Südwesten von Europa bedecken, schliessen sich faunistisch am engsten an die böhmischen Grauwacken, Schiefer und Quarzite an (D_1 und D_2), zeigen aber gewisse Abweichungen.

Die basalen Grauwacken ($D_1 \alpha$) entwickeln sich schon in Thüringen (Phycodenschiefer), ferner im Norden und Süden (Languedoc) von Frankreich, sowie auf der ganzen iberischen Halbinsel zu einer mächtigen Sandstein- und Quarzitbildung, dem armoricanischen Sandstein (Sandstein von Cabo Busto, Cantabrien; Sandstein mit „*Bilobites*“, Sandstein mit *Phycodes*, Tab. VI). Neben häufigen Linguliden (*L. Rouaulti* und *Lesueuri*) sind besonders die Kriechspuren von Würmern (*Cruziana*, *Bilobites*, *Tigillites*), welche meist als Algenreste gedeutet wurden[3], allgemein verbreitet.

Die Sandsteinbildung wird von einem noch weiter verbreiteten Schiefer mit

[1] Linnarsson, Zeitschr. d. deutschen geol. Gesellschaft. 1873. p. 684.

[2] D_2 und D_4 sind im Wesentlichen dadurch verschieden, dass die Fauna von D_2 reicher ist, als diejenige von D_4.

[3] Delgado, Étude sur les Bilobites du Portugal. Lissabon 1886. Idem, Supplemento, 1887. Die von dem genannten Autor, von Saporta und Lebesconte behauptete pflanzliche Natur dieser Reste ist endgiltig durch Nathorst widerlegt: Nouvelles observations sur des traces d'animaux. Kongl. Svenska Vet. Ak. Handl. Bd. 21. No. 14. 1886.

Asaphus glabratus SALT. sp.[1] und *Calymmene Tristani* bedeckt, der an vielen Punkten eine mit Böhmen ($D_1 \gamma$ und D_2) vollkommen übereinstimmende Fauna enthält. Abgesehen von den erwähnten Arten besitzen weite Verbreitung: *Placoparia Tournemini* VERN., kaum verschieden von *Pl. Zippei* BARR. ($D_1 \gamma$), *Asaphus nobilis* BARR. ($D_1 \gamma - D_4$), *Dalmania Phillipsi* BARR. (D_2 und in einer etwas abweichenden Mutation im oberen Untersilur) und *socialis* (D_2), *Illaenus Katzeri* BARR. (oder die kaum unterscheidbaren Arten *Illaenus lusitanicus* SHARPE bezw. *Ill. hispanicus* BARR. et VERN.), *Homalonotus rarus* BARR. (D_2) und *Calymmene Aragoi* ROUAULT. Dieselben kommen sämmtlich in identen oder nahe verwandten Arten in den böhmischen Schiefern ($D_1 \gamma$) und Quarziten (D_2) vor. In England enthalten das obere Arenig und Llandeilo eine ähnliche Fauna. Für die Vergleichung ist bei aller sonstigen Verschiedenheit vor Allem die Gattung *Placoparia* (auf das obere Arenig beschränkt) und *Didymograptus geminus* HIS. (= *Murchisoni* BECK; unteres Llandeilo) wichtig.

Abgesehen von dem im ganzen Süden[2] und Westen fehlenden Obercambrium (vergl. oben) sind auch die tiefsten Zonen des Silur, die Aequivalente der *Ceratopyge*-Schichten fast nirgends nachgewiesen[3].

Das flache, weit ausgedehnte „böhmisch-mediterrane Meer" des Phycoden-Schiefers und armoricanischen Sandsteins ist also das Ergebniss einer Transgression, welche das obercambrische Festland im Süden von Europa bedeckte. Es ist dies die einzige tiefuntersilurische Transgression; im Übrigen wird die untersilurische Phase durch eine geringe Ausdehnung des Meeres in der Nordhemisphäre ausgezeichnet. (Die Beobachtungen, welche zu dem obigen Schlusse berechtigen, sind in der Tabelle VI und Kartenskizze II zusammengestellt.)

Eine eingehendere Vergleichung von England und Skandinavien verbietet sich durch die facielle Verschiedenheit der Orthocerenkalke und der gleichalten Trilobitenschiefer in der Llandeilo- und Arenigstufe. Doch verdient die Thatsache Erwähnung, dass *Megalaspis*, die bezeichnendste (in England fehlende) Gattung Skandinaviens, nicht auf die Kalkfacies beschränkt ist, sondern auch im unteren Graptolithenschiefer vorkommt.

---

[1] *Asaphus glabratus* SALTER (*Ogygia?* SALTER, Appendix C to RIBEIRO et SHARPE, Bussaco. Proc. Geol. Soc. of London. IX. 1853. p. 160. t. 7 f. 4). Die für die südlichen Bildungen übliche Bezeichnung *Asaphus*-Schiefer kann beibehalten oder besser in „Schiefer mit *Asaphus glabratus* SALT. sp." umgewandelt werden. Die von J. BERGERON, Géologie de la Rouergue et de la Montagne Noire p. 99, angewandte Bezeichnung Schiefer mit *A. Fourneti* beruht auf einem Manuscript-Namen VERNEUIL's (l. c. p. 101, Anm.), dessen zugehörige Art niemals abgebildet oder beschrieben ist. Die Übereinstimmung der Art von Cabrières mit SALTER's *Ogygia? glabrata* hat BERGERON nicht erkannt. An der Identität der Art ist um so weniger zu zweifeln, als zwei portugiesische Originale von Valongo bei Oporto (Breslauer Museum) vollkommen mit der häufigsten bei Cabrières von mir gesammelten Art übereinstimmen. Ein von VERNEUIL als *Asaphus glabratus* bezeichnetes Kopfschild aus der Sierra Morena (Bull. soc. géol. de France. 1856. t. 28 f. b cet. excl.) gehört nicht zu der portugiesischen Art. Die nahe verwandten gleichalten Riesenformen sind *Asaphus ingens* BARR. (D_2), *Asaphus Ciae* BARR. et VERN. und *Asaphus Guettardi* BRONGN. sp. von Angers. Beide Arten unterscheiden sich von der in Südfrankreich und Spanien vorkommenden Art durch grössere Länge des Pygidium und der Seitenstacheln des Kopfschildes.

[2] Ausschliesslich Sardinien.

[3] Mit Ausnahme von Hof (Leimitz) und Languedoc.

Tabelle VI: Die Gliederung des Untersilur

		Mittel-Böhmen (Da die paläontologische Zusammengehörigkeit der Zonen nicht durch die Buchstaben der BARRANDE'schen Eintheilung vorgesehen wird, sind die zusammengehörenden Zonen durch Klammern eingeschlossen)	Thüringen	Ardennen	Languedoc	Pyrenäen
Obersilur	Llandovery = Birkhill	E_1. Graptolithenschiefer Diabas	Untere Rastriten-Schiefer mit *Climacogr. scalaris*, *Diplogr. annectiformis*, *Monogr. lobiferus*, *gregarius*, *fimbriatus*, *communis*, *Rastrites peregrinus*, *phleoides*	Grünliche Schiefer von Grandmenil mit *Climacograptus*, *Dimorphograptus*, *Diplograptus*, *Monograptus*	Graptolithenschiefer	**Graptolithenschiefer von Bachos**
Untersilur	Caradoc	D_5 Schiefer und Grauwacke m. *Philipsinella parabola*, *Cyphaspis*, *Sphaerexochus*, *Remopl. radians*, *Ill. Wahlenbergi*, *Trinucl. seticornis*, *Ampyx tenellus* D_4 und D_3 Schiefer und Grauwacke mit *Trin. concentricus* EAT. (= *ornatus* STBG.), *Cheirurus claviger*, *Dionide formosa*, *Ampyx Portlocki*, *Diplogr. pristis*	Lederschiefer mit Cystideen	Schwarze Schiefer von Gembloux mit *Climacograptus caudatus* und *styloideus*	Sandstein mit *Trinucleus* Schiefer von Grand-Glanzy mit *Orthis Actoniae*, *Porambonites* cf. *Ribeiroi* und Cystideen	Schiefer mit *Trinucleus* von Sentein Grauwacke mit Cystideen u. *O. Actoniae* v. Hermabau da Luchon und Mérens
	Llandeilo Upper u. Middle Arenig	D_2 Quarzit mit *Dalmania socialis*, *Trinucleus Goldfussi*, *Homalonotus*, *As. nobilis*	Dachschiefer und Griffelschiefer v. Spechtsbrunn mit *Megalaspis gladiator*, *Asaphus*, *Ogygia*, *Conularia*	Quarzit von Blaimont	*Asaphus*-Schiefer mit *A. glabratus*, *Ogygia* cf. *desiderata* und *Didymograptus euodus*	**Bunte Schieferplatten (dalles) von Cler und Garan**
	Upper Tremadoc = Lower Arenig	$D_1\gamma$ Schiefer mit *Placoparia Zippei*, *Asaphus nobilis*, *Aeglina prisca*, *Illaenus Katzeri*, *Niobe discreta*, *Bohemilla*, *Didymograptus geminus*, *nanus*	Thuringit mit *Orthis* Sandstein mit *Phycodes circinatus* (früher als cambrisch betrachtet)	Schiefer von Huy-Statte, Sart-Bernard m. *Dichograptus*, *Phyllograptus*, *Tetragraptus*, *Didymograptus*	Armoricanischer Quarzit mit *Lingula Lesueuri*, *Phycodes circinatus* Schiefer von Boutoury mit *Didymograptus* und *Tetragraptus IV brachiatus* und *Bourillogr. Richardsoni*	Kohlige Schiefer von Lége und Schiefer mit verzweigten Graptolithen im Orle-Thal
	Lower Tremadoc (N.-Wales)	$D_1\beta$ Rotheisenstein mit *Amphion* und *Harpides*, *Isograptus caduceus* und *Didymograptus* Diabaslager	↓			
	Shineton shale (Shropshire)	$D_1\alpha$ Grauwacke u. Conglomerate mit *Lingula* und *Obolus* Transgression	Schiefer von Lemnitz (Fichtelgebirge)		**Schiefer mit *Bellerophon Oehlerti*, *Megalaspis* und *Pharostoma***	**? Quarzit und Conglomerat von Viella und Salat**
Cambrium	Schiefer und *Dictyonema flabelliforme* (Lower Tremadoc ex parte)	Lücke	? Grauwacke von Siegmundsburg mit *Dinobolus Lorentzi* FRITSCH	**Schiefer mit *Dictyonema***	**Das Obercambrium fehlt vollkommen**	

Normandie (Maine, Anjou)	Bretagne	Catalonien	Asturien	Südspanien (Sierra Morena, besonders Almaden)	Portugal (Bussaco bei Coimbra, Vallongo bei Oporto)
Graptolithenschiefer	Kieselschiefer von Anjou mit *Climacogr. scalaris*, *Monogr. lobiferus, cyphus*, *Diplogr.*, *Cephalogr. folium*, *Rastrites peregrinus* Sandstein von Redon	Graptolithenschiefer	A	Graptolithenschiefer von Cuevas und Garganta	Graptolithenschiefer v. Bussaco und Alemtejo mit *Cardiola*
Schiefer mit *Trinucleus concentricus* Sandstein von May mit *Homalonotus Brongniarti*, *Orthis redux*, *Modiolopsis*	Schiefer von Renazé mit *Ampyx tenellus* Sandstein von St. Germain-sur-Ille mit *Diplogr. foliaceus, angustifolius* Kalk von Rosan mit *Orthis Actoniae*	Grauwacke von Moncade mit *Orthis Actoniae*, *O. vespertilio*, *O. testudinaria*, *Leptaena sericea*, *Caryocystites cf. balticus*, *Fenestellen*	Schiefer und Quarzit von Corral	Diabastuff (Fraileara)	Schiefer mit *Orthis testudinaria*, *exornata* und *bussacensis*, *Porambonites Ribeiroi*, *Phacops Dujardini*, *Trinucleus concentricus*
Dachschiefer von Angers mit *Asaphus Guettardi*, *Calymene Tristani*, *Placoparia* und *Ogygia Buchi*, *Trin. Bureaui*	Schiefer von Sion mit *Didymogr. Murchisoni, nodus*, *Ogygia Buchi*, *Calymene Tristani*	Purpurrothe Schiefer von Papiol mit *Asaphus nobilis* Barr., *Ogygia cf. desiderata* Barr., *Lingula*, *Leptaena*	Kalkschiefer von El Horno mit *Endoceras cf. duplex* Dachschiefer von Luarca mit *Cal. Tristani* und *Dalm. Phillipsi*	Sandstein mit *Cal. Tristani* Schiefer mit *C. Tristani*, *Plac. Tournemini* und *Dalm. Phillipsi*	Schiefer mit *Asaphus glabratus* u. *Calym. Tristani* (*Placop. Tournemini*, *As. nobilis*, *Dalm. socialis* und *Phillipsi*, *Ill. Kaiseri*, *Homal. rarus*)
Eisenstein	Eisenstein		Eisenstein (Minerai de fer)		
Armoricanischer Sandstein und *Lingula Lesueuri*, *Tigillites*	Armoricanischer Sandstein *Asaphus armoricanus* *Actinodonta* *Ctenodonta* *Redonia*		Sandstein v. Cabo Busto mit *Scolithus* (Bohrgängen von Würmern) u. Wurmspuren (*Bilobites*)	Weisse und röthliche Quarzite und Conglomerate	Sandstein mit zahlreichen Kriechspuren (*Bilobites* und *Cruziana*)

Allgemeine Verbreitung der Meeresfauna des höheren Untersilur.

Während der Zeit des oberen Untersilur (oberes Caradoc, D_5, oberer *Trinucleus*- und Brachiopodenschiefer in Schweden, Lyckholmer Schicht) findet ein Austausch der Arten zwischen den bisher durch Landmassen oder Meeresströmungen getrennten Provinzen statt.

Zur Zeit des tieferen Untersilur waren — wie der Vergleich von Skandinavien und England ergiebt — sämmtliche Arten und zahlreiche Gattungen verschieden. Hingegen erscheinen im obersten Untersilur von Schweden, England und Böhmen nicht nur vereinzelte Species, sondern eine ganze Anzahl bezeichnender Trilobitenarten, die von den besten Kennern (Linnarsson[1], Barrande und Etheridge) als ident angesehen werden. Die gleichartige Faciesentwickelung der *Trinucleus*-Schiefer Skandinaviens (= Königshofer Schiefer oder D_5; *Trinucleus seticornis*-Beds von Haverfordwest) erleichtert die Vergleichung.

In England, Böhmen und Schweden finden sich folgende Arten:

Trinucleus seticornis His. (= *Tr. Bucklandi* Barr.). Auch in der Lyckholmer Schicht von Esthland.

Phillipsinella parabola Barr. sp. (auf diese Stufe beschränkt).

Remopleurides radians Barr.

Agnostus trinodosus Salt.

Diplograptus pristis His. sp., *truncatus* Lapw. und *foliaceus* Murch.

Sehr nahe verwandt und vielleicht ident sind nach Linnarsson:

Schweden:		Böhmen:
Dindymene ornata Lns.	mit	*D. Friderici Augusti* Corda.
Dionide euglypta Ang.	mit	*D. formosa* Barr.
Ampyx tetragonus Ang.	mit	*A. Portlocki* Barr.

Im Caradoc und in D_5 kommen vor:

Aeglina armata Barr.

A. rediviva Barr.

Asaphus nobilis Barr.

T. concentricus Eaton 1832 (= *Trinucleus ornatus* Sternb. 1833).

Dicellograptus anceps Nichols. und *Diplograptus euglyphus* Lapw.

Dalmania Phillipsi Barr., Böhmen, und *D. apiculata* Salt. sp., England, sind vicariirende Formen.

Selbst die dem höchsten Untersilur angehörenden Kalke der Lyckholmer und Borkholmer Schicht Esthlands enthalten trotz ihrer ausgeprägten faciellen Verschiedenheit einige Arten der im Westen vorkommenden Schiefer: *Trinucleus seticornis* Ang., *Cal. senaria* Conr., *Chasmops Eichwaldi* Fr. Schm. (= *Ch. macrourus* Salt. non Sjögr.[2], England), *Bronteus laticauda* Ang. (= *B. hibernicus* Portl., *Leptaena*-Kalk und Irland) und *Encrinurus multisegmentatus* Portl. (Irland). Die

[1] Zeitschr. d. deutschen geol. Gesellschaft. 1873. p. 685. Wentzel, l. c. p. 120.

[2] Auch die von Salter als *Ch. conophthalmus* Sjögr. bezeichnete Art aus England wird von Fr. Schmidt mit *Ch. brevispina* Fr. Schm. aus der Jewe'schen Schicht verglichen. Eine Vertretung der Arten des tieferen *Chasmops*-Kalkes in England erscheint hiernach ausgeschlossen.

in Irland (Pomeroy, Tyrone) wohlentwickelten Caradocschiefer weisen auf die gleichartigen Bildungen von Nordamerika hin.

Die Frage der Barrande'schen „Colonien“ gehört nach der fast übereinstimmenden Annahme der neueren Forscher der Tektonik an, wenn man von der „Colonie Zippe“ absieht, über welche genauere Angaben nicht vorliegen.

Da jedoch in neuester Zeit von czechischer Seite der Versuch einer Wiederbelebung der Discussion gemacht worden ist, so mag darauf hingewiesen werden, dass die allgemeinen geologisch-geographischen Verhältnisse entschieden gegen die Möglichkeit einer fremdartigen Einwanderung in das böhmische Becken sprechen. Für die Annahme von Colonien ist zunächst der Nachweis geographisch-faunistischer Verschiedenheiten nothwendig. Wie jedoch soeben auseinander gesetzt wurde, enthält das oberste Untersilur nicht nur bei den allgemein verbreiteten Graptolithen, sondern auch bei den Trilobiten einige im Norden und im böhmischen Gebiet vorkommende Arten. Die das untere Obersilur in Böhmen kennzeichnende Graptolithenfauna (E_1) besitzt ganz allgemeine Verbreitung und ist nicht nur im Norden, sondern auch im Süden — in den Karnischen Alpen — sowie im Westen (Thüringen) und im Osten (Schlesien) nachgewiesen.

Gerade an der Grenze von Unter- und Obersilur besass die weiter oben und weiter unten eigenartig ausgebildete böhmische Fauna so viel Übereinstimmung mit den benachbarten Gebieten, dass eine Möglichkeit zu Wanderungen und Colonienbildung überhaupt nicht vorlag. Die eventuellen Einwanderer würden mit den böhmischen Formen durchaus übereinstimmen. Auch die zeitliche Aufeinanderfolge der Faunen ist überall in der ganzen Nordhemisphäre die gleiche und die Annahme einer local beschleunigten Entwickelung durchaus unwahrscheinlich.

Die neuere Entwickelung der Stratigraphie drängt zweifellos darauf hin, Wanderungen der Meeresthiere der Vorwelt in ausgedehntem Maasse anzunehmen. Die meisten unvermittelt auftretenden Typen, deren man unter den Trilobiten, Goniatiten, Clymenien und Ammoniten zahllose findet, könnten in erweitertem Sinne als Colonisten bezeichnet werden. Es liesse sich, wenn man diese der ursprünglichen Idee Barrande's vollkommen sinngemässe Änderung einführen wollte, die ganze Stufe D_5 und der Graptolithenschiefer des Obersilur als Colonie bezeichnen: Die meisten der oben genannten Trilobiten und Graptolithen besitzen keine als „Vorfahren“ anzusprechende Stammformen im böhmischen Gebiet und alle sterben nach verhältnissmässig kurzer Lebensdauer wieder aus. Ich glaube jedoch nicht, dass es praktisch wäre, mächtige Schichtencomplexe als Colonien zu bezeichnen.

Die weite Verbreitung der *Trinucleus*-Schichten spricht für das Verschwinden der trennenden Landschranken zur Zeit des oberen Untersilur. Geringere Unterschiede werden durch das Auftreten bestimmter Faciesbildungen angedeutet. Europa war zwar von einem einheitlichen Ocean bedeckt; doch bedingt z. B. die geringe Häufigkeit von Brachiopoden in Böhmen und das vollkommene Fehlen der Trilobitenschichten in den Alpen eine in die Augen fallende Verschiedenheit gleichalter Bildungen. In den Karnischen Alpen bildet ein kalkiger Brachiopodenschiefer das oberste Glied der mächtigen Mauthener Schichten[1]. Die letzteren vertreten das gesammte Untersilur und sind besonders bemerkenswerth durch das riffartige Auftreten von Kalklagern inmitten der vorherrschenden grauen und grünen Schiefer[2]. Die von F. Suess im Uggwagraben[3] gefundenen Brachiopoden sind die einzigen bestimmbaren Reste der fast versteinerungsleeren Gruppe und gehören fast durchweg englischen Arten an: *Orthis Actoniae* Sow., *Strophomena grandis* Sow., *Str. expansa* Sow., *Porambonites* cf. *intercedens* var. *filosa* Dav. Dieselben oder nah verwandte Arten finden sich in einem fast übereinstimmenden Gestein an verschiedenen Punkten von Südfrankreich[4] und Portugal (Bussaco) und werden auch hier von baumförmigen Monticuliporiden begleitet. Besonders bezeichnend für diese letzteren Vorkommen ist die Häufigkeit der Cystideen (*Echinosphaerites*, *Caryocystites*, *Hemicosmites*, *Corylocrinus*: Schichten von Grand-Glauzy). Diese wenig verbreitete Faunula zeigt nicht die geringsten Beziehungen zu den gleichalten amerikanischen Cystideen[5], während Trilobiten und Brachiopoden zum grossen Theile specifisch übereinstimmen. Der im Norden Frankreichs bei Brest vorkommende Kalk von Rosan mit *Orthis Actoniae* verbindet die Brachiopodenfacies des Südens mit dem gleichartigen englischen Caradoc, in dem die erwähnte Art u. a. in den grünen Tuffen des Snowdon-Gipfels gefunden wird. Der ungefähr gleichalte Sandstein von May[6] (Calvados) mit seinen Homalonoten und Zweischalern bildet eine weitere Facies von gleichem Alter, während die Sandsteine von St. Germain sur Ile (bei Rennes) mit *Diplograptus*, *Orthis* und *Calymmene Bayani* an die Grauwacke von D_4 und D_5 in Böhmen erinnern.

Auch mit Amerika findet während der Zeit des oberen Untersilur ein ziemlich lebhafter Austausch von Arten statt, wie vor allem die Graptolithen des Utica-Schiefers (s. o.) beweisen. Die tieferen Schichten zeigen ausserordentlich geringe Übereinstimmung (s. o.). Doch wandern schon während des Absatzes der jüngeren Trenton-Kalke einige Trilobiten, wie *Asaphus (Isotelus) gigas* und *Trinucleus concentricus* Eaton (= *ornatus* Sternb.) nach Osten zu, wo sie in den Caradoc-Schichten und deren Aequivalenten erscheinen; *Triarthrus Becki* Green, eine der bezeichnendsten New Yorker Arten, scheint sogar schon im *Chasmops*-Kalke Schwedens aufzutreten.

In den oberen Grenzschichten des Untersilur prägt sich die Übereinstimmung noch mehr aus, wie vor allem die allgemeine Verbreitung von *Orthis testudinaria*,

[1] Frech, Die Karnischen Alpen. p. 218—220. (Hier auch die ältere Literatur.)

[2] l. c. p. 209—218.

[3] l. c. Profiltafel I. p. 15.

[4] Frech, Die palaeozoischen Bildungen von Cabrières (Languedoc). Zeitschr. d. d. geol. Gesellschaft. 1887. p. 386. Hier auch die weitere Literatur (von Koken). Ch. Barrois, Sur les faunes siluriennes et dévoniennes de la Haute-Garonne. Association française pour l'avancement des sciences. 1887. p. 3. Der Fundort ist Montauban-Luchon. U. a. findet sich der portugiesische *Porambonites Ribeiroi* Sharpe auch bei Grand-Glauzy in Languedoc, wie der Vergleich von Originalen zeigte.

[5] *Pleurocystites*, *Glyptocystites*, *Homocystites* (= *Glyptocystites elegans* Bill., auch in Böhmen beobachtet), *Amygdalocystites*, *Agelacrinus*, *Hemicystites* und *Edrioaster* sind die amerikanischen, auf den Trentonkalk und die Cincinnati-Schichten beschränkten Gattungen.

[6] Dieser Grès de May ist nicht mit dem im unteren Obersilur liegenden May hill sandstone Englands zu verwechseln.

Platystrophia lynx Eichw. und *Calymmene senaria* Conr.[1] beweist. Die letztere Art ist in Cincinnati, dem Osten und Norden von Nordamerika (Grinnell-Land), England, Skandinavien[2] und dem Balticum (Lyckholm'sche und Borkholm'sche Schicht in einer wenig abweichenden Varietät[3]) vorhanden. Das obere Untersilur ist in Amerika nur auf der Insel Anticosti (gegenüber der Mündung des Lorenzstroms) in kalkiger Facies entwickelt. Der untere Theil der das Obersilur mit umfassenden „Anticosti group" enthält *Asaphus* und stimmt vollkommen mit der Lyckholmer und Borkholmer Schicht überein.

Man darf also annehmen, dass die Landbarrière, die während des unteren Untersilur das amerikanische Becken im Osten vollkommen abschloss (s. o.), gefallen ist. Dass der Austausch der Arten sich auf die genannten Arten beschränkte, ist bei der grossen Entfernung und der vielfach wechselnden Faciesbeschaffenheit nicht wunderbar. Da im tieferen Untersilur keine einzige Art zu nennen ist, welche im eigentlichen amerikanischen Becken und in Europa vorkommt, ist diese Thatsache trotzdem bemerkenswerth.

Untersilur ist aus Centralasien und China nur in äusserst geringfügigen Resten bekannt; das Vorkommen reicherer Obersilurfaunen in den genannten Gebieten spricht für die Richtigkeit der Annahme einer obersilurischen Transgression (s. u.). Unter den schlecht erhaltenen Versteinerungen, welche Salter vor Jahren aus dem Himalaya als „Middle" und „Upper" Silurian beschrieben hat, spricht besonders die charakteristische Gestalt eines (von Salter nicht richtig bestimmten) *Porambonites* für Untersilur[4].

In China hat v. Richthofen an verschiedenen Punkten untersilurische Versteinerungen gesammelt. Die bei Kian-Tschang-pa (Südchina) vorkommenden Reste gehören dem höheren Untersilur[5] an. Neben einer wenig bezeichnenden *Calymmene* und einer *Orthis* aus der Gruppe von *O. calligramma* finden sich Trilobiten aus den Gattungen *Asaphus* und *Trinucleus*; das letztere Genus besitzt seine Hauptverbreitung bekanntlich im höheren Untersilur.

Bei Lauschan (Provinz Kiang-su, SW. von Tschin-kiang, Mittelchina) wurden in Kalken, welche zum Theil dem bekannten baltischen Backsteinkalk gleichen, Versteinerungen[6] gesammelt, die auf tieferes Untersilur hinweisen. Während ein *Asaphus* und ein *Raphistoma* (*R. sinense* Frech) die in Frage stehende Abtheilung im Allgemeinen kennzeichnen, deutet *Endoceras duplex* Wahlenb. und *Orthisina* cf. *squamata* Pahlen, welche der baltischen Art sehr nahe steht, auf Orthocerenkalk hin.

Auch aus Ostsibirien, aus den rothen Schichten von Kriwoluzk (an der

[1] = *Cal. brevicapitata* Portl. (Caradoc) = *callicephala* Green.

[2] Die in den Brachiopodenschichten vorkommende *Cal.* aff. *tuberculatae* Dam., wie sie in den Listen Lindström's (p. 18) citirt wird, stimmt nach dem Vergleich zahlreicher, in Breslau befindlicher Originale mit der amerikanischen Art überein.

[3] Var. *Stacyi* Fr. Schmidt, Revision der ostbaltischen Silurtrilobiten. IV. p. 20–23.

[4] Die zeitweise in Wien befindlichen Sammlungen der Indian Geol. Survey konnten dort von mir einer vorläufigen Durchsicht unterworfen werden.

[5] Kayser bei v. Richthofen, China. IV. p. 48.

[6] Frech, Über palaeozoische Faunen aus Asien und Nordafrika. Neues Jahrb. f. Min. etc. 1895. II. p. 48 ff.

Lena zwischen Katschuk und Witimsk) liegen bisher nur kurze Angaben v. TOLL's[1] über das Vorkommen von Asaphiden, *Phacops* aff. *sclerops*, Primitien und Beyrichien vor.

Die gleichen braunrothen Sandsteine verbreiten sich weiter nach Westen bis an die mittlere Tunguska (Jenissei-Gebiet), bedecken also eine gewaltige Fläche. Das sibirische Untersilur enthält überall Gyps und Steinsalz — ein Vorkommen, das sonst dieser Schichtengruppe fremd ist. Die palaeontologischen Angaben gestatten vorläufig kein bestimmtes Urtheil. Jedoch macht die Verwandtschaft des chinesischen und arktischen Untersilur mit den baltischen Ablagerungen eine Meeresverbindung über Sibirien wahrscheinlich. Während die Sandsteine dem tieferen Untersilur angehören, deuten die von LINDSTRÖM bestimmten Korallen aus demselben Gebiete auf die höchsten Horizonte, den Lyckholmer Kalk und den *Leptaena*-Kalk (*Plasmopora affinis* BILL., *Calapoecia cribriformis* NICHOLS. und *Columnaria alveolata* GF.[2]).

In Neuholland (Victoria) und Neuseeland kommt, wie schon kurz erwähnt wurde, die bezeichnende Fauna des unteren Graptolithenschiefers (Arenig) vor. Besonders in Victoria hat F. M'COY[3] die Gattungen *Phyllograptus*, *Isograptus*, *Dichograptus*, *Tetragraptus* und *Loganograptus* in Arten nachgewiesen, die sämmtlich auch in Canada und Nordeuropa vorkommen: *Ph. typus* HALL, *I. caduceus* SALT. sp., *D. octobrachiatus* HALL, *T. bryonoides* HALL, *L. Logani* HALL. Auch die mittleren und höheren Stufen des Untersilur sind ausschliesslich durch Graptolithen (ohne Trilobiten) gekennzeichnet und enthalten ebenfalls weltweit verbreitete Arten: *Didymograptus extensus* HALL (ältere Schiefer), sowie *Dicranograptus ramosus* HALL und *furcatus* HALL (höheres Untersilur von Bulla).

Das Vorkommen von gediegenem Gold verleiht diesen theils schwarzen, theils hellen Graptolithenschiefern eine besondere Bedeutung.

2. Das Obersilur und die Ausbreitung des periarktischen Meeres.

Die weite Verbreitung eines einheitlichen obersilurischen Oceans auf dem grössten Theile der Nordhemisphäre ist eine bekannte Thatsache. Die am Schlusse der Untersilurzeit eröffneten Meeresverbindungen erweiterten sich und bedingen eine so allgemeine Verbreitung der Meeresfauna, wie sie aus wenigen Abschnitten der Erdgeschichte bekannt ist.

Was aus dem baltischen Gebiet (I. p. 10), Russisch-Polen (Kielce), Galizien und Podolien (I. p. 22), aus England, ganz Nordamerika (einschliesslich der arktischen Gebiete[4]), Neu-Sibirien (Kotelny), den Gebieten des Olenek, der Insel Waigatsch (N. Semlja) und der Tunguska, sowie aus China an Obersilur vorliegt, trägt durchweg denselben faunistischen Charakter. *Phacops quadrilineatus* ANG., ein Leitfossil des unteren Obersilur

[1] v. TOLL, Referat über OBRUTSCHEW. Neues Jahrb. f. Min. etc. 1895. II. p. 109; —, Über die Verbreitung des Untersilur in Sibirien. Ebenda. p. 109.

[2] LINDSTRÖM, Bihang till Kgl. Svenska Vet. Ak. Handl. 6. No. 18 (1882).

[3] Prodromus of the Palaeontology of Victoria. Melbourne and London. Dec. I. t. 1, 2. Dec. II. t. 20.

[4] SALTER beschreibt von Cornwallis Island *Encrinurus laevis* ANG. und *Proetus conchidium*. SUTHERLAND's Journal. Voyage Baffins Bay and Barrow street. 1852. II. App. p. CCXXV. t. 5 f. 9, 10. Teste ETHERIDGE jun.)

von Gotland, und *Bronteus Andersoni* Nich. Eth., der denselben Horizont (oberes Llandovery) in England kennzeichnet, sind durch Baron Toll aus den arktischen Gegenden beschrieben worden. In den höchsten bisher erreichten Breiten (80—82° n. Br.), in dem Grönland gegenüberliegenden Grinnell-Land, ist die typische marine Fauna des Obersilur gefunden worden. Der tieferen Zone entspricht *Syringophyllum organum* L.; darüber liegen Wenlockformen wie *Halysites catenularia*, *Heliolites megastoma*, *Stroph. euglypha*, *Whitfieldia tumida*, *Chonetes striatella* u. a.

Die Übereinstimmung der Niagara- und Wenlock-Schichten ist früh erkannt und niemals bestritten worden. Schon Dana gab eine ausführliche Liste der übereinstimmenden Arten [1] und die Erweiterung unserer Kenntnisse vervollständigt auch die bisher bekannt gewordenen Beobachtungen. Wo in dem beschriebenen Gebiete Faciesbildungen von gleicher Beschaffenheit auftreten, erscheinen stets dieselben organischen Reste. Die Gleichförmigkeit der Fauna zeichnet nicht nur die Graptolithenzonen, sondern auch die in flacherem Meer gebildeten Kalke und Mergel aus. Die hellen *Megalomus*-Kalke von Gotland zeigen eine überraschende Übereinstimmung mit dem Guelph limestone des östlichen Canada [2] und die Kalkbänke mit den länglichen Pentameren (*Pent. oblongus*, *borealis*, *estonus*) kennzeichnen überall die tiefere Abtheilung des Obersilur; vielleicht noch merkwürdiger ist die beinahe vollkommene Identität, welche die mergelig-thonigen Brachiopodenschichten von Waldron (Indiana) mit den gleichartigen Bildungen der Gotländer Zone c besitzen. Abgesehen von den überall häufigen und bekannten Formen, wie *Spirifer crispus*, *Sp. plicatella*, *Sp. sulcatus*, *Leptaena transversalis*, *Calymmene tuberculata*, *Dalmania caudata* und *Orthis elegantula*, finden wir auch seltenere Arten an den beiden entlegenen Orten in vollkommener Übereinstimmung. So liegen mir die zuerst aus dem fernen Westen von Hall beschriebenen Arten *Pentamerus (Anastrophia) internascens*, *Streptorhynchus tenuis* und *Fistulipora concentrica* Hall sp. auch von Näs Kyrka (*Pent. internascens*) und Hablingbo auf Gotland vor. Ferner ist *Cyphaspis elegantula* Ang. mit *Cyph. Christyi* Hall sehr nahe verwandt und *Bumastus barriensis* von der amerikanischen Form kaum zu unterscheiden. Der eigenthümliche *Cornulites proximus* Hall siedelt sich in Amerika in genau derselben Weise auf den Schalen von *Whitfieldia tumida* Dalm. (= *Meristina Maria* Hall) an, wie in den Mergelthonen von Gotland [3].

Locale Bildungen, wie die salzreiche Salina group des Staates New York und das bezeichnende, weisse, versteinerungsreiche Dolomitgestein, auf welchem Chicago erbaut ist, sind in der neuen Welt häufiger, als in der alten, wo Brachiopodenmergel, Graptolithengestein, Korallen- und Crinoidenkalke durchaus vorwiegen. Als eigenthümliche europäische Faciesbildungen sind etwa zu nennen die Sandsteine mit Seesternen aus dem unteren Ludlow und die an Aviculiden reichen Sandsteine

[1] Manual of geology. II. Ed. p. 248.

[2] J. F. Whiteaves, Revision of the fauna of the Guelph formation of Ontario. Palaeozoic fossils. Vol. III. 2. (Geol. Surv. of Canada 1895.) Die Häufigkeit von *Trimerella* ist auch für den Guelph-Kalk bezeichnend.

[3] Auch unter den geographisch wenig verbreiteten Gastropoden sind amerikanische Arten in Gotland nachgewiesen, so *Pleurotomaria bicincta* Hall, *Pl. labrosa* Hall, *Platyceras cornutum* His. und *Subulites ventricosus* Hall.

Tabelle VII. Das Obersilur in Europa

	Insel Gotland Wesentlich nach Lindström	Baltische Provinzen Fr. Schmidt	Norwegen Kjerulf und W. C. Brøgger	Galizien und Podolien Fr. Schmidt
Oberes	Ohne Cephalopodenkalke (g nach Dames, non Lindström): Grosse Phragmoceras, *Gomphoceras*, *Cyrtoceras*	K_2. Kalk mit *Beyr. tuberculata*, *Wilkensiana*, *Tentac. curvatus*, *Chonetes striatella*, *Spir. elevatus*, *Retzia Salteri*, *Grammysia cingulata*, *Onchus*	Etage 8 B. *Cal. tuberculata*, *Phragm. ventricosum*, *Orth. undulatum*	Sandstein und Mergel mit *Pterygotus*, *Pteraspis*, *Leperditia*
	f, g, h. Lindström's Cephalopodenkalke (*Ascoceras*, *Glossoc.*, *Ophidioc.*), Stromatoporenkalke, Crinoidenkalke, Kalke mit *Megalomus* und *Trimerella*, *Pentam. conchidium* und *Halysites*	Kalk mit *Meristina didyma*, *Ilionia prisca*, *Megalom. gotlandicus*, *Pterinaea Danbyi*, *Orthoc. imbricatum*, *Murchisonia*, *Labechia*, *Syringopora*, *Leperditia*, *Angelini*	Etage 8 A. Kalk u. Kalkschiefer. *Rum. barriensis* und *Mon. ludensis*	Tentaculitenkalk und Schiefer mit *Spir. elevatus*, *Rhynch. Diana* Barr., *Orthis elegantula*, *Chonet. tuberculata*
	e. Mergel mit *Pterygotus osiliensis*, Anneliden-Kiefern und *Palaeophonus*	K_1. Dolomit mit *Pterygotus*, *Eurypterus*, *Bunodes*, *Tremataspis Schrencki*, *Thyestes verrucosus*, *Ceratiocaris*, *Platyschisma helicites*, *Lep. Angelini*	Etage 7. Rother und grüner Thonschiefer	Kalke mit *Favos. Forbesi*, *Heliolites*, *Murchisoni*, *Syringopora*, *Ilionia* Phosphoritführende Schiefer
Mittleres	d. Mergelkalk u. Oolith u. s. mit *Pentamerus gotlandicus* und *Ilionia*	J. Dolomit und Mergel mit *Halysites*, *Lept. transversalis*, *Orth. osiliensis*, *Spir. crispus*, *plicatella*, *Polytr. discors*, *Omphyma*, *Thecia*, *Lep. baltica*		Blaues Gestein mit *Halysites*, *Spir. crispus*, *plicatella*, *Orthis biloba*, *elegantula*, *Stroph. euglypha*, *Lept. transversalis*
	c. Mergel, Thon und Sandstein m. *Pterinaea*. Zahlreiche Korallen, *Spir. plicatella*, *Polytr. discors*, *Phac. Downingiae*	H. Mergelkalk mit *Pentam. estonus* und *oblongus*, *Halysites*, *Arachnoph. diffluens*, *Lep. Hisingeri* var. *abbreviata*	6 B. Schichten mit *Pentamerus oblongus* und *laevis*, *Fav. gotlandicus*	
Unteres	b. Mergel mit *Stricklandinia lirata* und *Palaeocyclus* (Wisby)	G_3. Raikküll'sche Sch. mit *Stroph. pecten*, *Halysites agglomeratus*, *Orth. Davidsoni*, *Heliolites*, *Lep. Hisingeri*	6 A. Malmöschiefer mit *Phac. elliptifrons*, *Climacograptus normalis*, *Stricklandinia*, *Dalmania mucronata*, *Atrypa imbricata*	
		G_2. Schicht mit *Pentamerus borealis*		
	a. Rother Mergel mit *Arachnoph. diffluens*	G_1. Jörden'sche Schicht mit *Leptocoelia Duboysi*, *Dinobolus Davidsoni*	5. Kalksandstein mit *Pentamerus*, Korallen und Rippelmarks	
	Basis unbekannt			

(Verbreitung der Trilobiten-, Brachiopoden- und Korallen-Facies).

	England (Mittlere Grafschaften) Sedgwick-Murchison		England und Schottland: Nördliche Grafschaften (Lake district) Marr, Lapworth u. A.		England und Schottland: N.-Wales (Denbighshire)	Schonen (Linnarsson und Tullberg)	
Ludlow	Downton sandstone *Cephalaspis, Platyschisma helicites* Tilestone *Pterygotus ludensis* Ledbury shale *Cyathaspis*, Phragmoceras, *Lingula cornea*	Downtonian Lapw.	A? Kirkby Moor Flags		Dune Brug beds mit *Dayia navicula* und *Rh. nucula*	Rother Ovale Sandstein *Encrinur. punctatus, Beyrichia, Leperditia Angelini, Pter. Dandyi, Grammysia cingulata, Stroph. ornatella* Klintakalk und schiefer *Hom. rhinotropus, Cal. tuberculata, Ph. Downingiae, Pt. retroflexa, Rhynch. nucula.* Kärrstorp Sandstein *Gramm. rotundata, Spir. elevatus*	Schiefer m. *Posidonia glabra, Beyrichia* und *Cypridina*
	Upper Ludlow (Bone bed) *Pteraspis, Auchenaspis, Onchus, Thyestes verrucosus* Aymestry limestone *Pent. Knighti, Chonetes striatella, Eurypt. scorpioides,* Korallen		Kalkiger Schiefer mit *Dayia navicula* Scoteruschiefer			Bjersjölagårdskalk u. Sch. *Cal. tuberculata, Lep. phaseolus, Retzia Salteri,* Korallen	Cardiola-Schiefer 1140 m
	Lower Ludlow shale *Scaphaspis ludensis, Eurypt. punctatus, Hemiaspis, Protaster, Palaeaster, Palaeocoma, Echinosphaerites,* Orthoceren	Salopian Lapw.	Bannisdale Schiefer mit *Mon. leintwardensis* 5000'		*Leintwardensis* beds	A. *Cardiola*-Schiefer mit *Card. cornu copiae* und *Mon. Nilssoni*, „ *colonus*, „ *dubius*, „ *scanicus*	
			Coniston grit (ohne Verst.) 100000'		Upper gritty beds		
			Coldwell Sch. (= Riccarton Schottl.)	Ob. mit *Mon. bohemicus*	Nantglyn Flags		
Wenlock (Denbighshire grits)	Wenlock limestone u. shale *Calym. Blumenbachi, Encrinurus variolaris, Spir. radiatus, Pentam. linguifer, Hypanthocrinus decorus, Acervularia, Halysites, Pterygotus* Woolhope limestone u. shale *Actinoceras baccatum,* sonst Wenlockfossilien			Mittl. mit *Cardiola cornu copiae* und *Phac. obtusicaudatus*	Moel Ferna Slates m. *M. Flemingi*		
				Unt. mit *Mon. Nilssoni* 1000'	Penyglog Grit		
			Brathay Flags 1000'	Zone mit *Mon. priodon* und *vomerinus* (= Riccarton Schottl.) Z. m. *Cyrtogr. Murchisoni* und *Retiol. Geinitzianus*	Penyglog slate mit *Cyrt. Murchisoni*	B. *Cyrtograptus*-Schiefer 350 m (s. Tab. VIII)	
Llandovery — May Hill (Corwen grits)	Tarannon shale *Rastr. peregrinus, Monograptus*	Valentian Lapw.	Tarannon = Pale shales = Stockdale shales (= Gala Schottl.)				
	Upper Llandovery (May Hill sandstone) *Pentamerus oblongus* in Menge, *Stricklandinia, Encrinurus punctatus,* Korallen Lower Llandovery *Pent. oblongus* vereinzelt, *Stricklandinia, Halysites, Heliolites intersticialis, Cal. tuberculata, Proetus, Tentaculites anglicus*		Birkhill (Schottl.)	Graptolitic mudstones mit *Diplogr. Rastrites, Monograptus* (Skelgill, Stockdale), Kalkconglomerat von Austwick		C. *Rastrites*-Schiefer 120 m (s. Tab. VIII)	

des südlichen Theiles von Gotland; das massenhafte Vorkommen von *Pterinaea retroflexa* His., *Avicula reticulata* His., *Cyrtodonta* und *Aviculopecten* bildet nach dem Grès Armoricain das zweite Beispiel für ein Vorwiegen der Zweischaler in palaeozoischen Bildungen. Endlich ist die grössere Häufigkeit von Graptolithenschichten in der Alten Welt bemerkenswerth.

Allerdings darf die weitgehende, stellenweise auffallende Übereinstimmung zwischen entfernten Gegenden nicht zu der Annahme verleiten, dass locale Unterschiede in dem obersilurischen Ocean gefehlt hätten. Einige derartige Ausnahmen von der scheinbaren Einförmigkeit mögen hier hervorgehoben werden; diese Ausnahmen sind um so bemerkenswerther, als bei denselben die Ähnlichkeit zwischen Amerika und England grösser ist, als zwischen den britischen Inseln und dem baltischen Gebiet. Das wichtigste Leitfossil des unteren Obersilur (Llandovery) ist in England der grosse, schöne *Pentamerus oblongus*; derselbe erscheint im unteren Llandovery gelegentlich, im oberen Llandovery (May hill sandstone) in Menge. Man war nun nicht wenig erstaunt, dieselbe Art in demselben Horizonte in Nordamerika von New York bis zum Mississippigebiet (Wisconsin und Minnesota) anzutreffen. Das tiefste Glied des New Yorker Obersilur, die Oneida-Conglomerate und Medina-Sandsteine (= Mayville and Byron beds in Wisconsin) entsprechen dem unteren Llandovery. Darüber folgt die Clinton group (= Lower Coral beds in Wisconsin), deren auffälligste Schicht die einen Meter mächtige Kalkbank ist, welche vollkommen aus den Schalen von *Pentamerus oblongus* besteht (z. B. bei Rochester N. Y.). In dem mittleren Obersilur, d. h. in den Wenlock-Schichten Englands und der Niagara group von New York, fehlt der genannte *Pentamerus* gänzlich.

Anders in Gotland. Hier ziehen Bänke mit *Pentamerus oblongus* (nach Lebedeff[1] eine neue Art *P. gotlandicus*) durch die ganze Insel und scheinen nach Lindström einen bestimmten Horizont in der Zone d, nahe der Basis der Crinoidenschichten f einzunehmen; Zone d entspricht nun nach der Meinung Lindström's und aller übrigen Forscher dem Wenlock, f dem unteren Ludlow. Auch die norwegischen *Pentamerus*-Schichten (6 B bei Langesund), sowie die Ösel'sche Schichtengruppe H mit *Pentamerus estonus* und *oblongus*, sind nicht dem Llandovery, sondern dem Wenlock gleichzustellen; hingegen findet sich in der tieferen, dem Llandovery entsprechenden Schicht von Estland eine dem *P. estonus* verwandte Art, *P. borealis*.

Eine ähnliche Ausnahme lernte ich ebenfalls auf der Insel Gotland kennen. Die bekannte Kettenkoralle (*Halysites catenularia*) ist dem englischen Ludlow ebenso fremd, wie der oberen Oesel'schen Schicht K. Jedoch finden sich Massen dieses „Leitfossiles" in dem Horizonte des *Pentamerus conchidium* bei Klinteberg auf Gotland, der von allen Beobachtern für ein Aequivalent des Aymestry-Kalkes (Ludlow) gehalten wird. Gilt doch *Pentamerus conchidium* mit Recht als Localform des *Pentamerus Knighti*.

Als etwas Auffallendes sind diese Ausnahmen selbstredend nicht anzusehen. Es erscheint vielmehr schon a priori undenkbar, dass die Organismen sich in einem

[1] Obersilurische Fauna des Timan. Mém. comité géologique. XII. 2. p. 42.

inselreichen ausgedehnten Meer mit mathematischer Regelmässigkeit entwickelt haben sollten. Die grosse Gleichförmigkeit, welche die mannigfachen Brachiopoden-, Korallen- und Trilobitenfacies des periarktischen Obersilur zeigen, ist weit merkwürdiger als das Vorhandensein vereinzelter Ausnahmen. Die Dreigliederung des Obersilur ist, wie die Tabelle VII zeigt, fast überall deutlich zu beobachten. Die localen, meist durch Faciesverschiedenheiten zu erklärenden Abweichungen sind aus derselben Zusammenstellung zu entnehmen. Dass auch in wohl durchforschten Formationen, wie dem Obersilur, die neuere Einzelforschung Änderungen und Ergänzungen bedingt, zeigt ein Vergleich mit der Übersicht des englischen Obersilur nach Murchison (I. p. 10, 11). Die Aufnahme der zahlreichen meist überflüssigen englischen Localnamen erfolgte lediglich, um ein „Nachschlagen" derselben zu ermöglichen. Über die geringe sachliche Berechtigung derselben braucht kein Wort verloren zu werden.

Einschneidendere Unterschiede in Bezug auf die Meeresorganismen und die Gliederung der Schichten zeigt das nur wenig bekannte Obersilur des Himalaya, sowie die genau studirten Ablagerungen von Böhmen und dem Mittelmeergebiet. Die Verschiedenheiten der „grande zone centrale" Barrande's und des nordischen Obersilur sind allerdings theilweise gegenstandslos geworden, seit die Zugehörigkeit der Stufen F, G, H zum Devon nachgewiesen worden ist. Immerhin bleiben noch zahlreiche Abweichungen übrig. Zu der grande zone centrale oder, wie man besser sagen würde, zu dem böhmisch-mediterranen Silurmeer[1] gehören die Vorkommen von Mittelböhmen, Thüringen und dem Fichtelgebirge (Elbersreuth), Salzburg, Kärnten, Steiermark, von Languedoc, dem Pyrenäengebiet, Catalonien, der Sierra Morena (Südspanien), sowie von den Inseln Elba und Sardinien. Meist finden sich hier schwarze, bituminöse Graptolithenschiefer (schistes ampéliteux) und Knollenkalke, die von *Cardiola cornu copiae* Gr. (= *interrupta* Sow.) und Orthoceren erfüllt sind. Die allgemeine Verbreitung derselben ist für das Gebiet des böhmisch-mediterranen Silurmeeres bezeichnend (Tab. VIII). U. a. ist in den Nordalpen (Dienten im Salzburgischen) nur diese Facies als versteinerungsführend bekannt; weiter südlich, in den Karnischen Alpen (Osternigg), liegt eine Graptolithenzone mit *Rastrites*, *Monograptus*, *Diplograptus* und *Climacograptus* (s. I. p. 21) an der Basis einer mächtigen Folge dunkeler und rother Orthocerenkalke[2] und bildet das Hangende der Brachiopodenschichten (p. 99). Zwei Hauptzonen lassen sich innerhalb der Orthocerenkalke überall leicht unterscheiden; die Selbstständigkeit des Horizontes mit *Orth. Richteri* ist unsicher. Andere Faciesbildungen wie Kieselschiefer treten nur in untergeordnetem Maasse auf. Die Entwickelung und Fossilführung des Karnischen Obersilur[3] lässt sich tabellarisch, wie folgt (siehe S. 108), darstellen.

Einen etwas abweichenden Charakter tragen die grauen E_2-Kalke, welche in der Umgebung von Prag (z. B. an der Dlouha hora) zahlreiche, z. Th. riesenhafte

[1] Da die betreffende Entwickelung von Böhmen und Thüringen bis nach Sardinien und der Sierra Morena reicht, kann dieselbe nicht wohl als „centrale" bezeichnet werden.

[2] Frech, Die Karnischen Alpen. p. 220–236. (Hier auch die eingehende Würdigung der älteren Literatur.)

[3] l. c. p. 223.

Zonen (Orthocerenkalk)	Faciesbildungen	Aequivalente in Böhmen und Thüringen
d. Zone mit *Orth. Richteri* Barr.		
c. Zone des *Orth. alticola* Barr. und *Encrinurus subvariolaris* Münst., *Orth. subannulare, firmum, pectinatum, electum, Harpes ungula, Cheir. propinquus, Antipleura bohemica, Petraia semistriata, Lunulicardium omissum, Pleurotomaria extensa, Murchisonia attenuata* (besonders am Wolayer Thörl)	Einlagerungen von Thonschiefer, Kieselschiefer und Grauwacke	E_2 Rother Orthocerenkalk von Ellenreuth (Fichtelgebirge) u. a. mit *Petraia semistriata* und *Encr. subvariolaris, Cheirurus propinquus.* Ockerkalk in Thüringen
b. Zone des *Orthoceras potens* Barr. und *Encrinurus Novaki* Frech, *Orth. originale, Cyrtoceras patulum, truncatum, dulce, Cheirurus propinquus, Phacops Grimburgi, Arethusina, Polytropis discors, Platyceras cornutum, Cardiola spuria.* Überall verbreitet		*Retiolites*-Schiefer Oberer *Rastrites*-Schiefer
a. Graptolithenschiefer mit *Monograptus, Rastrites, Diplograptus, Climacograptus,* am Osternigg und bei Würmlach	Schwarze Plattenkalke mit *Cameroerinus* (Wolayer Thörl)	E_1 Unterer *Rastrites*-Schiefer

Orthoceren enthalten. Ferner treten hier Brachiopoden- und Korallenkalke, sowie in einem bestimmten Horizonte Kalkschiefer mit Crinoiden auf[1]. Auch Kieselschiefer[2]

[1] Die ältere Eintheilung Barrande's hat schon mehrfache Änderungen erfahren. So wurde neuerdings von J. Jahn der Nachweis geführt, dass zwischen den tieferen Graptolithenschiefern (E_1) und den oberen compacten Kalken mannigfach zusammengesetzte Übergangsbildungen vorkommen, dass jedoch bei Barrande sämmtliche obersilurische Kalkversteinerungen als E_2, sämmtliche Graptolithenschiefer als E_1 bezeichnet wurden. Bei Karlstein beobachtete der genannte die folgenden Schichten, die allerdings nur einen kleinen Ausschnitt der mannigfachen Obersilurentwickelung darstellen.

8. Unterdevon.
7. Compacte krystalline Kalke (E_2 s. str.).
6. Lichte Kalkplatten mit *Lasiocrinus* und *Monograptus priodon.* } E_2 nach Jahn
5. Schwarze Kalkplatten mit eingelagerten Graptolithenschiefern und Schiefern mit Kalkknollen. } E_2 nach Jahn
4. Crinoidenbank von 1 m Mächtigkeit; ganz aus Trümmern von *Scyphocrinus elegans, Xenocrinus* u. a. bestehend.
3. Schiefer mit Kalkknollen, sowie Kalkplatten mit *Dictyonema Barrandei, Callograptus bohemicus, Dendrograptus* u. a. (E_1 β).
2. Graptolithenschiefer mit Kalkknollen (E_1 α).
1. Diabas.

Königshofener Schichten, Schiefer und Quarzitsandstein (D_5).

Eine vollständig durchgeführte Einzelgliederung fehlt vorläufig noch. Auf der Tabelle (VIII) der obersilurischen Graptolithenzonen ist der wenig aussichtsvolle Versuch gemacht, die von Tullberg unterschiedenen palaeontologischen Horizonte mit dem obigen Profil in Zusammenhang zu bringen.

[2] Schwarze Korallenkalke mit Orthoceren, sowie Kieselschiefer fehlen im periarktischen Silurgebiet so gut wie gänzlich.

(phtanites) mit Radiolarien sind weit verbreitet. Die „Palaeoconchen", sowie bezeichnende böhmische Trilobitengattungen, vor allem *Arethusina*, haben sich fast überall wiedergefunden (Ostalpen, Languedoc, Pyrenäen). Andererseits fehlt eine bezeichnende und schwer zu verkennende Cephalopodengattung, wie *Choanoceras* Lindström im mediterranen Gebiet; gerade bei den freischwimmenden Nautiliden sind die Unterschiede der Verbreitung für die Abgrenzung der Meeresprovinzen wichtig. Von den Cephalopoden Gotlands sind bisher nur Ascoceratiden und Lituitiden genau untersucht[1]; unter den 10 Arten, welche in der prächtigen Monographie Lindström's meist als neu beschrieben werden, kommen nur zwei auch in den gleichalten Schichten Böhmens vor (*Glossoceras gracile* var. *curta* Barr. und *Ascoceras bohemicum* Barr. in E_2).

Die trennenden Landschranken zwischen dem nordischen und dem mediterranen Silurbecken befanden sich in der Gegend des heutigen rheinischen Schiefergebirges und am Oberrhein. Zwischen dem Grundgebirge und dem Devon fehlt hier jede sichere Spur silurischer Ablagerungen. Selbst in dem belgischen Silurgebiet sind die höheren Horizonte nicht vertreten. Auch in Devonshire und im Harze fehlt das Silur gänzlich oder theilweise. Wenn man die wenig mächtigen Graptolithenschiefer des Harzes für eingefaltetes Obersilur ansieht, würden dieselben nur einem Bruchtheile dieser Formation entsprechen.

In der Gegend des heutigen französischen Centralplateaus bestand hingegen, wie die vollkommene faunistische Übereinstimmung der schwarzen Schiefer in Nord- und Südfrankreich ergiebt, eine Verbindung mit dem periarktischen, bis Amerika reichenden Silurmeer. Man kann daher schon a priori annehmen, dass die eingehendere Untersuchung der nordischen und mediterranen Obersilurfauna mehr Beziehungen zu Tage fördern wird, als man bisher im Allgemeinen anzunehmen pflegte. Von den im Norden vorkommenden Faciesbildungen hat das Graptolithengestein noch die meiste Ähnlichkeit mit den alpinen *Orthoceras*-Kalken und steht dem mittleren Theil derselben auch im Alter gleich (Wenlock-Stufe). Einzelne nordische Species, wie *Pleurotomaria extensa* Heidenhain, *Murchisonia attenuata* Lindstr., *Cardiola persignata* Barr., *Glassia obovata* Sow. sp., *Dayia navicula* Sow. sp., *Rhynchonella Megaera* Barr. und *Rhynchonella Sappho* var. *hircina* Barr. kommen sogar noch in den Ostalpen[2] vor. Immerhin bleibt die Verschiedenheit grösser als die Ähnlichkeit, wie die Vergleichung von beliebigen Gotländer oder englischen Versteinerungssammlungen mit solchen aus der Prager Gegend unmittelbar beweist. Es sei ganz besonders hervorgehoben, dass das formenreiche Heer der „Palaeoconchen"[3] mit verschwindenden Ausnahmen (*Cardiola*, *Lunulacardium*) in England fehlt. Die Auf-

---

[1] Lindström, Kongl. Svensk. Vet. Akad. Handlingar. Bd. 23, Nr. 12.

[2] Osternigg und Wolayer Thörl in Kärnten. Einige weitere Arten gehen nur bis Böhmen, so *Whitfieldia tumida*, *Cyrtia trapezoidalis*, *Atrypa Barrandei* und die eigenthümliche „perverse" Pentameridengattung *Mimulus* (*M. trilobatus* F. Roem. sp. vertritt *M. perversus* Barr. im Norden).

[3] Die Namen dieser von Barrande im VI. Band des Système Silurien beschriebenen Obersilurgattungen lauten in einer der gewöhnlichen Namengebung entsprechenden Form (Frech, Devonische Aviculiden. Abh. z. geol. Specialkarte von Preussen. Bd. IX. H. 3. p. 249): *Praecardium*, *Puella* (= *Panenka*), *Praelucina* (= *Dalila* + *Paracardium*), *Antipleura* (= *Dualina* ex parte), *Silurina*, *Soror* (= *Sestra*), *Matercula* (= *Maminka*), *Goniophorella* (= *Tetinka* + *Spanila*), *Leptoconcha* (= *Tenka*), *Paracyclas* (= *Vevoda* + *Paracyclas* + *Isocardia* Barr. non Lam.)

findung von vereinzelten, im Norden und Süden vorkommenden Arten kann daran wenig ändern. Nach Jäkel's Untersuchungen kommt *Acidaspis ovata* Emmr. (= *Prevosti* Barr.) im nordischen Graptolithengestein, im Wenlock shale und in Böhmen vor; *Calymmene tuberculata* und *Acidaspis Dormitzeri* Corda sind durch vicariirende Varietäten vertreten. Andererseits verbreitet sich von den 70 durch Lindström auf Gotland unterschiedenen Trilobiten keine einzige Art bis nach Böhmen. Sogar der früher als ident angesehene *Sphaerexochus mirus* hat sich als verschieden herausgestellt. Hingegen ist — wie zur Zeit des Untersilur — die faunistische Verwandtschaft von Böhmen und England etwas grösser als von Böhmen und Skandinavien. Abgesehen von zahlreichen, allgemein verbreiteten Graptolithenarten und der oben erwähnten *Acidaspis* werden aus Böhmen noch 5 englische Trilobitenarten citirt, von denen wohl nur die Bestimmung von *Calymmene tuberculata* nicht ganz sicher ist: *Driphon Forbesi* Barr., *Sphaerexochus mirus* Beyr., *Staurocephalus Murchisoni* Barr., sowie *Cheirurus bimucronatus* Murch. = *insignis* Beyr.

Das mittlere Obersilur, die Schichten vom Alter des Wenlock, Niagara und der unteren Oesel'schen Gruppe (J bei Schmidt) entsprechen der weitesten Ausdehnung des perlarktischen Weltmeeres (vergl. Tab. V, VII und besonders IX).

Immerhin lässt sich auch innerhalb der nördlichen Hemisphäre neben dieser Ausbreitung des Meeres eine deutlich negativ wirkende Oscillation nachweisen. In den südlichen Rocky Mountains scheint oberes Silur — soweit die zerstreuten Nachrichten ein Urtheil gestatten, vollkommen zu fehlen. Im Südwesten, in Arizona und Texas fehlen silurische Ablagerungen im Hangenden des Obercambrium überhaupt. In Utah und Nevada sind die tieferen Schichten, besonders die Übergangszonen zum Cambrium gut vertreten, die in Colorado wieder sehr schwache Entwickelung zeigen. Aber erst in British Columbia ist Obersilur nachgewiesen. Wo die Grenze dieses ? Festlandes gegen die reiche marine Entwickelung des Obersilur an den grossen Seen zu suchen ist, lässt sich bei der Mächtigkeit der cretacischen und tertiären Ablagerungen in dem Zwischengebiete nicht entscheiden (vergl. Tab. V p. 87).

Während an anderen Orten der zu der unterdevonischen Festlandsperiode überleitende Rückzug des Meeres erst während der letzten Obersilurstufen beginnt, scheint derselbe im Westen von Amerika schon dem Ende des Untersilur zu entsprechen.

In Australien sind seit längerer Zeit Obersilurbildungen bekannt; leider beruht unsere Kenntniss der Fauna zum guten Theil auf Namensverzeichnissen, die keinen durchaus glaubwürdigen Eindruck machen[1]. Neben jüngeren (*Phacops fecundus degener* Barr.) und älteren Formen (*Porambonites*) begegnen wir in dem Verzeichniss den meisten und verbreitetsten Vertretern des perlarktischen und einigen Trilobiten des mediterranen Obersilur. Es seien erwähnt *Halysites catenularia*, *Heliolites interstinctus*, *Hel. megastoma*, *Omphyma Murchisoni*, *Calymmene tuberculata*, *Dalmania caudata*, *Encrinurus punctatus*, *Chonetes striatella*, *Whitfieldia tumida*, *Orthis elegan-*

[1] Eine vollständige Zusammenstellung giebt R. Etheridge, Catalogue of Australian fossils Cambridge 1878. Vergl. ausserdem M'Coy, Prodromus of the Palaeontology of Victoria. Melbourne and London (Trübner) 1874—1882, Dec. II, Dec. III, Dec. V, VI.

tula, *Pentamerus oblongus* und *Pent. Knighti*, *Retzia Salteri*, *Spirifer crispus*, *Spir. plicatella* und *sulcatus*; daneben finden wir böhmische Arten, wie den erwähnten *Phacops*, *Cheirurus insignis*, *Harpes ungula* und *Encrinurus* (*Cromus*) *bohemicus*. Nach den neueren, durch Abbildungen erläuterten Beschreibungen von R. Etheridge jun.[1] kann jedoch kein Zweifel darüber bestehen, dass der bekannte obersilurische *Pent. Knighti* in einer kaum unterscheidbaren Varietät an zahlreichen Fundorten von Neu-Süd-Wales und Tasmania vorkommt. In Neu-Süd-Wales wird derselbe von zwei mehr an das böhmische Obersilur erinnernden Arten *Pentamerus linguifer* var. *Wilkinsoni* und *Pentamerus hospes* Barr. begleitet. Die Mischung periarktischer und böhmischer Formen bildet das bezeichnende Merkmal des australischen Obersilur.

Das Vorkommen von tieferem Obersilur wird durch das Vorkommen der in der ganzen Nordhemisphäre (ausschliesslich der mediterranen Provinz) verbreiteten Gruppe des *Pentamerus oblongus* erwiesen. *Pent. australis* M'Coy ist die australische Localform und findet sich im unteren Theile der Bowning-Kalke bei Bowning und Yass in Victoria. Dem gleichen Horizont (unteres Obersilur) gehört der aus Victoria citirte *Diplograptus palmeus* an. Auch in dem gegenüberliegenden Theile der südlichen Halbkugel kommt marines Obersilur mit den allgemein verbreiteten Arten vor. Dasselbe ist in Brasilien[2] in ausgedehnten Theilen des unteren Amazonas-Gebietes vom Rio Trombetas, Curua und Maécuru bis annähernd zur Insel Marajo nachgewiesen. Schiefer treten im Hangenden von Sandsteinen auf und umschliessen *Orthis hybrida*, *Lingula cuneata*, Orthoceren, Ctenodonten u. a. Die Entwickelung erinnert am meisten an die nordamerikanischen Medina-Sandsteine und Clinton-Schiefer.

Selbst wenn man die Revisionsbedürftigkeit mancher Speciesbestimmungen annehmen wollte, so ergiebt sich doch eine bemerkenswerthe Verbreitung der Haupttypen des Obersilur. Erinnern wir uns an die ausserordentliche Verbreitung der Meeresfauna im periarktischen Gebiet, so dürfte sich für die Silurzeit der zwingende Rückschluss eines gleichförmigen Klimas ergeben.

Die Verbreitung der obersilurischen Graptolithenzonen.

(Hierzu Tab. VIII.)

Die geologische Entwickelung der wichtigeren Gattungen der Graptolithen ist in Europa überall, wo genauere Untersuchungen stattgefunden haben, die gleiche. Mit Rücksicht hierauf wird man auch von der vielgestaltigen englischen Localnomenclatur absehen und die wichtigeren Genera selbst zur Bezeichnung der Stufen verwenden, wie dies durch die skandinavischen Forscher geschehen ist.

Im Einzelnen ergeben sich jedoch mannigfache kleinere Abweichungen bezüglich der Aufeinanderfolge der Zonen. So hat Ch. Barrois bei der Gliederung des französischen Obersilur[3] sich wesentlich an Lapworth angeschlossen. Legt man andererseits bei der palaeontologischen Horizontirung die Gliederung von

[1] Rec. Geol. Surv. N. South Wales. Vol. III. 2. 1892. p. 49 ff.

[2] De Lapparent, Traité de géologie. III. Aufl. p. 788.

[3] Ch. Barrois, La distribution des Graptolithes en France. Bull. soc. géol. du Nord. 1892.

	Schonen	Languedoc und Pyrenäen	Ardennen	Normandie	Bretagne und Anjou	
Unt. Ludlow	A. 8. *Cardiola*-Schiefer mit *Mon. Nilssoni* und *colonus*	*Cardiola*-Schiefer von Cabrières mit *Monograptus Nilssoni, colonus, priodon*	Schiefer v. Fouma mit *M. colonus, Nilssoni, Ret. Geinitzianus*			
Cyrtograptus-Schiefer	a. Z. m. *Cyrtograptus Carruthersi*					Bituminöse Kalke mit *Mon. colonus, priodon, vomerinus* und *Mon. Hisingeri*
	b. Z. m. *Cyrtograptus rigidus* Tullberg					
	c. Z. m. *Monograptus riccartonensis*	Sch. v. Lascoux mit *M. riccartonensis*	Schiefer von Nannine mit *Mon. Nilssoni, priodon, vomerinus, bohemicus, Cyrtograptus Murchisoni*	Schiefer von Fengerolles m. *Mon. priodon, Ret. Geinitzianus*	Bituminöse Schiefer v. Le Ménardais, le Rocher d'Andouillé m. *M. riccartonensis, M. colonus, M. priodon, M. vomerinus, Ret. Geinitzianus* und *M. galaensis*	
		Sch. v. Lascoux mit *M. vomerinus* u. *R. Geinitzianus*		Schiefer von Domfront mit *M. priodon, colonus, vomerinus, Hisingeri*		
	d. Z. m. *Cyrtograptus Murchisoni*	Sch. v. Montmajou mit *Cyrt. Murchisoni, Mon. priodon, Nilssoni*				
	e. Z. m. *Cyrtograptus Lapworthi* Tullb.	Sch. v. Irasein mit *Ret. Geinitzi, M. Lapworthi, M. spiralis, Ret. perlatus*				? ?
	f. Z. m. *Cyrtograptus spiralis* Gein. und *Mon. Hisingeri*					
	g. Z. m. *Cyrtograptus Grayi*	Sch. v. Sentein und Pale Rasès mit *Cyrt. Grayi, Mon. sartorius, runcinatus*	Obere Sandsteine von Grandmenil mit *M. galaensis?, bohemicus, priodon, subconicus*			
Rastrites-Schiefer	a. Z. m. *Monograptus runcinatus, Mon. galaensis* u. *Diplograptus palmeus*	Schiefer von Bordes de S. Jean mit *Diplogr. palmeus*		Alaunschiefer von Poligné (Bretagne) mit *Diplogr. palmeus, Monogr. crassus* und *Cephal. folium*		
	b. Z. m. grauem, nicht fossilführendem Schiefer, sonst m. *Rastrites maximus*	Schiefer mit *M. crassus* von Bachos				
	c. Z. m. *Cephalograptus cometa*				Kieselschiefer (Phtanite) von Anjou mit *Diplogr. Hughesi, Monogr. lobifer, Clingani, Climacograptus scalaris, Cephalograptus folium, Rastrites peregrinus* und *Linnaei*,	
	d. Z. m. *Monograptus leptotheca* u. *Cephal. folium*		Schiefer von Grandmenil mit *Mon. leptotheca, gregarius, Dimorphogr. Swanstoni, Climacogr. scalaris, Diplogr. modestus*			
	e. Z. m. *Monograptus gregarius* und *Dimorphograptus Swanstoni*				*Monograpt. Sedgwicki* und [illegible],	
	f. Z. m. *Monograptus cyphus*				*Monograptus cyphus*	
	g. Z. m. *Diplograptus acuminatus*					

des älteren und mittleren Obersilur.

Catalonien		Thüringen		Böhmen	Schlesien und Harz	Grossbritannien¹ Schottland, Westmoreland und Cumberland (Lake district), N. Wales Die Zahlen nach Lapworth (Die in Klammern stehenden Arten nach Tullberg)	
		Monograptus-Schiefer (Oberer Alaunschiefer mit *M. colonus, testis, ludensis, dubius, Nilssoni, M. bohemicus*)		Massiger Kalk (E_2) Schicht mit *M. colonus*	Grapt.-Schiefer des Ostharzes m. *Mon. Nilssoni, M. colonus, M. dubius*	20. Zone m. *Mon. Nilssoni*	Ludlow
		Ockerkalk mit *Cardiola cornu copiae*	Orthocerenkalk von Elbersreuth (Fichtelgeb.) mit *Cardiola cornu copiae, Orth. subannulare, Encrin. subcarinalaria*, **Cheirurus** *propinquus* Palaeoconchen	Schiefer mit *M. testis*	Grapt.-Sch. des Ostharzes mit *Mon. Flemingi* Salt.	19. Z. m. *M. testis* (u. *Cyrt. Carruthersi*)	Riccarton / Wenlock
	Weisse Schiefer von Brugues mit *Mon. concinnus, M. colonus.*			Kalkplatten		18. Z. m. *Cyrt. Linnarssoni*	Riccarton / Wenlock
				Sch. m. *Cyrt. Murchisoni* und *M. priodon*	Z. m. *C. Murchisoni* (Herzogswalde)	17. Z. m. *C. Murchisoni*	Wenlock
	M. concinnus,			? Kalkplatten			
	M. basilicus,	Schwarze Schiefer mit *Retiolites*		Z. m. *Cyrt. spiralis*	Z. m. *C. spiralis* und *Retiolites Geinitzianus* (Herzogswalde)		Gala-Tarannon
	M. proteus und *M. jaculum*			Crinoidenkalk mit *Scyphocrinus*		16. (a.) Z. m. *Cyrt. Grayi*	Gala-Tarannon
Schwarze Schiefer von Torre vileta mit *M. jaculum, Salteri, tenuis*				Z. m. *M. turriculatus*		15. (a.) Z. m. *M. exiguus* (u. *M. crenulatus*)	Gala-Tarannon
		Oberer *Rastrites*-Schiefer mit *Rastrites Linnaei* und *maximus, Mon. Sedgwicki, Halli, Becki, proteus, spiralis, turriculatus, discus*				14. (b.) Z. m. *Rastrites maximus*	Gala-Tarannon
				Z. m. *Ceph. cometa*		(c.) Z. m. *C. comta* Tullb.	Llandovery
		Unterer *Rastrites*-Schiefer mit *Rastrites peregrinus, Monograptus gregarius, fimbriatus, lobifer, communis, Climacograptus scalaris, Diplograptus insectiformis*		Z. m. *M. leptotheca* und *lobifer*, *Rastrites peregrinus*	Kieselschiefer mit *Cephalograptus folium* und *Rastrites* (Görlitz)	13. (d.) Z. m. *Mon. spiniger* u. *M. leptotheca*	Llandovery
				Z. m. *Mon. gregarius*	Schiefer mit *C. convolutus* (Herzogswalde)	12. (e.) Z. m. *M. gregarius*	Llandovery
				Z. m. *Mon. cyphus, Climacograptus* und *Diplograptus*		11. (f.) Z. m. *Diplograptus vesiculosus* (u. *M. cyphus*)	Llandovery
				Diabas		10. (g.) Z. m. *D. acuminatus*	Llandovery

¹ Für die Localnamen vergl. Tab. VII

Tabelle IX: Uebersicht des Silur.

	Skandinavien: Schieferige (graptolithenreiche) Facies	Skandinavien: Kalkige Facies	England	New York	Östl. Canada (Quebec)	Acadia: N.-Schottland	Acadia: N.-Braunschweig
Obersilur	Oberer *Cardiola*-Schiefer mit Kalk- u. Sandstein-Einlagerungen	Oberer Cephalopoden-Kalk	Downton Tilestone und Ledbury	Cementkalk mit *Eurypterus*		Obere Arisaig-Schichten	Mascarene-Gr.
	Unterer *Cardiola*-schiefer (*Mon. Nilssoni*)	Unterer Cephalopoden-Kalk Crinoiden-, Korallen-, *Megalomus*-Kalke	Oberer Ludlow- u. Aymestry-Kalk Unterer Ludlow-Schiefer	Salina-Mergel und Salz (= Onondaga)	Guelph-Kalk mit *Megalomus*		
	Cyrtograptus-Schiefer	Schicht m. *Pterygotus* Untere Brachiopoden- und Korallen-Kalke und Sandsteine	Wenlock-Kalk und Schiefer Tarannon-Schiefer	Niagara-Kalk und Schiefer Clinton-Kalk m. *Pent. oblongus*	Obere Kalke der Insel Anticosti	N.-Canaan- und Wentworth-Schichten	Restigouche-Gr.
	Rastrites-Schiefer	Mergel mit *Stricklandinia* Rother Mergel mit *Phacops quadrilineatus* und *Arachnophyllum*	Llandovery = Birkhill	Medina-Sandst. Oneida-Congl.	Untere Anticosti-Kalke mit *Pent. borealis*		
Untersilur	Brachiopodenschiefer	*Leptaena*-Kalk *Isotelus*-Kalk		Hudson River (einschl. Utica-Schiefer)	Tiefste Anticosti-Kalke mit *Asaphus* Hudson River	Obere Cobequid-Gr. (Schiefer, Quarzit und Grünstein)	
	Trinucleus-Schiefer	*Trinucleus*-Kalk	Caradoc (= Bala) (= Coniston)	Trenton-Kalk	Trenton-Kalk		
	Mittlerer Graptolithenschiefer *Didymograptus*	*Chasmops*-Kalk Echinosphaeriten- (Cystideen-) Kalk	Llandeilo: Oben *Coenograptus*, Unten *Didymograptus*	Black-River-Kalk	*Coenograptus*-Schiefer	Untere Cobequid-Gr. (Porphyrit, Syenit und Conglomerat)	
	Unterer Graptolithenschiefer *Tetragraptus*, *Phyllograptus*	Orthocerenkalk (Vaginatenkalk)	Arenig (Skiddaw)	Chazy- und Birds Eye-Kalk	Levis-Schiefer mit *Tetragraptus* und *Phyllograptus*		
	Ceratopyge-Schichten		Tremadoc	Calciferous sandrock (= Knox-Dolomit)	Sillery-Schichten		
Cambrium	*Dictyonema*-Schiefer		*Dictyonema*-Schiefer	Potsdam-Sandstein	*Dictyonema*-Schiefer		

Böhmen	Iberische Halbinsel	Ostalpen	Nordrussland Sibirien	Polarländer	China, Centralasien und Birma	Australien
	Graptolithenschiefer und -Kalke	Z. m. *Orth. Richteri*				
F_1 Kalk		Zone des *Orth. alticola*	Lücke	Kalk mit *Pentamerus conchidium* von Cornwallis Island	Braune Quarzite und Schiefer des Himalaya	Kalk mit *Pent. Knighti* von N.S.-Wales und Tasmania
Crinoiden-Kalke		Zone des *Orth. potens*	Kalke des Timan (Petschora) mit *Pent. samojedicus, Fav. gotlandicus u. Encr. punctatus*: Kalk v. Waigatsch a. d. unt. Tunguska mit *Encrinurus punctatus, Fav. gotlandicus, Pentamerus oblongus*	Kalk von Grinnell-Land mit *Encrinurus punctatus, Bronteus, Halysites, Zaphrentis*	Korallenkalk von Shansi mit *Favosites*	Kalk mit *Encrinurus punctatus, Cal. tuberculata, Whitfieldia tumida, Chon. striatella, Omphyma* und *Halysites*
E_2 Graptolithenschiefer und Diabas		Graptolithenschiefer und Plattenkalk	Kalk d. Olenek u. d. mittl. Tunguska mit *Leptaena Duboysi, Favosites gotlandicus, Zaphrentis conulus*	Kalk mit *Syringophyllum organum*; K. m. *Phacops quadrilineatus* v. Neu-Sibirien	Korallenkalk des Himalaya mit Brachiopoden und Trilobiten	Bowning-Kalk m. *Pent. australis* (aff. *oblongus*) in Victoria, Schiefer mit *Diplograptus pristinus* in Victoria
D_5 (Grauwacke und Schiefer)	Schiefer mit *Trinucleus concentricus, Orthis, Porambonites*	Schiefer des Uggwathales mit *Orthis Actoniae, Porambonites* und *Stroph. grandis*	? Kalk der mittl. Tunguska mit *Columnaria alveolata, Plasmopora affinis* und *Calapoecia*	Trenton-Kalk von Boothia und King Williams Land	Kalk mit *Porambonites* des Himalaya; Kalk v. Kiau-Tschang-Pa mit *Orthis* cf. *calligramma, Trinucleus, Asaphus*	? Kalk mit *Porambonites*
D_{2-4} (Grauwacke und Schiefer)						Schiefer mit *Dicranograptus ramosus* und *furcatus* (Victoria)
D_2 Quarzit	Schiefer mit *Asaphus glabratus, Calymmene Tristani, Plac. Tournemini*	Karnische Alpen: Mauthener Schichten. Thonschiefer und Grünschiefer mit Kalklagern. Graz: Schöckelkalk und Semriacher Schiefer. Kalkschiefer mit Crinoiden			Kalk v. Mandalay (Birma) mit *Echinosphaerites* und *Orthoceras*	Schiefer von Victoria mit *Didymograptus caducens* (Victoria)
$D_1\gamma$ Schiefer u. Grauwacke			Braunrothe Sandsteine von Kriwolusk (Lena) a. d. mittl. Tunguska mit *Asaphus, Phacops* cf. *sclerops* und Primitien. In dem Sandstein Gyps und Steinsalz	Kalk mit *Caryocystites granatum* v. Ostgrönland	Kalk von Lanschan (Kiang-su) m. *Endoceras duplex, Asaphus, Raphistoma* und *Orthisina* cf. *squamata*	Goldführende Graptolithenschiefer von Victoria und Neuseeland mit *Tetragraptus, Phyllograptus, Dichograptus* u. *Loganograptus*
$D_1\beta$ Eisensteine u. Eruptivlager	Sandsteine mit *Bilobites* und *Lingula*			Harrow-Strasse (N.-Somerset): Kalk mit *Maclurea* und *Asaphus*		
$D_1\alpha$ Grauwacke u. Congl.				Harrow-Strasse (N.-Somerset): Rothe Schiefer und Sandsteine		
Lücke	Lücke	? Quarzphyllit	Cambrium	Gneiss	Cambrium	Cambrium

Sv. A. Tullberg[1] zu Grunde, die in einem entfernteren Gebiet, aber unter günstigeren stratigraphischen Verhältnissen entstanden ist, so ergeben sich verschiedene Abweichungen von Barrois' Auffassung. Dieselben sind in der obigen Tabelle zum Ausdruck gebracht. Welche Anschauung die richtigere sei, ist verhältnissmässig gleichgiltig gegenüber einer Thatsache von allgemeiner Wichtigkeit: die Zonenfolge der Graptolithen besitzt nicht die mathematische Regelmässigkeit, welche man derselben zuzuschreiben zu können glaubte. Vielmehr lassen sich geographische Unterschiede feststellen, und zwar stimmen dieselben nicht genau mit den Verschiedenheiten überein, welche die Vertheilung anderer Thiergruppen zeigt. Legt man die minutiöse Zonengliederung Tullberg's zu Grunde, so zeigt jedes Gebiet gewisse Eigenthümlichkeiten.

Es hat nach der vorstehenden Tabelle (VIII) den Anschein, als ob die Graptolithenzonen in Skandinavien, England, Böhmen, Thüringen und Schlesien vollkommenere Übereinstimmung unter einander zeigen als die im Südwesten Europas gelegenen. Immerhin sind auch hier kleinere Abweichungen insofern nachweisbar, als z. B. in Thüringen die nicht weiter theilbaren unteren *Rastrites*-Schiefer ebensowohl wie die oberen Schichten mit *Rastrites* je zwei südschwedische Zonen umfassen. Es ergiebt sich, dass die letzteren nur locale Bedeutung für Skandinavien und England besitzen. Hingegen umfassen die einzelnen von Barrois bearbeiteten Graptolithenfaunen von Frankreich und Nordspanien meist drei bis vier der im Norden unterschiedenen Zonen. Hiermit steht die wichtige Thatsache im Einklang, dass der Südwesten Europas, in welchem das Obersilur ausschliesslich in Graptolithenfacies entwickelt ist, eine einheitliche Entwickelung auch des Untersilur zeigt; die silurische Zeit begann hier mit der Transgression des armorikanischen Sandsteines und endet nach der Ablagerung der in mittlerer Tiefe gebildeten *Asaphus*-Schiefer mit der Ausbildung des abyssischen Graptolithenmeeres.

Von besonderer Wichtigkeit ist der von Tullberg[2] geführte Nachweis, dass die Graptolithen des Harzes ganz bestimmt den bezeichnenden Arten des unteren Ludlow (*Cardiola*-Schiefer in Schonen) entsprechen; nur *Mon. Flemingi* Salt., eine Subspecies von *Mon. priodon*, deutet vielleicht auf die oberste Zone des Wenlock hin. Solange das ältere Schiefergebirge des Ostharzes in seiner Gesammtheit als Vertreter des ältesten Devon galt, war die Deutung dieser Graptolithenschiefer als Unterdevon nicht geradezu unwahrscheinlich. Seit jedoch der Hauptquarzit, in dessen unmittelbarster Nähe die Graptolithenschiefer vorkommen, als Grenzhorizont von Mittel- und Unterdevon erkannt worden ist, wird die ältere Auffassung von E. Kayser und Lossen, nach der die Graptolithen zum Devon gehören, palaeontologisch unhaltbar. Sind doch durch die eifrigen Untersuchungen der letzten Jahrzehnte anderwärts nur wenige Exemplare von Graptolithen im untersten Unterdevon nachgewiesen worden[3].

Wenn man den Anforderungen der Palaeontologie folgend die Graptolithen-

[1] Zeitschr. d. deutsch. geolog. Ges. 1883, p. 259.

[2] Z. d. d. geol. Ges. 1883, p. 255.

[3] Ein *Rastrites* im Delthyris shale (Lower Helderberg) von New York, 2 oder 3 Stückchen von *Monograptus* in Böhmen F_1).

schiefer als zerquetschtes Obersilur, die Hasselfelder Kalke als eingefaltetes Mitteldevon und die Tanner Grauwacke als Synklinale von Culm auffasst, bleibt von der Ausnahmestellung des „Harzer Hercyn" wenig übrig (unten p. 189).

Die Auffassung der Graptolithenschiefer als höheres Obersilur ist um so weniger unwahrscheinlich, als gleichalte Bildungen in geringer Entfernung in Thüringen und im Kellerwald (Denckmann) nachgewiesen sind. Es handelt sich um ein geringes Übergreifen des Obersilurmeeres nach Norden. (Siehe die Kartenskizze II.)

III. Das Devon.

A. Allgemeines.

Entwickelungsform des Old Red Sandstone und des kalkigen Unterdevon („Hercyn"). — Eruptivgesteine. — Dreitheilung.

Die nach der englischen Grafschaft Devonshire benannte, vor Allem im rheinischen Schiefergebirge[1] reich entwickelte Formation schliesst sich bezüglich der Fauna und der Zusammensetzung der Marinbildungen eng dem Silur an. Neu ist die Erscheinung, dass nichtmarine rothe Sandsteine mit eigenartigen Thierresten und der ältesten bekannten Landflora grosse Flächen bedecken (Old Red Sandstone — im Gegensatz zu dem dyadisch-triadischen New Red Sandstone). In der folgenden Steinkohlenformation erlangen continentale pflanzenreiche Bildungen noch grössere geologische und technische Bedeutung.

Das Vorkommen des durch Zersetzung thierischer Reste entstandenen Petroleums im obersten Devon von Nordamerika ist ein weiterer wichtiger Charakterzug der Formation.

Die Faltung der meisten Devongesteine sowie die allgemeine Verbreitung der Eruptivgesteine erinnern an das Silur. Ungestört lagern devonische Meeresbildungen nur in Russland und Theilen von Nordamerika; der nichtmarine rothe Sandstein (Grossbritannien, Russland, Spitzbergen, östl. Nordamerika) hat nirgends eine stärkere Faltung erfahren.

Die Selbstständigkeit des „Devonian System" in seiner doppelten Entwickelung wurde 1837 von Sedgwick und Murchison erwiesen: Der Old Red Sandstone liegt zwischen Carbon und Silur; auch das marine Devon von Devonshire und Cornwall wird von dem ersteren überlagert und nimmt, wie die gleichzeitigen palaeontologischen Untersuchungen von Lonsdale ergaben, faunistisch eine Mittelstellung zwischen den genannten Formationen ein.

Neuere Untersuchungen haben den stratigraphischen und faunistischen Übergang des Rothen Sandsteins in jüngere und ältere Bildungen bestätigt, gleichzeitig aber den Nachweis einer tiefgreifenden Discordanz erbracht, welche den unteren Old Red in Grossbritannien von der oberen, auch

[1] Es ist zu bedauern, dass der wesentlich bezeichnendere, aber jüngere Name ‚Rheinisches System' der Brüder G. und F. Sandberger nicht zur allgemeinen Anerkennung gelangt ist. In Amerika hat Dawson die mit Devon synonyme Bezeichnung Erian vorgeschlagen. Der Name Helderbergian J. M. Clarke's ist für die älteren amerikanischen Schichten in Vorschlag gebracht worden und beansprucht eine geographische Bedeutung (s. u.).

faunistisch verschiedenen Abtheilung trennt. Diese Trockenlegung entspricht zeitlich etwa dem marinen Mitteldevon und der gewaltigen Transgression desselben in der Nordhemisphäre. Eine weitere Änderung der Anschauungen wird durch die Beobachtung bedingt, dass in Schottland (Lanarkshire) in dem älteren Old Red eine Einlagerung mit silurischen Graptolithen und Orthoceren, in der jüngeren Stufe eine Kalkbank mit carbonischen *Productus*-Arten auftritt (*Productus giganteus* etc., Arran). Es ergiebt sich somit, dass die untersten Sandsteinschichten wenigstens local dem Obersilur, die jüngsten Bänke dem Carbon homotax sind, oder mit anderen Worten: Den Rückzug des Meeres und die Bildung ausgedehnter Binnenseen begann zur Obersilurzeit; nach einer Trockenlegung des gesammten Gebietes folgte eine neuerliche Süsswasserbedeckung, welche bis in die Carbonperiode hinein dauerte.

Schematisch lassen sich die Altersbeziehungen des englischen Old Red wie folgt veranschaulichen:

Nichtmarine Entwickelung		Marine Entwickelung
Oberer Old Red Sandstone	=	Untercarbon z. Th. Oberdevon.
Trockenlegung und Transgression	=	Mitteldevon
Unterer Old Red Sandstone	=	Unterdevon Obersilur z. Th.

Die schieferig-sandige Entwickelung des Unterdevon, der Spiriferensandstein, wurde zuerst genauer im Westen von Deutschland studirt und als typisch für die Abtheilung angesehen. Die kalkigen, viel mannigfaltiger entwickelten Facies (Harz, Böhmen, Frankreich, Ural, New York) wurden früher allgemein dem Silur zugerechnet, aber seit Ende der siebziger Jahre als „Hercyn" (oder hercynisches Unterdevon) in mannigfach wechselnder Fassung des Begriffes dem Spiriferensandstein verglichen. Die sichere Feststellung dieser Thatsache wurde durch den Umstand erschwert, dass im rheinischen Schiefergebirge (und am Ural) das Obersilur fehlt, während im Hangenden des kalkigen Unterdevon das Mitteldevon einen durch facielle (Böhmen) oder geographische Verschiedenheiten (New York) bedingten eigenthümlichen Charakter zeigt. Erst das Profil des Wolayer Thörls in den Karnischen Alpen, wo zwischen normalem Obersilur und typischem Mitteldevon der Riffkalk des Unterdevon mit der aus Böhmen bekannten Fauna lagert, machte den letzten Zweifeln ein Ende. Eingehendere Angaben enthalten die Abschnitte über die Ausbildung der unterdevonischen Meeresprovinzen und das böhmische Devon.

Bemerkenswerth ist die Häufigkeit der devonischen submarinen Eruptivgesteine, die vorwiegend als Diabase (Diabasmandelsteine, Diabasporphyre, seltener als Keratophyre) entwickelt und im Harz, im sächsischen Vogtland, im rechtsrheinischen Gebirge und Süddevon in häufiger Wiederholung den normalen Schichten eingelagert sind. Die Effusivdecken und die zugehörigen Tuffe verhalten sich nicht nur tektonisch wie ein Sedimentgestein, sondern ähneln den letzteren auch insofern, als weder eine Einwirkung auf die Entwickelung der Fauna, noch auf eine Veränderung des Meeresniveaus wahrnehmbar ist. Manche aus zersetztem Diabasmaterial bestehende Schichten — so die Planschwitzer Tuffe des Vogtlandes und manche „Schalsteine“ des Dillgebietes — sind hervorragend versteinerungsreich, ohne dass aus der Art des Vorkommens ein massenhaftes Sterben der Meeresthiere im Zusammenhang mit den Eruptionen nachweisbar wäre.

In Übereinstimmung mit den maassgebenden, am Rhein und in Devonshire gemachten Beobachtungen lässt sich eine Dreitheilung des marinen Devon in den meisten Gebieten wahrnehmen. Doch ist nur die Abgrenzung des weitverbreiteten, durch reiche Entwickelung der Clymenien und Goniatiten gekennzeichneten Oberdevon leicht durchführbar. Die enge Verbindung von Unter- und Mitteldevon wird überall beobachtet und beruht vornehmlich darauf, dass die obere der beiden Mitteldevonstufen durch eine weitausgreifende Transgression gekennzeichnet wird. Die untere Stufe schliesst sich in Bezug auf die geographische Entwickelung näher an das Unterdevon an, während palaeontologische Beziehungen nach oben wie nach unten nachweisbar sind. Eine anderweitige Gruppirung der Hauptabtheilungen würde jedoch ungleichwerthige Abschnitte ergeben[1] und die historisch herausgebildete Übersicht erschweren. Eine aus der Zusammenfassung von Unter- und Mitteldevon gebildete Abtheilung würde etwa dem Untersilur gleichwerthig sein; die faunistische Entwickelung im Oberdevon entspricht zeitlich dem Obersilur. Eine Übertragung der in der alten Welt überall nachweisbaren Dreitheilung auf das amerikanische Devon ist nur in künstlicher Weise möglich.

Palaeontologischer Charakter.

Das Auftreten der Ammonitiden und Terebratuliden an der Basis des marinen Devon, die formenreiche Entwickelung des Fischstammes im Weltmeer und in den continentalen Binnenseeen sind neben dem Auftreten von Landpflanzen die beachtenswerthesten Kennzeichen der devonischen Periode. In negativer Hinsicht ist das fast vollkommene Verschwinden der Graptolithen und Cystideen, sowie der entschiedene Rückgang der Trilobiten bedeutungsvoll. Alle übrigen wirbellosen Meeresthiere, die schon im Silur vorhanden waren, befinden sich in lebhafter Fortentwickelung. Bedeutungsvoll sind vor Allem Brachiopoden, Korallen und Crinoiden. Hingegen sind Landthiere (Reste von Insecten und Tausendfüssern, ?Landconchylien) kaum häufiger als im Silur.

In der unterdevonischen, noch wenig bekannten Korallenfauna ist von den vielgestaltigen Operculaten nur die Gattung *Rhizophyllum*, der Vorläufer der mitteldevonischen *Calceola*, übrig geblieben. Neu sind grosse Cyathophyllen aus der Gruppe der *C. helianthoides*, Zaphrentiden von ähnlichem Wuchse (*Aspasmophyllum* F. Roem.), sowie die Cystiphyllidengattung *Diplochone* Frech. Zahlreiche weitere Formen[2] gehen bis in das Mitteldevon hinauf. Die meisten bezeichnenden

[1] Wollte man das Mitteldevon auf die obere Stufe mit *Stringocephalus* beschränken (Gosselet), so würde sich, abgesehen von der Durchbrechung des Prioritätsstandpunktes, das Unterdevon zum Mitteldevon wie 3 : 1 verhalten.

[2] *Favosites, Alveolites, Heliolites, Actinostroma, Amplexus, Endophyllum, Diplochone.*

Riffkorallen des Obersilur[1] sind erloschen, sodass gerade bei den früher zum Silur gerechneten Riffkalken von Koneprus der devonische Charakter der Korallenfauna deutlich hervortritt. *Thecia* und *Rhizophyllum* sind die einzigen nur bis in das Unterdevon hinaufreichenden Obersilurgattungen. Im Mitteldevon entfalten sich vor Allem die Pterokorallier[2] und Stromatoporiden[3] zu einem Formenreichthum, der dem des Obersilur ähnlich ist.

Im Oberdevon nimmt Mächtigkeit und Verbreitung der Riffe und im Zusammenhang hiermit die Mannigfaltigkeit der Formen überall ab[4]; neue Gattungen erscheinen kaum (*Haplotheria*), die im Mitteldevon beginnende *Phillipsastraea* ist als hauptsächlicher Riffbildner zu nennen.

Ein Gegensatz von Riffkorallen (alle genannten Gattungen) und Tiefseeformen (*Petraia*, *Cladochonus*) ist scharf ausgeprägt.

Die devonischen Echinodermen umfassen neben den letzten Cystoideen (*Agelacrinus*, *Tiaracrinus*, *Proteocystites*) die ältesten durch Verschiebbarkeit der Tafeln ausgezeichneten Echinoideen (*Lepidocentrus*). Seesterne besitzen in den wenigen für ihr Gedeihen günstigen Faciesbildungen (Hunsrückschiefer) bereits grosse Mannigfaltigkeit. Den Höhepunkt ihrer Entwickelung erreichen die Blastoideen im amerikanischen Devon (*Elaeacrinus*), während in Europa nur wenig bedeutsame Vertreter dieser Gruppe auftreten (*Pentremitidea*).

Die eigentlichen Crinoiden übertreffen alle vorgenannten Gruppen an Bedeutung, sind jedoch auf bestimmte vertical und horizontal beschränkte Standorte angewiesen (z. B. Hunsrückschiefer, *Ctenocrinus*-Bänke der Stufe des *Spirifer paradoxus*, Riffkalk der Ostalpen, Crinoidenschicht der Eifel u. s. w.). Die obengenannten (S. 65) Hauptgruppen der obersilurischen Crinoiden entwickeln sich weiter; nur die aberranten, einseitig entwickelten Formen, wie *Anthocrinus* (= *Cratalocrinus*), *Polypeltes*, *Barrandeocrinus* und *Macrostylocrinus*, sind verschwunden.

Unter den Cladocrinoiden hebt sich besonders die Familie der Hexacriniden und der Melocriniden mit der unterdevonischen Charakterform *Ctenocrinus* scharf hervor. In der Gruppe der Pentacrinoiden umfasst besonders die Unterordnung *Larviformia* devonische Leitfossilien, wie die Cupressocriniden und Haplocriniden (beide nur im Mitteldevon). Bei den *Costata* ist die Differencirung der schwerfälligen kalkreichen Rifftypen (*Coccocrinus*) und der zierlichen langarmigen Formen des tieferen Meeres (*Hapalocrinus*) interessant. Die *Fistulata* sind besonders mit den *Gastrocomidae*, *Dendrocrinidae* (*Homocrinus*, *Bactrocrinus*), *Codiacrinidae* und *Sphaero-*

[1] *Omphyma*, *Ptychophyllum*, *Stauria*, *Acervularia*, *Pholidophyllum*, *Calostylis*, *Dinophyllum*, *Polyorophe*, *Lindstroemia*, *Palaeocyclus*, *Syringophyllum*, *Halysites*, *Syringolites*, *Somphopora*, *Labechia* u. a.

[2] Im deutschen Mitteldevon allein umfasst *Cyathophyllum* 26, *Actinocystis* 14 verschiedene Formen; neu sind die Gattungen: *Hadrophyllum*, *Combophyllum*, *Microcyclus*, *Metriophyllum*, *Diphyphyllum*.

[3] *Stylodictyon*, *Stromatoporella*, *Syringostroma*, *Idiostroma*, *Hermatostroma*, *Amphipora*, *Stachyodes*.

[4] Es fehlen im Oberdevon: *Calceola*, *Hadrophyllum*, *Combophyllum*, *Metriophyllum*, *Aspasmophyllum*, *Diplochone*, *Cystiphyllum*, *Actinocystis*, *Roemeria*, *Pachytheca* (nur Mitteldevon), *Stromatopora* s. str., *Stachyodes*, *Idiostroma*, *Hermatostroma*, wahrscheinlich auch *Heliolites*.

crinidae (die gleichnamige Gattung und *Pariscocrinus*) noch in lebhafter Fortentwickelung begriffen, während die *Articulosa* (z. B. *Lecanocrinidae*) zurückgehen.

Die devonischen Brachiopoden befinden sich in aufsteigender Entwickelung, da die Zahl der erloschenen silurischen Gattungen[1] durch eine unverhältnissmässig grössere Zahl neuer Formen ersetzt wird und drei neue Familien — Terebratuliden, Stringocephaliden und Productiden — auftreten. In erster Linie sind die in grosser Mannigfaltigkeit entwickelten Terebratuliden (+ *Centronellidae*[2]) für das Devon wichtig:

Megalanteris, *Tropidoleptus*[3] und *Rensselaeria* im Unterdevon, *Stringocephalus* und *Newberryia* im oberen Mitteldevon, *Dielasma* (vom Mitteldevon an), *Centronella* und *Cryptonella* sind, abgesehen von vielen Untergattungen und Gruppen, in erster Linie zu nennen.

Auch die spiraltragenden Brachiopoden zeigen eine reiche Entfaltung neuer Formen. Bei der Gattung *Spirifer* sind in erster Linie die langflügeligen Arten (Gruppe des *Sp. speciosus*), ferner die Formenreihe des *Sp. primaevus* und *curvatus* (*Reticularia*) hervorzuheben. Eine selbstständigere Stellung nehmen *Ambocoelia*, *Metaplasia* (U.-D.) und *Verneuilia* (M. und O.-D.) ein, bei den Atrypiden *Karpinskia* (U.-D.) und *Gruenewaldtia* (M. O.-D.), bei den Athyriden *Athyris* (mit dem Subgenus *Pentagonia* [U.-D.]) und *Merista*, ferner *Meristella* (U.-D.), *Anoplotheca* (U. M.-D.), *Leptocoelia* (U.-D.), sowie *Uncites*, der Begleiter von *Stringocephalus*. Auch die Pentameriden (*Amphigenia* [U. M.-D.]) und Rhynchonelliden (*Eatonia* [U.-D.] und *Leiorhynchus* [M. O.-D.] p. 243 = den sogenannten Camarophorien des Devon) zeigen eine weitere Entfaltung. Nur die Orthiden und Strophomeniden bleiben stehen[4].

Im Gegensatz zu den überall verbreiteten Brachiopoden sind die Zweischaler auf ganz bestimmte Facies beschränkt und allein in diesen häufig. Den bezeichnenden Habitus der Riffbewohner tragen die dickschaligen Gattungen *Megalodus* (vom oberen M.-D. an) und *Mecynodus* (O. M.-D.). Die dünnschaligen, wahrscheinlich freischwimmenden Palaeoconchen (*Cardiola* [Taf. 36 Fig. 11], *Buchiola* [Taf. 35 Fig. 16], *Lunulicardium*, *Praecardium* u. a.) sind auf die pelagischen Goniatitenfacies beschränkt.

Die meisten Zweischaler finden sich in den sandigen Schichten des rheinischen Unterdevon und der mitteldevonischen Hamilton group. Besonders häufig sind hier die Aviculiden, unter ihnen die schon im Silur auftretende Gattung *Pterinaea*, die in der rheinischen Grauwacke mit 13 Arten den Höhepunkt ihrer Entwickelung erreicht. Dem Devon eigenthümlich sind *Limoptera* (U.-D.), *Kochia* (U.-D.), *Leiopteria* (O.-D.), *Actinodesma* (U.-D.), *Gosseletia*, *Cyrtodontopsis* (U.-D.) und *Myalinoptera*. Während *Modiola* sich bereits durch das Zwischenstadium von *Myalina* abgezweigt hat, sind die Pectiniden noch nicht als selbstständige Familie von den Aviculiden getrennt (*Aviculopecten*). Für die Zweischaler vergleiche man Taf. 24a.

[1] *Trimerella*, *Dinobolus*, *Monomerella*, *Stricklandinia*, *Meristina*, *Dayia*, *Orthisina*, *Platystrophia* und *Zygospira*.

[2] Hall and Clarke, An introduction to the study of the Brachiopoda. II. 1895. p. 808.

[3] Beide Gattungen sind vornehmlich unterdevonisch. *Megalanteris* ist in vereinzelten Exemplaren im Mitteldevon vertreten, *Tropidoleptus* geht nur in Amerika in das Mitteldevon hinauf.

[4] Zwei wenig hervortretende Gattungen, *Scenidium* und *Davidsonia*, sind auf das Mitteldevon beschränkt.

Bei den übrigen Gruppen der Zweischaler — Heterodonten, Taxodonten und Desmodonten — ist ein enger Zusammenhang der palaeozoischen und lebenden Familien nachweisbar. Verhältnissmässig wenige Familien, die Megalodontiden, die Ctenodontiden (*Taxodontia* Taf. 24 Fig. 3), die Grammysiiden (*Desmodontia* Taf. 24 Fig. 4) und die Conocardiiden (*Palaeoconchae*) sind jetzt ausgestorben, umfassen aber die artenreichsten Gattungen des Devon. Ausgestorbene, den lebenden nahestehende Gattungen finden sich u. a. bei den Trigoniiden (*Myophoria* = *Schizodus* auct.), Cypriniden (*Cypricardinia*, *Mecynodus* und *Goniophora* Taf. 24 Fig. 5), Cardítiden (*Prosocoelus* vom U.-D.), Astartiden (*Cypricardella*), Luciniden (*Paracyclas proavia* Taf. 29 Fig. 5), Arciden (*Macrodus* = *Dolabra* auct.; M.-D. u. O.-D.) sowie den Soleniden (*Palaeosolen*; U. u. M.-D.).

Die devonischen Gastropoden (Taf. 29 u. 32) sind viel alterthümlicher[1] entwickelt, als die Zweischaler, aber geologisch weniger hervortretend. Nur die Capuliden erscheinen in den kalkigen Facies des Unterdevon so massenhaft und vielgestaltig, dass man für diese Entwickelung den Namen „Capulien" vorgeschlagen hat (*Platyceras* Taf. 29 Fig. 11, *Platyostoma*, *Holopella* und *Turbonitella* Taf. 32 Fig. 8). Als geologisches Leitfossil ist ausserdem nur *Macrochilos arculatum* SCHL. (O. M.-D.), eine typische Riffform, zu nennen. Die artenreichsten Familien sind Pleurotomariiden (*Murchisonia*) und Euomphaliden, beide mit aufgerollten — *Odontomaria*[2] — und wunderlichen dreieckigen Wachsthumsformen (*Triangularia* Taf. 19c). Bemerkenswerth ist endlich noch das Vorkommen des silurischen *Trematonotus* in den unterdevonischen Riffkalken. Vergl. Taf. 19c.

Von Tentaculiten finden sich vereinzelte dickschalige Formen in den sandigen Schichten des rheinischen Gebirges; eine ausserordentliche Entfaltung erfahren die dünnschaligen, offenbar planktonisch lebenden Arten in den nach ihnen benannten Mitteldevonschiefern, wo sie von *Hyolithus* und *Styliolina* begleitet werden.

Das plötzliche Auftreten einer grösseren Anzahl von Goniatiten im Unterdevon erinnert bezüglich der Art des Erscheinens an die jurassischen Ammoniten: In dem tiefsten Unterdevon finden sich bereits *Anarcestes*, *Aphyllites*, *Tornoceras*, *Gephyroceras* und *Beloceras*, etwas höher, an der oberen Unterdevongrenze, *Mimoceras*, *Pinacites* und *Maeneceras*. Das Mitteldevon ist die Zeit der einfach gebauten Formen und enthält zwar neue Arten, aber mit Ausnahme von *Bactrites*, des an der oberen Grenze auftretenden *Prolecanites* und der Gruppe des *Anarcestes cancellatus* keine neuen Gruppen. Das aus dem Mesozoicum bekannte Intermittiren prägt sich schon hier aus. *Beloceras* und *Gephyroceras* sind im ganzen Mitteldevon intermittirend, *Tornoceras* und *Maeneceras* fehlen dem unteren Mitteldevon und treten im oberen Theile desselben von Neuem auf.

Hinter den Ammoneen treten die Nautileen zurück, die Artenzahl der devonischen Orthoceren beträgt kaum ein Zwanzigstel der silurischen und die eigenartigen Gruppen der Lituitiden und Ascoceren sind erloschen. Immerhin erscheinen

[1] Als recente, schon im Devon auftretende Gattungen sind *Trochus*, *Rotella* und *Dentalium* hervorzuheben.

[2] Taf. 29 Fig. 10, 14, Taf. 32 Fig. 10. Vergl. für die weniger aufgerollten Gewinde von *Pleurotomaria*: FRECH, Z. d. geol. Ges. 1894. t. 31.

neben *Gomphoceras*, *Phragmoceras* u. a. noch neue Gattungen, so *Gyroceras* Taf. 15 Fig. 4, *Jovellania* (*Orthoceras triangulare* M.-D.) Taf. 30 Fig. 2, *Temnocheilus* (*Cyrtoceras tetragonum* Taf. 30 Fig. 4), *Hercoceras* und *Nothoceras* Taf. 15 Fig. 7, 8 (beide M.-D.).

Die **Trilobiten** befinden sich in entschiedenem Rückgang: Zwar ist die Zahl der völlig ausgestorbenen Genera nur gering[1]; aber die noch vorhandenen Gattungen des Obersilur sind nur durch artenarme Überreste einzelner Gruppen vertreten, so *Calymmene* (bis zum amerikanischen Mitteldevon), *Harpes*, *Cheirurus* (nur Gruppe *Crotalocephalus* Taf. 17 Fig. 3 und Taf. 31 Fig. 1), *Lichas*, *Acidaspis* (Gruppe des *A. vesiculosa*) und *Bronteus* (Gruppen des *Br. palifer*, *campanifer* und *Thysanopeltis*).

Nur bei Calymmeniden[2], Proëtiden und Phacopiden begegnen wir neuen Gattungen oder Untergattungen: *Dipleura* (Untergattung von *Homalonotus*, bis zum amerikanischen Mitteldevon, Taf. 25 Fig. 6, *Cryphaeus* Taf. 25 u. 31), *Odontochile*, sowie im amerikanischen Unterdevon *Odontocephalus*, *Corycephalus*, *Terataspis* u. a.; *Dechenella* (höheres Devon), *Schmidtella*, *Cyphaspides* (beide Unterdevon) und *Phaëtonellus*. Bei den Phacopiden und Proëtiden zeigen auch die aus dem Obersilur stammenden Gattungen grossen Artenreichthum.

Nichtoceanische Entwickelung	Oceanische Entwickelung
Calciferous Sandstone (Schottland) ↑	Kohlenkalk *Glyphioceras*, *Pericyclus*
3. Oberer Old Red Auftreten der Phaneropleurinen und Palaeonisciden (*Cheirolepis*). Neu sind *Holoptychius* und *Eusthenopteron* (*Cyclodipterini*), *Bothriolepis*, *Asterolepis* und *Glyptopomus* (*Rhombodipterini*). Sämmtliche Familien des Lower Old Red leben fort. Erloschen sind einzelne Gattungen (*Diplopterus*, *Climatius* u. a.)	Clymenien, *Sporadoceras* Oberdevon
2. Unterer Old Red (und unterer baltischer Sandstein) Auftreten der Asterolepiden (*Pterichthys*), Coccosteiden (*Coccosteus*, *Heterosteus* etc.), Ctenodipterinen (*Dipterus* etc.), der meisten Acanthodier (*Acanthodes*, *Cheiracanthus*), der Cyclodipterinen (*Glyptolepis*, *Cricodus*) und Rhombodipterinen (*Osteolepis*, *Diplopterus*). Die Pteraspiden sind gänzlich, die Cephalaspiden fast gänzlich erloschen.	Mitteldevon Unterdevon
Gleichartige Fischfauna des Obersilur u. des tiefsten Old Red: **1. Tiefster Old Red** *Pteraspis* (*Palaeaspis*), *Cephalaspis* (*Eukeraspis*), *Phlyctaenaspis* (*Coccosteidae*), *Climatius* (*Acanthodii*)	Auftreten der Ammoneen
↑ Salina (Onondaga) group m. *Palaeaspis* ← Passage beds (England, Podolien) →	Obersilur

[1] *Encrinurus*, *Sphaerexochus*, *Deiphon*, *Staurocephalus* (Taf. 12), *Ampyx*, *Illaenus* (bezw. Subgenus *Bumastus*).

[2] Die Gattung *Calymmene* selbst ist nur durch ganz vereinzelte, seltene Arten vertreten.

Von sonstigen Crustaceen ist *Entomis* (*Cypridina* auct., Taf. 35 Fig. 18) für oberdevonische Schiefer, *Aristozoe* für die böhmischen Riffkalke (U.-D.), *Pterygotus* für das ältere Old Red bezeichnend.

Die besonders durch das Erscheinen der heterocerken und ?störartigen Ganoiden, Ctenodipterinen, Acanthodier, Placodermen und Crossopterygier bereicherte Fischfauna zeigt in den verschiedenen Facies und Horizonten so grosse Verschiedenheiten, dass man auf Grund derselben das Devon in zwei ungleichwerthige Einheiten theilen müsste (s. Tabelle auf S. 123: 1. ist im Wesentlichen silurisch, 2. und 3. devonisch).

Die wichtigsten Fischtypen des Devon sind nach der Reihenfolge des geologischen Auftretens in der kleinen Tabelle auf vorstehender Seite aufgeführt; eine vollständige Aufzählung der bekannten Gattungen enthält ein späterer Abschnitt.

Im Oberdevon lebt die Mehrzahl der bezeichnenden Brachiopoden, Mollusken, Echinodermen und Korallen des Mitteldevon fort. Die Trilobiten erfahren — abgesehen von dem in der Goniatitenfacies häufigen *Trimerocephalus* (*Tr. anophthalmus* FRECH = *cryptophthalmus* auct. Taf. 35 Fig. 18) — einen weiteren Rückgang, wie denn auch bei den erstgenannten Gruppen verschiedene bezeichnende Gattungen[1] erloschen sind. Die oberdevonische Fauna ist, abgesehen von der massenhaften Entwickelung einzelner Brachiopoden-, Ostracoden-, Korallen- und Spongiengruppen (Gruppe des *Sp. Verneuili*, *Leiorhynchus* = *Camarophoria* auct., *Entomis*, *Phillipsastraea*, *Dictyophyton*), vor Allem durch die Entfaltung der Ammonitiden ausgezeichnet.

Drei wohlcharakterisirte Ammonitidenfaunen, die allerdings in vollständiger Reihe bisher nur in Europa beobachtet wurden, kennzeichnen die aufeinander folgenden Stufen:

1. Die Gattungen *Gephyroceras* (*Goniatites intumescens*) und *Beloceras* (*G. multilobatus*) sind allerdings schon an der unteren Grenze der Formation beobachtet worden, entfalten sich aber erst im unteren Oberdevon zu bedeutender Grösse und erheblichem Artenreichthum (*Gephyroceras* mit ca. 15 Arten), um mit dieser Stufe zu erlöschen. Etwas geringer ist die Mannigfaltigkeit der langlebigeren Gruppen *Tornoceras* und *Prolecanites*. Beide reichen ebenso wie der eigenthümliche *Bactrites* aus dem Mitteldevon herauf. *Prolecanites* Taf. 35 Fig. 11 kennzeichnet eine nur local entwickelte Grenzzone von Mittel- und Oberdevon. Die älteste, einfach organisirte Clymenie (*Cyrtoclymenia*) erscheint in den *Intumescens*-Schichten von New York.

2. Der im mittleren[2] Oberdevon beobachtete Formenreichthum ist geringer. Neben wenigen identen[3] oder veränderten[4] Arten von *Tornoceras* und

[1] *Stringocephalus*, *Uncites*, *Kayseria*, *Bifida*, *Calceola*, *Cupressocrinus*, *Eucalyptocrinus*, *Anarcestes*, *Aphyllites*, *Mimoceras*, *Maeneceras*.

[2] Die mittlere Stellung der Nehdener Schichten beruht auf den in Ausführung von E. BEYRICH's Untersuchungen unternommenen Arbeiten von E. KAYSER (Z. d. geol. Ges. 1873. p. [illegible]) und dem Verfasser (Cabrières. 1887. p. 378 u. 438).

[3] *Tornoceras undulatum* SANDB.

[4] *Tornoceras planidorsatum* MSTR. *Tornoceras simplex* ist noch selten und vereinzelt vorhanden, fehlt aber im oberen Oberdevon, wie gegenüber entgegenstehenden Angaben bestimmt hervorgehoben werden muss. Die unter diesem Namen in den verschiedenen Sammlungen befindlichen Stücke des Clymenienkalkes sind meist abgeriebene Exemplare von *Brancoceras sulcatum*.

Bactrites, sowie einem vereinzelten Nachzügler von *Gephyroceras*, erscheint ein neuartiger, durch den geradlinigen Verlauf der Sculptur scharf von allen älteren Goniatiten geschiedener Familientypus *Cheiloceras* nov. gen. (Taf. 32a) = *Parodiceras* Hyatt ex parte[1]: Stufe des *Cheiloceras curvispina* (Nehdener Schiefer, Kalk von La Tourière, Dolomit von La Serre bei Cabrières). Alle älteren Goniatiten und die wenig zahlreichen directen Nachkommen derselben (vergl. die Tabelle auf S. 126), sowie ferner die Clymenien besitzen in Sculptur, Mündungsform und Labialwülsten zwei convexe Vorbiegungen auf dem Seitentheile und einen tiefen Rückenausschnitt. Die stärker ausgeprägten externen Vorbiegungen bilden häufig parallele Furchen, die den Rücken jederseits begrenzen.

Das unvermittelte Auftreten der Cephalopodengattungen im Westen von Europa wird durch die Übergangsfaunen von Kielce in Polen (siehe unten p. 160) erklärt. Hier liegen zwischen *Intumescens*- und Clymenienschichten zwei Übergangshorizonte (= Stufe des *Ch. curvispina*), deren tieferer *Brancoceras* und *Sporadoceras*, deren höherer *Cyrtoclymenia* neben typischen Nehdener Formen enthält.

Ein provisorischer Stammbaum der devonischen Goniatiten ist auf S. 126 dargestellt. Die *Aphyllitidae* (I) mit der evoluten Unterfamilie *Mimoceratinae*, die *Prolecanitidae* (II), *Gephyroceratidae* (III), *Beloceratidae* (IV) besitzen den durch die externen Vorbiegungen der Sculptur begrenzten Rückenausschnitt und sichelförmige Anwachsstreifen auf der Seite, die *Cheiloceratidae* mit den anschliessenden jüngeren Formen eine vollkommen geradlinige oder nur durch flache Ausbuchtung unterbrochene Sculptur. Als ferneres Merkmal der *Cheiloceratidae* ist die regelmässige Ausbildung von Labialwülsten und die stets mehr als einen Umgang betragende Länge der Wohnkammer hervorzuheben.

Durch die auf Taf. 32a zum ersten Male zusammengestellten Mündungsformen von Goniatiten wird der Nachweis erbracht, dass Sculptur und Mündungsform einander vollkommen entsprechen. Ein Hinweis auf die hohe systematische Wichtigkeit dieser beiden Merkmale erscheint unnöthig. Die Unzulänglichkeit der bisherigen, für stratigraphische Eintheilungen nicht verwendbaren Classificationsversuche beruht zum guten Theil auf der falschen Darstellung der Sculptur in den verbreitetsten Clichés (z. B. *Goniatites* „*retrorsus*").

3. Die Mannigfaltigkeit und Häufigkeit, welche die Clymenien in der obersten nach ihnen benannten Stufe des Devon erreichen, ist in der Entwickelung palaeozoischer Faunen fast beispiellos. Neben den kleineren einfach organisirten älteren Formen (*Cyrtoclymenia*) findet sich eine zu den grössten[2] und gleichzeitig am höchsten differencirten Gattungen (*Gonioclymenia*) hinüberleitende Reihe (*Gymno*-

[1] Die durch Hyatt auf Grund der Loben versuchte Trennung von *Parodiceras* und *Tornoceras* ist bei der Unbeständigkeit dieses Merkmals unhaltbar (vergl. auch Holzapfel, das obere Mitteldevon, p. 81). Allerdings umfasst *Parodiceras* Hyatt die Mehrzahl der unter *Cheiloceras* mit neuer Diagnose zusammengefassten Formen, aber der Typus der Gattung *Par. discoideum* Hall ist ein echtes *Tornoceras*. *Cheiloceras* nov. gen. (ὁ χεῖλος, Lippe, wegen der stets vorhandenen Labialwülste). Sutur, Form der Mündung und Labialwülste verlaufen fast geradlinig mit schwacher Ausbuchtung auf der Externseite. Wohnkammer 1¼–1½ Umgänge betragend. Sutur von einfachen, an *Anarcestes* erinnernden Formen (*Ch. planilobum*) bis zu gerundeten Laterallohen (*Ch. amblylobum*) differencirt. Die Arten mit zugespitztem Lateral (*Ch. oxyacantha*) bilden den Übergang zu *Brancoceras*.

[2] Bis ca. 4 dm Durchmesser.

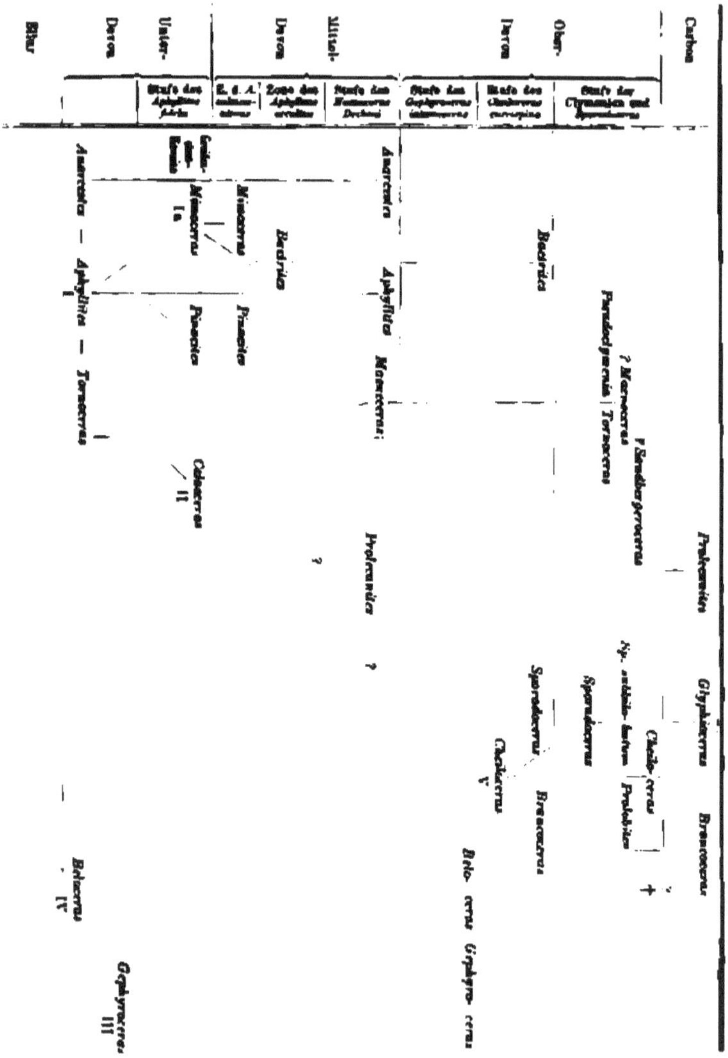
Carbon
Ober-Devon
Mittel-Devon
Unter-Devon
Silur
Stufe des Aphyllites fidelis
Zone des Aphyllites occultus
Stufe des Maenoceras Decheni
Stufe des Gephyroceras intumescens
Stufe des Cheiloceras curvispina
Anarcestes
Aphyllites
Tornoceras
Mimoceras
Pinacites
Bactrites
Celaeceras
Maenoceras
Prolecanites
Glyphioceras
Brancoceras
Sporadoceras
Cheiloceras
Prolobites
Beloceras
Gephyroceras
I
Ia
II
III
IV

clymenia, *Oxyclymenia*, *Sellaclymenia*). Bei den Goniatiten erscheinen neben den letzten seltenen Vertretern von *Tornoceras* und *Cheiloceras* die höher differencirten, eng mit dieser Gattung zusammenhängenden Gruppen *Brancoceras* und *Sporadoceras*. Daneben beobachten wir andere, z. Th. eigenartig differencirte Formen, die ebenso wie die Clymenien mit dem Schluss des Devon aussterben: *Prolobites*, *Dimeroceras* und *Pseudoclymenia*[1].

Die Veränderungen, welche die übrigen Gruppen der wirbellosen Thiere im Oberdevon erfahren, sind belanglos[2]. Wie die Trilobiten im Untersilur, Brachiopoden und Korallen im Obersilur, so durchlaufen die Ammonitiden im Oberdevon eine Periode lebhafter, ja stürmischer Entwickelung.

Die Flora des Devon (Taf. 33 u. 34) beeinflusst den gesammten Charakter der organischen Welt nur in unerheblichem Maasse. Immerhin ist die grössere Häufigkeit von Meeresalgen (*Haliserites*, *Chondrites*, *Nematophyton*) bemerkenswerth und giebt local zur Bildung von Algensteinkohlen Veranlassung; bei Neunkirchen in der Eifel ist im oberen Unterdevon ein unregelmässig verlaufendes Flötzchen einer unreinen Gaskohle entdeckt worden. Die aus Landpflanzen bestehenden Steinkohlenflötze, welche in den Grenzhorizonten von Devon und Carbon auftreten, werden jetzt zu der letzteren Formation gerechnet.

Wenngleich Steinkohlen für das Devon weder von technischer noch von geologischer Wichtigkeit sind, erscheinen doch bereits sämmtliche Hauptvertreter der

[1] Nov. gen. In der äusseren Form des Gehäuses und dem Verlauf der Lobenlinie mit *Clym. undulata* (Taf. 36 Fig. 2) übereinstimmend, jedoch mit externem Siphonallobus; einzige Art: *Goniatites Sandbergeri* Beyr. *Goniatites planidorsatus* und *falcifer* bilden eine eigenthümliche, zu *Tornoceras* gehörige Gruppe.

[2] Erwähnt sei das Auftreten der ältesten echten *Productus*-Arten in den litoralen Aequivalenten des pelagischen Clymenienkalkes, sowie das Vorkommen bezeichnender Aviculiden: *Myalinoptera* Frech (unteres Oberdevon), *Loxopteria* (mittleres und oberes Oberdevon). Ein kürzlich gemachter Vorschlag, die Reihenfolge der oberdevonischen Stufen zu ändern, widerlegt sich — abgesehen von der nicht hinreichenden stratigraphischen Begründung (s. u.) — durch palaeontologische Erwägungen. Es sind zu diesem Zwecke diejenigen Arten und Gattungen zusammengestellt, welche in zwei Stufen vorkommen. Ferner sei an den obigen Stammbaum erinnert, nach welchem die Vorgänger der carbonischen Goniatiten erst im Clymenienkalk auftreten.

	Unteres	Mittleres	Oberes
Tornoceras (Gattung)	+	+	
„ *circumflexum* Sandb.	+	+	
„ *undulatum* Sandb.	+	+	
„ *planidorsatum* Münst.		+	+
Cheiloceras (Gattung)		+	+
„ *Verneuili* Münst.		+	+
„ *oxyacantha* Münst.		+	+
„ *umbilicatus* Münst.		+	+
„ *subpartitus*		+	+
„ *planilobus* Münst.		+	+
Gephyroceras (Gattung)	+	+	
Leiorhynchus (Gattung)	+	+	
Bactrites (Gattung)	+	+	
„ *carinatus* Münst.	+	+	
Praecardium vetustum Hall (= *Cardiola nehdensis* Kays.)	+	+	
Loxopteria dispar Sandb. sp.		+	+

Steinkohlenflora im Devon, während aus dem Silur noch keine sichere Landpflanze bekannt ist. Es liegen vor: Gefässkryptogamen und Lycopodiaceen (*Arthrostigma* Taf. 33, * *Lepidodendron* Taf. 34 Fig. 9 und * *Stigmaria* Taf. 33), Farne (*Palaeopteris*, *Cyclopteris*, *Sphenopteris*), Calamarien (* *Archaeocalamites* bezw. *Calamodendron* Taf. 33 Fig. 6) und sogar schon Coniferen (* *Cordaites*). Das vielfach als Charakterpflanze des Devon erwähnte *Psilophyton* Taf. 38 Fig. 1 ist in seiner systematischen Stellung nach den neuesten Untersuchungen zweifelhaft, die Zugehörigkeit der auf einer vielfach copirten Abbildung befindlichen Fructificationen und Blätter zu den Stengelabdrücken unzweifelhaft unrichtig[1].

Uebersicht der devonischen Faciesbildungen.

I. Korallenkalke.

a) Ungeschichtete, reine Korallenkalke und Dolomite. Die Masse des Gesteins besteht aus Korallen und deren zerriebenen Resten, welche wie in lebenden Riffen an Menge alle sonstigen Bestandtheile übertreffen. In den unterdevonischen Riffen sind Tabulaten (Favositen) und Stromatoporen, in den mitteldevonischen Stromatoporiden, Favositiden und massige Cyathophyllen, in den oberdevonischen Phillipsastraeen, Stromatoporiden und Favositiden, im Carbon Stromatoporiden die hauptsächlichsten Riffbildner. Daneben finden sich dickschalige Brachiopoden, Gastropoden (*Macrocheilos*, *Murchisonia*), Zweischaler (*Megalodus*) und Crinoiden in einzelnen Exemplaren oder nesterartigen Anhäufungen. Nautiliden sind durchweg selten; das Vorkommen von Goniatiten am Iberg bei Grund ist eine einzig dastehende Ausnahme. Die Vertheilung der genannten, weniger wichtigen Gruppen ist in den Brachiopodenschichten (II.) etwa die gleiche wie in I. Beispiele: Unterdevon: Karnische Alpen und Karawanken, Konieprus. Mitteldevon: Kollinkofel, Osternigg, Vellach; Eifel (Eifel-Dolomit z. B. bei Gerolstein und Prüm), Paffrath, Belgien (Givetien), Westfalen und Nassau (Massenkalk), Elbingerode. Oberdevon: Vellach, Grund und Rübeland (Harz), Langenaubach (Nassau), Belgien, Torquay (Devonshire).

b) Geschichtete Korallenkalke. Die Riffkorallen treten hinter dem sonstigen zum Theil mergeligen Sediment etwas zurück, sind aber immer noch die vorherrschende Thierclasse; daneben werden die Brachiopoden häufiger. Diese

[1] Graf Solms-Laubach (Über devonische Pflanzenreste aus den Lenneschiefern der Gegend von Gräfrath am Niederrhein. Jahrb. d. preuss. geol. Landesanstalt für 1894. p. 67 ff.) veröffentlichte eine kritische Studie über die erwähnte Gattung, deren Ergebniss das Folgende ist (l. c. p. 78): 1. Neben den nicht sicherzustellenden Arten (*Ps. elegans* und *glabrum* Daws., *Ps. robustius* Daws., Taf. 33 Fig. 3) finden sich im Unterdevon zu Gaspé Stengelabdrücke eines sehr merkwürdigen, bezüglich seiner systematischen Stellung zweifelhaften Pflanzentypus, der wohldefinirbar ist und *Psilophyton princeps* heisst. 2. Ausser den Abdrücken kommen in denselben Ablagerungen Stengelstücke mit erhaltener Structur vor, von denen die einen mit Farnkraut oder Lycopodienresten verglichen werden können, die anderen wegen ihres von Markstrahlen durchzogenen Secundärholzes an Calamarien und Lepidodendreen erinnern. 3. Die Einbeziehung der farnähnlichen structurirten Reste zu *Ps. robustius* ist unbewiesen und willkürlich. 4. Die Beschreibung der Gattung *Psilophyton* reducirt sich somit auf eine solche der zu *Ps. princeps* gerechneten Stengelabdrücke, da die Fructificationen in den Abbildungen unkenntlich und in ihrer Zugehörigkeit zu den Vegetationsorganen zweifelhaft sind.

Bildungen sind bei Graz, in Westdeutschland, Belgien, England und Südfrankreich (Cabrières) die verbreitetste Facies des Mitteldevon; in Nordfrankreich und Amerika (Upper Helderberg von New York bis Ohio) finden wir dieselben vor Allem im oberen Unterdevon.

II. Brachiopodenschichten.

a) Brachiopodenkalke, meist mergelig, unterscheiden sich von der Facies Ib, mit der sie durch vielfache Übergänge verbunden sind, durch das Vorwiegen der Brachiopoden und gehören in sämmtlichen Devongebieten, u. a. im Mittel- und Oberdevon von Deutschland, Russland und in der Lower Helderberg group, zu den verbreitetsten Bildungen. Im Allgemeinen nimmt — wie in den heutigen Meeren — mit der Zunahme thoniger Bestandtheile die Häufigkeit der Korallen ab; Ausnahmen von dieser allgemeinen Regel sind selten (Korallenmergel im Mitteldevon bei Gerolstein und Oberdevon bei Aachen). Nicht hierher zu rechnen sind die Brachiopodennester, welche im karnischen und böhmischen Gebiet lediglich Lücken im Riff ausfüllen. Trilobiten erscheinen in II. durchgängig häufiger als in I.

b) Brachiopoden-Mergel und -Schiefer sind von IIa nicht scharf getrennt und nur durch grössere Häufigkeit der Brachiopoden und abweichende Beschaffenheit des Sedimentes zu unterscheiden; Riffkorallen sind meist nur in einzelnen Exemplaren vorhanden und fehlen zuweilen gänzlich: Unterdevon von Nordfrankreich, Asturien, Bosporus und Nordamerika; Schiefer der oberen Coblenzschichten (Wittlich, Haiger). Im Mitteldevon allgemein verbreitet (z. B. *Calceola*-Mergel in der Eifel und bei Torquay, *Calceola*-Schiefer des Oberharzes, Hamilton group u. a. am Cayuga-See; Russland). Im Oberdevon der Eifel (dolomitische Mergel von Büdesheim), Belgien (Famennien), Nordamerika (Chemung group) und Russland.

Local finden sich in dieser Facies Anhäufungen von Crinoidenstielen: Crinoidenschicht von Gerolstein und Kerpen in der Eifel, Hamilton group (Encrinal limestone) von New York.

c) Spiriferen-Sandstein und -Schiefer. Dieser alte Name des rheinischen und Harzer Unterdevon ist wohl am besten als Faciesbezeichnung für diejenigen Sandstein- und Grauwackenschichten beizubehalten, in denen Brachiopoden durchaus vorwiegen, Zweischaler, Crinoiden und Tentaculiten einigermaassen häufig sind, Gastropoden sehr zurücktreten, Cephalopoden und Riffkorallen nur in höchst vereinzelten Exemplaren vorkommen. Die Trilobitengattung *Homalonotus* ist fast überall für die vorliegende Facies bezeichnend. Das Unterdevon in Westdeutschland, Belgien, Süd-Devonshire, in den Pyrenäen und am Bosporus, der Oriskany-Sandstein in Nordamerika, das Famennien Belgiens z. Th., endlich das gesammte Devon von Nord-Devonshire gehören hierher.

Als besondere Ausbildungen lassen sich unterscheiden:

α) Spiriferensandstein s. str. Die Gattung *Spirifer* waltet vor. Im ganzen Unterdevon überaus verbreitet. Im Oriskany-Sandstein ist die in Europa seltenere Gattung *Rensselaeria* annähernd ebenso häufig wie *Spirifer*.

β) *Chonetes*-Schichten. Bestehen vorwiegend aus Choneten. Coblenz-Schichten, Siegener Grauwacke, unteres Mitteldevon von Graz.

γ) Quarzite. Meist fossilleer (Quarzitdolomitbildungen von Graz und Languedoc, Ogdenquarzit in Utah). Wo, wie im Taunus- oder Coblenzquarzit, eine Fauna vorkommt, erscheinen die Formen des Spiriferensandsteins in besonderem Reichthum an Individuen und grosser Artenarmuth.

δ) *Ctenocrinus*-Bänke. Vereinzelt in den unteren und oberen Coblenzschichten.

ε) Ostracodenschiefer. Anhäufungen von Ostracoden (*Primitia* nebst seltenen Beyrichien) und Brachiopoden. Nur im tiefsten Unterdevon Belgiens.

Anhangsweise mag hier das eigenthümliche Vorkommen von devonischer Kohle oder besser Kohlenschiefer erwähnt werden, das neuerdings bei Neunkirchen in der Eifel (Coblenzschichten) gefunden ist. Dasselbe ist wenig mächtig, enthält nur etwas über 60% Kohlenstoff und darf daher keine technische Bedeutung beanspruchen. Die geologische Wichtigkeit beruht darauf, dass die Eifelkohle das älteste sicher bestimmte organische Kohlenvorkommen ist und aus den Resten von Algen (Chondriten) besteht; auch diese vollkommen zweifellose Zusammensetzung ist interessant, weil man bis vor Kurzem ein Vorkommen von Algenkohle nirgends mit Sicherheit nachgewiesen hatte.

Das Vorkommen von Petroleum im Oberdevon. Auch das Vorkommen von Petroleum und natürlichem Gas im Oberdevon muss im Anschluss an die Brachiopodenschichten erwähnt werden, da das Material dieser Substanzen durch die Zersetzung der am massenhaftesten auftretenden Thiere, d. h. der Brachiopoden, geliefert wurde. Das Erdöl ist in Pennsylvania und Westvirginia hauptsächlich an zwei Sandsteinhorizonte gebunden[1], von denen der eine dem obersten Devon, der andere dem untersten Carbon zugerechnet wird. In den oberdevonischen Schichten liefern die „Venango oil sands" und die etwas tiefer liegenden „Bradford and Warren sands" Petroleum in bedeutenden Mengen; doch pflegen infolge der groben, oft conglomeratischen Natur der Sedimente die Bohrlöcher unregelmässig zu laufen und bald zu versiegen.

III. Zweischalerfacies.

Die hierher gerechneten Bildungen sind nur locale Entwickelungsformen des Spiriferensandsteins und mit diesem durch ähnliche unmerkliche Übergänge verbunden wie Korallenkalk und Brachiopodenkalk. Die Bedeutung der Vorkommen liegt darin, dass im Devon[2] die Zweischaler wenigstens local die Brachiopoden in den Hintergrund drängen. Hierher gehören die folgenden einzelnen Vorkommen:

a) Pterineensandstein von Ems (Miellen) und Oropont (Belgisch Luxemburg) obere Coblenzschichten mit massenhaften Pterinaeen, selteneren Gosseletien und Brachiopoden. Sandige Hamiltonschichten

[1] White, Bull. geol. soc. of Amer. III. p. 188.

[2] Vergl. das oben über das Obersilur Gotlands und den Grès armoricain Gesagte p. 68.

der Gegend von Albany (New York); die Ähnlichkeit der letzteren mit den geographisch und geologisch abweichenden Coblenzschichten ist bemerkenswerth.

b) Gosseletiensandstein (*Gosseletia devonica* Barrois) aus dem oberen Mitteldevon von Asturien.

c) Schiefer mit *Myalina bilsteinensis* aus dem tieferen Unterdevon von Bilstein und Schwelm in Westfalen.

d) Porphyroidschiefer von Singhofen (Nassau) mit Aviculiden und Dimyariern.

e) Schichten vom Nellenköpfchen bei Coblenz, eine Anhäufung von Dimyariern in den unteren Coblenzschichten.

f) Sandsteinbänke mit *Macrodus Hardingi*, Einlagerungen im Oberdevon von Belgien (Famennien) und Nord-Devonshire.

Die bisher betrachteten Bildungen sind sämmtlich an der Küste bezw. in flachen Meerestheilen gebildet worden, die folgenden sind als Absätze einer tieferen See bezw. als pelagische Sedimente aufzufassen. Berechnungen der absoluten Tiefe, in welcher einzelne Schichten abgelagert sind, halte ich vorläufig noch für wenig aussichtsvoll.

IV. Hunsrückschiefer und verwandte Bildungen

(etwa als Palaeoconchenfacies zu bezeichnen).

a) Die Verschiedenheit der Hunsrückschiefer von der Masse des Spiriferensandsteins und die Entstehung desselben in tieferen Meerestheilen wird von allen Beobachtern hervorgehoben. Bezeichnend für den Hunsrückschiefer und die mit demselben verglichenen Bildungen ist das Auftreten grosser, dünnschaliger Muscheln (*Praelucina [Dalila], Puella [Panenka], Cardiola, Ctenodonta*). Daneben finden sich Cephalopoden (Orthoceren, Cyrtoceren und Goniatiten), sowie Tentaculiten. Brachiopoden stehen nach Zahl der Arten und Individuen zurück. Die Dünnschaligkeit der „Palaeoconchen" ist für diese cephalopodenreiche Facies bezeichnend, während in den Sandsteinen und Korallenkalken dickschaligere Muscheln (z. B. *Megalodon*, *Myalina crassitesta* und *bilsteinensis*, *Pterinaea*, *Gosseletia*) vorwiegen.

Die Hunsrückschiefer im engeren Sinne sind ferner durch die locale Anhäufung der in anderen palaeozoischen Bildungen seltenen Seesterne und Crinoiden gekennzeichnet. Ein in mancher Hinsicht vergleichbarer Horizont der Pyrenäen (Schiefer von Cathervieille) ist besonders durch Trilobiten, wie *Thysanopeltis*, *Dalmania*, *Phacops fecundus* u. a., ausgezeichnet; Vertreter der beiden letzteren Gruppen kommen auch am Rheine vor.

In gewissem Sinne vergleichbar sind die schwarzen *Marcellus*-Schiefer des New Yorker Mitteldevon, in denen allerdings neben dünnschaligen Muscheln und gelegentlichen Anhäufungen von Gastropoden kleine Brachiopoden massenhaft auftreten.

b) Tentaculitenschichten. Auch die durch das Vorkommen von Orthoceren ausgezeichneten Tentaculitenschiefer, welche im rechtsrheinischen Mitteldevon, in Thüringen (Knollenkalk des oberen Unterdevon), Böhmen (G_3, mit zahlreichen Goniatiten) im Oberdevon von New York (*Styliolina*-Lager) und am Bosporus eine wichtige Rolle spielen, sind am besten hier anzuschliessen. Über ihre pelagische Entstehung hat wohl nie ein Zweifel bestanden. Es sei daran erinnert, dass die Tentaculiten und Styliolinen der in Rede stehenden Schiefer von den im Spiriferensandstein vorkommenden Arten[1] durchaus verschieden sind. Die schwarzen Kalklinsen der Nassauer Schiefer mit den Wissenbacher Goniatiten und Trilobiten bilden den Übergang zu der folgenden Gruppe, den eigentlichen Cephalopodenschichten (Günteröder und Ballersbacher Kalk).

c) Endlich schliessen sich die schwarzen, in mancher Hinsicht eigenthümlich entwickelten Plattenkalke der böhmischen Stufe F_1 und der Harzgeröder Ziegelhütte am besten hier an (Novák, Zur Kenntniss der Etage Ff_1. Prag 1890). Das massenhafte Auftreten von dünnschaligen Palaeoconchen, Cephalopoden (*Orthoceras*, *Cyrtoceras*, erstes Vorkommen von *Gyroceras*), die Häufigkeit von Tentaculiten und Trilobiten erinnern durchaus an die vorher erwähnten Facies. Sehr bezeichnend für den Tiefseecharakter der böhmischen Bildungen ist endlich noch die Anhäufung von Hexactinellidennadeln (*Acanthospongia*), welche ganze Schichten zusammensetzen, erwähnenswerth die etwas grössere Häufigkeit kleiner Brachiopoden.

Das Auftreten des eigenthümlichen Capulidengeschlechtes *Hercynella*, sowie das Fehlen der Goniatiten in F_1 sind als Merkmale von stratigraphischem Werthe anzusehen. Die in facieller Hinsicht verschiedenartig gedeuteten Posidonienschiefer des Culm stehen ebenfalls den besprochenen Bildungen nahe und dürften in tieferen Meerestheilen abgelagert sein. (In diesem Zusammenhange könnten auch die wohl zum Obersilur gehörenden Graptolithenschiefer des Harzes erwähnt werden.)

V. Die Greifensteiner Facies.

Bezeichnend für die meist roth oder rosa gefärbten Kalke ist das Vorwiegen von den (im Devon sonst niemals massenhaft vorkommenden) Trilobiten (*Phacops fecundus*, *Proetus orbitatus* und *eremita*, *Lichas Haueri*, *Bronteus thysanopeltis*, *Acidaspis vesiculosa*), sowie von bestimmten glattschaligen Brachiopoden (*Merista passer*, *M. securis*, *Athyris Thetis*, *Leptaena tenuissima* u. a.), ferner die Vergesellschaftung von Goniatiten, Orthoceren, Crinoiden, Tiefseekorallen (*Petraia*, *Cladochonus*) und Tentaculiten; kleine Gastropoden und Zweischaler sind selten. Vollkommen fehlen die grossen dickschaligen, im Riffkalke häufigen Gastropoden, die gerippten und gestreiften Spiriferen, *Wilsonia*, *Pentamerus*[2] (mit verschwindenden Ausnahmen) *Retzia*, *Meristella*, *Atrypa*, *Streptorhynchus*, *Chonetes*[3] u. a. Ausser den unterdevonischen Vorkommen von Greifenstein, Cabrières, Konieprus und Michailowsk dürfte der Rotheisenstein von Brilon und vom Büchenberg bei Wernigerode hierher

[1] Der das Liegende des Lower Helderberg bildende Tentaculitenkalk dürfte zu dieser letzteren Gruppe gehören und — entsprechend dem Charakter der unmittelbar angrenzenden Schichten — im flachen Meere abgelagert sein.

[2] „*Pentamerus*" *globus* von Cabrières gehört zu einer anderen Gattung, vielleicht zu *Martinia*.

[3] Der grosse grobrippige, dickschalige *Chonetes Verneuili* Barr. kennzeichnet den Riffkalk, der kleine dünnschalige *Ch. embryo* die Greifensteiner Kalke.

zu rechnen sein (ob. Mitteldevon). Derselbe zeigt einige Anklänge an die Cephalopoden- und Brachiopodenkalke. Besonders wichtig für das Verständniss und die Erklärung der Greifensteiner Facies ist die Beschreibung, welche v. Mojsisovics neuerdings von dem Vorkommen der Versteinerungen in den Hallstätter Kalken gab. In den eigentlichen (fossilfreien) Hallstätter Kalken treten locale linsenförmige Anhäufungen von Fossilien auf, die eine Dicke von 1 m selten übersteigen und eine Längsausdehnung von 10—30 m erreichen. Neben den überall vorherrschenden Cephalopoden findet man fast in jeder Linse Schwärme von Halobien und verwandten dünnschaligen Muscheln. Alle sonstigen Thierreste, Zweischaler, Gastropoden, Brachiopoden, Crinoiden und Heterastridien sind selten oder nur local häufiger. Innerhalb der Linsen treten die Fossilien nicht, wie es in normalen Sedimenten der Fall ist, in annähernd gleichmässiger Vertheilung auf, sondern von einigen wenigen ganz gemeinen Formen abgesehen, finden sich einzelne Arten oder selbst Formengruppen wieder nur nesterförmig, in kleineren oder grösseren Schwärmen. An derselben Fundstelle werden gewisse Arten oft Jahre hindurch nicht angetroffen, dann aber plötzlich wieder in mehreren Exemplaren gefunden.

Diese Beschreibung passt fast Wort für Wort auf die Greifensteiner (Hercyn-) Facies des Devon, deren Eigenthümlichkeiten von mir in der Zeitschr. d. deutschen geolog. Gesellschaft 1889. S. 264 eingehender geschildert sind. Insbesondere konnten in den tieferen, ebenfalls rothgefärbten F_2-Schichten von Konieprus in Böhmen vollkommen übereinstimmende Beobachtungen gemacht werden. Z. B. ist das Vorkommen von *Bronteus thysanopeltis*, von *Proteocystites flavus* (zusammen mit *Phacops fecundus*), von *Anarcestes lateseptatus* und den mannigfachen *Proetus*-Arten bei Konieprus durchaus localisirt.

Zum Vergleich mit den Angaben von Mojsisovics über Hallstatt gebe ich die früheren (Zeitschr. d. deutschen geolog. Gesellschaft 1887. S. 387) über den Pic de Cabrières veröffentlichten Beobachtungen wieder. „Die Versteinerungen sind unregelmässig nesterweis durch den unteren Theil der Kalkmasse vertheilt. An den einzelnen Fundorten erscheinen immer nur bestimmte Arten in grösserer Häufigkeit, die an anderen Punkten fehlen. So liegen in einem schwach mergeligen Kalk *Spirifer indifferens* Barr. (sehr häufig) und *Leptaena tenuissima* Barr. (etwas seltener), die sonst nirgends gefunden werden; anderwärts kommt *Phacops fecundus* var. *major* Barr. in ziemlicher Häufigkeit vor. Die Mehrzahl der Trilobiten wurde zusammen mit zahlreichen kleinen Brachiopoden an einem dritten Punkte gesammelt" u. s. w.

Bei Konieprus und am Kollinkofel (Karnische Alpen) lässt sich ein Zusammenhang von den die Versteinerungslinsen führenden Kalken mit Korallenkalken nachweisen, während die Hallstätter Kalke nur an wenigen Stellen durch eingreifende Korallenriff-Entwickelung unterbrochen werden. Der Fundort von Greifenstein selbst ist räumlich äusserst beschränkt. Trotzdem kommen auch hier bestimmte Arten nur an bestimmten Punkten vor.

Jedenfalls besteht zwischen Devon und Trias auch die Analogie, dass sowohl die Greifensteiner wie die Hallstätter Faciesentwickelung wegen des vollständig unregelmässigen Auftretens der Versteinerungen die schwierigsten und interessantesten Probleme bieten, deren Lösung in beiden Fällen trotz jahrelanger Arbeit noch nicht vollständig gelungen ist.

VI. Die Cephalopodenschichten

zeigen trotz mancher petrographischer Verschiedenheiten grosse faunistische Übereinstimmung. Cephalopoden sind unbedingt die herrschende Thierclasse und das Vorwiegen der einen oder anderen Gruppe (Orthoceratiten, Goniatiten oder Clymenien) ist wesentlich von dem Alter der betreffenden Schichten abhängig. Daneben finden sich Zweischaler (*Buchiola retrostriata*, *Posidonia venusta* und *Lunulicardium*) und Riffkorallen (*Petraia*, *Cladochonus*, *Amplexus*, durch Häufigkeit in verschiedenen Oberdevon-Horizonten ausgezeichnet); seltener Trilobiten (*Trimerocephalus*), Brachiopoden (*Leiorhynchus* häufig in einzelnen Goniatitenschiefern) und Gastropoden. Ein weiteres Vorwiegen der dünnschaligen Muscheln bedingt ein Hinneigen zu der, unter IV beschriebenen Faciesbildung; die schwarzen oberdevonischen Knollenkalke von Altenau (Harz), Wildungen und Cabrières, die Knollenkalke von Hlubocep und Hasselfelde mit zahlreichen Arten von *Cardiola*, *Puella* [*Panenka*] und *Regina* [*Kralowna*], die dunkelen Odershäuser Kalke mit *Pos. hians* stehen genau in der Mitte und würden, falls dies noch nöthig wäre, die pelagische Entstehung der „Palaeoconchen-Facies“ erweisen.

Wesentlich nach petrographischen Gesichtspunkten lassen sich die nachfolgenden Sub-Facies unterscheiden.

a) Bunte Cephalopodenkalke; dichte, meist roth gefärbte, vielfach eisenhaltige Plattenkalke mit wohlerhaltenen Cephalopoden. Unteres Oberdevon: Martenberg und Cabrières, Eisenkalke und Rotheisensteine von Dillenburg. Mittleres Oberdevon: Cabrières, Naples-Beds von New York. Clymenienkalk: Fichtelgebirge (Mehrzahl der Fundorte), Gross-Pal, karnische Alpen.

b) Kramenzelkalk. Bunte und graue Knollen- oder Nierenkalke mit schlecht oder nur einseitig besser erhaltenen Steinkernen. Die Corrosion der Oberfläche durch die in grösseren Tiefen im Meerwasser enthaltene Kohlensäure ist der Grund dieser Erscheinung. Unterdevon: Karnische Alpen. Mitteldevon: Kalk mit *Aph. discoides*. Unt. Oberdevon: Saalfeld in Thüringen. Clymenienkalk: Mehrzahl aller Fundorte (Cabrières, Enkeberg, Ebersdorf in Schlesien, Wildungen etc.).

c) Cephalopodenschiefer und -Mergel, fast stets dunkel gefärbt, mit Versteinerungen in Eisenkies-Erhaltung. Die Goniatiten, Gastropoden und Brachiopoden sind fast sämmtlich durch geringe Grösse der Individuen ausgezeichnet. Mitteldevon: *Orthoceras*-Schiefer der Rheinlande und des Harzes. Unteres Oberdevon: Büdesheim, Cabrières, rothe Schiefer von Tornay. Mittl. Oberdevon: Nehden, Cabrières (Dolomit mit Kieskernen), Kéronezec bei Brest. Diese Facies geht ohne schärfere Grenze in die Tentaculitenschiefer über, denen *Orthoceras*-Schiefer und Kalklinsen eingelagert sind. Ebenso stellen die in Nassau, Thüringen und Süddevonshire mächtig entwickelten Cypridinenschiefer des Oberdevon nur eine besondere Ausbildung dar, oder genauer gesagt, sowohl die Nehdener Goniatitenschichten als die Kramenzelkalke (z. Th.) sind nur Einlagerungen der Cypridinenschiefer.

d) Die schwarzen bituminösen kalkigen Schiefer mit Kalkknollen, welche ganz erfüllt sind von Goniatiten und dünnschaligen Muscheln, schliessen sich ebenfalls hier an. Unt. Oberdevon von Südfrankreich und Westdeutschland.

VII. Die Old Red Sandstone-Facies,

ein Absatz aus riesigen Binnenseen (oder -Meeren) mit Panzerfischen, Landpflanzen, Eurypteren und *Anodonta*-ähnlichen Zweischalern ist in Nordeuropa, im östlichsten Nordamerika und im arktischen Gebiete weit verbreitet. Ein mariner Ursprung derselben ist wegen des Fehlens der Cephalopoden, Brachiopoden (mit Ausnahme von *Lingula*), Korallen und Echinodermen undenkbar. Der Old Red ist somit eine continentale Bildung und zwar müssen wir uns ein System riesiger Binnenseen, wie sie heute in Ostafrika oder Nordamerika bestehen, über ein ausserordentlich weites Gebiet ausgedehnt denken. (Vergl. unten p. 210 Abschn. C. 1.)

B. Typische Beispiele für die Gliederung des Devon.

Die bedeutsamen Fortschritte, welche die palaeozoische Stratigraphie seit dem Erscheinen des I. Bandes des vorliegenden Werkes gemacht hat, prägen sich besonders darin aus, dass eine Neudarstellung einiger schon früher behandelter Devongebiete nothwendig erscheint.

Besonders bemerkenswerth sind die Änderungen, welche die Gliederung und Auffassung der unteren und mittleren Abtheilung am Rhein und in Böhmen erfahren hat (I. p. 85, 90 ff.).

1. Das Devon im rheinischen Schiefergebirge und den westlich angrenzenden Gebieten.

Die Faciesentwickelung.

Für die Erklärung der Entstehungsart der unterdevonischen Sedimente ist vor Allem die Häufigkeit der Wellenfurchen auf den Schichtflächen von Wichtigkeit. Seltener sind Eindrücke von Regentropfen, wie sie GOSSELET in photographischer Nachbildung dargestellt hat. Dieselben erinnern vollkommen an Spuren, welche in dem Buntsandstein häufig gefunden werden. Die Brachiopoden, die herrschende Thierclasse der rheinischen Unterdevon-Bildungen, erweisen sich somit, abgesehen von einzelnen Ausnahmen, als Seichtwasserthiere der palaeozoischen Meere. Auch in den heutigen Meeren sind bekanntlich Terebrateln und vor Allem *Lingula* in den höheren Wasserschichten zu Hause. Um so bemerkenswerther ist die ausserordentliche Seltenheit von *Lingula* in den devonischen Seichtwasserbildungen.

Ganz besonders bezeichnend für das mitteleuropäische Unterdevon ist die gewaltige Anhäufung detritogener Sand- und Schlammmassen in einer breiten Zone, die sich vom Harz bis in die Bretagne und das südliche England verfolgen lässt. Die Frage nach der Herkunft dieser ausserordentlichen Sedimentmengen ist nicht ganz einfach zu beantworten. Dass das Überwiegen detritogener Sedimente im Allgemeinen auf die Nähe einer Küste hindeutet, ist von vornherein wahrscheinlich und wird im vorliegenden Falle durch eine vergleichende Untersuchung der südenglischen Devonbildungen bestätigt. In Süd-Devonshire besteht das mittlere und obere Devon aus Brachiopoden- und Goniatiten-Kalken, Korallen-Bänken und -Riffen.

kurz, aus rein marinen Bildungen, die auf eine Entstehung in einem relativ sedimentarmen Meere hinweisen; in Nord-Devonshire ist hingegen das ganze Devon als Schiefer, Sandstein und Grauwacke, also in der Facies des rheinischen Spiriferensandsteins entwickelt. In Süd-Wales findet sich bereits der alte rothe Sandstein, dessen Bildung nach der wahrscheinlichsten Annahme in Binnengewässern erfolgte. Man würde also zwischen Wales und Nord-Devonshire die alte Küstenlinie zu suchen haben und die eigenartige Ausbildung der norddevonischen Schichten durch ihren litoralen Ursprung erklären müssen.

Diese einfache Deutung ist selbstredend für die Sedimente eines Meeres von der Breite des rheinischen Schiefergebirges nicht ohne Weiteres anwendbar. Trotzdem wird man auch hier die detritogenen Sedimente als Zerstörungsproducte eines Festlandes aufzufassen haben. Dieses Festland kann nur im Norden gesucht werden: Die Lücke zwischen Obersilur und Mitteldevon in Russland, das Fehlen des Obersilur in Belgien und Norddeutschland, die continentale Entwickelung des Devon auf den britischen Inseln, in Schweden, Norwegen[1] und Spitzbergen weisen darauf hin.

Zum Theil sind die Sedimente des Unterdevon aus der Zerstörung des überflutheten Landes hervorgegangen, das in der heutigen Rheingegend zur Silurzeit bestanden hat. Jedoch müsste man, um die fortdauernde Zufuhr von Sediment während eines langen geologischen Zeitraumes zu erklären, das Vorhandensein von Inseln in grösserer Anzahl annehmen. Dieselben dürften, wie das Fehlen von Conglomeraten[2] und Landpflanzen[3] beweist, im Gebiete des rheinischen Unterdevon kaum irgendwo bestanden haben, während in Belgien andererseits „poudingues" in verschiedenen Horizonten des Unter- und Mitteldevon bekannt geworden sind (poudingue de Burnot). Allerdings darf man nicht die durch tertiäre und recente Denudation blossgelegten Antiklinen cambrischer Gesteine als devonische Inseln deuten.

Man wird also darauf zurückkommen müssen, dass die Sedimente insbesondere des höheren Unterdevon grossentheils durch Strömungen von dem nordischen Continente her nach Süden getragen wurden. Es ist nun allerdings schwer, eine Vorstellung von der Energie dieser Strömungen und der Menge des transportirten Materials zu gewinnen. Ein gewisser Zusammenhang mit der Bildungsweise des Old Red Sandstone liegt darin, dass in England und am Rhein gleichzeitig unter verschiedenen physikalischen Bedingungen grosse Mengen detritogenen Materials zur Ablagerung gelangten.

In der Jetztwelt finden sich Verhältnisse, die in gewissem Grade mit dem

[1] Die rothen Sandsteine der Gegend von Christiania und der „Slipsandsten" von Dalarne sind nicht vollkommen sicher deutbar, lagern jedoch concordant auf Obersilur.

[2] Conglomerate finden sich entweder an der Basis transgredirender Sedimente, in Ausdehnung über grosse Flächen (z. B. Conglomerat von Fépin an der Basis des Gedinnien; permisches Conglomerat in den tiefsten Schichten des Grödner Sandsteins), oder sie stellen sich als linsenförmige Einlagerungen dar und sind dann — wenn kein Eistransport in Frage kommt — in den meisten Fällen als Ablagerungen von Wildbächen zu erklären, welche unmittelbar in das Meer mündeten. Die in den Wurzeln oder Zweigen des Treibholzes transportirten Felsblöcke werden meist isolirt auftreten und kaum irgendwo auf dem Meeresgrunde erhebliche Blockanhäufungen bilden.

[3] Ein einziges, vielleicht als *Calamites* zu deutendes Gebilde ist in den Schichten von Zendscheid vorgekommen.

rheinischen Unterdevon verglichen werden könnten, an der Nordküste Brasiliens. Die „Continentalzone", derjenige Theil des Meeresbodens, auf dem die detritogenen Sedimente des Landes zum Absatz gelangen, erstreckt sich infolge des Einflusses der Riesenströme 600 km weit in das Meer. Man stelle sich nun vor, dass hier statt gewaltiger oceanischer Tiefen ein flaches, theilweise eingeschlossenes Meer, etwa eine vergrösserte Nordsee liege, dass eine fortdauernde Zufuhr von Schlamm und Sand stattfinde, und dass andererseits auch die von einer früheren Transgression auf dem flachen Meeresgrund angehäuften Sandmassen durch Umlagerung in jüngere Horizonte gelangen, so wird man eine ungefähre Idee von der Bildungsweise des rheinischen Unterdevon erhalten.

Das **rheinische Unterdevon** bildet ein classisches Beispiel für die allmähliche, fast unmerkliche Umprägung der Faunen, während die physikalischen Bedingungen keine Änderung erfahren. Abgesehen von geringen Schwankungen bleibt die Faciesbeschaffenheit von den untersten bis zu den höchsten Schichten, vom Gedinnien bis zur oberen Coblenzstufe im Wesentlichen dieselbe; infolgedessen geht auch die Umprägung und Entwickelung der Arten fast unmerklich, ohne wesentliche Unterbrechungen und Sprünge vor sich.

So lassen sich innerhalb der Gattung *Spirifer* die aufeinanderfolgenden Mutationen in paralleler Entwickelung nachweisen: (*Spirifer primaevus* — *Sp. Hercyniae* — *Sp. paradoxus*; *Sp. Mercurii* — *Sp. hystericus* — *Sp. carinatus* — *Sp. auriculatus*). Einige Gruppen sterben aus; so an der unteren Grenze der oberen Coblenzstufe die Gattungen *Tropidoleptus* und *Rensselaeria*. Hingegen erscheinen **neuartige Typen** erst dort, wo **kalkige Sedimente** das Übergewicht über die klastischen Thonbildungen erhalten, d. h. bei Beginn des **Mitteldevon**. Hierher gehören vor Allem die mannigfach gestalteten Riffkorallen und Stromatoporiden, sowie die zahlreichen korallophilen Meeresbewohner, wie dickschalige Gastropoden, Crinoideen mit kräftigen Kelchplatten und wenig verzweigten Armen (***Cupressocrinus***, *Hexacrinus*, *Eucalyptocrinus*, ***Sphaerocrinus***), unter den Brachiopoden *Merista* und *Retzia*. Die genannten Gattungen sind nur zum kleineren Theile neu (gesperrt gedruckt), grossentheils ist ihr Vorkommen an die Kalkfacies gebunden, derart, dass die Vorläufer schon im Obersilur und in dem kalkig entwickelten Unterdevon vorkommen. Unter den Trilobiten sind *Proetus*, *Harpes* und *Bronteus* (letzterer vorwiegend) auf die Kalke, *Homalonotus* auf die klastischen Gesteine beschränkt.

Ganz anderen Verhältnissen, als in den unterdevonischen Schiefern begegnen wir in den kalkigen Faciesgebilden, welche man früher als hercynische zu bezeichnen pflegte. Im Harz, im Lahngebiet, im Kellerwald und an der Loire finden sich Kalklinsen von grösserer oder geringerer Mächtigkeit den Schiefern eingelagert (vergl. den folgenden Abschnitt p. 189 ff.).

Das Mitteldevon ist im Wesentlichen aus Korallen- und Brachiopoden-Kalken zusammengesetzt, aber an der unteren Grenze desselben findet ein mannigfacher Wechsel zwischen Kalk- und Mergellagern statt. Wie die Nähe des Mitteldevon in der unterdevonischen Schichtenfolge durch Einschiebung von kalkigen Bänken angekündigt wird, so sind auch an der Basis des Mitteldevon mergelige und schieferige Einlagerungen häufig wahrnehmbar.

Erst das Ausbleiben der Schlammmassen ermöglichte den **Riffkorallen** im oberen Theile des Mitteldevon eine lebhaftere Entwickelung. Die Eifeldolomite des höheren Mitteldevon überlagern die Brachiopoden-Mergel nicht gleichmässig, sondern zeigen ein Übergreifen derart, dass z. B. bei Gerolstein (Auburg) die obere Hälfte, in anderen Gebieten nur ein Viertel oder ein Achtel (Hillesheim) des Mitteldevon als ungeschichtete Riffmasse entwickelt ist. Diese Dolomite bestehen, wie die Reste organischer Structur erkennen lassen, im Wesentlichen aus Stromatoporiden. Die Tabulaten sind in ziemlich ansehnlicher Menge vorhanden, die Pterokorallier füllen nur die Lücken des Riffes aus. Am deutlichsten ist diese Structur in den Steinbrüchen des Schladethales und des Büchels bei Bergisch-Gladbach zu beobachten, wo die Korallen noch die natürlichen Umrisse besitzen und die Zwischenräume durch sandig verwitterten Dolomit ausgefüllt sind. Die Dolomite der Eifel sind wesentlich massigere Gesteine. In den geschichteten, z. Th. mergeligen Kalken der Eifel finden sich Pterokorallier, Tabulaten und Stromatoporiden in annähernd gleicher Häufigkeit.

In Bezug auf die verticale und horizontale Verbreitung der Eruptivgesteine lassen sich Verschiedenheiten feststellen: Im unteren Unterdevon finden sich — in den Porphyroiden von Nassau an der oberen Grenze des Hunsrückschiefers — die ersten Tuffeinlagerungen. In den Wieder Schiefern des Harzes, sowie in den mittelrheinischen Coblenzschichten werden Tuffe und Diabaslager mächtiger und erreichen im höheren Devon allgemeine Verbreitung innerhalb des rechtsrheinischen Gebietes.

Die Gleichzeitigkeit der normalen Sedimentbildung und der Eruptionen spricht sich in der Verbreitung der Tuffe (Schalsteine) und dem localen Versteinerungsreichthum derselben aus. Zuweilen ist sogar noch der Umriss vulcanischer Bomben und die Fladenform der geflossenen Lava erhalten.

Im Gegensatz zu der Eifel besteht das rechtsrheinische Mitteldevon vorwiegend aus eruptivem (Lahngebiet) und detritogenem Material (Lenneschiefer). Nach den wichtigen Untersuchungen von E. Schulz entspricht der Lenneschiefer nach Abscheidung einiger älterer Horizonte dem unteren Stringocephalen-Kalk, der in der Eifel und bei Paffrath unweit Köln in der Form mächtiger Korallen-Riffe und -Bänke entwickelt ist. Die bedeutendste detritogene Bildung stellt das höhere Oberdevon in Belgien, das sandig-schieferige Famennien dar, das die rein kalkigen Korallenbildungen des Mittel- und Oberdevon überlagert.

A. Das Unterdevon.

Zur Stratigraphie.

Gegenüber meiner früheren Arbeit über das rheinische Unterdevon[1] ist eine mehr äusserliche Änderung insofern durchgeführt, als für die wichtigeren Stufen und einige Zonen durchweg palaeontologische Bezeichnungen vorgeschlagen werden. So wenig die bei jüngeren Formationen beliebte vielgestaltige Namengebung Nachahmung verdient, so erschien doch für das Unterdevon die Einführung einer Nomen-

[1] Zeitschr. d. geol. Ges. 1889. p. 175–287. Hier auch die ältere Literatur, in der vor Allem der Namen C. Koch, nächstdem derjenige E. Kayser's hervortritt.

clatur geboten, die wenigstens für das ganze rheinische Devon die Anwendung einheitlicher Bezeichnungen ermöglicht. Für die tieferen Schichten habe ich schon früher die Bezeichnung Stufe des *Spirifer primaevus* vorgeschlagen, welche drei locale Faciesbildungen umfasst:

Stufe des *Sp. primaevus* = Siegener Grauwacke = { Hunsrückschiefer = Grauwacke de Montigny
Taunusquarzit = Grès d'Anor.

Für die mittleren und oberen Devonhorizonte sind die Namen der palaeontologischen Hauptgruppen (Stufe des *Stringocephalus Burtini*, des *Gephyroceras intumescens*, der Clymenien) längst allgemein angenommen und auch die Zonenbezeichnungen z. Th. schon gang und gäbe (Zone des *Sp. cultrijugatus*, Crinoidenschicht oder -Zone). Im Unterdevon bietet die Durchführung der gleichen Methode den unleugbaren Vortheil, die verschiedenen stratigraphischen und geographischen Abtheilungen des Devon mit derselben einheitlichen Nomenclatur zu bezeichnen, wie sie z. B. im Jura längst angenommen ist. Zudem werden hierdurch die zahlreichen Missverständnisse vermieden, welche aus der unrichtigen Übertragung der deutschen Localnamen auf belgische und französische Verhältnisse entstanden sind. Beispielsweise bezeichnen die Franzosen und Belgier den gesammten Schichtencomplex im Hangenden des Gedinnien einschliesslich der Stufe des *Sp. primaevus* als „Coblenzien", so dass die untere Coblenzstufe Deutschlands dem französischen „Coblenzien supérieur" entspricht.

Bei Vergleichungen kann also einfach gesagt werden, dass das Coblenzien inférieur der Ardennen der Stufe des *Sp. primaevus*, das Coblenzien supérieur den Stufen des *Sp. Hercyniae*[1] und des *Sp. paradoxus* entspricht. Selbstverständlich sind bei der Darstellung der deutschen Verhältnisse allein die gutgewählten und eingebürgerten Namen „untere Coblenzschichten" etc. nicht zu entbehren.

Die palaeontologischen Bezeichnungen für die 4 Hauptstufen ergeben sich aus den vorwiegenden Arten der Gattung *Spirifer*, die zum Theil als aufeinanderfolgende Mutationen anzusehen sind:

4. Stufe des *Spirifer paradoxus* = Obere Coblenzschichten.
3. „ „ „ *Hercyniae* = Untere Coblenzschichten.
2. „ „ „ *primaevus* = Siegener Grauwacke etc.
1. „ „ „ *Mercuri* = Gedinnien und ältere Taunusschiefer.

---

[1] = *Sp. macropterus praecursor* (Taf. 23a) Frech. Z. d. geol. Ges. 1889. p. 194 Anm. = *Spirifer dunensis* E. Kayser, Fauna des Hauptquarzites. Abh. d. k. preuss. geol. Landesanstalt. N. F. H. 1. p. 33. Taf. 15 Fig. 3–5. Ich glaubte früher (l. c. p. 194) ebenso wie E. Kayser bei der Unterscheidung des *Sp. Hercyniae* Gieb. aus den Wiedaer Kalken des Harzes besonderen Werth auf das Vorhandensein einer Sinusfalte legen zu müssen. Die Vergleichung weiteren Materials hat jedoch die Veränderlichkeit dieses Merkmals gezeigt. Auch die von E. Kayser hervorgehobene Tiefe des Sinus unterliegt Schwankungen. Ganz bestimmt unterscheidet sich jedoch die Art der unteren Coblenzschichten, der Wiedaer und Erbray-Kalke durch schärfere Ausprägung der Rippen und geringere Breite von dem jüngeren *Sp. paradoxus*. Ferner ist auf den Steinkernen der Stielklappe, wie sie gewöhnlich im Spiriferensandstein vorkommen, der Muskelzapfen von *Sp. Hercyniae* wesentlich *grösser* (¹/₃ der Schalenhöhe) als bei *Sp. paradoxus* (¹/₅; vergl. Taf. 23a). Ein infolge der Erhaltung als Sculptursteinkern vollkommen mit den Harzer Exemplaren übereinstimmender *Spirifer* findet sich in den Quarziten von Würbenthal (s. u.). Weiteres über die Systematik der devonischen Spiriferen wird eine demnächst in den Palaeontologischen Abhandlungen (herausgegeben von Dames und Koken) erscheinende Arbeit des Herrn Dr. Scupin enthalten.

Über die Richtigkeit obiger Schichtenfolge herrscht keinerlei Meinungsverschiedenheit unter den Forschern, welche sich im Laufe des letzten Jahrzehntes mit dem rheinischen Unterdevon beschäftigt haben. Auch darüber scheint im Wesentlichen Übereinstimmung zu bestehen, dass die genannten 4 Stufen gleichwerthige Einheiten darstellen[1]. Für die Zweischaler, die in den oberen 3 Stufen nächst den Brachiopoden die wichtigste Gruppe darstellen, ergiebt sich das Vorhandensein von drei selbstständigen Faunen aus den Monographien von BEUSHAUSEN und FRECH[2].

Auch Andeutungen einer weiteren Gliederung, welche sich theils auf die Entwickelung palaeontologisch selbstständiger Zonen, theils auf die Einschiebung heteroper Facies bezieht, sind vorhanden. Die an sich meist recht versteinerungsarmen Quarzite treten landschaftlich bedeutsam hervor und eignen sich daher gut zur kartographischen Abgrenzung, um so mehr, als dieselben vielfach auch palaeontologisch von den Grauwacken und Schiefern verschieden sind. Die Quarzitfacies der Stufe des *Spirifer primaevus* ist der Taunusquarzit (und der Grès d'Anor). In den unteren Coblenzschichten finden sich z. B. bei St. Goarshausen und Mormont in Belgien Quarzite, die keinerlei palaeontologische Eigenart erkennen lassen. An der Basis der Stufe des *Sp. paradoxus* liegt am Mittelrhein und der Mosel (Hertrich) der Coblenzquarzit, der auch palaeontologisch die Kennzeichen einer selbstständigen Zone trägt. Dem höchsten Horizont des Unterdevon gehören die vielbesprochenen Quarzite mit *Pentamerus rhenanus* des Dillgebietes an.

Wenn Andeutungen einer weiteren palaeontologischen Gliederung vorhanden sind, Gesteinsunterschiede aber fehlen, sind feinere kartographische Unterscheidungen nicht möglich; z. B. kommen in den Aufschlüssen der unteren Coblenzschichten meist nur die häufigsten Brachiopoden, wie *Tropidoleptus*, *Chonetes* und *Spirifer Hercyniae*, vor und das Gleiche gilt für die anderen Abtheilungen des Unterdevon. Auch in dem versteinerungsreicheren Mitteldevon und Obersilur wird die feinere Gliederung nicht durch einzelne rasch mutirende Formenreihen (wie bei den Jura-Ammoniten), sondern durch das Ineinandergreifen von Arten bedingt, deren jede durch einige Zonen hindurchzugehen pflegt.

[1] Ob man mit HOLZAPFEL (Das Rheinthal zwischen Bingen und Coblenz. Abh. d. k. preuss. geol. Landesanstalt. N. F. H. 17. p. 111, 112) die Stufen II und III zu einem mittleren Unterdevon zusammenfasst, ist eine rein formelle Frage, da auch der genannte Verf. hervorhebt, „dass die unteren Coblenzschichten mit den hangenden und liegenden Schichten nahezu in demselben Grade Verwandtschaft zeigen". C. KOCH hatte als unteres Unterdevon den Taunusquarzit betrachtet, Hunsrückschiefer und Untercoblenz setzen die mittlere, Chondritenschiefer, Obercoblenz und *Orthoceras*-Schiefer die obere Stufe zusammen. E. KAYSER hat später eine Haupttrennungslinie über die Siegener Stufe und ihre Aequivalente gelegt. Die formelle Änderung (Zusammenfassung von III und IV), welche die Tabelle (p. 441), nicht der Text (p. 436) in CREDNER's Geologie, VII. Auflage, zeigt, ist nicht durch mich veranlasst. Obwohl die Umarbeitung der betreffenden Abschnitte im Wesentlichen von mir herrührt, entsprechen nicht alle Einzelheiten den von mir gemachten Vorschlägen. Es sei besonders auf die Vorrede (p. X) verwiesen. Der in der Namengebung durchaus abweichenden Eintheilung von SANDBERGER (1890) lag ebenfalls die obige Schichtenfolge zu Grunde.

[2] FRECH, Die devonischen Aviculiden Deutschlands. Mit 18 Tafeln. Abh. d. k. preuss. geol. Landesanstalt. IX. 3. 1891. — L. BEUSHAUSEN, Die Lamellibranchiaten des rheinischen Devon mit Ausschluss der Aviculiden. Abh. d. k. preuss. geol. Landesanstalt. N. F. 17. 1895.

Im Unterdevon ist angesichts der ungleichmässigen Verbreitung reicherer Fundorte dies Verfahren nicht möglich und innerhalb der umfassenderen Stufen heben sich nur hie und da einzelne durch eigenthümliche Übergangfaunen oder den Gesteinscharakter (Porphyroid) gekennzeichnete Schichtgruppen ab. In einigen Classificationsversuchen des Unterdevon spielen die „Chondriten"- und „Haliseriten"-Schiefer eine Rolle; von anderen Forschern wurden dieselben mit mehr Recht als Faciesbildungen angesehen, die auf keinen bestimmten Horizont beschränkt sind. Für einige dieser Chondriten unterliegt der pflanzliche Ursprung keinem Zweifel, um so weniger, als die Zusammenhäufung derselben bei Neunkirchen in der Eifel sogar die Entstehung einer sehr unreinen Gaskohle veranlasst hat. Für andere Chondriten hat RAUFF[1] einen anorganischen Ursprung (Wechsel von gefältelten thonigen und sandigen Lagen) nachgewiesen. Wahrscheinlich entsprechen die letzteren der Mehrzahl der Chondriten-Schiefer.

In dem Durchschnitte des **Rheinthales** liegen die jüngsten Unterdevonschichten in der Mitte, in der Gegend der Lahnmündung; nach Norden und Süden folgen ältere Bildungen. Dem Gebiet der unteren Coblenzstufe zwischen Boppard und Oberwesel (mit den Glimmerquarziten der Lurley) entsprechen die gleichalten Schichten zwischen Vallendar und Neuwied. Die Stufe des *Spirifer primaevus* ist im Norden durch die Siegener Grauwacken und Schiefer vertreten, die versteinerungsreich im Siegerland, im Siebengebirge, am Menzenberg und im Ahrthal anstehen. Im Süden hebt sich das Gebiet der Hunsrückschiefer zwischen Lorch und Oberwesel scharf ab von den steileren Höhen des Taunusquarzites von Lorch bis Bingerbrück. Die älteren Taunusschiefer, welche die tiefste Stufe bilden und im Norden erst am Hohen Venn wieder hervortauchen, treten oberhalb Rüdesheim in grösserer Erstreckung an das Rheinthal heran.

Man würde diese Lagerung nur sehr uneigentlich als Muldenform bezeichnen können, da zahlreiche Wiederholungen derselben Schichtenfolge infolge von Fältelung oder Schuppenstructur den Grundzug des geologischen Baus bilden.

1. Stufe des Spirifer Mercuri (Gedinnien und Taunusgesteine).

Das älteste Unterdevon enthält Versteinerungen nur bei Mondrepuits unweit Rocroi, sowie bei Gdoumont und Arimont, nordöstlich von Malmédy[2]; die beiden letztgenannten Punkte gehören demselben Horizont der Arkosen an, welche das zuweilen fehlende Conglomerat von Fépin überlagern. Die heterop entwickelten gelblichen Schieferthone von Mondrepuits scheinen etwas jünger zu sein. GOSSELET theilt das Gedinnien in eine obere und eine untere Abtheilung, deren jede sich in drei petrographische Schichtgruppen gliedert. Die Versteinerungen sind auf die untere Abtheilung beschränkt, die obere besteht aus versteinerungsleeren Schiefern und eingelagerten Sandsteinen. (Siehe Tab. XIX p. 256.)

Die vorkommenden Arten sind fast durchweg dem Gedinnien eigenthümlich, gehören aber zu Gattungen, die auch anderweitig im Unterdevon verbreitet sind. Am häufigsten ist bei Mondrepuits *Primitia Jonesi* DE KON. Ausserdem sind häufig:

[1] N. J. 1891. II. p. 109.

[2] DE KONINCK, Annales de la société géologique de Belgique, p. 25, t. 3, 1876.

Orthis Verneuili (cf. *O. elegantula*), *Spirifer Mercuri* Goss., *Grammysia deornata*, Tentaculiten (*Tentaculites irregularis* de Kon.) und Homalonoten, unter denen sich ausser *Homalonotus Richteri* de Kon. zwei neue noch unbeschriebene Arten befinden. Von besonderer Wichtigkeit ist das Vorkommen der sonst wesentlich silurischen *Beyrichia* in einer ziemlich seltenen Art (*Beyrichia Richteri* de Kon.), welche mit der obersilurischen *Beyrichia Maccoyana* verwandt ist. In den Arkosen von Arimont auf preussischem Gebiet findet sich *Rensselaeria strigiceps*.

Irgendwelche Verwandtschaft mit der Fauna des belgischen Silur (Llandeilo und Caradoc) besteht nicht. Die Aequivalente des höheren Silur fehlen in Belgien, da während dieser Zeit eine Emporwölbung und Faltung des alten Meeresbodens (ridement de l'Ardenne) stattgefunden hat. Die Anschauung, dass die älteren Taunusgesteine, die Sericitglimmerschiefer und bunten Taunusphyllite welche concordant unter der nächst jüngeren Stufe lagern, dem Gedinnien im Alter gleichstehen, hat viel Wahrscheinlichkeit für sich. Allerdings ist die Möglichkeit der Verbreitung von älteren Formationen z. B. bei Hermeskeil (Hunsrück) nicht auszuschliessen. Das hauptsächlichste Verbreitungsgebiet der älteren Taunusgesteine liegt am Südrande des gleichnamigen Gebirges und entspricht einer etwa 50 km langen und 10 km breiten Zone. Auf dem linken Rheinufer befindet sich eine zusammenhängende gleichartige Zone auf der Südseite des Hunsrücks.

2. Die Stufe des Spirifer primaevus (Siegener Grauwacke, Taunusquarzit Hunsrückschiefer).

Die nächst höhere Stufe des Unterdevon ist derart zusammengesetzt, dass die Siegener Grauwacke ein Aequivalent der beiden einander überlagernden Faciesbildungen des hangenden Hunsrückschiefers und des liegenden Taunusquarzits darstellt. Im Norden und Süden des rheinischen Gebirges treten Taunusquarzit und Hunsrückschiefer als verschiedene Gebirgsglieder auf, während in der Mitte im Siegerland[1], der Ahrgegend und der östlichen Eifel die indifferentere Facies der Siegener Grauwacke mit eingelagerten Schiefern und selteneren Quarziten erscheint.

Die typischen Hunsrückschiefer reichen nach Norden nicht über den Westerwald und den Laacher See hinaus[2] und erscheinen dann, meist in Begleitung des Taunusquarzits (= Quartzite d'Anor) auf der Südseite des Hohen Venn und in der Maasgegend wieder.

a) Die Siegener Grauwacke.

Die Siegener Grauwacke, sowie der in ähnlicher Facies entwickelte Taunusquarzit sind durch das Vorherrschen der Brachiopoden gekennzeichnet. Die Siegener Grauwacke ist ein mannigfach zusammengesetztes, aus Quarz- und Schieferkörnern bestehendes Gestein mit Einlagerungen von bläulichem Thonschiefer (z. B. bei Herdorf), seltener von Quarzit (z. B. bei Betzdorf). Chondriten-Schiefer sind, wie

[1] Bis an die Dill, wo bei Haiger Siegener und Coblenzer Grauwacke von den obersten Coblenzschichten durch eine bedeutende Verwerfung getrennt werden.

[2] E. Kayser, Zeitschr. deutsch. geol. Ges. 1887 p. 809.

überhaupt im rheinischen Unterdevon, häufig und an keinen bestimmten geologischen Horizont gebunden.

Thierische Reste sind im Siegerland selbst ziemlich verbreitet; unter den vorwiegenden Brachiopoden sind Choneten (**Chonetes sarcinulatus*) und Spiriferen besonders verbreitet: *Spirifer primaevus* Steining., *Sp. hystericus* Schl. = *Sp. micropterus* Goldf., *Sp. Bischofi* Gieb. (Bilstein). Ziemlich häufig sind ferner Strophomeniden: **Strophomena Murchisoni* Vern., **Str. gigas* Phill., eine Riesenform, sowie **Tropidoleptus rhenanus*[1] nov. nom., **Orthis personata* Krantz, **Orth. circularis* (Sow.) Schnur, Rhynchonellen (**Rhynchonella daleidensis* F. Roem., *cf. *pila* Schnur), sowie vor Allem Rensselaerien (*Rensselaeria strigiceps* F. Roem., *Rens. crassicosta* Koch). Selten ist eine der im Westen vorkommenden breiten *Athyris*-Arten (Subgen. *Pentagonia*). Zweischaler sind stellenweise (Betzdorf im Siegenschen und Menzenberg) häufig: **Leptodomus latus* Krantz sp., **Prosocoelus pes anseris* Zeil. et Wirtg., *Grammysia taunica* Kays. sp., *Gr.* **inaequalis* Beush., *Modiomorpha carinata* v. Koen., *Mod. bilsteinensis* Beush.[2], *Mod. siegenensis* Beush., **Cucullella elliptica* Goldf., *Sphenotus soleniformis* Goldf., *Goniophora bipartita* F. Roem. (Taf. 24 Fig. 5), *Cypricardella bicostula* Krantz, *Avicula (Pterinites) longialata* Krantz sp., *Limoptera gigantea* (Schlüt.) Follm. sp., **Lim. bifida* Sandb., **Kochia capuliformis* C. Koch sp., *Actinodesma obsoletum* Goldf. sp., **Pterinaea costata* Goldf., *Pt. laevis* Goldf. mut. *praecursor* Frech, **Myalina bilsteinensis* F. Roem. (= *crassitesta* Kays.), *Palaeopinna gigantea* Krantz sp. Tentaculiten und Trilobiten, wie *Cryphaeus* und **Homalonotus ornatus* C. Koch, sind an einzelnen Punkten häufig. Cephalopoden, Gastropoden (*Platyceras hercynicum* var. *acuta* Kays., eine Harzer Form) und *Gigantostraca* (*Eurypterus* cf. *pygmaeus*) ausserordentlich selten. Crinoidenstiele sind häufig, Kelche um so seltener (*Ctenocrinus typus* Bronn, Original vom Häusling bei Siegen, *Agelacrinus rhenanus* F. Roem. von Unkel bei Remagen).

Dem oberen Theil der Siegener Grauwacke entspricht die Grauwacke von Montigny (Coblenzien der Belgier) mit der reichen Fauna von St. Michel[3]. Dieselbe enthält u. a.: *Spirifer primaevus* Steining., **Sp. solitarius* Krantz, *Sp. hystericus* Schl., **Cyrtina heteroclita* Defr., **Athyris undata* Defr., **Rhynchonella daleidensis* F. Roem., **Orthis circularis* Sow., **Actinodesma Annae* Frech.

* Anmerkung. * bedeutet hier wie überall das Erscheinen, † das Verschwinden der betreffenden Art. ** bedeutet das Auftreten, †† das Erlöschen der Gattung. — Gesperrter Druck besagt, dass die Species dem betreffenden Horizont eigenthümlich ist.

[1] *Tropidoleptus rhenanus* nov. nom., Taf. 23 Fig. 1d (male), Taf. 25a. = *Tropidoleptus* (*Leptaena*) *laticosta* auct. non Conr. Vergl. Hall, Pal. N. Y. Bd. IV. p. 407 und Ulrich, Palaeozoische Versteinerungen aus Bolivien. p. 73. Das gewöhnlich mit *Trop. carinatus* Hall identificirte Leitfossil der Siegener und Coblenzschichten unterscheidet sich bei vollkommen ähnlichem Habitus durch feinere Berippung (18–20 Rippen bei der amerikanischen, 28–28 bei der europäischen Art) und grössere Breite. Ferner ist die Ausbildung eines medianen Kiels bei der europäischen Art nicht einmal angedeutet. Da *Leptaena laticosta* Conr. und *Tropidoleptus carinatus* Hall Synonyma sind, muss die unterdevonische Art neu benannt werden.

[2] Abgesehen von den Schiefern des altbekannten Fundortes Bilstein u. a. auch bei Händeroth unweit Siegburg (leg. F. Roemer).

[3] Béclard, Les fossiles coblenziens de St. Michel près de St. Hubert. Bull. soc. Belge de géologie et paléontologie etc. 1887. p. 60. 90.

b) Der Taunusquarzit.

Der dem unteren Theile der Siegener Grauwacke entsprechende Taunusquarzit ist ein typischer Quarzit und besteht aus hellen, durch Quarzmasse verkitteten Sandkörnern. Die Färbung ist weiss oder röthlich, die Schichtung und verticale Zerklüftung des Gesteines stets deutlich. Der Charakter der Fauna ist ähnlich dem der Siegener Grauwacke: neben den vorherrschenden Brachiopoden bezeichnende Zweischaler in ansehnlicher Menge.

Die wenig zahlreichen Fundorte (so Neuhütte b. Stromberg und Katzenloch b. Idar) sind durch Individuenreichthum und Artenarmuth ausgezeichnet. Am häufigsten finden sich *Spirifer primaevus* und *Rensselaeria strigiceps*; demnächst besitzen **Chonetes sarcinulatus*, *Orthis circularis*, *Pterinaea* und *Cypricardella* weite Verbreitung. Die Leitfossilien sind grossentheils mit denen der Siegener Grauwacke ident, so *Spirifer primaevus* und **hystericus*, *Kochia* **capuliformis*, **Myalina bilsteinensis*, *Rensselaeria crassicosta* C. Koch, *Rhynchonella Pengelliana* Davids., **Tropidoleptus rhenanus* nov. nom., **Strophomena Sedgwicki* Vern., *Cypricardella bicostula*, *Goniophora excavata*, *Grammysia taunica* Kays. sp.[1] Nur wenige Formen, wie *Murchisonia taunica*, *Ledopsis taunica* und *Goniophora trapezoidalis* sind ausschliesslich in dem Quarzit gefunden, während die Mannigfaltigkeit der Grauwackenfauna etwas grösser ist. Erwähnenswerth ist endlich das Vorkommen von Homalonoten (*Homalonotus Roemeri* de Kon.) und Fischresten (*Pterichthys* und *Machaeracanthus*) am Leyenküppel bei Rüdesheim.

Der Taunusquarzit, welcher der Verwitterung wesentlich besser Widerstand zu leisten vermag, als die liegenden Phyllite und die hangenden Hunsrückschiefer, ist, wie alle schwer verwitternden Gesteine, von Bedeutung für die Oberflächenform des Landes. Derselbe bildet den Hauptkamm des Taunus und die höheren Bergzüge des südlichen Hunsrück (Hochwald).

In Belgien und in den französischen Ardennen kommt der palaeontologisch und petrographisch durchaus übereinstimmende Grès d'Anor vor.

Bei Couvin ist derselbe u. a. durch *Rensselaeria crassicosta* C. Koch, *strigiceps* F. Roem., *Athyris undata* und *Spirifer solitarius* Krantz (= *daleidensis* Beclard ex parte) ausgezeichnet.

c) Der Hunsrückschiefer.

Hunsrückschiefer C. Koch, 1882 = Rhipidophyllenschiefer Sandb.

Eines der wichtigsten Ergebnisse der Koch'schen Arbeit über die Gliederung des rheinischen Unterdevon war die Feststellung der Thatsache, dass der Hunsrückschiefer zwischen Taunusquarzit und den unteren Coblenzschichten lagert. Der Hunsrückschiefer ist schwärzlich oder blaugrau, ebenflächig und in einzelnen Lagen als Dachschiefer verwerthbar. Glimmerreiche Quarzite und Grauwacken treten als Einlagerungen fast nur an den stratigraphischen Grenzen auf.

Versteinerungen sind im Allgemeinen selten und nur durch den ausgedehnten Betrieb der unterirdischen Schieferbrüche an einzelnen Punkten (Caub am Rhein, Gemünden, Bundenbach im Hunsrück) in grösserer Menge gefunden worden. Das

[1] Man vergleiche E. Kayser, Jahrb. d. k. k. geol. Landesanstalt für 1882, p. 11 u. 15.

Gestein, sowie die artenreiche, aber individuenarme Fauna kennzeichnen den Hunsrückschiefer als ein heteropes Gebirgsglied in der Reihe der mehr oder weniger grobklastischen, litoralen Unterdevonbildungen. Wenn auch die grössten Meerestiefen nicht in Frage kommen, so handelt es sich jedenfalls um ein Gebilde aus der Zone des blauen und grünen Continentalschlammes. Faunistisch sind zunächst negative Merkmale, wie das Fehlen der grossen, dickschaligen Muscheln[1] und die auch im Verhältniss zum Auftreten der übrigen Gruppen ungewöhnliche Seltenheit der Brachiopoden bemerkenswerth. Bisher wurden nur *Tropidoleptus rhenanus*, *Rensselaeria strigiceps*, *Streptorhynchus gigas* M'Coy, sowie Spiriferen in schlechten Exemplaren gefunden.

Nicht sonderlich selten sind Reste eines grossen Cephalaspiden und einiger Trilobiten: *Phacops Ferdinandi* Kays. und *Dalmania [Odontochile] rhenana* Kays., *Homalonotus planus* Sandb., *H. aculeatus* C. Koch, *Cryphaeus limbatus* Schlot. Von Mollusken sind nur dünnschalige Formen vertreten: *Avicula lamellosa* Goldf., *Puella Grebei* Kays., *P. elegantissima* Beush., *Ctenodonta gemündensis* Beush.; *Cardiola* (s. str., *C. bicarinata* Beush. und *reliqua* Beush.) ist ein Überbleibsel aus silurischer Zeit. Zu den Seltenheiten gehören ferner Gastropoden (*Platyceras*, *Pleurotomaria*), Korallen (*Pleurodictyum* cf. *Petrii* und *Zaphrentis* = *Rhipidophyllum*), sowie Spongien (*Protospongia*). Im Verhältniss häufiger sind Orthoceren, Cyrtoceren, sowie Goniatiten (*Aphyllites fidelis* Barr. sp.).

Die überwiegende Mehrzahl aller Thierformen entfällt auf Asteriden und Crinoiden, deren Erhaltungszustand durch eine oberflächliche Infiltration mit Eisenkies gekennzeichnet ist. Die Art der Einbettung lässt keinen Zweifel, dass die zarten Gebilde nicht durch Strömungen fortgetragen worden, sondern an der Stelle in den Schlamm einsanken, wo sie starben. Das Verhältniss der horizontalen und verticalen Ausdehnung der Arme bei *Acanthocrinus* beweist, dass der Thonschiefer auf $1/4$ der ursprünglichen Mächtigkeit des Schlammes zusammengesunken ist. Die Crinoiden des tiefen, kalkarmen Schiefermeeres besitzen durchweg dünne Kelchplatten und einen zierlichen Armbau. Auch die „Spannleisten“, welche auf den Armen radial angeordnet sind und auf benachbarten Platten correspondiren, drücken ein Sparprincip aus. Um in dem lockeren Schlamme Wurzel fassen zu können, verzweigen die Crinoiden entweder das Ende der Säule in zahlreiche feine Ausläufer oder rollen dasselbe zu einem „Ankerapparat“ ein. (Taf. 23b Fig. 1.)

Unter den Crinoiden[2] ist die sonst häufige Cladocrinoidengattung *Ctenocrinus* nur spärlich vertreten (*Ct. gracilis* Jaek.). Bezeichnend sind *Acanthocrinus* (mit dem grossen, schönen *A. rex* Jaek.), *Calicocrinus* (*C. spinosus* Jaek.) und *Carpocrinus* (*C. Springeri* Jaek.). Zu den *Pentacrinoiden* gehören die verhältnissmässig häufigen Arten *Triacrinus elongatus* Follm., *Parisocrinus zeaeformis* Follm. sp., ferner: *Calycanthocrinus decadactylus* Follm. und *Cyathocrinus Grebei* Follm. sp., *Codiacrinus Schultzei* Follm., *Bactrocrinus nanus* F. Roem. sp. und *Homocrinus Kayseri* Jaek. Bemerkenswerth ist die erste Entfaltung der *Costata*: *Hapalocrinus*

[1] Die besonders dickschaligen Aviculiden sind *Pterinaea*, *Gosseletia*, *Myalina*, unter den Heterodonten *Prosocoelus* und unter den Desmodonten *Grammysia*.

[2] Jaekel, Beiträge zur Kenntniss der palaeozoischen Crinoiden Deutschlands. Palaeont. Abh., herausgeg. von Dames und Kayser. VII. [III.] H. 1. 1895. (Vergl. Taf. 23b.)

gracilis Jäk., *H. (Agriocrinus) Frechi* Jäk., *H. gracilior* Jäk., *H. Hauchecornei* Jäk., sowie eine *Pentremitidea*. (Taf. 23b.)

Eine ähnliche Mannigfaltigkeit entfalten die von F. Roemer und später von Stürtz beschriebenen Asterien, welche zu den Gattungen *Ophiurella*, *Helianthaster*, *Aspidosoma*, *Roemeraster*, *Bundenbachia*, *Eoluidia*, *Palasteropecten* u. a. gehören. (Taf. 23b.)

Während in Belgien an der Maas die Grauwacke von Montigny dem Hunsrückschiefer homotax ist, finden sich anderorts in den Ardennen Faciesbildungen[1], welche dem Hunsrückschiefer ähnlich sind:

Facies von Wépion: grünlicher und rother Schiefer.
Facies von Nonzon: schwarzer Schiefer und Quarzit in Wechsel.
Facies von La Roche: schwarzer Thonschiefer und Dachschiefer von Alle.
Liegendes: Gedinnien.

Die Schiefer von Alle mit ihren Seesternen und Panzerfischen sind faunistisch den Hunsrückschiefern sehr ähnlich, liegen aber stratigraphisch etwas tiefer.

3. Die Stufe des Spirifer Hercyniae Gieb. oder die unteren Coblenzschichten.

Die unteren Coblenzschichten, aus Grauwacke und Schiefern mit eingelagerten Quarziten bestehend, bilden die in facieller Hinsicht unveränderte Fortsetzung der Siegener Grauwacke. In grosser Menge treten Brachiopoden auf, daneben finden sich zahlreich Zweischaler, sowie etwas zurücktretend Homalonoten und Tentaculiten. Seltener sind Gastropoden sowie Trilobiten aus anderen Gruppen.

Während die Brachiopoden eine ziemlich gleichmässige[2] Vertheilung und Beschaffenheit besitzen, finden sich Zweischaler in drei weniger mächtigen Schichten bei Singhofen (Nassau), dem Nellenköpfchen bei Ehrenbreitstein und St. Johann in der Eifel. Die Zweischaler-Fauna zeigt an diesen drei Fundorten grosse Verschiedenheiten, und es liegt nahe, dieselben auf stratigraphische Abweichungen und nicht auf eigenthümliche Facies zurückzuführen. Betreffs der Porphyroidschiefer von Singhofen wird diese Annahme von fast allen Forschern[3] getheilt.

a) Die unteren Grenzschichten der Stufe des *Spirifer Hercyniae*.

(Porphyroidschiefer von Singhofen[4], Grauwacke von Bendorf, Quarzit von Mormont, Quarzit von Würbenthal.)

Die Porphyroidschiefer, welche aus Sericit, Feldspath-Körnern oder -Krystallen, sowie aus Quarz bestehen, sind als umgewandelte Porphyrtuffe zu bezeichnen. Dieselben bilden bei Singhofen (Nassau), am Lorley-Felsen und bei St. Goarshausen Ein-

[1] Gosselet, Esquisse géologique du Nord de la France. I. p. 77.

[2] Abgesehen von dem Auftreten des *Spirifer carinatus* bei St. Johann.

[3] Holzapfel (Das Rheinthal etc. p. 54 ff.) hält die Porphyroide für eine stratigraphisch dem Untercoblenz gleichwerthige Faciesbildung, giebt jedoch keine überzeugenden Gründe für seine Annahme. Sandberger macht aus den fraglichen Schichten eine besondere Stufe. E. Kayser betrachtet dieselben als obere Grenzbildung des Hunsrückschiefer — eine Anschauung, die sich von der meinigen kaum formell unterscheidet.

[4] = *Avicula-* oder *Limoptera*-Schiefer von Sandberger; in den körnigen Varietäten als Feldspath-Grauwacke bezeichnet.

lagerungen von höchstens 10 m Mächtigkeit im untersten Theile der Coblenzschichten, die allmählich in den oberen Hunsrückschiefer übergehen[1].

Die reichste Entwickelung dieser sehr ungleich vertheilten Einlagerungen zwischen Singhofen und Ergeshausen umfasst acht Porphyroide, deren locale Häufigkeit zum Theil wenigstens durch Sattel- oder Schuppenstructur zu erklären ist. Die bei dem Dorfe Berg gefundene und 100 m von dem Porphyroid entfernt liegende Grauwackenfauna enthält die allgemein verbreiteten Untercoblenzarten[2].

Die Horizontirung der Porphyroidfauna beruht auf der Eigenart der Zweischaler. Zum kleinen Theile reichen die Formen aus tieferen Bildungen herauf, so die bezeichnende *Kochia capuliformis* Kays. sp., *Goniophora* cf. *bipartita* Goldf. und *Avicula lamellosa* Goldf. sp. Verhältnissmässig zahlreich sind die bezeichnenden, auf die Porphyroide beschränkten Formen *Palaeosolen costatus* Sandb., *Limoptera bifida* Sandb. sp.[3], *Homalonotus ornatus* Sandb., sowie ferner *Cucullella affinis*, *Myophoria Proteus*, *Cypricardella curta* und *unioniformis*, *Grammysia Beyrichi*, *Leptodomus acutirostris* und *medius*, *Regina adversa*. Endlich ist das erste Erscheinen von verschiedenen Untercoblenzformen zu erwähnen: *Spirifer Hercyniae*, *Modiomorpha simplex*, *Ctenodonta callifera*, *Cucullella solenoides*, *Myophoria* cf. *inflata* und *Roemeri*, *Grammysia abbreviata*, *Leptodomus striatulus*. Die übrigen Arten (u. a. *Rensselaeria strigiceps* sehr häufig, *Rhynchonella daleidensis*, *Prosocoelus pes anseris*) kommen in tieferen und höheren Schichten vor.

Dass die faunistischen Verschiedenheiten nicht nur auf Faciesentwickelung zurückzuführen sind, geht daraus hervor, dass in Porphyroiden bei Butzbach und Usingen an Stelle der oben genannten, häufigen Cypricardellen zwei Arten der eigentlichen unteren Coblenzschichten, *Cypricardella elongata* Beush. und *Cyp. subovata* Beush., vorkommen. Andererseits enthalten die Quarzite eines weit im Osten liegenden Fundortes, die des Dürrberges bei Würbenthal (Altvatergebirge), unzweifelhafte Vertreter der Singhofener Fauna[4]: *Palaeosolen costatus*, *Grammysia ovata* Sandb., *Gr. abbreviata* Sandb., *Leptodomus latus* und † *Kochia capuliformis*.

Die weiteren Versteinerungen (*Rensselaeria strigiceps* in Menge, *Tropidoleptus rhenanus*, *Tentaculites*, *Murchisonia*, *Homalonotus Roemeri*, † *Modiomorpha praecedens* Beush.?[5]) widersprechen dieser Deutung nicht. Das Vorkommen von *Spirifer Hercyniae* ist besonders wichtig für die Horizontirung, das Auftreten goldführender Quarzgänge technisch bedeutsam.

[1] Holzapfel, Das Rheinthal etc. p. 39 u. 43. Nicht verständlich ist daher, warum Holzapfel (l. c. p. 57) einen Widerspruch in meinen Angaben daraus construirt, dass die fraglichen Schichten das eine Mal mit den untersten Coblenzschichten, das andere Mal mit der obersten Siegener Grauwacke verglichen werden. Die Porphyroide liegen auf der Grenze der beiden engverbundenen Stufen.

[2] *Tropidoleptus rhenanus* nov. nom. (= *laticosta* auct.), *Spirifer Hercyniae*, *Chonetes sarcinulatus*, *Pleurodictyum*, *Pterinaea costata*, *Anoplotheca venusta*, *Athyris* (*Pentagonia*) *ferronensis* und andere vertical weit verbreitete Formen, sowie die nur hier gefundene sonderbare Spongie *Ladanella mira* Kays.

[3] Einmal ist eine nah verwandte, aber nicht ganz sicher bestimmbare Form in Gesteinen gefunden, die ungefähr Untercoblenzalter besitzen dürften.

[4] Die Anschauung E. Kayser's, der die Quarzite von Würbenthal mit dem Taunusquarzit verglich, berichtigt sich hiernach (Jahrb. d. k. preuss. geol. Landesanstalt für 1880, p. 265 ff.).

[5] Beushausen, Lamellibranchiaten des rheinischen Unterdevon. p. 170.

Auch im Rheinischen Gebirge besitzt die Fauna von Singhofen weitere Verbreitung: Bei Bendorf unterlagert eine Grauwacke mit *Kochia capuliformis* und *Rensselaeria strigiceps* die dortigen Schichten mit *Spirifer Hercyniae*; auch hier erscheinen noch einige Formen der älteren Fauna, wie *Grammysia inaequalis* Beush. Bei Mormont in Belgien enthält eine Quarzitlinse an der Grenze der Schichten von Montigny und Vireux bezeichnende Arten der Siegener und der Coblenzschichten[1] (*Kochia capuliformis* Kays. sp. bezw. *Homalonotus rhenanus* C. Koch, *Spirifer subcuspidatus* mut. *major* Scup. und *Avicula crenato-lamellosa* Sandb.).

Die wichtigen Leitformen dieser Grenzzone sind nach dem vorstehenden *Palaeosolen costatus* und *Kochia capuliformis*, welche letztere Art niemals in höheren Schichten gefunden wurde.

b) Die unteren Coblenzschichten im engeren Sinne.

Zone des *Spirifer Hercyniae* s. str. (Taf. 23a Fig. 5.)

(Grauwacke von Vallendar + Hallgartenschiefer Maurer, Unterer Spiriferensandstein Sandberger. 1889.)

Die unteren Coblenzschichten s. str. enthalten wohl überall die weit verbreiteten Brachiopoden, so *Spirifer Hercyniae*, * *Sp. arduennensis*, *Tropidoleptus rhenanus*, † *Orthis circularis* und die allgemein verbreiteten Choneten. Verbreitet und sehr bezeichnend für die eigentlichen unteren Coblenzschichten ist *Spirifer carinatus* mut. *crassa*, der bisher von dem älteren *Sp. hystericus* nicht getrennt wurde. Fundorte mit reicherer Fauna[2] sind hingegen selten, und an diesen übertreffen die Zweischaler die Brachiopoden trotz grösserer Häufigkeit der letzteren an Mannigfaltigkeit um das Dreifache (90 bezw. 20 Arten). Die gesammte bisher bekannt gewordene Fauna umfasst ca. 130 Arten, von denen die wichtigeren im Folgenden zusammengestellt sind:

Pleurodictyum problematicum Goldf.
Ctenocrinus aricularis Follm. (Taf. 23 Fig. 4)
Crania cassis Zeil.
Chonetes sarcinulata Schl. (Taf. 23 Fig. 10)
" * *dilatata* de Kon.
" *plebeia* Schnur (Taf. 23 Fig. 9)
Strophomena plicata Sow. sp.
" *explanata* Schnur sp.
" nov. sp. (ältere Mutation von *Str. piligera*)
* *Orthis hysterita* Gmel. (noch vereinzelt) (Taf. 23 Fig. 6 und Taf. 23e)
† " *circularis* Sow.
** *Anoplotheca venusta* Schnur (Taf. 23 a)
* *Spirifer subcuspidatus* Schnur mut. *major* Scup.[3]
Spirifer * *subcuspidatus* Schnur
" *carinatus* mut. *crassa* Scup.
" *Hercyniae* var. *primaeviformis* Scup.
* " *arduennensis* Schnur
Athyris undata Defr.
" *ferronensis* Vern.
** *Cryptonella* nov. sp.
** *Megalanteris Archiaci* Vern. mut. nov.
Rensselaeria strigiceps F. Roem., verbreitet, aber nicht sonderlich häufig
Rhynchonella daleidensis F. Roem. (Taf. 23 Fig. 7)
* " *Dannenbergi* Kays.
" (*Wilsonia*) * *pila* Schnur

[1] Frech, Rheinisches Unterdevon. p. 191, 192.

[2] Oberstadtfeld bei Daun und Gemünder Maar, Eifel; alte Schleussläude zwischen Lay und Moselweiss, Ehrenbreitstein, Steinbruch an der Thalgabelung oberhalb von Vallendar, alle unweit Coblenz; Oppershofen, Ergeshausen, Nassau; Daaden im Siegen'schen.

[3] Die Namen beziehen sich auf eine demnächst erscheinende Monographie von Dr. Scupin: „Die devonischen Spiriferen Deutschlands."

Aviculopecten (**Orbipecten Follmanni Frech)
" (**Pterinopecten daleidensis Frech)
† Avicula crenato-lamellosa Sandb.
* Limoptera semiradiata Frech (Taf. 19c)
" rhenana Frech
Pterinaea costata Goldf.
" expansa Maur.
Actinodesma Annae Frech
* Gosseletia carinata Follm. sp.
" praecursor Frech
Modiomorpha simplex Beush.
† " elevata Krantz sp.
* Nuculana Frechi Beush.
* Ctenodonta Oehlerti Beush.
" Maureri Beush., eine mannigfach variirende, sehr verbreitete Art
" megaptera Beush.
" mosellana Beush.
" ledoides Beush.
Cucullella longiuscula Beush.
Cucullella truncata Steinm. sp.
Ledopsis robusta Beush.
* Myophoria circularis Beush.
?* Cypricardella elongata Beush.
" elegans Beush.
† Carydium gregarium Beush.
* Cypricardinia crenistria Sandb. sp.
Goniophora Stürtzi Beush.
* " Schwerdi Beush.
Palaeosolen simplex Maur. sp.
* Grammysia marginata Goldf. sp. (Taf. 21c)
* " prominens Beush.
† " abbreviata Sandb. (Taf. 21a)
* Leptodomus Bartoisi Beush.
Platyceras erinaceum Koh.
Cyrtonella mitreola Koh.
* Bellerophon macromphalus A. Roem.
* Pleurotomaria daleidensis F. Roem. mut. alta Koh.
Homalonotus armatus Burm.
" rhenanus C. Koch
Cryphaeus sp. sp.

Inmitten der Brachiopodenfacies des Untercoblenz findet sich am Nellenköpfchen unweit Ehrenbreitstein ein plattiger, grauer, glimmerreicher Grauwackenschiefer, der besonders durch den Reichthum an kleinen Taxodonten — bei vollkommenem Zurücktreten der Brachiopoden — ausgezeichnet ist.

Die rothen Grauwackenschiefer von Zendscheid-St. Johann in der Eifel und die gleichartigen Gesteine von Arrenrath bei Landscheid unweit Trier enthalten eine mannigfacher zusammengesetzte (u. a. auch durch Gastropoden und Cephalopoden gekennzeichnete) Fauna, in der jedoch ebenfalls die Zweischaler erhebliche Häufigkeit besitzen. Die Schichten vom Nellenköpfchen wurden von mir (l. c. p. 107) als die Zweischalerfacies der unteren Coblenzstufe s. str. gedeutet, während den Zendscheider Schichten eine Stellung im oberen Theil dieser Stufe zugewiesen wurde. Gegenüber einigen kritischen[1] Einwendungen ist hervorzuheben, dass diese palaeontologischen Erwägungen durch nichts widerlegt worden sind. Ältere Siegener Formen, wie *Orthis circularis* und *Tropidoleptus rhenanus*[2], *Homalonotus rhenanus* und *ornatus*, *Actinodesma Annae*, *Limoptera rhenana*, *Aviculopecten Follmanni* fehlen.

[1] Die Polemik von Holzapfel würde keine Erwähnung verdienen (Rheinthal p. 101), wenn nicht Verf. bei dieser Gelegenheit das Gegentheil von dem citirte, was ich gesagt habe: „Die Schichten von Zendscheid werden als muthmaassliches Aequivalent der Vichter Schichten [von Frech] bezeichnet," sagt Holzapfel p. 101. — Der Abschnitt p. 199 schliesst hingegen: „glaube ich vorläufig den oberen Grenzhorizont der älteren Coblenzschichten nicht als Vichter Schichten bezeichnen zu können". Ferner widerlegt sich die Behauptung Holzapfel's, dass meine stratigraphischen Ansichten „nur das Ergebniss einzelner Excursionen und Petrefactensammlungen" seien, schon durch die Titel meiner das rheinische Devon behandelnden Arbeiten. Den von mir herrührenden „ziemlich langen Listen" von Versteinerungen wird zwar (p. 99) kein wesentlicher Werth beigemessen; trotzdem hebt Holzapfel (p. 103) hervor: „die Frage nach der Selbständigkeit der Quarzitstufe ist von der Fauna abhängig".

[2] Derselbe wird von Zendscheid citirt, aber nicht aus der in Frage kommenden Zweischalerschicht, sondern aus dem typischen Untercoblenz.

Unter den bezeichnenden Spiriferen wird ferner der bei Daun häufige *Spirifer carinatus* mut. *crassa* Scup. (Taf. 23a) durch die jüngere Mutation *Sp. carinatus* Schnur ersetzt[1]. Endlich kommen verschiedene eigenthümliche Formen bei Zendscheid und Arrenrath vor, so *Trochoceras arduennense* Stein., *Aviculopecten Wulfi* Frech (eine grosse, sehr bezeichnende, an beiden Fundorten vorkommende Art), *Pterinaea Follmanni* Frech, *Avicula lamellosula* Follm. und *Pleurodictyum St. Johannis* Schlüt.[2] Beweisend für die ausgesprochene palaeontologische Verschiedenheit der beiden Zweischalerfacies ist die von Beushausen (Lamellibranchiaten p. 461) zusammengestellte Tabelle, welche nachstehend wiedergegeben ist:

Namen der Arten	[illegible]	Zendscheid Arrenrath	Unteres Coblenz	Coblenz-quarzit	Stufe des Sp. primaevus	Namen der Arten	[illegible]	Zendscheid Arrenrath	Unteres Coblenz	Coblenz-quarzit	Stufe des Sp. primaevus
Modiola antiqua	+	—	+	+	?	*Cypricardella subovata*	—	+	+	—	—
Modiomorpha simplex	+	—	+	—	—	*Crassatellopsis Hauchecornei*	—	+	—	+	—
„ *elevata*	—	+	+	—	+	*Prosocoelus pes anseris*	+	+	+	—	+
Nuculana securiformis	+	—	—	+	—	*Carydium sociale*	+	+	+	+	?
„ *Frechi*	+	—	+	—	—	*Paracyclas marginata*	—	+	—	+	—
Ctenodonta unioniformis	+	+	+	—	—	„ *rugosa*	—	+	—	+	—
„ *Maureri*	+	—	+	—	—	„ *praecursor*	—	+	—	—	—
„ *planiformis*	+	+	—	—	—	*Goniophora eifeliensis*	—	+	+	—	—
„ *demigrans*	+	—	—	+	—	„ *rhenana*	—	+	+	—	—
„ *migrans*	+	—	+	—	+	„ *Schwerdi*	—	+	+	+	—
„ *Bertkaui*	+	—	—	—	—	*Palaeosolen simplex*	+	—	+	—	—
„ *elegans*	+	—	—	—	—	*Grammysia Johannis*	—	+	—	+	—
„ *callifera*	+	—	+	—	—	„ *irregularis*	+	—	+	—	+
„ *Kayseri*	—	+	—	—	—	„ *cingulata*	+	+	+	+	—
„ *Oehlerti*	+	—	+	—	—	„ *ardennensis* var. *eifeliensis*	—	+	+	—	—
„ *Halfari*	+	—	—	—	—	„ *ovata*	+	+	+	?	+
Cucullella solenoides	+	—	+	+	—	*Leptodomus striatulus*	—	+	+	+	—
„ *elliptica*	+	—	+	+	+	„ *Barroisi*	+	—	+	—	—
„ *truncata*	+	+	+	+	+	„ *latus*	+	+	+	+	+
Myophoria Johannis	—	+	—	—	—	*Pholadella peregrina*	+	—	—	—	—
Cypricardella elongata	—	+	+	—	?						

Aus derselben ergiebt sich mit voller Deutlichkeit, dass die Schichten von Zendscheid nähere Verwandtschaft mit dem Coblenzquarzit, als mit der Stufe des *Spirifer primaevus* besitzen. Auch die stratigraphische Stellung der rothen Schichten von Arrenrath im oberen Theile des Untercoblenz ist gesichert: Follmann[3] hebt ausdrücklich hervor, dass untere Coblenzschichten mit *Tropidoleptus rhenanus* im Liegenden der rothen Schiefer anstehen, während im Hangenden die Fortsetzung des Condelwalder Quarzitzuges folgt.

4. Die Stufe des Spirifer paradoxus.

(Coblenzquarzit und obere Coblenzschichten im weitesten Sinne einschliesslich der Chondritenschiefer.)

In der obersten, durch grösseren Versteinerungsreichthum ausgezeichneten Stufe des Unterdevon wird *Spirifer Hercyniae*, die ältere Mutation, durch den

[1] Nach neueren Beobachtungen.

[2] Die Art ist, wie ich mich überzeugt habe, von *Pl. problematicum* verschieden.

[3] Über die unterdevonischen Schichten bei Coblenz. Gymnasialprogramm. Coblenz 1891. p. 31.

typischen *Sp. paradoxus* abgelöst (Taf. 23a); ferner erscheinen bezeichnende Arten, wie *Sp. auriculatus* Sandb.[1] und *curvatus* Schl., schon im Coblenzquarzit. Von den Leitformen der älteren Stufe sind vor Allem die Gattungen *Tropidoleptus*, *Rensselaeria*, sowie *Cypricardella* verschwunden.

Eine palaeontologische Dreigliederung ist überall möglich, wo reichere Faunen gefunden werden, eine kartographische Untertheilung nur dort, wo petrographische Merkmale hinzutreten: 1. Coblenzquarzit, 2. obere Coblenzschichten, 3. oolithischer Rotheisenstein der Eifel oder Greifensteiner Quarzit.

a) Der Coblenzquarzit oder die Zone des *Homalonotus gigas*.

Die mächtigen, weissen Quarzite von Ems, Lahnstein, Coblenz[2], Königsstuhl bei Rhens, von Montabaur, Selters, Burbach, Daaden (im Siegen'schen), sowie die röthlichen Quarzite des Condel- und Grünenwaldes bei Wittlich und Alf an der Mosel bilden einen wohl gekennzeichneten, palaeontologisch zu der oberen Coblenzstufe gehörenden Grenzhorizont. In landschaftlicher Beziehung ist der jüngere Quarzit, wie der Taunusquarzit, eines der bezeichnendsten Gesteine des rheinischen Devon. Vor Allem sind in der Coblenzer Gegend alle höheren Erhebungen, der Kühkopf, der Lichter Kopf, der Königsstuhl bei Rhens aus diesem widerstandsfähigen Material aufgebaut.

Auf den Horizont beschränkt sind, abgesehen von dem zuerst aus dem Harz beschriebenen, bei Lahnstein häufigen *Homalonotus crassicauda* Beush. (Taf. 25 Fig. 9) und *gigas*[3], vor Allem einige Zweischaler:

Myophoria Roemeri Beush. (die Häufigkeit der Gattung ist ebenfalls bezeichnend).
Ctenodonta crassa Beush.
" *insignis* Beush.
" aff. *Roemeri*.
Gosseletia truncata F. Roem. mut. nov. (Mühlthal b. Rhens).
Gosseletia pseudalectryonia Frech (Taf. 24a)
" *schizodon* Frech (Mühlthal b. Rhens).
" *(Cyrtodontopsis) quarzitica* Frech
Myalina lodanensis var. *lata* Frech
Limoptera suborbicularis Oehl. sp. (Bienhornthal b. Coblenz).
Pterinaea lodanensis Frech.

Die weitere Fauna, unter der die oben erwähnten Spiriferen hervortreten, ist verhältnissmässig artenarm:

Rhynchonella daleidensis F. Roem. und *pila* Schnur
**Meganteris media* Maur.
Spirifer carinatus Schnur (= *ignoratus* Maur.)
Actinodesma cf. *vespertilio* Maur.
**Pterinaea laevis* Goldf.[4]
* " *lineata* Goldf.
†*Gosseletia carinata* Goldf.
**Cyrtodontopsis Kayseri* Frech
**Modiola lodanensis* Beush.
**Nucula Krachtae* A. Roem.
**Nucula confluentina* Beush.
**Nuculana Mülleri* Beush.
**Myophoria inflata*.
† " *ovalis*.

[1] Gegenüber unbegründeten Zweifeln sei hervorgehoben, dass *Spirifer auriculatus* in typischen, von *Sp. carinatus* Schnur (= *ignoratus* Maur.) verschiedenen Stücken aus dem Quarzit des Condelwaldes (Mosel) vorliegt.

[2] Zuweilen sind hier die Gesteine der Zone als mürber, gelblicher Sandstein ausgebildet (Bienhornthal).

[3] *Homalonotus gigas* kommt noch in den tiefsten Bänken der oberen Coblenzstufe, in Maurer's Hohenrheiner Stufe vor, geht aber jedenfalls nicht weiter hinauf.

[4] Kleinbornbach b. Coblenz.

**Prosocoelus consobrinus* Beush.	†*Leptodomus latus* Krantz
**Goniophora nassoviensis* Beush.	**Conocardium rhenanum*.
**Grammysia obscura* Beush.	†*Bellerophon macromphalus* A. Roem.

Wie ein Blick auf die vorstehende Übersicht zeigt, sind die neu erscheinenden Formen bei Weitem zahlreicher als die älteren Typen. Von letzteren sind u. a. verschwunden *Prosocoelus pes anseris*, zahlreiche *Ctenodonta*-Arten, *Grammysia abbreviata* und *irregularis*.

In Belgien ist das heterop entwickelte Conglomerat (poudingue) von Burnot dem Coblenzquarzit ungefähr gleichwerthig. In Luxemburg und den angrenzenden Theilen der Eifel findet sich der Quarzit von Bierlé (Gosselet); derselbe ist häufig auf zwei wenig mächtige, den vorherrschenden Schiefern eingelagerte Bänke beschränkt, erreicht aber zuweilen auch Mächtigkeiten von 20—30 m und macht sich dann als hügelbildendes Element in der Landschaft geltend (Hohe Kuppe bei Daleiden).

b) Die oberen Coblenzschichten oder die Zone des *Spirifer paradoxus* s. str.

(Chondritenschiefer + obere Coblenzschichten C. Koch, Hohenrheiner Stufe Maurer, *Cultrijugatus*-Stufe Maurer (non auct.) und Chondritenschiefer Maurer, Schichten von Wiltz in Luxemburg, Gosselet, Grauwacke von Hierges in Belgien, Gosselet.)

Petrographisch ähneln die oberen Coblenzschichten dem unteren gleichnamigen Horizont nur theilweise: Schiefer und Chondriten-Schiefer sind in erster Linie zu nennen. Daneben finden sich jedoch bezeichnende Kieselgallenschiefer (z. B. bei Boppard); besonders wichtig für die im Mitteldevon erfolgende Änderung des petrographischen Charakters ist der häufig beobachtete Kalkgehalt. Abgesehen von den häufig erhaltenen Kalkschalen der Muscheln finden sich Knollen und unregelmässige Schichten von Kalk (z. B. Gegend von Olpe, Conderthal b. Coblenz). Der petrographische Übergang zu den Kalken und Kalkmergeln von Nordfrankreich (Néhou, St. Germain) ist somit unverkennbar.

Die oberen Coblenzschichten (im engeren Sinne) entsprechen dem Höhepunkt des organischen Lebens im rheinischen Unterdevon sowohl hinsichtlich der Zahl der Fundorte als der Mannigfaltigkeit der Arten. Die typischen, seit längerer Zeit ausgebeuteten Vorkommen enthält die nähere und weitere Umgegend von Coblenz[1]: die tiefsten Horizonte (Hohenrheiner Stufe) bei Oberlahnstein, die höheren bei Miellen und Kemmenau (Lahn), Müllers Bruch (Oberlahnstein), Ahlerhütte, Krebsbachthal, Laubach, Winningen u. a. Auch in der Eifel (Manderscheid, Olkenbach, Bastenmühle b. Wittlich und Daleiden[2]) liegen versteinerungsreiche Vorkommen, während in Belgien die unteren Schichten von Hierges (z. B. bei Grupont) der Zone des *Spirifer paradoxus* entsprechen. Brachiopoden bilden das Hauptelement der Fauna, doch treten an einzelnen Fundorten (z. B. Miellen) die Zwei-

[1] Vergl. Follmann, l. c. p. 24 ff.

[2] Die in allen Sammlungen verbreiteten, abgerollten Steinkerne dieses alten Fundortes gehören ganz vorwiegend zu Arten der Zone des *Spirifer paradoxus*. Daneben finden sich jedoch, wie Beushausen (Lamellibranchiaten, p. 468) hervorhebt, mitteldevonische Arten, wie *Allerisma Muensteri*, *Janeia laevigata*, *truncata* und *compressa*. Es scheint somit nicht ausgeschlossen, dass die abgerollten Unterdevon-Arten auf secundärer Lagerstätte liegen.

schaler in den Vordergrund und zeigen viel engere Verbreitung in verticaler Hinsicht als die Brachiopoden; Gastropoden, Trilobiten beanspruchen neben vereinzelten Korallen einige Bedeutung. Eine Zusammenstellung der häufigsten Arten enthält die auf Taf. 23c photographirte Sandsteinplatte. Die wichtigsten Arten, insbesondere die auf die Stufe beschränkten, sind im Folgenden aufgeführt:

Pleurodictyum problematicum Goldf.
Aulopora repens Goldf.?
Zaphrentis ovata Ludw. sp.
Xenaster margaritatus Simon.
Asterias acuminata Simon.
Aspidosoma Arnoldi Goldf.
Crania cassis Zeil.
Chonetes sarcinulatus Schl.
" *plebejus* Schnur
" *dilatatus* F. Roem.
Orthis hysterita Gmel. (Taf. 23c)
* " *triangularis* Zeil.
* *Streptorhynchus umbraculum* Schl.
Anoplotheca venusta Goldf.
Strophomena piligera Sandb. (Taf. 23c)
* " *interstrialis* Phill.
* " *rhomboidalis* Wahl. (Braubach, Willich)
Spirifer auriculatus Sandb.
" *curvatus* Schl.
† " *paradoxus* Schl.
† " *arduennensis* Schnur
" *subcuspidatus* Schnur mut. *major* Scup.
* " " Schnur mut. *alata* Kays.
" *carinatus* Schnur, Lahnstein (Taf. 23c)
" *Jaekeli* Scup.
" *Davousti* Vern.
* " *trisectus* Kays., Kemmenau
Cyrtina heteroclita Defr.
† *Athyris undata* Defr.
" *macrorhyncha* Schnur
† " *caeraesana* Stein. sp.
Rhynchonella daleidensis F. Roem.
" *pila* Schnur (Taf. 23c)
Meganteris Archiaci Vern.
* *Nucleospira lens* Schnur mut.
Aviculopecten prumiensis Frech
" *eifeliensis* Frech
" *mosellanus* Frech
Avicula arduennensis Stein. sp.
" *Sebenchi* Frech
Pterinaea fasciculata Goldf. (Taf. 23c)
† " *subcostata* Frech
† " *lineata* Goldf.
" *laevis* Goldf. (Taf. 19c)
" *ventricosa* Goldf.
" *ovalis* Follm.

Actinodesma malleiforme Sandb.
" *vespertilio* Maur.
Gosseletia microdon Frech
" *carinata* Maur.
" *cancellata* Maur.
Gosseletia securiformis Follm.
" *angulosa* Frech
" *trigona* Goldf.
Cyrtodontopsis Kayseri Frech (Taf. 24a)
Myalina circularis Frech
" *lodanensis* Frech
Modiola lodanensis Beush.
Modiomorpha lamellosa Beush.
" *circularis* Beush.
Nucula curvata Beush.
" *grandaeva* Goldf.?
" *lodanensis* Beush.
Nuculana lodanensis Beush.
" *Ahrendi* A. Roem.
Ctenodonta primaeva Beush.
" *daleidensis* Beush.
" *tumida* Beush.
" *prisca* Beush.
" *minuta* Beush.
Cucullella solenoides Goldf.
Ledopsis confluentina Beush.
Myophoria minor Beush.
" *peregrina* Beush.
† *Crassatellopsis Hauchecornei* Beush.
Prosocoelus cf. *ellipticus* Beush.
† *Carydium sociale* Beush.
Paracyclas rugosa Goldf. sp.
† " *marginata* Maur.
† *Cypricardina crenistria* Sandb. sp.
Goniophora applanata Beush.
Palaeosolen eifeliensis Beush.
Grammysia anomala var. *rhenana* Beush.
" *marginata* Goldf. (Taf. 23c)
Leptodomus posterus Beush.
Allerisma inflatum Stein. sp.
" *moselanum* Beush.
Conocardium Zeileri Beush.
* *Pleurotomaria daleidensis* F. Roem.
Platyceras, mehrere eigenthümliche Arten
Conularia deflexicosta Sandb.
" *Gervillei* d'Arch., Vern.
† *Coleoprion gracile* Sandb. (Taf. 25 Fig. 2)

Loxonema oblique-arcuatum
Cyrtonella hospes Kayser
Homalonotus subarmatus Koch (p. 218 Textbild)
" *(Dipleura) laevicauda* Qu.
* " *obtusus* Sandb.
* *Cryphaeus stellifer* Burm.
" *rotundifrons* Emm.
Phacops fecundus Barr. var.
Macropetalichthys (Placothorax) prumiensis Kays.

Während Crinoidenstielglieder („Schraubensteine") allgemeine Verbreitung besitzen, sind die Kelche auf einzelne Grauwackenbänke (*Ctenocrinus*-Schichten) beschränkt, die besonders im Mühlthal bei Güls (unweit Coblenz) und Oberlahnstein ausgebeutet wurden. Obwohl die Bänke aus Anhäufungen der Crinoiden bestehen, ist die Mannigfaltigkeit derselben — auch nach der neuesten Revision durch O. Jaekel — gering und keinesfalls mit den formenreichen, in älteren und jüngeren Kalken gefundenen Faunen vergleichbar: *Ctenocrinus stellifer* Follm., *Ct. decadactylus* Goldf., *Ct. rhenanus* Follm., *Diamenocrinus gonatodes* J. Müll., *Acanthocrinus gregarius* und *gracilior* Jäk., *Orthocrinus simplex* Jäk., *Culicocrinus nodosus* Follm., *Cul. inermis, confluentinus* Jäk., *Parisocrinus canaliculatus* Jäk., *Gastrocrinus patulus* J. Müll., *Rhadinocrinus rhenanus* J. Müll.

c) Die Zone des **Spirifer speciosus* und *Pentamerus rhenanus*.

(Oberste Coblenzschichten Frech, oolithischer Rotheisenstein der Eifel und der Ardennen, Dachschiefer der Grube Schöne Aussicht im Ruppbachthal, Greifensteiner Quarzit.)

Ein oberster Grenzhorizont des Unterdevon ist in den Rotheisensteinen der linksrheinischen Gebirge und den verschiedenen Schieferbildungen im unmittelbaren Liegenden der rechtsrheinischen *Orthoceras*-Schiefer ausgeprägt (Ruppbach, Haiger, Olpe, Berleburg). Die Rotheisensteine sind als eine geologisch und technisch wichtige Schicht schon auf der in 1/80000 aufgenommenen Dechen'schen Karte ausgeschieden. Wesentlich schwieriger, vielleicht nicht überall durchführbar, ist die Abgrenzung der in Schieferfacies entwickelten obersten Unterdevonschichten[1]. In palaeontologischer Hinsicht verleiht eine Anzahl eigenthümlicher Formen der Fauna einen selbständigen Charakter. Noch wichtiger ist das Verschwinden bezeichnender unterdevonischer Arten: *Spirifer paradoxus, Orthis hysterita, Athyris undata* und *Nucleospira lens* mut., die durch entsprechende mitteldevonische Formen, wie *Spirifer speciosus, Orthis striatula, Athyris concentrica* und *Nucleospira lens* typus ersetzt werden. Ferner ist das Erscheinen von *Leptaena lepis, Orthis tetragona* (Taf. 28 Fig. 15, 17) und *eifliensis, Spirifer elegans* und *aculeatus*, sowie der ersten Mitteldevon-Korallen *Cyathophyllum helianthoides* und *Calceola sandalina* (Taf. 26 Fig. 11) bedeutungsvoll. Das massenhafte Auftreten der (schon im Silur vorhandenen) *Atrypa reticularis* (Taf. 13 Fig. 2) hängt mit dem grösseren Kalkgehalt des oberen Horizontes zusammen.

[1] Während E. Kayser die Abtrennung der obersten Unterdevonschichten ausdrücklich bestimmt, hält Holzapfel (Das Rheinthal etc. p. 108) dieselbe nicht für durchführbar. Da Herr Holzapfel meine Ausführungen nur unvollständig gelesen haben kann, ist eine Widerlegung unnöthig. Holzapfel hat übersehen, dass das zu der vorliegenden Zone gehörende, von Lossen gesammelte Material der Grube Bennt, dessen erneute Bestimmung er für nöthig erklärt (l. c. p. 27 ff.), von mir einer solchen unterzogen worden ist (Unterdevon p. 223). Eine Vertretung der Zone des *Pentamerus rhenanus* in der näheren Umgebung von Coblenz, wo Follmann das Vorkommen einiger mitteldevonischer Arten in den oberen Coblenzschichten nachwies, ist von mir nicht behauptet worden.

Die Bezeichnung der obersten Unterdevonzone soll einerseits auf das Erscheinen mitteldevonischer Formen hindeuten und andererseits den einer eigenthümlichen Gruppe angehörenden *Pentamerus rhenanus* F. Roem. hervorheben. Auf die oberste Stufe sind ferner beschränkt:

Fistulipora cyclostoma Schlüt.
Protaraea microcalyx Kunth (Gr. Schweicher Morgenstern)
Zaphrentis ovalithica Frech (Gr. Schweicher Morgenstern)
Microcyclus n. sp. (Ruppach und Nieder-Erbach)
Combophyllum germanicum Frech (Haiger)
Orthis dorsoplana Frech (Haiger und Gr. Schweicher Morgenstern, nicht selten)
Centronella Guerangeri Vern. (Gr. Brant bei Walderbach)
" *Gaudryi* Oehl. (Haiger)
Rhynchonella angusta Kays. (Gr. Schweicher Morgenstern)
Spirifer Maurkhai Frech (Haiger, auch von Coblenz citirt)
Spirifer undulifer(us) Kays. (Brand bei Wahlerbach unweit Bingen)
" *triacrtus* Kays.† (in der tieferen Zone vereinzelt, besonders häufig bei Haiger)
Pentamerus rhenanus F. Roem. (Ruppach und Greifensteiner Quarzit)
" *Heberti* Oehl. (Ruppach und Niedererbach)
Myalina bilsteinensis F. Roem. sp. mut. *praecursor* Frech (Haiger)
Pterinea bellistriata Kays. sp. (Ruppach u. Rammland)
Avicula trevirana Frech[1] (Gr. Schweicher Morgenstern)
" *dillensis* n. sp. (Haiger und Ruppach).
Cryphaeus Kochi Kays. (Ruppachthal)
Homalonotus multicostatus C. Koch (Niedererbach).

Von den negativen Merkmalen sei erwähnt das Fehlen der charakteristischen Obercoblenzgattungen, wie *Prosocoelus*, *Actinodesma*, *Cyrtodontopsis*, der gerippten Gosseletien, der Crinoiden *Ctenocrinus* und *Diamenocrinus*.

Auf den allmählichen Übergang von der Zone des *Spirifer paradoxus* zu der des *Sp. speciosus* ist bereits früher hingewiesen worden[2]. In ähnlicher Weise zeigt die Fauna der Hasenmühle bei Wittlich ein allmähliches Vordringen der mitteldevonischen Arten; hier ist noch der typische *Spirifer paradoxus* in prachtvollen Exemplaren vorhanden, während an Stelle der älteren *Orthis* schon die mitteldevonische *Orth. striatula* (Taf. 28 Fig. 10, 12) tritt. Die wichtigeren Arten von einigen rechts- und linksrheinischen Fundorten sind auf S. 156 zusammengestellt.

Die eigenartigen **Quarzite mit *Pentamerus rhenanus*** F. Roem. aus der Gegend von Greifenstein bei Wetzlar werden neuerdings von E. Kayser als heterope Entwickelung der obersten Coblenzschichten aufgefasst. Der nah verwandte *Pent. Heberti* kommt in den Schiefern des obersten Unterdevon vor. Über die von mir ebenfalls hierher gestellten Greifensteiner Kalke s. u.

Auch in Belgien ist eine der rheinischen analoge Gliederung[3] der oberen Grauwacke von Hierges möglich:

c) Zone des *Spirifer speciosus* und *Pentamerus rhenanus*; Schiefer mit ***Pentamerus hercynicus*** Halfar[4] und *Conocardium cuneatum* A. Roem.

[1] Eine nah verwandte, aber durch schlankere Form unterschiedene Vorläuferin von *Avicula trevirana* findet sich bei Niederlahnstein (Museum Breslau).

[2] Frech, Über das rheinische Unterdevon. p. 222—224.

[3] Béclard, Sur deux familles infra-coviniennes (Schichten von Couvin = *Calceola*-Schichten). Bull. soc. belge de géol., paléont. etc. 1887. p. 189.

[4] Ob *Pentamerus hercynicus* Half. zu derselben, durch kleine Zahnstützen ausgezeichneten Gruppe gehört wie *Pent. rhenanus* und *Pent. Heberti*, ist zweifelhaft.

(= *Lerkelberger* Halfar), *Phacops latifrons*, *Calceola sandalina*, *Pentamerus galeatus*, *Rhynchonella Orbignyana*, *Strophomena interstrialis*.

b) Zone des *Spirifer paradoxus*: Grünlicher, sandiger Schiefer mit *Spirifer auriculatus*, *Sp. subcuspidatus*, *Orthis triangularis* var., *O. hysterita*, *Rhynchonella Orbignyana*.

Der Oberharzer Spiriferensandstein des Kahle- und Rammelsberges entspricht in seiner Dreigliederung der oberen Coblenzstufe[1]. Der untere Hauptspiriferensandstein dürfte etwa dem Coblenzquarzit mit *Homalonotus gigas*, der obere Hauptspiriferensandstein der Zone des *Spirifer paradoxus* s. str. zu vergleichen sein, während die *Speciosus*-Schichten Beushausen's vollkommen der Zone des *Pentamerus rhenanus* und *Spirifer speciosus* entsprechen. Dieselben enthalten u. a. *Conocardium cuneatum* A. Roem., *Rhynchonella Orbignyana* Vern. und *Hallia montis caprilis* Frech.

Linksrheinische Fundorte	Olkenbach [illegible]	[illegible] bei Trier	O. [illegible] bei [illegible]	In das Mitteldevon hineingehend
Pleurodictyum problematicum	+	—	+	—
Chonetes dilatatus	+	+	+	+
Strophomena rhomboidalis Wahl.	+	+	+	+
Stroph. interstrialis Phill.	+	+	+	+
Orthis dorsoplana	+?	+	—	—
O. striatula	+	—	—	+
Streptorhynchus umbraculum Schl.	+	+	+	+
Anoplotheca venusta Goldf.	+	+	+	—
Athyris concentrica v. B. sp.	—	+	+	+
Atrypa reticularis L.	+	+	+	+
Spirifer „*cultrijugatus* F. R."	+	+	+	+
Spir. speciosus auct.	+	+	+	+
Spir. arduennensis Stein.	—	+	+	—
Spir. carinatus Schnur	—	+	+	—
Spir. elegans Stein.	+	—	+	+
Spir. subcuspidatus Schnur mut. *major*	+	—	+	—
Spir. curvatus Schl.	—	+	—	+
Meganteris Archiaci Arch. Vern.	+	+	+	—
Rhynchonella angusta Kays.		+	+	—
Rhynch. Losseni Kays.	+		+	—
Rhynch. Orbignyana Vern.	+	+	+	+
Pterinaea fasciculata Goldf.	+	—	+	—
Grammysia sp. aff. *abbreviatae* Sandb.	+		+	—
Pleurotomaria daleidensis F. R.	+	+	—	—
Orthoceras planoseptatum Sandb.	—	+	+	—
Homalonotus obtusus Sandb.	+	+	—	—

Rechtsrheinische Fundorte	[illegible]	[illegible]	[illegible] Hartenberg	In das Mitteldevon hineingehend
Pleurodictyum problematicum	+	—	+	—
Chonetes dilatatus de Kon.	+	+	+	+
Strophomena rhomboidalis Wahl.	+	—	—	+
Leptaena lepis Bronn	+	+	—	+
Stroph. interstrialis Phill.	+	—	+	+
Streptorhynchus umbraculum Schl.	+	+	+	+
Orthis striatula Schl.	+	—	+	+
O. dorsoplana Frech	+	—	—	+
Cyrtina heteroclita Defr.	+	—	+	+
Spirifer curvatus Schl.	+	+	+	+
Spir. carinatus Schnur	+	+	+ (?)	—
Spir. auriculatus Sandb.	+	—	+ (?)	—
Spir. speciosus auct.	+	—	+	+
Spir. subcuspidatus mut. *alata*	+	—	—	+
Spir. elegans Stein.	—	+	+	+
Atrypa reticularis L.	+	+	+	+
Pentamerus galeatus Dalm.	+	+	—	+
Rhynchonella Orbignyana Vern.	+	+	+	+
Anoplotheca venusta Goldf.	+	—	—	—

[1] Beushausen, Abh. z. geol. Specialkarte von Preussen. Bd. VI. H. 1. 1884.

Eine etwas abweichende Schichtenfolge zeigt das Unterdevon am Bruchberg-Acker. Durch M. Koch wurde festgestellt, dass unter einer dem tiefsten Mitteldevon entsprechenden „*Acidaspis*-Bank“ die Fauna des Unterharzer Hauptquarzits, d. h. eine typische Obercoblenzfauna liegt. Der darunter folgende eigentliche „Bruchbergquarzit“ ist so gut wie versteinerungsleer[1] und entspricht dem tieferen Unterdevon ganz oder zum Theil.

B. Das Mitteldevon.

a) Facies der Brachiopoden und Korallenschichten.

Soweit die Faciesentwickelung der kalkigen oder mergeligen Brachiopoden-Korallenschichten reicht, ist die Gliederung infolge des Reichthums an bezeichnenden, den genannten Gruppen angehörenden Arten leicht möglich und, abgesehen von einzelnen Gebieten des Lenneschiefers, überall durchgeführt. Viel schwieriger ist die Vergleichung der Massenkalke, der Tentaculitenschiefer und Cephalopodenfacies mit den Brachiopodenhorizonten. Dass die einschneidenden Verschiedenheiten des Gesteins und der Fauna nur auf Faciesabweichungen beruhen, wird vor Allem durch die Anwendbarkeit der rheinischen Zonengliederung auf das Mitteldevon von Russisch-Polen (Kielce) bewiesen. Andererseits zeigen die geschichteten Brachiopodenkalke in Nordfrankreich und im Süden von Europa geographische Abweichungen.

Die Gliederung der Brachiopodenhorizonte wird nicht durch Leitformen von kurzer Lebensdauer (wie bei den Ammonitiden), sondern durch die Combination des Auftretens der durch verschiedene Zonen hindurchgehenden Arten bedingt. Nicht nur die Unterscheidung der zwei Hauptstufen, sondern auch die der weiteren Zonen beruht auf dieser Methode[2].

Doch erleichtert das massenhafte Auftreten einzelner Korallen oder Brachiopoden die Wiedererkennung einiger Leithorizonte von localer Wichtigkeit:

Im oberen Theile der *Stringocephalus*-Stufe:

> Bänke mit *Amphipora ramosa* (Eifel, Westfalen, Polen).

In der Mitte der *Stringocephalus*-Stufe:

> Bänke mit *Cyathophyllum quadrigeminum* (Eifel und Paffrath).
>
> Bank mit *Newberryia amygdalina* (*Caiqua*-Schicht) (Eifel und Westfalen).

An der Grenze der *Calceola*- und *Stringocephalus*-Stufe:

> Crinoidenschicht mit *Spirifer mucronatus* Hall (Eifel und Vogesen).

[1] Einige Crinoidenstielabdrücke und das unbestimmbare Bruchstück einer „*Knorria*“.

[2] Es ist daher meist nothwendig, eine Zone durch zwei Arten zu bezeichnen (Zone des * *Spirifer speciosus* und *Pent. rhenanus*), von denen die eine zuerst (*), die andere ausschliesslich aber nur local auftritt. In analoger Weise wird die obere Zone der *Calceola*-Schichten als Zone des † *Sp. speciosus* und *Gruenewaldtia latilinguis* nach dem letzten Auftreten des bezeichnenden Leitfossils benannt. Auch in der Stufe des *Stringocephalus Burtini* könnte nach demselben Grundsatz eine tiefere, in drei Zonen gegliederte Unterstufe mit *Calceola sandalina* und eine höhere Unterstufe, welcher diese bezeichnende Koralle fehlt, unterschieden werden.

An der unteren Grenze des Mitteldevon:
Zone des *Spirifer cultrijugatus*.

Die vollständigsten Profile durch den unteren Theil des Mitteldevon findet man zwischen Gerolstein und Lissingen[1], durch die *Stringocephalus*-Stufe (von der Crinoidenschicht aufwärts) in der Gegend von Soetenich und Urft.

In abgekürzter Form lässt sich nach den Untersuchungen von E. Kayser, E. Schulz[2] und F. Frech[1] das folgende Bild von der Gliederung des Mitteldevon in der Eifel geben:

5. Das untere Mitteldevon oder die Stufe der Calceola sandalina.

a) Die Zone des *Spirifer cultrijugatus* F. Roem. (non *Cultrijugatus*-Schichten F. Maur., a. o.).

Mergelige Kalke, die unten mit Grauwacken (Lissingen), oben mit Dolomit- und reinen Kalkbänken wechseln, setzen die durch *Sp. cultrijugatus* F. Roem. (Taf. 28 Fig. 13), die breitflügelige Mutation des *Sp. auriculatus*, gekennzeichnete Zone zusammen. Neben einigen eigenthümlichen Brachiopoden (unten gesperrt gedruckt), ist besonders das mit dem höheren Kalkgehalt zusammenhängende Auftreten der Riffkorallen (*Favosites*) bemerkenswerth. Die Rotheisensteine, in denen schon vereinzelte Exemplare von *Cyathophyllum helianthoides* und *Calceola* gefunden wurden, schliessen sich besonders durch das Fehlen der Favositen dem Unterdevon an[3]. Auch unter den übrigen Versteinerungen treten die aus dem Unterdevon hinaufreichenden und erlöschenden Arten (†) vor den neuen zurück:

- * *Phacops* cf. *latifrons* Bronn (Taf. 31 Fig. 3)
- * *Spirorbis omphalodes* M. Edw. et H. (Taf. 31 Fig. 8)
- * *Cyrtoceras lineatum* Goldf.
- * „ *depressum* Goldf. (Taf. 30 Fig. 5).
- † *Pterinaea ostreiformis* Frech.
- *Myalina bilsteinensis* F. Roem.
- * *Merista plebeia* Sow.
- † *Rhynchonella Orbignyana* A. V.
- *Anoplotheca lepida* Goldf. sp. (= *Bifida* Dav.)
- *Spirifer cultrijugatus* F. Roem. var. *excavata* Frech
- * „ *speciosus* var. *intermedia* Schl.
- „ *curvatus* Schl.
- † „ *subcuspidatus* mut. *alata* Kays.
- *Orthis subcordiformis* Kays.
- *Streptorhynchus umbraculum* Schl. (Taf. 28 Fig. 6)
- *Leptaena lepis* Bronn (Taf. 28 Fig. 17)
- * *Rhynchonella parallelepipeda* Bronn (Taf. 28 Fig. 18)
- * *Chonetes minuta* Goldf.
- „ *sarcinulatus* Schl. u. † *dilatatus* F. Roem.
- * *Cyathophyllum ceratites* Goldf.
- * „ *macrocystis* Frech
- * „ *heterophyllum* mut. *torquata* Schlüt.
- * *Zaphrentis Guilleri* Barrois
- * *Cystiphyllum vesiculosum* Goldf. sp. (Taf. 20 Fig. 9)
- * „ *pseudoseptatum* E. Schulz
- * *Alveolites suborbicularis* Lam. (Taf. 26 Fig. 4)
- * *Favosites Goldfussi* M. Edw. et H. (Taf. 26 Fig. 1)
- * *Heliolites porosus* M. Edw. et H. (Taf. 26 Fig. 2).

[1] Frech, Cyathophylliden und Zaphrentiden des rheinischen Devon. Palaeont. Abh., herausg. von Dames und Kayser. 1885. p. 7.

[2] E. Kayser, Die devonischen Bildungen der Eifel. Zeitschr. d. deutsch. geol. Ges. Bd. 23. 1871. p. 289. E. Schulz, Die Eifelkalkmulde von Hillesheim. Jahrb. d. k. preuss. geol. Landesanstalt für 1882.

[3] Ausserdem gehen von den bezeichnenden Formen der Zone des *Pentamerus rhenanus* in das Mitteldevon nicht hinauf: *Sp. trisectus*, *undulifer*, *Mischkei*, *Pentamerus rhenanus*, *Heberti* und *hercynicus*, *Centronella Guerangeri*, *Anoplotheca venusta*, *Chonetes plebeja*, *Megalanteris Archiaci*, *Orthis dorsoplana* und *triangularis*, *Pterinaea fasciculata*, *Grammysia* sp., *Homalonotus obtusus*, *Anoplotheca venusta*.

Während die Zone in der Eifel (z. B. Lissingen bei Gerolstein, Hillesheim) deutlich und versteinerungsreich entwickelt ist, wurde dieselbe auf dem rechten Rheinufer seltener nachgewiesen (z. B. bei Olpe und in der Gegend von Wetzlar), kommt aber mit dem Leitfossil wieder in Languedoc vor.

b) Die Zone der *Strophomena palma* Kays. und des †*Spirifer subcuspidatus* oder untere *Calceola*-Schichten (Nohner Kalk und Nohner Schiefer in der Hillesheimer Mulde).

Kalkige Mergel mit vorwiegenden Brachiopoden sowie mergelige Kalke mit Korallen setzen auch diese Schichten zusammen, in welchen, abgesehen von den oben erwähnten (†) Arten, auch *Spirifer cultrijugatus* fehlt. Die überaus dünnschalige, flache *Strophomena palma*[1] ist neben dem seltenen *Spirifer Winteri* auf diese Zone beschränkt. Vorkommen in der Eifel und im Lenneschiefergebiet (Wipperfürth-Gummersbach).

Besonders bezeichnend ist das Auftreten der die riesigsten Einzelkorallen umfassenden Gattung *Actinocystis* (*A. maxima* Schlüt., *A. lissingenensis* Schlüt., *A. cylindrica* Schulz n. s.), die eine verhältnissmässig kurze Lebensdauer besitzt[2]. Ferner erscheint hier eine Anzahl weiterer Brachiopoden: *Spirifer speciosus* in grossen typischen Exemplaren[3], *Sp. subcuspidatus* Typus, *Sp. elegans* Schnur, *Sp. concentricus* Schnur (Taf. 28 Fig. 5), *Pentamerus globus* Bronn, *Atrypa desquamata* Schnur, *Productella subaculeata* Murch., *Leptaena subtetragona* F. Roem., *Retzia ferita* (Taf. 28 Fig. 10) und *prominula* F. Roem. (ibid. Fig. 11), *Porocyclas proavia* Gf., *Alveolites Battersbyi* M. Edw. et H., *Leiorhynchus microrhynchus* F. Roem. sp., *Orthis tetragona* F. Roem. (Taf. 28 Fig. 15).

c) Zone des †*Spirifer speciosus* und der *Gruenewaldtia latilinguis* oder obere *Calceola*-Schichten (= Brachiopodenkalk und Korallenkalk der Hillesheimer Mulde).

In facieller Hinsicht stimmen obere und untere *Calceola*-Schichten — abgesehen von der immer steigenden Bedeutung der Korallen — überein, in palaeontologischer Hinsicht ist das Auftreten zahlreicher neuer Formen bemerkenswerth, während nur wenige Arten nicht über die untere Zone hinausgehen[4].

Neu sind:

Bronteus granulatus Goldf.	*Conocardium alaeforme* Sow.
„ *flabellifer* Goldf. (Taf. 31 Fig. 6)	*Rhynchonella Wahlenbergi* Goldf.
Cryphaeus punctatus Goldf. (Taf. 31 Fig. 4)	„ *pugnoides* Schnur
Gyroceras nodosum Goldf. sp. (Taf. 30 Fig. 2)	„ *elliptica* Schnur
Gomphoceras inflatum F. Roem. (Taf. 30 Fig. 6)	*Pentamerus biplicatus* Schnur
Cypricardinia elongata Sandb. sp.	

[1] Auch bei Gerolstein gefunden.

[2] Die Gattung stimmt im Querschnitt ungefähr mit *Cyathophyllum helianthoides*, im Längsschnitt mit *Cystiphyllum* überein (Taf. 30 Fig. 5 u. 9 b).

[3] Die Form des obersten Unterdevon ist sehr klein, die Mutation der *Cultrijugatus*-Zone schmalflügelig (var. *intermedia* Schl. s. str.)

[4] Ausser den eigenthümlichen Formen: *Chonetes sarcinulatus*, *Spirifer speciosus* var. *intermedia*, *Pleurodictyum problematicum* und *Cyathophyllum heterophyllum* mut. *torquata*.

Atrypa aspera Schnur
Retzia longirostris Kays.
Spirifer Davidsoni Schnur
" *simplex* Phill.
" *macrorhynchus* Schnur
Streptorhynchus(?) lepidus Schnur
Leptaena subtransversa Schnur
Strophomena caudata Schnur
" *anaglypha* Kays.
Strophalosia productoides Murch.
Cyathophyllum heterophyllum M. Edw. et Haime
Cyathophyllum caespitosum Goldf. (Taf. 20 Fig. 8)
" *vermiculare* Goldf. mut. n. *praecursor*
" *planum* Ludw. sp.
Endophyllum acanthicum Frech (Abb. p. 247)
" *elongatum* Schlüt. (vereinzelt)
Actinocystis Goldfussi M. Edwards et Haime sp.
Cystiphyllum lamellosum Goldf. sp.
" *lateseptatum* Frech
Hadrophyllum pauciradiatum M. Edwards et Haime
Favosites polymorphus Goldf. (selten)
" *reticulatus* Blainv.
" *stromatoporoides* F. Roem. sp. (nur bei Gerolstein)
Coenites ramosus Steininger sp.
Alveolites megastoma Steininger (Hillesheimer Mulde)
Fistulipora tabulata Frech
" *favosa* Goldf. sp.
Monticulipora globosa Orb. sp. (in den Brachiopodenschichten).

Nur die Crinoidenschicht übertrifft die obere *Calceola*-Zone an Formenreichthum; doch gehören einige der reichsten Vorkommen des Mitteldevon schon hierher, so die hellen dolomitischen Brachiopoden-Mergel am Wege Gerolstein—Roth und die überlagernden Korallenkalke[1] der Auburg sowie die grauen Mergelkalke zwischen Pelm und Gerolstein.

6. Das obere Mitteldevon oder die Stufe des Stringocephalus Burtini.

Eine grosse Anzahl eigenthümlicher, meist unvermittelt auftretender Formen kennzeichnet die obere Abtheilung des Mitteldevon: *Stringocephalus* (Taf. 32; von der Crinoiden-Schicht an), *Uncites*, *Davidsonia* (Taf. 28 Fig. 19), *Newberryia* (Untergattung von *Rensselaeria*, ibidem Fig. 14), *Scenidium*, *Megalodus* (Taf. 32), *Macrochilos arculatum* zahlreiche Crinoiden (s. u.) und einige Stromatoporen (*Amphipora*, *Stachyodes* u. a.). Daneben leben die meisten Arten des unteren Mitteldevon mit Ausnahme der langflügeligen Spiriferen[2] in wenig[3] oder gar nicht veränderten Formen weiter. Auch *Calceola sandalina* erfüllt noch — z. Th. in ziemlicher Menge — die drei unteren Zonen.

Die Bildung massiger Korallenriffe beginnt erst im oberen Mitteldevon und erreicht in ganz Westeuropa im oberen Stringocephalen-Kalk ihren Höhepunkt.

a) Die Crinoiden-Schicht mit *Spirifer mucronatus*.

Während die Crinoiden im älteren Mitteldevon nur durch Stielglieder vertreten sind, findet sich in den Brachiopoden-Mergeln des unteren Stringocephalen-

[1] = unterer Korallenkalk E. Schulz.

[2] Mit *Spirifer speciosus* sind verschwunden: *Spirifer elegans*, *concentricus*, *curvatus*, *ostiolatus*, *Orthis opercularis*, *Cyathophyllum planum*, *Actinocystis maxima* und *Gruenewaldtia latilinguis*. Die in dem unteren Oberdevon von Oberkunzendorf vorkommende *Gruenewaldtia* ist eine jüngere, durch geringere Breite und grössere Dicke unterschiedene Mutation: *Gr. supradevonica* nov. sp.

[3] *Phacops Schlotheimi* — *Proëtus Cuvieri* (Taf. 31 Fig. 1)

Spirifer mediotextus	*Spirifer pentameroides*	*Spirifer Maureri*	mut. *philocrina*
↓ *Spir. subcuspidatus*	↓ *Spir. concentricus*	↓ *Spir. curvatus*.	↓ *Cyath. helianthoides*

Kalkes eine bedeutende Anhäufung von Kelchen, die besonders zu den Gattungen *Rhipidocrinus* (*Rhodocrinus* auct.), *Eucalyptocrinus* und *Hexacrinus* gehören (vergl. Taf. 27); seltener sind *Melocrinus*, *Taxocrinus*, *Cupressocrinus* und *Bactrocrinus* (Taf. 27 Fig. 5), sowie die Cystidee *Tiaracrinus* (Taf. 27 Fig. 15, schon im Unterdevon von Böhmen). Am Mühlberg bei Gerolstein, wo die Capuliden besonders häufig sind, wird eine Mergelgrube zum Zweck der Gewinnung von Crinoidenkelchen betrieben. Die festsitzende Lebensweise bedingt eine grosse Verschiedenheit der Vorkommen; so kommen z. B. die kleinen Haplocrinen (Taf. 27 Fig. 6) an der Auburg bei Gerolstein und die Pentatrematiten bei Rommersheim, unweit Prüm, auf Plätzen von wenigen Quadratmetern Umfang vor. In den Korallenkalken der Crinoidenschicht leben neben vereinzelten Vertretern der vorgenannten Gattungen vor Allem die schwergepanzerten und „consolidirten" (Taf. 27 Fig. 12) Arten von *Cupressocrinus*. In den höheren Zonen des linksrheinischen Mitteldevon fehlen die Crinoiden-Kelche, sind jedoch an der Lahn auch im oberen Stringocephalen-Kalk verbreitet. Von den sehr zahlreichen neu auftretenden (*) oder auf die Crinoiden-Schicht beschränkten Arten sind hervorzuheben:

Pterichthys rhenanus Beyr.
**Dechenella Verneuili* Barr. sp.
Zahlreiche Capuliden sowie
**Porcellia antiqua* Goldf.
**Nerita fornicata* Goldf.
**Allerisma Muensteri* A. V.
**Rhynchonella Schnuri* A. V.
* „ *subcordiformis* Schnur
* „ *primipilaris* Buch
* „ *pentagona* Goldf.
**Spirifer undifer* F. Roem. (Taf. 28 Fig. 9, die verbreitetste Spiriferen-Art der unteren Zonen des oberen Mitteldevon)
Spir. mucronatus Hall[1]
**Atrypa flabellata* Schnur

Scenidium areola Qu. sp.
Orthis canaliculata Schnur
„ *venusta* Schnur
Davidsonia Verneuili Bouch. (Taf. 28 Fig. 19)
Xenocidaris clavigera Schultze
Microcyclus eifeliensis Kays.
Diphyphyllum symmetricum Frech
Endophyllum hexagonum Frech
* „ *semiseptatum* Schl.
* „ *torosum* Schlüt.
**Hallia callosa* Ludw. sp.
**Cyathophyllum dianthus* Goldf.
* „ *hypocrateriforme* Goldf.
**Roemeria infundibulifera* Goldf. sp.

b) Die Zone mit **Spirifer mediotextus* und *Endophyllum* oder untere *Stringocephalus*-Schichten.

(Mittlerer Korallenkalk bei Hillesheim, Spongophyllen-Schichten E. Schulz, bei Attendorn.)

Mit den wesentlich in Korallen-Facies entwickelten unteren Stringocephalen-Schichten nimmt der Reichthum des marinen Lebens bedeutend ab[2]. Den aussterbenden Arten und Gattungen gegenüber ist die Zahl der neuen Erscheinungen gering; bemerkenswerth erscheint die auf beiden Rheinufern beobachtete Häufigkeit der Gattung *Endophyllum* (*E. torosum*, *elongatum*, *Knothi* I. p. 349 u. 354). Neu sind

[1] Bisher mit *Spirifer elegans* verwechselt, häufig und charakteristisch bei Gerolstein und Blankenheim; im Staate New York Leitform des oberen Mitteldevon (Hamilton). (Abbild. p. 250.)

[2] Abgesehen von den auf die Crinoidenschicht beschränkten Arten gehen in den unteren Stringocephalenkalk nicht hinauf: *Spirifer subcuspidatus*, *Rhynchonella Wahlenbergi*, *pugnoides*, *procuboides*, *triloba*, *Atrypa signifera*, †† *Nucleospira lens*, *Kayseria lens*, †† *Amphithyra lepida*, *Retzia ferita*, *Spirifer Davidsoni*, *Orthis eifeliensis*, *tetragona* (Taf. 28 Fig. 15), *Leptaena lepis*, *Strophomena caudata*, *Cyathophyllum helianthoides* mut. *philocrina*, *Fistulipora favosa*.

ausser *Spirifer mediotextus*: *Macrocheilos arculatum* SCHL. sp. (noch vereinzelt), *Spirifer hians* v. BUCH, *Chonetes crenulatus* F. ROEM., *Amplexus tripartitus* FRECH, *Striatopora subaequalis* M. EDW. et H. sp., *Cyathophyllum quadrigeminum* GOLDF., *Darwini* FRECH und *C. conglomeratum* SCHLCT. sp. Die wenig mächtigen Korallenkalke sind in weiter Verbreitung in der Eifel und bei Attendorn nachgewiesen, im Gebiet des Lenneschiefers jedoch vorwiegend durch Schiefer ersetzt.

c) Die Zone der *Newberryia amygdalina*[1] und des *Cyathophyllum quadrigeminum* oder mittlere *Stringocephalus*-Schichten.

(Hillesheim: *Caiqua*-Schicht, Korallenmergel, oberer Korallenkalk und unterer Dolomit, E. SCHULZ; *Caiqua*-Schicht, Bruchstein-Schichten von Finnentrop, *Actinocystis*-Schichten und Schichten mit *Cyathophyllum quadrigeminum* im Sauerland; *Quadrigeminum*- oder Toringer Schichten bei Paffrath.)

Die Zone ist local in mannigfache, durch Vorwiegen der Brachiopoden oder Korallen gekennzeichnete Unterabtheilungen (Korallenkalk, Korallenmergel etc.) gegliedert und beginnt bei vollständiger Entwickelung mit einer ganz aus den Schalen von *Newberryia amygdalina* STEIN. sp. (= *Terebratula caiqua* auct.) bestehenden Bank. Den oberen Abschluss stellen einige aus *Cyathophyllum quadrigeminum* zusammengesetzte Schichten dar. Bei Paffrath bilden z. B. die letzteren die alleinige Vertretung der ganzen Zone; bei Soetenich liegt unter den *Quadrigeminum*-Bänken oberer Korallenkalk (ohne die *Newberryia*-Schicht). Bei Gerolstein und Pelm finden wir die Schicht mit *Newberryia*, Korallenmergel und Korallenkalk, bei Hillesheim alle genannten vier Faciesbildungen. Von neu auftretenden Arten[2]

[1] 1. *Newberryia amygdalina* STEIN. sp. (STEININGER, Eifel. p. 65) muss die Taf 28 Fig. 14 abgebildete Form genannt werden, die gewöhnlich eine bedeutendere Länge besitzt, als die Figur angiebt. Es ist diese, die *Caiqua*-Schicht zusammensetzende Art mit Unrecht mit *Terebratula caiqua* vereinigt worden. Die generische Verwandtschaft mit *Rensselaeria* ist zweifellos, doch bildet *Newberryia* HALL eine wohlbegrenzte, in Amerika und Europa verbreitete Untergattung oder Gattung. Andere Abbildungen bei SCHNUR, Brach. Eifel. t. V f. 6 und QUENSTEDT, Petrefactenkunde Deutschl. t. 47 f. 18, 19. Verschieden von *N. amygdalina* sind:

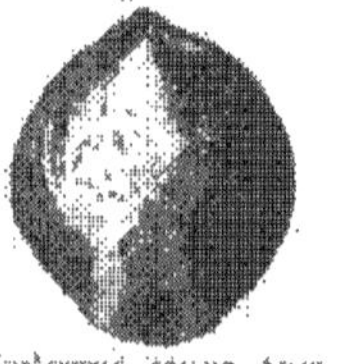

Newberryia caiqua ARCH. VERN. (vergrössert. (Uebergang zur var. pseudostringocephalus.) Oberer Stringocephalus-Kalk. Berg. Gladbach. Coll. FRECH.

2. *Newberryia amygdala* GOLDF. (*Terebratula* GOLDF., QUENSTEDT, l. c. t. 47 f. 20) ist die in der Grauwacke der ? mittleren Stringocephalen-Schichten bei Lindlar, Wipperfürth, Münstereifel vorkommende mit *N. amygdalina* etwa gleichalte Art, die von GOLDFUSS vielfach verschickt worden ist, und von der äusserlich ähnlichen *N. amygdalina* durch die Form der inneren Eindrücke verschieden ist. Vereinzelt auch in der Eifel (mittl. Stringocephalenkalk von Freilingen).

3. *Newberryia* (?) *caiqua* ARCH. VERN. ist die viel breitere, stärker gewölbte Form des oberen Stringocephalenkalkes von Paffrath (ARCH. VERN., Trans. geol. soc. [2.] Bd. VI. t. 36 f. 1). Bei den vollkommen verschiedenen Formen der Schale ist nicht einmal eine Verwechselung der nebenstehend abgebildeten Jugendform mit *Newberryia amygdalina* möglich. Die generische Zusammengehörigkeit von *Terebratula caiqua* und *amygdalina* ist unsicher, da das Innere bei jener niemals erhalten ist. Mit *Newberryia caiqua* zusammen kommt eine fast kreisrunde, die äussere Form von *Stringocephalus* imitirende Varietät vor (var. *pseudostringocephalus*). Das nebenstehend abgebildete Exemplar bildet durch etwas grössere Breite schon den Übergang zu dieser Varietät.

[2] *Temnocheilus tetragonum* A. VERN. (Taf. 30 Fig. 4), *Macrocheilos ventricosum* GOLDF. sp. (Taf. 32 Fig. 6), *Euomphalus circumlis* GOLDF. sp. (Taf. 29 Fig. 14), *Goldfussi*

ist neben der namengebenden Form und der kleinen *Retzia pelmensis* Kays. vor Allem das grosse *Cyathophyllum Lindströmi* Frech, sowie *Striatopora crassa* Schlüt. (s. Figur) bemerkenswerth. Die wichtigen Gattungen *Calceola* und *Actinocystis* treten zum letzten Male auf (*A. laevis* E. Schulz). Gering ist die Zahl der verschwundenen Arten[1].

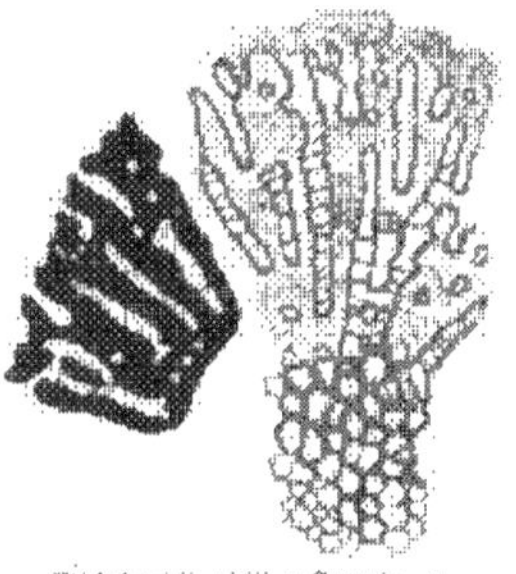

Striatopora crassa Schlüt. sp. Mittlerer *Stringocephalus*-Kalk, Soetenich, Eifel. 8 : 9. (Verschiedene Darstellung derselben Structur.)

Auf dem rechten Rheinufer ist eine weitergehende Gliederung des unteren, vorwiegend schieferig ausgebildeten[2] Theiles der Stringocephalenstufe nur in geringem Maasse ausgeprägt. Wie die Tabelle zeigt, bilden die Schichten mit *Cyathophyllum hexagonum* (Taf. 20 Fig. 7) und *Sp. aperturatus* Schl. sp. von Refrath die einzige, noch nicht einmal zweifellose versteinerungsreiche Vertretung des Eifeler Crinoidenhorizontes und die übrigen schon erwähnten Korallenhorizonte sind lediglich Einlagerungen in Schiefern und Grauwacken.

Die grosse Mannigfaltigkeit sedimentärer und eruptiver Faciesgebilde macht im unteren Theile der *Stringocephalus*-Stufe die Wiedererkennung der auf Brachiopoden und Korallen begründeten Zonen unmöglich. Nur im südlichen Westfalen sind den Lenneschiefern und Grauwacken die erwähnten, wenig mächtigen Kalkniveaus eingelagert, in der Lahnmulde liegen Schalsteine mit Crinoiden- und Korallenkalken (Grube Haina), an der Dill und im Kellerwald die Goniatiten-führenden Odershäuser Kalke, bei Bredelar und Brilon Schalsteine und Diabase in diesem Horizonte (vergl. Tabelle X).

Andere Eigenthümlichkeiten zeigt die Aachener Gegend:

In der Eifel und in dem gegenüberliegenden Abschnitt der rechtsrheinischen Gebirge lagert das Mitteldevon concordant und durch allmählichen petrographischen und palaeontologischen Übergang verbunden auf dem Unterdevon, bei Aachen deutet das Fehlen der *Calceola*-Fauna und die aus rothen Sandsteinen, Schieferletten und groben Conglomeraten bestehenden Vichter Schichten[3] auf eine locale Discordanz hin. Dieselben enthalten Stringocephalen (Thal der Gileppe) und entsprechen jedenfalls dem oberen, vielleicht ausserdem noch dem unteren Mitteldevon. Auch im westlichen Theile von Westfalen wird der untere Theil des oberen Mitteldevon aus klastischen Gesteinen von dunkeler Farbe (grösserer Theil des „Lenneschiefers") gebildet (siehe Tab. X). Hierher gehört der Grauwackensandstein von Elberfeld und die gleichartigen Schichten von Gräfrath bei Solingen mit *Amnigenia rhenana* Beush.[4]

A. Venn. (Taf. 29 Fig. 9), *Wahlenbergi* A. Venn (Taf. 29 Fig. 7), *Myophoria sublaevigata* Frech, *Chonetes Bretzi* Schnur, *Amplexus radicans* E. Schulz, **Cystiphyllum fractum* Schlüt. sp., **Roemeria minor* Schlüt., *Amphipora ramosa* Phill. sp.

[1] *Endophyllum elongatum* Schlüt. sp., *E. Kunthi* Schlüt., *Cystiphyllum lamellosum*, *Roemeria infundibulifera* Goldf. sp. (ersetzt durch *R. minor* Schlüt.).

[2] = Oberer Theil des Lenneschiefers der älteren Autoren.

[3] Holzapfel, Das obere Mitteldevon. p. 392 ff.; hier auch Berücksichtigung der älteren Literatur.

[4] Jahrb. d. k. preuss. geol. Landesanstalt für 1880. p. 1. Vergl. auch Waldschmidt, Die mitteldevonischen Schichten des Wupperthales. Progr. d. Realschule Elberfeld 1887/88. p. 31.

Die Ähnlichkeit dieser Form mit analogen Arten des englischen und amerikanischen Old Red, das Fehlen von marinen Resten, sowie das Vorkommen von Landpflanzen in denselben Schichten machen einen nichtmarinen Ursprung derselben wahrscheinlich. Hier mündete wohl der Abfluss eines der grossen englischen Old Red-Seen.

d) Zone mit *Amphipora* und *Megalodon*[1] oder oberer *Stringocephalus*-Kalk

(und oberster Stringocephalenkalk[2]; *Bellerophon*-Schichten, *Ramosa*-Bänke und oberer Dolomit von Hillesheim, E. Schulz; *Uncites*, *Hians*- und *Lingula*-Schichten bei Paffrath, G. Meyer. Massenkalk in Westfalen. Stringocephalendolomit der Eifel, z. B. bei Büdesheim).

Das classische Gebiet für die Entwickelung dieses Horizontes ist nicht die Eifel, wo (mit Ausnahme von Soetenich) eine tiefgreifende Dolomitisation (Eifeldolomit) die organischen Reste unkenntlich gemacht hat, sondern die Umgegend von Paffrath und Bergisch-Gladbach unweit Köln.

Für dieses von zahlreichen Störungen durchsetzte Gebiet sind seit der Arbeit von G. Meyer[3] verschiedene Versuche einer genaueren Vergleichung mit den linksrheinischen Schichten[4] gemacht worden, die Holzapfel übersichtlich zusammengestellt hat. In neuester Zeit versuchte Winterfeld[5] vergeblich[6], eine tiefere Stellung der Schichten mit *Spirifer hians* zu begründen, führte aber andererseits den Nachweis des oberdevonischen Alters für die obersten (Hombacher) Dolomite.

Nach Allem dürfte die auf S. 165 folgende, durch neuere Beobachtungen erweiterte Übersicht am besten im Einklang mit den Verhältnissen der Eifel und des benachbarten Westfalens stehen.

Die Molluskenfauna der Korallenriffkalke von Paffrath (Taf. 32), Bergisch-Gladbach, Schwelm, Elberfeld, Nismes, Givet umfasst neben den hier etwas zurücktretenden Brachiopoden (*Stringocephalus*, *Uncites*, *Newberryia caiqua* a. o., *Atrypa aspera*) zahlreiche dickschalige Gastropoden: *Macrocheilos arculatum*, *Turbonitella subcostata*, *Euomphalus laevis*, *Labadeyi* (Taf. 29 Fig. 8) und *serpula* (Taf. 32 Fig. 10), *Rotella heliciniformis*, *Odontomaria elephantina* (Taf. 29 Fig. 10), *Pleurotomaria delphinuloides*, *Murchisonia angulata* und *coronata*, sowie Zweischaler von ähnlichem Habitus: *Megalodus cucullatus* (sehr häufig), *Mecynodus carinatus* (nesterweise) und *auriculatus*, *Myophoria truncata*, *schwelmensis* und *rhomboidea*. Alle genannten Formen sind ebenso bezeichnend für den Horizont wie für die Facies; kaum eine oder die andere ist schon in tieferen Zonen nachgewiesen. Auch unter den Korallen,

[1] Die obere Zone der Goniatitenfacies — mit *Prolecanites* und *Maeneceras Decheni* — ist der oberen Abtheilung des Riffkalkes ungefähr homotax; doch glaube ich in der Bezeichnung auf das Vorkommen der Charakterformen des Riffes hinweisen zu sollen.

[2] Frech, Cyathophylliden, p. 46.

[3] Der mitteldevonische Kalk von Paffrath. Diss. Bonn.

[4] E. Schulz, Zeitschr. deutsch. geol. Ges. 1894, p. 656 und Frech, Cyathophylliden p. 48—50. Die Verschiedenheit zwischen den genannten Beobachtern und mir besteht darin, dass das isolirte Refrather Vorkommen von Jenen höher horizontirt wird, als in meinem mit Beyrich's älteren Ansichten übereinstimmenden Classificationsversuch.

[5] Vergl. Holzapfel, Über den mitteldevonischen Kalk von Paffrath. Zeitschr. deutsch. geol. Ges. 1894, p. 687.

[6] Zeitschr. deutsch. geol. Ges. 1895, p. 309 ff. und p. 645 ff.

Eifel	Paffrath
Unt. Oberdevon (Cuboides-Mergel)	*Lingula-* (Hombacher) Schichten mit *Leiorhynchus formosus* und *Gephyroceras Hoeninghausi* v. B.[1].
Oberer Eifel-Dolomit mit *Stringocephalus*	Gladbacher (*Sp. hians*) Schichten, letztere mit Einlagerungen von Kalk mit *Rh. subcordiformis, procuboides, pentagona, Stringocephalus, Tornoceras simplex* typus[2], *Macroch. arculatum*[2], *Murchisonia bigranulosa, Anarcestes cancellatus*[2], *Macroch. terebratum*
	Bänke mit *Amphipora ramosa*
	Uncites- oder Büchler Schichten mit der überaus reichen „Paffrather" Korallenriff-Fauna (Taf. 33)
Oben mit *Cyath. quadrigeminum*	*Quadrigeminum-* (Torringer) Schichten (Überlagerung auf Lenneschiefer nachgewiesen)
Mittlere Stringocephalen-Schichten	
Untere Stringocephalen-Schichten	Lenneschiefer
Crinoiden-Schichten	Refrather oder *Hexagonum-*Schichten (stratigraphische Stellung unklar, nur palaeontologisch horizontirbar). *Spir. aperturatus.*
*Calceola-*Stufe	Unterer Lenneschiefer = *Calceola-*Stufe. Bei Wipperfürth und Gummersbach mit *Strophomena palma, Calceola sandalina, Spirifer subcuspidatus, elegans, Rhynchonella livonica* u. a.; in Grauwacken *Newberryia amygdala*.

deren numerisch hervortretendes Element Stromatoporiden und Tabulaten bilden, finden sich zahlreiche bezeichnende Formen: *Amphipora ramosa* Schulz, *Hermatostroma, Stachyodes, Idiostroma Roemeri, Striatopora denticulata* und *subaequalis, Cyathophyllum insolitis* Frech (p. 247), *Columnaria elegans* Frech, *Coelophyllum paucitabulatum* Schlüt. sp. (Paffrath, Belgien), *Favosites cristatus* Blum. sp. Ein Zweifel darüber, dass diese Fauna in den der Brandung ausgesetzten Theilen eines Riffes

[1] = *Goniatites Hoeninghausi*, Leth. III. Aufl. Taf. 1 Fig. 1. p. 513. „von Bensberg" (= *G. lamellosum* und *sublamellosum* Sandb.). Da Winterfeld aus den thonig-sandigen oder dolomitischen Hombacher Schichten das Vorkommen von häufigen Goniatiten-Abdrücken angiebt, liegt keine Veranlassung vor, die obige Fundortsangabe zu bezweifeln. Das alte Originalexemplar der Lethaea ist eigenthümlicherweise in die Hyatt'sche Sammlung nach Cambridge, Mass., verschlagen worden, wo ich seine Übereinstimmung mit der vortrefflich gezeichneten Abbildung Taf. 1 Fig. 1 feststellen konnte.

[2] Das Vorkommen dieser drei bezeichnenden Arten beweist die Zugehörigkeit dieser Paffrather Crinoidenschicht zum oberen Stringocephalenkalk; ob diese Gladbacher Kalke das *Uncites-*Niveau unter- oder überlagern, ist angesichts ihrer Zugehörigkeit zu der Fauna des obersten Mitteldevon von untergeordnetem Werthe. Die neuerlichen Angaben Winterfeld's, nach denen je eine „*Caiqua*"-Schicht das Hangende und Liegende des Paffrather Stringocephalenkalkes bildet, sind unter Bezugnahme auf die obige Anm. 1 p. 162 zu berichtigen: *Newberryia amygdalina*, die „*Caiqua*" auct. non Steininger (Taf. 24 Fig. 14) dürfte, wie ich dies stets angenommen habe, in der Paffrather Gegend fehlen. Die „*Caiqua-*Schicht im Liegenden" scheint nach Winterfeld (Zeitschr. deutsch. geol. Ges. 1895. p. 650) der *Calceola-*Stufe (unt. Lenneschiefer) anzugehören und enthält jedenfalls *Newberryia amygdala* Goldf. (oben No. 2). Die hangende „*Caiqua-*Schicht" führt die auch in dem *Uncites-*Niveau im Schladethal von mir gefundene *Newberryia caiqua* s. str. (oben No. 3).

gelebt habe, ist kaum möglich. Während bei Gladbach und Nismes (Belgien) die Structur des alten Riffes, die Umrisse und der Bau der Korallen in wunderbarer Weise erhalten ist, erscheint in den Massenkalken Westfalens (z. B. bei Brilon) die äussere Form der organischen Reste, in den oberen Dolomiten der Eifel auch die Structur fast ganz verwischt; die ursprüngliche Bildungsweise ist jedoch die gleiche. Hingegen ist der ebenfalls dem oberen Stringocephalenkalk angehörende Kalk von Villmar[1] und Finnentrop (Fretterthal) zwar stratigraphisch gleichwerthig, aber, wie der Reichthum an dünnschaligen, meist kleinen Schnecken, Crinoiden[2] und Bryozoen beweist, im Schutze des Riffes, in ruhigerem Wasser gebildet worden[3]. Nur baumförmige Favositen (*Favosites cristatus* Blumenb. sp.) finden sich hier wie dort; auch vereinzelte Goniatiten besitzen erhebliche Verbreitung: *Anarcestes cancellatus, Tornoceras simplex* typus und (nur bei Finnentrop) *Maeneceras terebratum*. In Gebieten der Riffbildungen wiederholen sich dieselben nicht immer leicht zu deutenden Gegensätze der Faciesentwickelung; so entspricht in der Alpentrias St. Cassian (abgesehen von der Häufigkeit der Tuffmassen) den Schichten von Villmar, der Kalk von Paffrath dem Esinokalk, der Eifeldolomit dem Schlerndolomit.

b) Die Facies der Tentaculitenschiefer und der zugehörigen Cephalopodenkalke.

Die Gesteine.

Die wichtigste und verbreitetste Entwickelungsform des rechtsrheinischen Mitteldevon ist der Tentaculitenschiefer mit *Tentaculites acuarius* und *Styliolina fissurella*.

Diesem palaeontologisch und stratigraphisch einförmigen Gestein sind verschiedenartige Kalke eingelagert, während die in mehrere Horizonte gegliederten Wissenbacher oder *Orthoceras*-Schiefer als cephalopodenreiche Ausbildung der gesammten Tentaculitenschichten anzusprechen sind.

Die Kalke der rechtsrheinischen Tentaculitenschiefer gehören vier Horizonten an:

1. Unter der Basis des Mitteldevon, im obersten Unterdevon, liegen die bekannten bunten Crinoidenkalke von Greifenstein[4], für deren Horizontirung bei der geringen Deutlichkeit der Lagerungsverhältnisse des ursprünglichen Vorkommens der Vergleich mit den vollkommen übereinstimmenden[5] Kalken von Mnenian in Böhmen maassgebend ist (s. u. p. 184; für die Fauna Taf. 19d, 30a).

[1] Frech, Cyathophylliden. p. 50. Holzapfel, Das obere Mitteldevon. p. 319 ff.

[2] Wohl auf Grund des Vorkommens dieser Formen hat Sandberger (Neues Jahrbuch. 1883. p. 178) die Villmarer Fauna mit den Crinoidenschichten der Eifel verglichen. Bei Villmar finden sich: *Myrtillocrinus elongatus* Sandb., *Sphaerocrinus geometricus* Goldf., *Actinocrinus cyathiformis* Sandb., *Hexacrinus granulifer* F. Roem., *echinatus* Sandb., *brevis* Goldf., *Symbathocrinus tabulatus* Goldf., *Cupressocrinus abbreviatus* Goldf., *Rhipidocrinus* sp., *Pentatrematites planus* Sandb.

[3] Holzapfel l. c. p. 351.

[4] Und ein ähnlicher blaugrauer Kalk von Günterod.

[5] Vergl. Frech, Über das rheinische Unterdevon. 1889. p. 275. Novák, Vergleichende Studien an Trilobiten des Hercyn. p. 6. E. Kayser und E. Holzapfel, Über die stratigraphischen Beziehungen der böhmischen Stufen F, G, H. p. 609. In der letztgenannten Arbeit wird die Thatsache nicht erwähnt, dass auch von mir in der obigen Arbeit die Übereinstimmung von Greifenstein und den „rothen Kalken von Konieprus und Mnenian“ ausdrücklich hervorgehoben und nachgewiesen ist.

2. Dem unteren Mitteldevon, etwa den *Cultrijugatus*-Schichten, und dem unteren Theile der *Calceola*-Schichten entsprechen die tieferen Wissenbacher Schiefer, die Stufe des *Anarcestes subnautilinus* (Taf. 25 Fig. 6) und *Wenkenbachi*, sowie die Kalke von Ballersbach. Letzterer reicht vielleicht noch in das Unterdevon hinab[1].

3. Einem höheren Horizonte gehören die schwarzen Kalke von Günterod mit *Aphyllites occultus* (Taf. 30a Fig. 1) an, welche die Kalkfacies der oberen Wissenbacher Schiefer darstellen[2].

4. Die Goniatitenfauna des oberen Mitteldevon, vor Allem durch das Auftreten von *Tornoceras* und *Maeneceras* (sowie das Verschwinden von *Mimoceras*, *Pinacites*, *Jovellania* und *Hercoceras*) gekennzeichnet, erscheint bereits in den Odershauser Kalken, welche bei Wildungen die Günteroder Kalke überlagern und ungefähr dem unteren Stringocephalenkalk der Eifel, sowie den obersten stratigraphisch noch nicht abgeschiedenen Wissenbacher Schiefern (mit *Tornoceras circumflexiferum*) gleichstehen. Eine schärfere Parallelisirung mit den Eifler Brachiopodenhorizonten ist schwierig[3]. Jedenfalls kommen die bezeichnenden Goniatiten der oberen Mitteldevonstufe, vor Allem *Tornoceras simplex* und *Anarcestes cancellatus*, erst im oberen Stringocephalenkalk von Paffrath[4] und Villmar vor.

5. Die Facies der Tentaculiten- oder Orthocerenschiefer reicht nur selten (Haiger) bis an die obere Grenze des Mitteldevon; meist wird die oberste Zone dieser Abtheilung durch Kalk bezw. Eisenstein gebildet, dessen Goniatitenfauna nur geringe Unterschiede von der der Odershauser Kalke zeigt:

Maeneceras Decheni und *terebratum*, *Aphyllites evexus* v. B. mit zahlreichen Varietäten, *Tornoceras simplex* und *circumflexiferum* schliessen sich eng an ihre älteren Vorläufer an und sind z. Th. ident, z. Th. wenig veränderte Mutationen. Neu ist das Auftreten der für die spätere Entwickelung des Stammes wichtigen Gattung *Prolecanites (Prol. clavilobus)*, die somit trotz ihrer Seltenheit für die Charakterisirung der Zone wichtig ist. Daneben findet sich *Anarcestes cancellatus*, eine von den älteren weitgenabelten Formen abweichende Art.

Die Eisensteine des Enkeberges bei Brilon und der weiteren Umgegend (Grottenberg bei Bredelar, Martenberg bei Adorf), die rothen Knollenkalke mit *Aphyllites discoides* von Wildungen, Eisensteine (mit *Anarcestes cancellatus*) von Wetzlar und Dillenburg, sowie vom Büchenberg bei Wernigerode gehören diesem

[1] In der citirten Arbeit von E. Kayser und E. Holzapfel wird p. 490, Anm. 1, auf Grund der Verschiedenheit der Goniatiten die — jedenfalls zutreffende — Vermuthung ausgesprochen, dass der Greifensteiner Kalk etwas älter sei als der Ballersbacher. Da unterdevonische Trilobitenformen als Superstiten bis an die obere Mitteldevongrenze hinaufgehen, ist auf das Vorkommen dieser Arten jedenfalls weniger Werth zu legen.

[2] Frech, l. c. p. 246.

[3] Allerdings lagert bei Wetzlar der Hainaer, dem unteren Theile des Eifeler Stringocephalenkalkes entsprechende Kalk über Günteroder Kalken, und E. Kayser vergleicht daher die Stufe des *Aphyllites occultus* mit den *Calceola*-Schichten. Man könnte jedoch ebenso gut den Hainaer Kalk als heteropes Aequivalent des oberen Theiles der *Occultus*-Stufe auffassen. Leider schliessen sich Riffkorallen und die angehörenden Brachiopoden, sowie Goniatiten — von seltenen Ausnahmen abgesehen — gegenseitig aus.

[4] Nach Exemplaren des Breslauer Museums leg. F. Roemer. Vergl. auch Holzapfel l. c.

Horizonte an. Die Anreicherung durch Eisen entsteht, wie an der unteren Grenze des linksrheinischen Mitteldevon, dort, wo Kalk (Mitteldevon) und schieferige Gesteine (des oberen oder unteren Devon) aneinander grenzen.

Der cephalopodenreiche, der Riffkorallen entbehrende Rotheisenstein des Enkeberges bei Brilon bildet ein pelagisches Aequivalent entweder des ganzen Massenkalkes oder des oberen Theiles. Abgesehen von dem Vorwiegen der in den Riffkalken meist fehlenden Cephalopoden[1] treten in dem Eisenstein bezeichnende Tiefseekorallen (*Petraia*, *Cladochonus*[2]) und Zweischaler auf: *Cardiola*, *Buchiola* und *Regina*.

Bemerkenswerth ist das fast unveränderte Hinaufreichen der in den Greifensteiner und Mnenianer Kalken, also an der unteren Grenze des Mitteldevon auftretenden Trilobiten (*Phacops breviceps*, *Proetus crassimargo* und *crassirhachis*) bis in die Eisensteine[3]. Der „Superstiten"-Charakter dieser Formen wird durch eine etwas höhere Horizontirung der Greifensteiner Kalke nicht berührt. (Vergl. Taf. 10d.)

Da die Eisensteine fast überall von versteinerungsleeren Tuffen (Schalstein) und Diabas unterteuft werden, ist eine schärfere Vergleichung mit den nur locale Bedeutung beanspruchenden Korallenhorizonten der Eifel unthunlich.

Die Entwickelung der mitteldevonischen Cephalopodenfaunen.

Die Cephalopodenfaunen des älteren und jüngeren Mitteldevon sind ausserordentlich scharf von einander geschieden; nur die Vereinzelung der reicheren Fundorte und die Verworrenheit der Lagerungsverhältnisse konnte die Feststellung dieser wichtigen Thatsache verzögern. Während die Brachiopoden- und Korallenzonen eng verbunden sind, liegt bei den Cephalopoden eine Scheidegrenze ersten Ranges in der Mitte des Mitteldevon. Die scharfe Ausprägung derselben wird nur zum Theil durch das Fehlen eines Cephalopodenäquivalentes der Crinoidenschicht erklärt. Im Wesentlichen hängt die Änderung wohl mit dem Beginn der mitteldevonischen Transgression (s. u.) und den hierdurch bedingten Wanderungen der Hochseefauna zusammen. Die Vorfahren der *Tornoceras*-, *Maeneceras*- und *Aphyllites*-Arten des oberen deutschen Mitteldevon kommen im Süden in wesentlich älteren Schichten vor (s. u.).

A. Die untere Stufe, das ungefähre Aequivalent der *Calceola*-Schichten, wird durch die Gruppe des *Anarcestes lateseptatus*[4], durch *Mimoceras* und den

[1] *Anarcestes cancellatus*, *Tornoceras simplex* und *Maeneceras terebratum* bei Paffrath, *Tornoceras simplex* bei Villmar, *Aphyllites evexus* v. B. (= *inconstans* var. *obliqua* Whidb.) im Dolomit von Pelm (Mus. Breslau).

[2] Frech, Korallenfauna des Oberdevon. Z. d. geol. Ges. 1885. p. 130.

[3] Die zuerst von mir (Z. d. geol. Ges. 1889. p. 252 u. 265) festgestellte Thatsache wurde durch die ausgedehnteren Forschungen Holzapfel's bestätigt. Die genannten Arten, zu denen noch *Lichas granulosus* F. Roem. (aff. *L. Haueri* Barr.) und *Cheirurus myops* A. Roem., die jüngere Mutation des *Cheir. Sternbergi* Barr. (für beide Arten Frech l. c. p. 258) kommen, gehen mit geringen Veränderungen durch das ganze Mitteldevon und beginnen, wenn man die Greifensteiner Kalke zum Unterdevon rechnet, in noch tieferem Horizont. Die genannten Trilobiten tragen also alle Merkmale einer Superstitenfauna.

[4] Auf die Thatsache, dass unter dem häufig citirten *Goniatites lateseptatus* auct. oder dem *Gon. plebeius* Barr. verschiedene Formen verborgen seien, hat Holzapfel (Das obere Mitteldevon.

…ldevon.

…ored, …	Sinn, Greifenstein
…enkalke …sumerceras, …etum, …lifera	
…g Kalk …rungen Kalk …us, Tora. simplex, …, Denck- …ephalus	Tentaculitenschiefer
mit *Aph.* Wissen- *Ph. fecun-* …*pe, Bron-* *…ethusium,* *cornutus,* …*halatus*	Tentaculitenschiefer
Kalk …us, *conso-* …us, *Pina-* …, *Athyr.* …*ynch. Ur-* …*dirornica,* …, *Stroph.* …*rus, Dor-* *fecundus*	Tentaculitenschiefer
…nug	Kalk von Greifenstein mit *Aph. fidelis* *Proetus orbitatus, Ph. fecundus* *major, Ph. zorgensis, Lichas* *Haueri, Acid. vesiculosus,* *Spirifer indifferens,* *Meristа passer,* *Leptaena* *tenuis-* *sima* — Quarzit von Greifenstein mit *Prot. rhenanus*
	Obere Coblenz-Schiefer

selteneren, aber sehr bezeichnenden *Pinacites Jugleri*[1] charakterisirt (Stufe des *Anarcestes lateseptatus* und *Pinacites*). Abgesehen von den genannten und einigen seltenen Arten (z. B. *Anarcestes neglectus*) zeigen die beiden Zonen, die untere nach *Anarcestes subnautilinus* (Taf. 25 Fig. 6), die obere nach *Aphyllites occultus* (Taf. 30a Fig. 1) benannt, nur wenige Beziehungen. So sind am Rhein *Mimoceras* (Taf. 25 Fig. 7), *Hercoceras* (Taf. 24 Fig. 8) und *Jovellania* auf die untere, *Bactrites* auf die obere Zone beschränkt; auch die ältesten am Rhein bekannten Tornoceren scheinen[2] in der letzteren vorzukommen. Die obere Zone, welche besonders den Günteröder Kalk umfasst, ist allgemein verbreitet. Typische Vertreter der untersten Zone sind die kalkigen Schiefer der Grube Königsberg (Rupbach), die unteren Wissenbacher Schiefer und die Ballersbacher Kalke. (Für Einzelheiten vergleiche die Tabelle X.)

Eine Vermittelung zwischen den an den westdeutschen Fundorten scharf getrennten Faunen bilden die Schichten von Hasselfelde (Harz), sowie die Knollenkalke von Hlubocep bei Prag (G_3), wo neben der eigenthümlichen Gattung *Nothoceras*, *Mimoceras* und *Hercoceras* (Taf. 15) mit *Aph. occultus* zusammen vorkommen. Während die Mächtigkeit der Prager Knollenkalke eine Vertretung beider Zonen möglich erscheinen lässt, ist dies in den wenigen Metern des Hasselfelder Kalkbruches (im

p. 73 ff.) hingewiesen, ohne jedoch die Trennung der einzelnen Formen überall richtig durchzuführen. Nach Untersuchung eines sehr umfangreichen Materials, unter dem sich z. B. die Originalexemplare E. Beyrich's, F. Roemer's und Holzapfel's (z. Th.) befinden, unterscheide ich die folgenden Arten und Varietäten. (Vergl. Frech, Zeitschr. deutsch. geol. Ges. 1896. p. 414.)

a) Sutur geradlinig, Nabel stark vertieft.

1. *An. praecursor* nov. sp. Barr. Syst. Sil. II. t. 5 f. 1—5; t. 7 f. 8—9. Taf. 30a Fig. 9. Nabel eng, Umgänge stark gewölbt, Gestalt aufgebläht. Oberes Unterdevon (Mnenian) und ?unteres Unterdevon (vergl. Holzapfel l. c. p. 76).
2. *An. lateseptatus* Beyr. var. *plebeia* Barr. (e. str.) Taf. 30a Fig. 8a—8c. Eine im ganzen Mitteldevon, vornehmlich in der unteren Abtheilung an allen Fundorten verbreitete Form. Nabel mittelweit, Umgänge gewölbt, Gestalt im Alter an Dicke zunehmend. Barr., Syst. Sil. II. t. 5 f. 6—21; t. 6 f. 1—3; t. 496. Sandb., Verst. Nassau. t. 11 f. 7. F. Roem., Oberschlesien. t. 2 f. 2. = *An. Karpinskyi* Holzapfel ex parte (das obere Mitteldevon. t. 3 f. 16, 17, 19, 20 etc.; ? t. 5 f. 8. Die grosse Masse der von Barrande als *Gon. plebeius* bezeichneten Formen gehört hierher, so dass der Name am besten beizubehalten ist.
3. *An. lateseptatus* Beyr. typus. Taf. 30a Fig. 10. Unteres Mitteldevon (Wissenbach, Rupbach) und Zone der *Pin. bicaus*. Nabel sehr weit, Umgänge niedrig. Beyr., Verst. d. Rhein. Überg. t. 1 f. 2. Holzapfel l. c. t. 3 f. 15, 18, 21 (*An. Karpinskyi* ex parte).

b) Ein Laterallobus ausgeprägt.

4. *An. lateseptatus* var. nov. *applanata*. Unteres Mitteldevon (Hasselfelde, Ballersbach, Lerm. Hlubocep). Nabel mittelweit, schwach vertieft, Umgänge hoch. Junge Exemplare wenig von var. *plebeia* verschieden, ausgewachsene Stücke stark abgeflacht. Übergang zu *An. neglectus*. Barr. l. c. t. 6 f. 4, 5; t. 7 f. 12, 13 (typisch).

Zweifelhaft bleibt die Stellung einer weiter genabelten Form des oberen Unterdevon (Barr. t. 5 f. 22, 23), welche weder mit *An. praecursor* noch mit var. *plebeia* völlig übereinstimmt; vielleicht gehören auch die schlecht erhaltenen Formen des tiefsten Unterdevon der Karnischen Alpen mit hierher.

[1] Die letztere Art kommt ebenso wie *Mimoceras* schon an der oberen Unterdevongrenze (bei Greifenstein und Mnenian) vor.

[2] Dieselben (*Tornoceras circumflexiferum* und *annulatostriatum*) wurden allerdings bisher nur in den Wissenbacher Schiefern gefunden und stammen, da ein zonenweises Sammeln hier unmöglich ist, vielleicht schon aus dem oberen Mitteldevon.

Harz) kaum wahrscheinlich. Auch hier kommt der sonst für die jüngere Zone bezeichnende *Aphyllites Dannenbergi* zusammen mit den älteren Formen *Mimoceras* und *Hercoceras* vor.

Im Ganzen dürfte das untere Mitteldevon in der Cephalopodenfacies der *Calceola*-Stufe der durch Korallen und Brachiopoden gekennzeichneten Entwickelung entsprechen, ohne dass eine exacte Übereinstimmung nachweisbar wäre[1].

B. Das obere Mitteldevon, die dem Stringocephalenkalk ungefähr entsprechende Stufe des *Maeneceras terebratum*, ist durch das Auftreten von *Tornoceras* und der genannten Gattung, sowie die Formenreihe des *Aphyllites evexus* v. Buch (= *inconstans* Phill.[2]) gekennzeichnet. In der unteren Zone, die nach *Posidonia hians* (oder *Maeneceras terebratum* s. str.) benannt wird[3], sind die weitgenabelten Anarcesten (Gruppe des *Anarcestes lateseptatus*) noch zahlreich; dieselben werden in der oberen Zone (s. o.) durch die ungenabelte Gruppe des *A. cancellatus* ersetzt, während *Maeneceras Decheni* sich gleichzeitig von der älteren Form abzweigt. Noch bezeichnender ist das allerdings seltene Auftreten von *Prolecanites (P. clavilobus)* — Zone des *P. clavilobus* und *Maeneceras Decheni*[4].

[1] In einer früheren Arbeit hatte ich, gestützt auf den von E. Kayser und mir in verschiedenen Gebieten gleichzeitig erbrachten Nachweis der Homotaxie im Mitteldevon und *Orthoceras*-Schiefer, die folgende Gliederung angenommen (Rhein. Unterdevon l. c. p. 244):

Hangendes: Stufe des *Gephyroceras intumescens*.		E. Kayser, E. Holzapfel
Stufe des *Stringocephalus Burtini*	Stufe des *Prolecanites clavilobus* und *Maeneceras Decheni* (Brilloner Eisenstein)	Zone des *Anarcestes cancellatus*
	Stufe des *Aphyllites occultus* Barr. (= [illegible]-*rhenanus* Maur.) (Grube Langscheid und Eschebirg)	Zone der *Pos. hians*
Stufe der *Calceola sandalina* und des *Spirifer concentricus*		Zone des *Aphyllites occultus*
	Stufe des *Anarcestes subnautilinus* und *A. Wenkenbachi* (Grube Königsberg und Baumland)	Zone des *Mimoceras gracile*

Liegendes: Obere Coblenzschichten.

Die hier zum ersten Male versuchte durchgreifende Gliederung des Mitteldevon auf Grundlage der Ammonitiden wurde von E. Kayser in dem Referat über die obige Arbeit zuerst bekämpft, später aber von ihm und Holzapfel angenommen und durch eine wichtige Ergänzung vervollständigt: An der Ense bei Wildungen lagert zwischen den Kalken mit *Aphyllites occultus* und dem obersten durch *Prolecanites* und *Aphyllites discoides* gekennzeichneten Mitteldevon der nur 1½ m mächtige Odershäuser Kalk mit *Maeneceras terebratum*. Diese neue Zone entspricht dem oberen Theil der Stufe des *Aphyllites occultus* in dem obigen Schema.

[2] Die Identität des *Aphyllites inconstans* Phill. 1842 var. *obliqua* Whidb. bei Holzapfel (Das obere Mitteldevon, p. 62) mit zwei von Pelm stammenden, im Breslauer Museum befindlichen Exemplaren unterliegt keinem Zweifel. Die letzteren stammen von dem Fundorte von L. v. Buch's *Goniatites evexus* und stimmen in jeder Hinsicht mit der Zeichnung des letzteren überein. (Vergl. Zeitschr. d. deutsch. geol. Ges. 1886. t. 8 f. 1, 2.) Der ältere Name (1832) ist somit wieder einzuführen.

[3] Beide Arten gehen noch in die höhere Zone hinauf; die erstere ist hier allerdings selten.

[4] Holzapfel (Das obere Mitteldevon, p. 409) schlägt die Zonenbezeichnung nach *Anarcestes cancellatus* vor. Eine nur mit der relativen Häufigkeit der Arten begründete Änderung der Horizontbezeichnung ist nicht erforderlich. Eine Bezeichnung der untersten Zone nach *Mim. gracile* ist unthunlich, da die Art vertical sehr weit verbreitet ist, so in Böhmen von dem Greifensteiner bis zum Hlubocieper Kalk.

Die im Oberharz (vergl. I. p. 40) bisher angenommene Reihenfolge:

3. Kramenzelkalk = Oberdevon,
2. Goslarer (= Wissenbacher) Goniatitenschiefer = oberes Mitteldevon,
1. *Calceola*-Schiefer mit *Calceola* und *Cupressocrinus urogalli* = unteres Mitteldevon,

erfährt durch neuere Forschungen einige Veränderungen[1]:

2a. Auf die Entwickelung der tiefsten Zone in Goniatitenfacies deutet vielleicht das Vorkommen von *Mimoceras compressum* und *Hercoceras subtuberculatum* im Hutthal (am Grünsteinzuge), sowie ein bei Lerbach gefundener *Anarcestes lateseptatus* hin.

2b. Die „Goslarer Schiefer" des Rammelsberges, der Schalke und des Grumbacher Teiches enthalten *Aphyllites occultus* Barr., *A. platypleura* Frech, *Anarcestes Vittigeri* Sandb., *Pinacites Jugleri*, *Bactrites* und entsprechen also ganz oder zum grössten Theile der höheren Stufe des unteren Mitteldevon[2].

2c. Darüber lagern Knollenkalke in Schiefern mit *Ph. breviceps*, cf. *fecundus*, die wohl schon dem oberen Mitteldevon entsprechen.

2d. In den grauen, z. Th. kramenzelartigen Kalken des Grumbacher Teiches, die bisher als oberdevonisch betrachtet wurden, liegen *Posidonia hians*, *Ph.* cf. *breviceps* und *Aphyllites evexus*; somit ist unter dem durch *Gephyroceras intumescens* und *Buchiola angulifera* gekennzeichneten Oberdevon wahrscheinlich das ganze obere Mitteldevon in der Facies des Goniatitenkalkes vorhanden.

Ueber die südliche Fortsetzung des rheinischen Mitteldevon.

Südlich von den mittelrheinischen *Stringocephalus*-Kalken (Bingerbrück, Stromberg im Hunsrück, Oberrossbach im Taunus) finden sich zerstreute Vorkommen von Mitteldevon in der Mitte und am Südabhang der Vogesen. Die grauen Kalke von Schirmeck im Breuschthal sind faciell hinsichtlich des Zusammenvorkommens von Brachiopoden und Korallen dem Massenkalke Westfalens vergleichbar. Auf den Horizont der Crinoidenschicht deutet das Zusammenvorkommen von *Stringocephalus Burtini* und *Calceola sandalina*, sowie die charakteristischen Leitformen *Retzia longirostris* und *Cupressocrinus abbreviatus*. Ferner finden sich *Favosites Goldfussi* und *polymorpha*, *Heliolites porosus*, *Cyathophyllum Lindströmi*, *Columnaria rhenana*, *Pentamerus globus*, *Rhynchonella parallelepipeda*, *Phacops latifrons* und *Euomphalus planorbis*[3].

Der eigentlichen *Calceola*-Stufe gehört ein Complex braunrother Gesteine im oberen Breuschthal[4] an (Conglomerate, Thonschiefer, thonige Sandsteine und Arkosen),

[1] Frech, Zeitschr. deutsch. geol. Ges. 1889. p. 246, Beushausen, Über Alter und Gliederung der sogenannten Kramenzelkalke im Oberharze. Jahrb. d. k. preuss. geol. Landesanstalt für 1883, p. 83 ff. und ibid. für 1884, p. XXV ff.

[2] Das Vorkommen von *Mimoceras compressum* würde angesichts der weiteren Verbreitung der Art im Unterharz und in Böhmen dieser Annahme nicht entgegenstehen, das Erscheinen von *Tornoceras circumflexiferum* in den Schiefern sogar auf einen höheren Horizont hinweisen.

[3] O. Jaekel, Über mitteldevonische Schichten im Breuschthal. Mitth. der Commission für die geologische Landesuntersuchung von Elsass-Lothringen. I. 1888. Sep.-Abdr. p. 7 und Frech, Zeitschr. d. geol. Ges. 1889. p. 687.

[4] E. Benecke und W. Bücking, *Calceola sandalina* im oberen Breuschthal. Mitth. d. geol. Landesanstalt für Elsass-Lothringen. IV. p. 105.

Tabelle XI: Das Mitteldevon

<table>
<tr><th></th><th>Asturien</th><th colspan="2">Cabrières (Languedoc)</th></tr>
<tr><td rowspan="2">Oberdevon</td><td>?Rother Sandstein v. Cué ohne Versteinerungen</td><td colspan="2">Clymenienkalk von Cabrières
Knollenkalk und Dolomit mit Cheiloceras curvispina</td></tr>
<tr><td>Kalk von Candas mit Sp. Verneuili und Phill. pentagona Phillipsastraea torreana und pradoana, Pach. devoniense, Cyst. vesiculosum, Amplexus, Rhynchonella elliptica, Stroph. Cedulae</td><td colspan="2">Rothe oder schwarze Goniatitenkalke und Goniatitenschiefer mit Gephyroceras intumescens</td></tr>
<tr><td rowspan="3"></td><td>Sandstein mit Gosseletia devoniensis

und

Pleurotomaria Lariti, Strophomena Sedgwicki, Pentamerus globus, Zaphrentis Candasi</td><td rowspan="3">In allen 9 Horizonten: Phacops occitanicus, Bronteus subcampanifer, Cystiphyll. vesiculosum, Phill. Barroisi, Merista plebeja, Stroph. lepis, interstrialis, O. striatula, Var. Goldfussi, Pentamerus Oehlerti var. languedociana</td><td>Plattenkalk d. M. Bataille mit Rhynch. Wahlenbergi und Phillipsastraea Hennahi. Phill. Barroisi, Phac. cf. latifrons, Bronteus meridionalis, Harpes Bouvillei, Spir. speciosus, Spir. Maureri, Cyath. helianthoides, caespitosum, Cyath. cf. dianthus, Heliolites porosus, Cystiphyllum, Striatopora cf. cristata

Eisenkalk d. Pic de Cabrières mit Aphyllites evexus, crassus, Tornoceras simplex var., Phacops fecundus var.

?Kalk d. Japhet mit Phacops fecundus</td></tr>
<tr><td>Kalk von Moniello mit Calc. sandalina
Zaphrentis Guilleri, Haplocrinus mespiliformis, Spir. curvatus, aculeatus, Athyris, Retzia, Rhynchonella elliptica, Platyceras, Phac. latifrons</td><td>Kieselkalk von Ballerades, vorwiegend mit Korallen:
*Heliolites porosus
*Cyath. helianthoides
*Hallia cf. gigantea
Actinocystis, Amplexus
Phillipsastraea Barroisi.
Ausserdem:
*Bronteus meridionalis (?schon tiefer)
Stroph. interstrialis</td></tr>
<tr><td>Oberer Theil des Kalkes von Arnao mit Spir. cultrijugatus</td><td>Mergel d. Val d'Isarne, Z. d. Sp. cultrijugatus mit Calceola sandalina[1], Spir. cabedanus, geroltsteinensis, Atr. aspera, Orth. dorsoplana, eifeliensis, oblata?, Chon. dilatatus, Lept. subtetragona, Cyath. Lindströmi, Fistulipora</td></tr>
<tr><td>Unterdevon</td><td>Unterer Kalk von Arnao</td><td colspan="2">Kieselkalk d. Bissounel mit Ph. Escoti
Weisser Kalk des Pic de Cabrières mit Ph. fecundus, major, Spir. indifferens, Leptaena tenuissima, Ammoniten
und der Greifensteiner Fauna</td></tr>
</table>

[1] Bei Cabrières nur in dem tiefen Horizont.

in Frankreich und Nordspanien.

	Bretagne		Loire Inférieure	Maine et Loire
	Schiefer von Rostellec mit *Cheiloceras Verneuili*			Unterkarbon (marine Transgression)
	Λ Schiefer	Kalk von Cop-Choux mit *Rh. pugnus*	Knollenschiefer mit *Dechenella* von la Vallée Tentaculitenkalk von la Fresnaie	Lücke
Schiefer von Porsguen bei Brest	Λ Schiefer			Lücke
	Tornoceras circumflexiferum		Kalk von l'Erochère (Ancenis) mit *Stringocephalus* und *Uncites*	
	Aphyllites evexus, *Bactrites Schlotheimi* *Microcyclus eifeliensis* *Cyath. helianthoides* *Prod. subaculeatus*		Schiefer und Grauwacke	Kalk von Chaudefonds (Vallet) mit *Harpes macrocephalus*, *Cheir. gibbus*, *Ac. verruculosa*, *Bronteus canaliculatus*, *Platyceras*, *Spir. Ananoffi* (= *prodorsiodes*), *macrorhynchus*, *Rollandi*, *Retzia ferita*, *Atr. aspera*, *granulifera* und *signifera*, *Rh. parallelepipeda* und *procuboides*, *Pent. multiplicatus* und *Davyi*, *Cyath. caespitosum*
	Sp. concentricus, *curvatus*, *elegans*, *Merista plebeia*, *O. eifeliensis*, *Cryph. laciniatus*, *stellifer*, *Anarcestes subnautilinus*, *Pentamerus Oehlerti*, *Phac. occitanicus*		Kalk von Pont-Maillet mit *Cryph. laciniatus*, *Cr. stellifer*, *Phacops occitanicus*, *Cryph. ceratophthalmus*, *Pr. laevigatus*, *Merista plebeia*, *Atr. aspera*, *Leorh. microrhynchus*, *O. striatula*, *Pleurodictyum*, *Combophyllum*	Kalk von Montjean-Chalonnes mit *Uncites Galloisi*, *Pentam. Davyi*, *globus*, *Amphigenia Burreaui*, *Spir. cabedanus*, *End. torosum*, *Cyath. caespitosum*, *Mont. globosa*, *Fav. reticulatus*, *polymorphus*, *Heliolites porosus*
	Spir. cultrijugatus, *Rh. Orbignyana*, *Stroph. Sedgwicki*		Schiefer und Grauwacke ohne Versteinerungen	
	Grauwacke du Faou		Schiefer und Grauwacke ohne Versteinerungen	

die bei les Forges Versteinerungen in Steinkernerhaltung enthalten: *Calceola sandalina, Favosites polymorphus, Alveolites, Atrypa* und *Streptorhynchus umbraculum* lassen die Zugehörigkeit zum unteren Mitteldevon gesichert erscheinen. Ganz übereinstimmende Gesteine mit Devonversteinerungen finden sich am Südabhang der Vogesen bei Chagey und Chenebier (DE VERNEUIL). Erst viel weiter südlich in Languedoc erscheinen dann Mergel und Kalke mit *Spirifer cultrijugatus* und *Calceola sandalina*, welche auch faciell mit denen der Eifel übereinstimmen. Die rothen klastischen Gesteine der Vogesen stimmen wiederum mit den rothen Vichter- oder Burnotschichten (an der Maass oberhalb Namur s. o. S. 163) vollkommen überein, die ebenfalls von unterem Stringocephalenkalk überlagert werden. Die rothen detritogenen Schichten deuten auf das Vorhandensein von Inseln oder Untiefen hin die auch nach der unterdevonischen Transgression in dem sich vertiefenden Kalkmeer des Mitteldevon übrig geblieben waren.

Die Untersuchung der faciell und z. Th. geographisch mannigfach differenzirten Vorkommen des westfranzösischen und nordspanischen Mitteldevon ist vor Allem das Verdienst von CHARLES BARROIS; einzelne Vorkommen sind von OEHLERT[1] und dem Verfasser[2] studirt worden.

Eine eingehende Besprechung würde hier zu weit führen; es mag auf die Tabelle XI verwiesen werden, welche erkennen lässt, dass die wichtigsten deutschen Facies und Horizonte auch in Frankreich vertreten sind; die weiteste Verbreitung besitzen Kalke bezw. Mergelkalke mit Brachiopoden und Korallen, die entweder für sich auftreten oder in Schiefer eingelagert sind (Pont Maillet). Die Schiefer von Porsguen umschliessen eine eigenthümliche Verbindung der Wissenbacher Goniatiten- und der Eifler Brachiopodenfacies. Die reiche Fossilienliste, welche BARROIS aus denselben veröffentlicht[3], enthält Vertreter des gesammten deutschen Devon bis zum mittleren Stringocephalenkalk[4] aufwärts neben einer ausserordentlich geringen Zahl eigenthümlicher Formen. Grösser ist die Zahl eigenthümlicher Formen im Mitteldevon der unteren Loire (*Amphigenia, Pentamerus Davyi, Uncites Galloisi, Spirifer Rollandi. Sp. Anossoffi* (= *productoides* BARROIS non F. A. ROEM.) kommt als grosse

---

[1] Montjean et Chalonnes, OEHLERT. Ann. soc. géol. XII. t. 3, 4.

[2] FRECH, Die Palaeozoischen Bildungen von Cabrières. Zeitschr. d. geol. Ges. 1887, p. 360 ff., bes. p. 402 ff. Die früheren geologischen und palaeontologischen Arbeiten von DE ROUVILLE und v. KOENEN sind l. c. eingehend gewürdigt. Die verschiedenen Arbeiten von BERGERON über die genannte Gegend enthalten bezüglich des Devon zahlreiche Irrthümer geologischer und palaeontologischer Art. Die einzigen, nicht sonderlich erheblichen Abweichungen der Tabelle von meiner früheren Arbeit bestehen in der etwas höheren Horizontirung der weissen Unterdevonkalke des Pic — entsprechend der veränderten Auffassung der übereinstimmenden Kalke von Greifenstein. Ferner dürfte der am Südabhange des Pic in völlig dislocirter Stellung vorkommende braunrothe eisenschüssige Kalk (l. c. p. 440) nicht dem Oberdevon, sondern dem oberen Mitteldevon (cf. Briloner Eisenkalk) zuzurechnen sein. Eine weitere Präparation der beiden dort vorkommenden Goniatiten ergab die Zugehörigkeit der einen Art zu *Aphyllites evexus* v. B. var. *crassa* HOLZAPF. (= *Agoniatites inconstans* HOLZAPF.), die der anderen zu *Tornoceras simplex* var. Der dort vorkommende *Phacops fecundus* mut. *supradevonica* kommt ferner in einem grauen Kalke am Japhethügel vor.

[3] Bull. soc. géol. de France. [3] XIV. p. 692.

[4] Da BARROIS l. c. ausdrücklich hervorhebt, dass er die Unterabtheilungen (zones paléontologiques) noch nicht habe feststellen können, so habe ich die bretonischen Arten in der Tabelle dort angeführt, wo sie in den deutschen Zonen auftreten würden.

Seltenheit auch in der Eifel vor, während die Art im Ural und im europäischen Russland als Leitfossil des oberen Mitteldevon in Begleitung von *Stringocephalus* mit oder ohne denselben auftritt[1]. Merkwürdigerweise ist die Übereinstimmung mit der mitteldeutschen Fauna in Nordspanien wieder grösser, wo Tentaculitenschiefer (Catalonien), Goniatiten- (Wissenbacher) Schiefer (Llama in Leon) und Brachiopodenkalke wiederkehren (Arnao und Moniello in Asturien und Castelnau-Durban in den Ostpyrenäen). Faciell völlig verschieden ist der Sandstein mit *Gosseletia* in Asturien, der dem oberen Mitteldevon entspricht.

In Languedoc stimmt nur die unterste Zone des Mitteldevon (mit *Spirifer cultrijugatus*, *Calceola*, *Rhynchonella Orbignyana*, *Choanetes dilatatus* und *Orthis dorsoplana*) vollkommen mit der typischen nördlichen Entwickelung überein. Weiter oben wird, trotz übereinstimmender Facies, die Fauna und Gliederung so verschieden, dass eine geographische Trennung der Meere — durch Inseln und Strömungen — die einzige Möglichkeit der Erklärung bildet (Frech, l. c. p. 418—425: „mediterrane Meeresprovinz des Mitteldevon").

C. Das Oberdevon in Westdeutschland.

Die Faciesentwickelung des deutschen Oberdevon deutet auf ein Meer, dessen bedeutende Tiefe hie und da durch Untiefen mit Korallenriffen (Langenaubach b. Haiger, Iberg b. Grund und Rübeland i. Harz, Oberkunzendorf b. Freiburg, Schles.) unterbrochen war. Sehr feinkörnige Schiefer mit *Entomis (Cypridina) serratostriata* (Taf. 35 Fig. 10) sind besonders in den mittleren Horizonten verbreitet, deuten aber sowohl durch den Charakter des Sediments, wie durch die enge Verknüpfung mit Goniatitenschiefern (Büdesheim, Eifel, Ense b. Wildungen im unteren, Nehden b. Brilon im mittleren Oberdevon) auf bedeutende Entfernung vom Lande hin. Die grösste Verbreitung besitzen rothe dichte oder knollige Cephalopodenkalke besonders im unteren und oberen Oberdevon (Adorf b. Brilon: dichter Kalk; Saalfeld i. Thüringen: Knollenkalk; Clymenienkalk in beiden Facies). Dieselben erinnern ebenso an die bunten Orthocerenkalke des Silur, wie die schwarzen an Goniatiten und Zweischalern reichen Knollenkalke von Bicken, Wildungen und Altenau (im Harz) an die gleichartigen Gesteine, welche bei Prag und im mediterranen Obersilur in grosser Verbreitung auftreten.

Zuweilen gehen die rothen Goniatitenkalke in echte abbauwürdige Rotheisensteine über (Eisenstein mit *Prolecanites lunulicosta* bei Langenaubach). Die Eruptivdecken und Tuffe (Schalsteine), welche in ihrem Verhalten durchaus an Sedimentschichten erinnern, fehlen im Ober- wie im Mitteldevon des linksrheinischen Gebietes; hier treten nur Schiefer mit Korallen und Brachiopoden (Aachen), Dolomitmergel mit Brachiopoden, sowie Goniatiten- und Cypridinenschiefer (Büdesheim) auf.

Eine Parallele zwischen dem deutschen und belgischen Oberdevon einerseits, der oberen Trias in den Alpen und in Deutschland andererseits,

[1] Das Verhältniss erinnert also an manche jurassischen Ammoniten, wie *Cadoceras*, deren selteneres oder häufiges Auftreten für bestimmte Gebiete bezeichnend ist.

drängt sich von selbst auf. Die Korallenriffkalke stimmen in beiden Formationen überein (oben S. 166), die Adorfer Kalke entsprechen den rothen Hallstätter Marmoren, die Kramenzelkalke dem Knollenkalke der Pötschenhöhe bei Altaussee, die Schieferlager mit Kieskernen von *Lobites* bei St. Cassian erinnern an die Büdesheimer Mergel und das massenhafte Vorkommen von Daonellen und Halobien entspricht dem Auftreten der Palaeoconchen in den Goniatitenkalken. Eine weitere Ähnlichkeit besteht in der Häufigkeit von Eruptivdecken und Tuffen innerhalb der südalpinen Trias. Weniger augenfällig ist die Übereinstimmung der belgischen Schichten mit dem deutschen Keuper, in welchem marine Fossilien weit mehr zurücktreten als im Famennien; geht man jedoch davon aus, dass die letztgenannte Litoralfacies einen Übergang zu dem nichtmarinen Old Red Englands darstellt, so ist eine Ähnlichkeit der gesammten Formationen unverkennbar. Aachen bildet den Übergang zu der belgischen Entwickelung (Tab. XII). Über den Vichter Schichten findet sich an der alten Grube Breiniger Berg bei Aachen ein mergeliger Kalk, ein Vertreter der höheren Stringocephalen-Zonen mit *Murchisonia coronata* A. Vern., *M. bigranulosa* A. Vern., *Euomphalus laevis* A. Vern., *E. Labadyei* A. Vern., *Turbonitella margaritifera* A. Vern., *Spirifer Maureri* Holzapf.; 300 m über der Basis dieses mitteldevonischen Kalkes liegt das untere Oberdevon, ein dunkelgrauer Schieferthon mit bezeichnender Mischung von Goniatiten (*Gephyroceras intumescens* und *Tornoceras simplex*), einzelnen Knollen von Riffkorallen (*Phillipsastraea ananas* und *pentagona*, *Arachnophyllum rhenanum*) und Schalthieren (*Spirifer Verneuili* Murch., *Sp. Murchisonianus* de Kon., *Avicula Mariae* Frech).

Das untere Oberdevon Belgiens (Frasnien, siehe Tab. XII) erinnert in der Entwickelung der Brachiopodenschichten und der Seltenheit der Goniatiten an Aachen und die unteren Büdesheimer Dolomite; doch fehlen auch typische Korallenriffkalke (marbre rouge royal de Rochefort) nicht, die in der Bildungsweise den Kalken von Haiger und Torquay in Devonshire entsprechen.

Die Brachiopodenschiefer des höheren Oberdevon (Famennien, s. u.) besitzen eine wenig ausgedehnte Fortsetzung auf dem rechten Rheinufer bei Velbert im Bergischen; die hier vorkommenden Schiefer enthalten neben *Spirifer Verneuili*, *Orthis bergica* und *Strophalosia productoides* carbonische Anklänge, wie *Rhynchonella pleurodon*, *Spirifer* cf. *trigonalis* und *Clisiophyllum Kayseri* Frech[1]. Doch liegt es näher, dieselben ebenso wie ihre belgischen Aequivalente (Kalk von Etroeungt) dem Devon zuzurechnen. (Vergl. die ausführlichere Behandlung der untercarbonischen Grenzbildungen.)

Die Verbreitung der drei oberdevonischen Stufen.

Die unregelmässige Verbreitung der drei oben besprochenen Cephalopodenfaunen des Oberdevon in Deutschland, von denen der mittlere Horizont mit *Cheiloceras curvispina* am seltensten beobachtet wird, erfährt durch die regelmässigen, vollständigen Profile von Cabrières[2] eine erwünschte Ergänzung und erinnert

[1] E. Kayser, Jahrb. der k. preuss. geol. Landesanstalt für 1882.

[2] Der südfranzösische Fundort zeigt die reichste Entwickelung, da hier, abgesehen von den Dolomiten mit Kieskernen (La Serre), auch rothe und schwarze Goniatitenkalke (La Tourière) vorkommen (vergl. Frech, Zeitschr. d. geol. Gesellsch. 1887. p. 438—444). Besonders häufig ist hier

Tabelle

	Eifel	
Untercarbon		Flötzleerer S…
		Oberer Kol… *Chonetes p…* *haviatum, …* *flexuosum,* cf. *crotalo…* *nata* Bu.
		Unterer Dolo… Versteineru…
		Blauer Crino… *phyllum* … *Syr. ram…* *aquisgran…* *penetrator…* *lianus*, cf. … *Orthoth.* … *bisulcatus*, … *letensis*, … *rallus* pe… *culatus*, P…
Oberdevon	—	c) Glimmerrei… stein (Pön… *Verneuils*, … Schichten.

durchaus an das Auftreten der einzelnen Jurastufen in dem mediterranen Gebiet. Nur sind bei der Vergleichung die Rollen vertauscht. Während der mitteleuropäische Jura die vollständige Normalentwickelung zeigt, finden sich die drei Stufen des 7. *Gephyroceras intumescens*, 8. des *Cheiloceras curvispina* und 9. der Clymenien in Südfrankreich (Cabrières) concordant übereinander[1]. Die durch das Fehlen von Sediment, den Wechsel kalkiger und schieferiger Facies und das unregelmässige Auftreten der pelagischen Thiere bedingten scheinbaren Lücken der Schichtenfolge werden in gleicher Weise im alpinen Dogger und im deutschen Oberdevon beobachtet. Selbstverständlich lässt sich durch Combination mehrerer lückenhafter Profile jede beliebige Schichtenfolge construiren, besonders wenn das Gebiet häufigen Facieswechsel und tektonische Störungen aufweist. Eine Übersicht der drei Goniatitenfaunen wurde oben (p. 124) gegeben.

7. Eine Unterzone von localer Bedeutung ist die Schicht mit *Prolecanites lunulicosta*, welche im Dillenburgischen und bei Wildungen (A. Denckmann) an der Grenze von Mittel- und Oberdevon auftritt. Eigenthümlich ist die reiche Entfaltung der Gattung *Prolecanites*, zu der ausser der genannten Art noch †*Pr. clavilobus*, *Pr. Beckeri* und *tridens* (auch bei Wildungen) gehören. *Anarcestes cancellatus* geht aus dem Mitteldevon herauf; *Gephyroceras Hoeninghausi* v. B. (p. 165) und *Geph. aequabile* Beyr. verweisen auf das Oberdevon, *Tornoceras mithracoides* Frech ist eigenthümlich.

In den verschiedenen Facies des unteren Oberdevon besitzen die formenreichen Gruppen *Gephyroceras* und *Tornoceras* (*Torn. simplex* = *Goniatites retrorsus*[2]) all-

Cheiloceras subpartitum Vern., neben dem *Cheiloceras sacculus*, *amblylobum*, *planilobum*, *oxyacantha*, *curvispina* und *umbilicatum* derselben Gattung angehören. Auch *Tornoceras* (*T. subundulatum* Frech, *T. falcatum* Frech) ist nicht selten. Aus den Cypridinenschiefern von Hostellec (Rhede von Brest) und dem Elsterberger Eisenbahntunnel in Thüringen wurden später von mir dieselben bezeichnenden Arten bestimmt. In Thüringen fand sich das Leitfossil *Cheiloceras curvispina* Sandb. und *Tornoceras falcatum* Frech (Zeitschr. d. geol. Gesellsch. 1893, p. 321). Am längsten bekannt ist der Fundort von Nehden bei Brilon (E. Kayser, Zeitschr. d. geol. Gesellsch. 1873, p. 644). Weit im Osten liegen die Vorkommen des polnischen Mittelgebirges und des Ural (Jalwa).

[1] Die Zweifel, welche neuerdings an der Richtigkeit der von de Rouville und mir dort gemachten Beobachtungen geäussert wurden, entbehren der Begründung um so mehr, als der betreffende Geologe Südfrankreich niemals gesehen hat. Die Aufeinanderfolge der wenig mächtigen Zonen wurde in übereinstimmender Weise in mehreren Profilen beobachtet und durch reichliche Versteinerungsfunde belegt. Der Reichthum an organischen Resten, welche gleichmässig durch die Schichtenmasse vertheilt sind, übertrifft die deutschen Fundorte bei weitem. In Schlesien (Ebersdorf) und Kärnten (Gross Pal, Karnische Alpen) überlagert der Culm in vollkommen unzweideutigen Profilen die Clymenien-Kalke concordant und in beiden Aufschlüssen enthält gerade die oberste Kalklage eine arten- und individuenreiche Thierwelt. Ebenso beweisen die Verhältnisse im Polnischen Mittelgebirge (Gürich), dass der Clymenien-Kalk jünger ist als die Schiefer mit *Cheiloceras sacculus*, welche hier *Cyrtoclymenia Humboldti* F. Roem. sp. enthalten (vergl. A. Denckmann, Zur Stratigraphie des Oberdevon im Kellerwald. Sep.-Abdr. aus dem Jahrbuch der k. preuss. geol. Landesanstalt für 1894).

[2] *Tornoceras simplex* v. Buch, Über Ammoniten. Berlin 1832. t. 1 f. 8, = *Goniatites retrorsus* auct. Taf. 35 Fig. 9) non v. Buch. Die äusserst verworrene Nomenclatur ist von Beyrich (Zeitschr. d. geol. Gesellsch. 1884, p. 212) richtig gestellt worden. Hiernach ist *Goniatites simplex* v. Buch ein *Tornoceras*, *Goniatites retrorsus* v. Buch ein *Gephyroceras* von flacher Form mit den durch Rückbiegung der Anwachsstreifen bedingten Rückenfurchen. (Der von Zittel, Grundzüge der Palaeonto-

gemeine Verbreitung. Neben den glatten Tornoceren sind besonders die stark sculpturirten Arten (Gruppe des *Tornoceras auris*, Taf. 35 Fig. 12), neben den glatten involuten Gephyroceren die stark sculpturirten (*Gephyroceras retrorsum* v. Buch. non auct., Taf. 32a Fig. 7) und evoluten Formen (Gruppe des *Geph. calculiforme* Beyr. Taf. 35 Fig. 13) wichtig. Die Gattung *Beloceras*¹ (Taf. 32a Fig. 9) ist auf die Kalke beschränkt und nur in den rothen Kalken häufiger. *Prolecanites* intermittirt im Bereiche der drei höheren Stufen.

S. u. 0. Während eine weitere Gliederung der Stufe des *Cheiloceras curvispina* nicht durchführbar ist, glaubt A. Denckmann, bei Wildungen und im Kellerwald einen oberen und unteren Clymenienkalk unterscheiden zu können. In der unteren Zone ist von Clymenien nur die schon im tieferen Oberdevon nachgewiesene *Cyrtoclymenia* (*C. laevigata*), sowie *Oxyclymenia undulata* und *striata* vorhanden, während die complicirt gebauten Formen, *Sellaclymenia* und *Gonioclymenia*, erst in der oberen Zone hinzutreten; in der letzteren leben sämmtliche Formen des unteren Horizontes noch fort. Es liegt keine Veranlassung vor, dieser Gliederung mehr als locale Bedeutung zuzuschreiben. So übertrifft in den Karnischen Alpen, an dem nur 2 m im Liegenden des Culm befindlichen Fundort des Gross Pal, die einfach gebaute *Cyrtoclymenia laevigata* an Häufigkeit alle anderen Arten.

Angesichts der Wechsellagerung von kalkiger und schieferiger Tiefseefacies (Clymenienkalk und Cypridinenschiefer) kann es nicht Wunder nehmen, dass auch die letztere gelegentlich das hangende Glied des Oberdevon darstellt. Da der Cypridinenschiefer in diesem Falle jedoch nur die indifferente aus Ostracoden, *Trimerocephalus anophthalmus* nov. nom. und *Posidonia venusta* bestehende Fauna enthält, sind weitergehende Folgerungen betreffs der sogenannten Auenberger Schichten ausgeschlossen.

Die Fundorte des rechtsrheinischen Clymenienkalkes (Kirschhofen b. Wetzlar, Eibach b. Dillenburg, Wildungen, der Kellerwald, Warstein und Enkeberg b. Brilon) finden ihre Fortsetzung im Harz, in Thüringen (Bohlen bei Saalfeld), im Fichtelgebirge (Gattendorf, Schübelhammer, Teufelsberg bei Hof u. a.), im Vogtland und in Schlesien (Ebersdorf, Grafschaft Glatz). Die Fauna zeigt überall einen sehr gleichförmigen Charakter.

Das isolirte Vorkommen des grossen Steinbruches bei Ebersdorf (unweit Neurode, Glatz. Bd. I. p. 45) ist durch das deutliche, concordante Einfallen des nur 3–4 m mächtigen Clymenienkalkes unter die Culmgrauwacke wichtig. In dem weiter im Liegenden folgenden dunkelen wohlgeschichteten Hauptkalk finden sich

logie. p. 398. f. 1077 abgebildete *G. retrorsus* ist *Cheiloceras amblylobum* Sandb. von Nehden, non Hildesheim.) Nur bezüglich der genaueren Artbestimmung von *Gephyroceras retrorsum* hat Beyrich verschiedene Möglichkeiten offen gelassen. Das sehr reichhaltige Material des Breslauer Museums ergiebt nun, dass die scheibenförmige flache Form, für die der Buch'sche Name *retrorsus* beizubehalten ist, mit der aufgeblähten Varietät (= *Goniatites lamed* var. *tripartita* Sandb. 1855. Rhein. Übergangsgebirge. t. 8 f. 7, = *Goniatites Koeneni* Holzapf. 1882. Palaeont. XXVIII. t. 8 f. 4. Bestimmung nach Originalen Holzapfel's) durch unmerkliche Übergänge verbunden ist. Noch geringfügigere Abweichungen bedingt die verschiedene Ausbildung der Rückenfurche. Die dickere Varietät, die sich zu der typischen Art wie *Gephyroceras intumescens* typ. zu *Geph. complanatum* Sandb. (Taf. 35 Fig. 10) verhält, ist sonach als var. *tripartita* Sandb. zu bezeichnen.

¹ Hierher auch *Beloceras triphyllum* Frech aus den unteren Mergeln mit *Rhynchonella cuboides* von Büdesheim.

der grosse, gekammerte und aufgerollte *Euomphalus crassitesta* Tietze, *Turbonitella* und *Phillipsastraea Kunthi* Frech, während Cephalopoden gänzlich fehlen. Der Hauptkalk ist wohl als heteropes Aequivalent der Nehdener und vielleicht noch der unteren Clymenienschichten anzusehen, zeigt jedoch keinerlei Beziehungen zu dem unteren Oberdevon.

Das zur Zeit aufgeschlossene Profil[1] enthält folgende concordant liegende Schichten:

Hangendes: Culmgrauwacke (sehr mächtig).

Clymenienkalk:

d) 1,30 m grauer und röthlicher (von kleinen Störungen durchsetzter) Kalk, nur local mit reichlicheren Versteinerungen,

c) 0,04 m grauer Schiefer, zuweilen auskeilend = Cypridinenschiefer,

b) 1,40 m bunter, meist rother Knollenkalk mit zahlreichen Versteinerungen,

a) ca. 1 m dunkeler bläulicher Kalk mit wohlerhaltenen (nicht durch Knollenentwickelung deformirten) Versteinerungen.

Liegendes: Hauptkalk ca. 40 m.

Die häufiger vorkommenden Versteinerungen lassen, soweit die Untersuchung an Ort und Stelle und die Vergleichung der petrographisch leicht unterscheidbaren (a bezw. b und d) Sammlungsstücke zu erkennen gestattete, keine Verschiedenheiten des stratigraphischen Auftretens erkennen. Hervorzuheben sind: *Trimerocephalus cryptophthalmus* Emm. und *anophthalmus* Frech var. (Taf. 35 Fig. 18), *Oxyclymenia undulata* (Taf. 30 u. 32a), *bisulcata, ornata, striata, Cyrtoclymenia laevigata, binodosa* und *angustiseptata*, *Gonioclymenia subarmata* und *speciosa*, *Brancoceras sulcatum* (Taf. 36 Fig. 12), *Sporadoceras Münsteri* L. v. B. (Taf. 36 Fig. 4), *Porcellia Tietzei* Frech (= *Goniatites porcellioides* Tietze) und *Posidonia venusta* (c). Es ist unmöglich, angesichts der Deutlichkeit dieses jederzeit leicht zugänglichen, längst beschriebenen Profils den Clymenienkalk in das mittlere Oberdevon zu versetzen.

Ueber die Entwickelung des höheren Oberdevon in Belgien und Nordfrankreich. (Tabelle XII.)

Die schieferig-sandige Litoralfacies des belgischen obersten Devon wiederholt sich — abgesehen von Velbert im Bergischen und Norddevonshire — in Europa nicht, erinnert aber an die Chemung-Schichten von Nordamerika. Brachiopoden bilden in den sandig-mergeligen Schichten neben zahlreichen Zweischalern (besonders Aviculiden und *Macrodus unilateralis* var. *Condrusorum* Desh. [*Hardingi* auct.]) die herrschende Thierclasse; die eigenthümliche Gruppe der Dictyospongiden (oder Dictyophyten) erreicht ihre Hauptentwickelung in der Chemung-Famenne-Facies. Das fast vollkommene Fehlen[2] der Cephalopoden und Korallen ist ebenso bezeichnend, wie die Häufigkeit eingeschwemmter Landpflanzen. Dass die nördlichen sandigen Bildungen mit ihren Landpflanzen (Psammite) näher dem Lande abgelagert

[1] Dessen Aufeinanderfolge trotz mehrfach wiederholter Untersuchung nicht mit den Angaben Tietze's (Palaeontographica. XIX. 1871. p. 121) in Einklang zu bringen war.

[2] Eine eigenthümliche *Clymenia* (*Cl. evoluta*) bildet in Belgien die einzige Ausnahme.

	Uebersicht der bisher im polnischen Palaeozoicum unterschiedenen Horizonte nach G. Gürich		Anderweitige Aequivalente
	Devon.		
	Oberdevon.		
Oberes Oberdevon	25. Clymenienschichten der Psiarnia mit *Cyrtoclymenia laevigata*, *annulata*, *Posidonia venusta*, *Dechenella*, *Brancoceras sulcatum*, *Oxyclymenia undulata*		Clymenienschichten Ebersdorf etc.
Mittleres Oberdevon	24. *Humboldti*-Mergel an der Kadzielnia etc. mit *Cyrtoclymenia Humboldti*, *Trimeroc. anophthalmus*, *Phacops Posidoniae*, *Brancoceras sulcatum?* 23. Crinoidenmergel am Kirchhofsberge mit *Spir. Archiaci*, *Verneuili*, *deflexus*, *Productella* aff. *forojuliensis*, *Leiorhynchus formosus*, *Rhynch. polonica*	22. Kalk mit *Cheilor. sacculus* (Lagow), *Sporadoceras Bronni* und *subbilobatum*, *Brancoceras lentiforme* und *sulcatum*, *Tornoceras simplex* mut., *Bactrites*, *Praecardium vetustum*	Schichten mit Nehdener Fauna Stufe des *Cheiloceras curvispina*
Unteres Oberdevon	20. Cephalopodenkalke an der Kadzielnia, Karczowka; Lagow, mit *Gephyr. intumescens*, *G. calculiforme*, *Tornoceras auris*, *simplex typus*, *Spir. deflexus*, *Leiorh. elegans*, *Tent. tenuicinctus*	21. Schiefer von Sitka, Skaly, Szydlowek mit *Buchiola retrostriata*, *Tent. tenuicinctus*, *Entomis serratostriata*	Stufe des *Gephyroceras intumescens*
	19. Korallenriffkalk an der Kadzielnia (bei Kielce), Lagow, mit *Cyatoph. heterophylloides*, *tinocystoides*, *Lindströmi*, *caespitosum*, *basaltiforme*, *Phillipst. ananas*, *Roemeri* var. *pentagona*, *Pachyphyllum lacunosum*, *Fenestella subrectangularis*, *Stromatoporella laminata*, *Parallelopora*, *Alveolites polyporus*, *Productella Herminae*, *Spir. Archiaci*, *tenticulum*, *deflexus*, *punctatus*, *Rhynch. cuboides*, *pugnus*, *Dielasma sacculus*, *Loxonema polonicum*, *Naticopsis inflata*, *Bronteus kielcensis*		Korallenriffkalk von Grund, Haiger etc.
	18. Uebergangsschichten an der Wietrznia mit *Stachyodes verticillatus* mut. und *Pachyphyllum lacunosum*, *Amphipora ramosa*, *Spir. aperturatus* var. *alata*, *Spir. punctatus*, *Rhynch. acuminata*		
	Mitteldevon.		
Oberes Mitteldevon	17. Oberstufe: Korallenkalk und Dolomit von Dalwhl (Lagow, Zagaje) mit *Amphipora ramosa*, *Stromatopora Beuthi*, *Parallelopora capitata*, *Stachyodes verticillatus* mut., *Favosites cristatus*, *Alveolites polyporus*, *Heliolites porosus*, *Spir. inflatus*		Schichten mit *Amphipora ramosa*
	Stringocephalus-Bänke von Zagaje, Dalwhl		Obere *Stringocephalus*-Schichten
		Schichten von Checiny mit *Cyath. dianthus*, *C. Lindströmi*, *C. caespitosum* var. *breviseptata*, *Spir. inflatus*	
	16. Mittelstufe: Stinkkalke von Szydlowek u. Skiby, mit *Stachyodes verticillatus* mut. *angustecaluta*, *Stromatop. subaequalis* mut. *angustior*, *Cyathoph. ceratites*, *caespitosum*, *Leiorhynchus polonicus*		Mittlere *Stringocephalus*-Schichten
	15. Unterstufe: Korallendolomit von der Sitowka mit *Stromatopora bücheliensis*		

Oberes Mitteldevon	Schniatka: 14. Crinoidenbank mit *Stromatoporella eifeliensis*, *Cornites expansus* var., *Spir. simplex*, *aculeatus* 13. Bänke mit *Amplothera lepida*, *Chonetes* cf. *nana*, *C. eifeliensis*, *Spir. inflatus*, *simplex* Skaly: 11. Korallenkalk mit *Stromatoporella eifeliensis*, *Cornites expansus* var. *Cyathoph. caespitosum*, *skalense*, *Metriophyllum gracile*, *Calceola sandalina*, *Prod. subaculeata*, *Stroph. anaglypha*, *Orthis canaliculata*, *Spir. elegans*, *Sp. aculeatus*, *simplex*, *Atrypa desquamata*, *reticularis*, *Rhynch.* aff. *coronatus*, *Dechenella polonica*	Crinoidenschicht
Unteres Mitteldevon	12. Kalk und Mergel mit *Spir. curvatus* und *concentricus* (Reticularienschichten), *Spir. aculeatus*, *simplex*, *triquetus*, *inflatus*, *Productella subaculeata*, *Streptorhynch.*, *Scenidium fallax*, *Orth. eifeliensis*, *Amploth. lepida*, *Leiorhynchus microrhynchus*, *Rhynch. Wahlenbergi*, *parallelepipeda*, *Phacops Schlotheimi*, *Endophyllum elongatum*, *Metriophyllum* 10. Brachiopodenmergel mit *Calceola*, *Cyathoph. bathycalyx*, *Striat.* aff. *devoniae*, *Fistulipora ramosa*	Obere *Calceola*-Schichten (Zone des *Spir. speciosus* und der *Gruenewaldtia latilinguis*)
	9. Horizont von Dombrowa, Grzegorzowice, Brzeziny etc. mit *Spir. dombrowiensis*, *Chonetes sarcinulata* mut. *angustestriata* Gür., *Dechenella dombrowiensis*, *Fav. intermedius*, *Tent. Schlotheimi*	Unt. *Calceola*-Schichten bei Rohr i. d. Eifel m. *Sp. dombrowiensis* (Z. d. *Stroph. palma*)
	8. Placodermensandstein (Nowa Huta, Lagow) mit *Coccosteus*, *Heterosteus*, *Bothriolepis*	Zone des *Spir. cultrijugatus*

Unterdevon.

	7. Spiriferensandstein (Mirjska und Wisniowka Gora) mit *Spir. auriculatus*, *paradoxus*, *carinatus*, *subcuspidatus* mut. *alata*, *Chonetes plebeius*, *Tent. Schlotheimi*, *Orthis orbicularis* 6. Sty Krzyz-Quarzit (ohne Versteinerungen)	Obere Coblenzschichten Stufe des *Spir. paradoxus*

Silur.

Obersilur.

Oberes Obersilur	5. Grauwacke von Niewachlow mit *Beyrichia Kloedeni*, *Rhynch. nucula*, *Spir. elevatus*, *Tentaculites ornatus*, *Leperditia phaseolus?*	Upper Ludlow
	4. Schiefer mit *Cardiola interrupta*, *Monograptus bohemicus*, *colonus*, *kristwardiensis*, *Orthoceras annulatum*	Ludlow shales
Unt. Obersilur	3. Graptolithenschiefer von Zbrza mit *Climacograptus scalaris*, *Monograptus priodon* und *leptotheca*	*Rastrites*-Schiefer (Tullberg)

Untersilur.

	2 c. Oolithische Kalke. 2 b. Bukowka-Sandstein (Moycza bis Dyminy) mit *Lyrophoria nucella*, *Orthisina plana*, *Orthis moneta* und *obtusa* (= *kielcensis*) 2 a. Kalk mit *Orthis* cf. *Christianiae* Buboo.	Orthoceren- und Glauconitkalk (Fr. Schmidt)

Cambrium.

	1. *Paradoxides*-Quarzit von Sandomir, Schiefer von Mnechocin.	*Paradoxides*-Schiefer (Budaogra)

wurden als die Schiefer, ist selbstverständlich und weist — wie viele andere Thatsachen — auf das Vorhandensein eines nordatlantischen Continentes hin.

Der Wechsel einer reinsandigen Facies mit schieferigen Bildungen, die gelegentlich Kalkbänke enthalten, hat die Eintheilung und Vergleichung der Schichten wesentlich erschwert. So wird die südliche schieferige Entwickelung (bei Rocroi und Luxembourg) von den belgischen Landesgeologen als Famennien inférieur (Fa 1) unter die mehr nördlich liegende sandige Abtheilung (= Psammite du Condroz Fa 2 bei Charleville und Namur), das Famennien supérieur[1], gestellt. Mit grösserem Rechte betrachtet GOSSELET Fa 1 und Fa 2 als homotaxe, räumlich getrennte Faciesbildungen. Da palaeontologische Verschiedenheiten nicht zu constatiren sind, vielmehr dieselben Rhynchonellen in der gleichen Reihenfolge (1. unten: *Rhynchonella Omaliusi*, 2. *Rh. Dumonti*, 3. *Rh. letiensis*, 4. zu oberst: *Rh. Gosseleti*) in den Schiefern und den Sandsteinen auftreten, ist ein Zweifel an der Richtigkeit der Ansicht GOSSELET's nicht möglich (vergl. die obige Tabelle XII).

Anhang.

Ueber das Palaeozoicum des Polnischen Mittelgebirges.

Jenseits der Ostgrenze Deutschlands liegt bei Kielce das Devongebiet des Polnischen Mittelgebirges, dessen Kenntniss durch FERD. ROEMER (I. p. 45) erschlossen und durch G. GÜRICH[2] erweitert wurde. Trotzdem zwischen Kielce und dem rheinischen Gebirge die abweichende Faciesentwickelung des Harzes, des Thüringer Waldes und des Prager Gebietes liegt, lassen sich die sämmtlichen Stufen und Zonen des rheinischen Devon von den oberen Coblenzschichten an bis zum Clymenienkalk aufwärts fast lückenlos nachweisen. Abweichend ist nur die Entwickelung von Placodermen-Quarziten (ohne marine Mollusken und Korallen = Zone des *Spirifer cultrijugatus*) an der Grenze von Mittel- und Unterdevon, sowie das Auftreten einzelner Arten des deutschen Clymenienkalkes (*Cyrtoclymenia Humboldti* und *Sporadoceras subbilobatum*) in den Nehdener Schichten. Zwischen dem höheren Obersilur und der Stufe des *Spirifer paradoxus* ist eine den grössten Theil des Unterdevon umfassende Lücke nachweisbar.

Die vorstehende Übersicht (S. 180 u. 181) der gesammten Schichtenfolge ist einer im Erscheinen begriffenen Arbeit von G. GÜRICH über das Palaeozoicum des Polnischen Mittelgebirges[2] entnommen und, abgesehen von einigen mehr formellen Änderungen, durch Einfügung der wichtigeren Versteinerungen erweitert. Bemerkenswerth ist die Übereinstimmung der tektonischen Verhältnisse mit der stratigraphischen Entwickelung. Soweit die rheinische oder böhmische Ausbildung des Devon reicht, sind die Schichten gefaltet; wo der Old Red vorherrscht, lagert das Devon ungestört. Die Schichten des Polnischen Mittelgebirges sind durch Faltung dislocirt, die gleichalten Bildungen im Balticum und im eigentlichen Russland lagern horizontal.

[1] Genauer gesagt überlagert (nach MOURLON) der Psammit von Esneux den Schiefer von Mariembourg.

[2] Verhandl. d. russischen kaiserl. mineralogischen Gesellschaft. St. Petersburg 1896. Mit 15 Tafeln und einer geologischen Karte.

2. Das böhmische Devon und die Verbreitung kalkiger Unterdevonbildungen in Europa.

a) Das Devon in Mittelböhmen.

Die Auffassung Barrande's (siehe I. p. 19), der in den verschiedenen „bandes" des obersten böhmischen „Siluren" streng geschiedene, regelmässig übereinander folgende Horizonte sah, hat nicht nur hinsichtlich der allgemeinen Altersbestimmung bedeutsame Änderungen erfahren. Auch das Verhältniss, in dem die Schichtengruppen F_1 bis G_1 zu einander stehen, ist nach neueren Untersuchungen wesentlich anders aufzufassen. Abgesehen von der einfachen Vertretung gleichalter Facies (G_1 = Kalk von Mnenian), wurde verschiedentlich eine als „übergreifende Wechsellagerung" zu bezeichnende stratigraphische Erscheinung beobachtet.

Schematisch lässt sich das Verhältniss der tiefsten Schichten zu einander durch die folgende Formel anschaulich machen:

$$\begin{array}{l} \qquad\qquad\quad \text{Ob. } F_2 = G_1 \\ \text{Ob. } F_1 = \text{Unt. } F_2 \\ \hline \text{Unt. } F_1 \end{array}$$

Der von Barrande als F_1 bezeichnete Horizont ist der schwarze, an Tiefseespongien reiche Plattenkalk, F_2 der massige Riffkalk von Konieprus, der in flacherem Meere abgelagert wurde. Beide Horizonte vertreten sich; wo der eine mächtig entwickelt ist, erscheint der andere bis zum völligen Verschwinden rückgebildet[1]. Doch hat man andererseits beobachtet, dass dort, wo beide Schichtgruppen auftreten[2], F_1 stets unter F_2 liegt.

Die physikalische Erklärung ist wesentlich einfacher, als die stratigraphische Beobachtung dieser Lagerungsform in einem dislocirten Gebiet. Das unterdevonische Meer war anfangs sehr tief und wurde dann flacher und zwar vollzog sich dieser Vorgang ungleichmässig in den einzelnen Meerestheilen. Eine vorübergehend von E. Kayser geäusserte Ansicht, nach der F_1 noch zum Obersilur gehöre, wurde von dem Autor selbst wieder aufgegeben; später hatte ich, gestützt auf die in den Ostalpen beobachtete Überlagerung devonischer Goniatitenschichten durch Faunen von silurischem Habitus, die Vermuthung ausgesprochen, dass noch Theile von E_2 zum Devon gehören. Jedoch liegen in Böhmen, wo die Obersilurfauna einen geschlosseneren Charakter trägt, die Verhältnisse anders als in den Alpen.

Die bezeichnenden silurischen Trilobiten, wie *Ampyx*, *Encrinurus*, *Staurocephalus*, *Bumastus*, *Deiphon* und *Sphaerexochus*, schneiden in Böhmen scharf mit E_2 ab, während die wenigen in den schwarzen Plattenkalken vorkommenden Brachio-

[1] Novák, Zur Kenntniss der Fauna der Etage F. Sitz.-Ber. d. böhm. Ges. 1886. Frech, Zeitschr. d. geol. Ges. 1887. p. 918.

[2] So liegt am linken Moldau-Ufer zwischen Kuchelbad und Prag an dem Barrande-Felsen rother Crinoidenkalk (3–4 m F_2) über den ca. 20 m mächtigen dunkelen Kalken; bei Dworetz lagert über dem typischen F_1-Kalk mit *Hercynella*, *Praelucina* und *Tentaculites intermedius* hellfarbiger krystalliner F_2-Kalk mit Trilobiten. Im SW. des palaeozoischen Gebietes, bei Beraun und Karlstein fehlt unter dem ca. 100 m mächtigen Riffkalk F_2 gänzlich; bei Radotin ist nur F_1, aber in grosser Mächtigkeit entwickelt.

poden, wie *Spirifer superstes*, *Nerei*, *Rhynchonella princeps* und *Latona*, auch im Riffkalk auftreten.

Schwieriger zu entwirren sind die gegenseitigen Beziehungen der weissen Riffkalke und der röthlichen und gelblichen Crinoidenkalke, welche Barrande in seine Stufe F_2 zusammengefasst hatte[1].

Maassgebend für das Verhältniss des Koniepruser Riffkalkes zu dem dem Greifensteiner Vorkommen entsprechenden Crinoidenkalk von Mnenian ist das nebenstehend wiedergegebene Profil durch den Slati Kun. Nur die oberen, weniger mächtigen Bänke des Crinoidenkalkes überlagern thatsächlich den Riffkalk; der untere, bedeutendere Theil des geschichteten Crinoidenkalkes liegt in demselben stratigraphischen Niveau, wie die obere ebenfalls an Mächtigkeit überwiegende Masse des Riffkalkes. Es handelt sich also um eine übergreifende Wechsellagerung der beiden Facies — etwa in derselben Weise wie bei Hohburg (auf Gotland) der rothe Crinoidenkalk zum Theil in das Korallenriff eingreift, zum Theil dasselbe überlagert. Eine Unterscheidung zwischen höherem und tieferem Crinoiden-

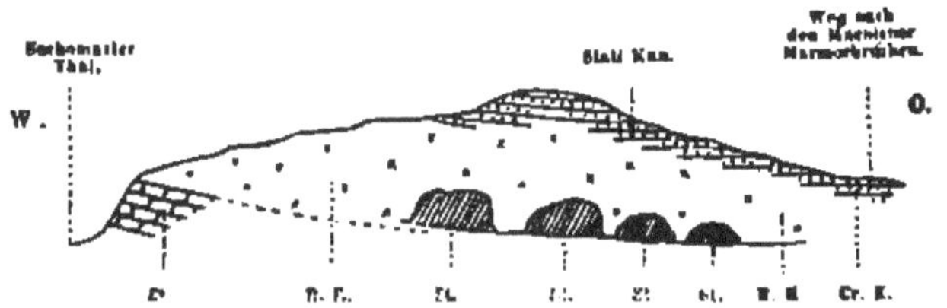

Profil durch das Unterdevon des Slati Kun bei Konieprus (nach E. Kayser und E. Holzapfel).

E_2 Obersilur, W. K. Unterdevonischer weisser Riffkalk, Cr. K. Bunter (rother oder gelblicher) Crinoidenkalk (oberes Unterdevon), mit dem oberen Theile des Riffkalkes durch Wechsellagerung verbunden.

kalk kann nun ebensowenig gemacht werden, wie zwischen oberem und unterem Riffkalk. Wenn der Riffkalk das ganze Unterdevon vertritt, so entspricht also der Kalk von Mnenian und mit ihm das Greifensteiner Vorkommen der oberen Zone dieser Abtheilung[2].

[1] Vergl. hierfür besonders E. Kayser und E. Holzapfel, Über die stratigraphischen Beziehungen der rheinischen Stufen F, G, H zum rheinischen Devon. Jahrb. d. k. k. geol. Reichsanstalt. Bd. 44. 1894.

[2] In einer während des Druckes mir zugehenden Arbeit (Fauna des Dalmanitensandsteins von Kleinlinden bei Giessen, Marburg. Schriften der Ges. z. Förderung der gesammten Naturw. 1896. p. 38) kommt E. Kayser auf das Profil des Slati Kun zurück und behauptet, es handle sich nach seiner Auffassung „um eine ganz örtliche Anlagerung des tiefsten Theiles des Crinoidenkalkes an und um eine klippenförmige Aufragung des Riffkalkes". Es ist unmöglich, diese Angabe mit der bildlichen Darstellung des obigen Profiles anders in Einklang zu bringen, als indem man eine partielle Vertretung beider Facies annimmt. Denn ein Riff ragt — der Definition dieses Gebildes entsprechend — klippenartig vom Meeresgrunde auf und die heteropen, gleichzeitig gebildeten Facies lagern sich der Böschung desselben an. Falls der obige Satz nicht besagen soll, dass eine Trockenlegung und eine spätere discordante Anlagerung von Crinoidenkalk auf Riffkalk vorliegt, bleibt meine Auffassung zu Recht bestehen. Wichtiger ist in derselben Arbeit die Betonung der Thatsache, dass zu den

Die Riff-Facies der Koniepruser Kalke ist — abgesehen von den Korallen — gekennzeichnet durch verschiedene, meist gerippte Brachiopodengruppen[1], verhältnissmässig zahlreiche grosse und dickschalige Gastropoden, ferner durch das Zurücktreten der Trilobiten und das gänzliche Fehlen der Goniatiten. Auch Nautilieen (*Gyroceras alatum*, Taf. 15 Fig. 4, *Orthoceras pseudocalamiteum*) erscheinen nur vereinzelt. Vergl. die Zusammenstellung Taf. 19b und c, sowie 19a.

Unter den meist gerippten Brachiopoden sind hervorzuheben die Gruppen des *Spirifer Nerei*, *secans* und *sericeus*, des *Pentamerus Sieberi* (*Sieberella*) und *acutolobatus*, die artenreichen Formenreihen der *Rhynchonella princeps* (*Wilsonia*) und *nympha*, der *Strophomena Stephani* und *Orthis palliata*, die Gattungen *Retzia* (*R. Haidingeri*), *Karpinskia* (nur in den Karnischen Alpen), *Atrypa* (*Atr. comata* Barr. = ? *Arimaspus* Vern.), *Streptorhynchus* (*Str. distortus*), *Strophomena* (*Str. Bouéi*), *Chonetes* (Gruppe des *Ch. Verneuili*) und *Cyrtina*. Glatte oder feingestreifte Brachiopoden treten — im Gegensatz zu der Fauna der Greifensteiner Kalke — zurück: *Terebratula melonica*, *Meristella Circe*, *Pentamerus optatus* und *Merista herculea* (Taf. 13 Fig. 1b, 1c, Taf. 19b Fig. 3—3b).

Unter den ausnahmslos dickschaligen Gastropoden (Taf. 19c Fig. 1—9) sind in erster Linie die Capuliden (darunter *Platyceras selcanum* Gieb., *Pl. Zinckeni* A. Roem. und *Platyostoma naticoides* A. Roem. = *Natica gregaria* Barr.), *Trematonotus* (*Tr. fortis* Barr. und *Tr. insertus* Frech), *Horiostoma* (*H. tubigerum* Barr. sp.) zu nennen. *Murchisonia* (*M. Daryi* Barr.), *Polytropis* (*P. Guilleri* Barr. sp.), *Pleurotomaria*, *Euomphalus*, *Trochus* enthalten ebenfalls bezeichnende Vertreter der artenreichen Fauna. Unter den Zweischalern sind Conocardien (z. B. *Conocardium bohemicum* Barr., sowie *Goniophora* (*G. secans*), unter den Crustaceen *Proëtus bohemicus*, *Harpes venulosus*, *Bronteus palifer* und *campanifer* und *Aristozoe* (+ *Bactropus*) zu nennen. Die Korallenfauna ist artenarm: *Favosites* aff. *Goldfussi* M. Edw. et H. und *Cyathophyllum expansum* M. Edw. et H. sp. sind gemein, *Rhizophyllum* und *Aspasmophyllum* selten.

Die z. Th. altersgleichen, z. Th. jüngeren bunten Greifensteiner Kalke[2]

stratigraphisch gleichwerthigen, aber petrographisch abweichenden Bildungen des tiefsten Mitteldevon gehören: 1. älterer Wissenbacher Schiefer, 2. älterer Tentaculitenschiefer (Lenne), 3. Ballersbacher Knollenkalk, 4. Greifensteiner Crinoidenkalk, 5. *Cultrijugatus*-Schichten (a. Kalke, b. Eisensteine, c. Grauwacken der Eifel). Die Rotheisensteine (5b) hat E. Kayser in seiner ersten Arbeit (1871) und auch später (N. Jahrb. 1887. II p. 399, 390) ausdrücklich als oberen, sicher zum Unterdevon gehörenden Grenzhorizont hingestellt, während mit den Kalken (5a) das Mitteldevon beginnt. Die Frage, ob ein Grenzhorizont nach oben oder nach unten zu stellen sei, ist meines Erachtens ziemlich gleichgültig und in der allmählichen, vom unteren zum mittleren Devon hinüberleitenden Entwickelung ist jede Grenze unnatürlich; sachlich berechtigt erscheint jedoch die Untersuchung, welche heteropen Facies gleichwerthig sind. Die Rotheisensteine und *Cultrijugatus*-Kalke (5b und c) sind faciell sehr ähnlich, aber palaeontologisch durchaus verschieden (oben S. 158); wenn ihre Unterschiede neuerdings als unerheblich oder nicht vorhanden hingestellt werden, so wird hierdurch die Klärung einer verwickelten stratigraphischen Frage nicht gefördert.

[1] Die eingehenden Angaben (Frech, Karnische Alpen. p. 275), wo die charakteristischen Unterschiede der Riff- und Crinoidenkalkfauna hervorgehoben werden, sind in der Darstellung E. Kayser's (l. c. p. 513) unerwähnt geblieben.

[2] Bei der palaeontologischen und petrographischen Gleichartigkeit der Mnenianer und Greifensteiner Kalke ist die Anwendung zweier Bezeichnungen unnöthig; es wird also auch für die böhmischen Vorkommen besser der letztere Name in Anwendung kommen.

bei Koniepros und Mnenian (Taf. 19d und Taf. 30a) sind durch das Fehlen der Riffkorallen, das Vorkommen von glatten Brachiopoden, Goniatiten *(Aphyllites fidelis, Anarcestes praecursor, Pinacites, Mimoceras)*, Tiefseekorallen *(Petraia, Cladochonus)* und zahlreichen eigenthümlichen Trilobiten gekennzeichnet. Unter den letzteren sind drei mit Pygidialstacheln versehene Untergattungen, *Thysanopeltis* (zu *Bronteus*), *Phaetonellus* (zu *Proëtus*) und *Cyphaspides* (zu *Cyphaspis*), besonders erwähnenswerth. Die beiden ersteren Gattungen sind ausserdem durch zahlreiche Arten vertreten; ferner erscheinen besonders bezeichnend *Phacops fecundus major* Barr. und *Ph. breviceps* Barr., *Lichas Haueri* Barr., sowie *Phacops sorgensis* Kays., *Acidaspis vesiculosa* Barr., *Harpes reticulatus* Corda, *H. Montagnei* Barr. und *Odontochile Reussi* Barr.

Unter den Brachiopoden wiegen vor die glatten Arten, wie *Spirifer indifferens, orbitatus*, sowie die theils zu *Merista*, theils zu *Athyris* und *Rhynchonella* gehörigen Formen: u. a. *Merista passer, securis, Rhynchonella Baucis, Athyris Thetis, ? Philomela* und andere stark in der äusseren Gestalt variirende Typen; häufig und verbreitet ist auch die glatte *Leptaena tenuissima*. Seltener sind *Spirifer tiro* Barr., *Sp. falco* Barr., *Rhynchonella matercula* Barr. und *Rh. palumbina* Barr. Von den Gastropoden sind Capuliden (*Plat. Halfari* Kays. und *Plat. disjunctum* Gieb.) auch hier häufig, unter den Cystideen setzt *Proteocystites flavus* Barr. eine gelbliche Schicht zusammen, während *Tiaracrinus* (= *Staurosoma*) *rarus* Barr. sp. seinen Namen mit Recht trägt.

Die schwarzen Knollenkalke von Tetin (Damil), Hostin, Karlstein (= G_1 Barr.) mit *Odontochile Hausmanni* und *Phacops cephalotes* bilden höchst wahrscheinlich ein in tieferem Meere abgelagertes Aequivalent des Mnenianer Kalkes. Eine Überlagerung des Greifensteiner Kalkes durch den Knollenkalk ist nirgends deutlich zu beobachten. Nach den Angaben von E. Kayser und Holzapfel liegen die Knollenkalke entweder unmittelbar auf krystallinem Kalk (Tetin) oder es findet sich zwischen dem Riffkalk und dem Knollenkalk eine Übergangsbildung: weissgrauer geschichteter Kalk mit *Odontochile* (Hostin). Auch palaeontologische Beziehungen sind vorhanden[1], wenngleich die typischen Gestalten der einen Facies in der andern selten sind: *Odontochile* und *Phacops Sternbergi* (aus G_1) erscheinen ausnahmsweise in den Mnenianer Kalken. Nur *Cheirurus Sternbergi* und *gibbus* ist hier wie dort häufig, *Bronteus Brongniarti* (G_1) mit *B. Dormitzeri* (Mnenian) nahe verwandt. (Vergl. Taf. 19d.)

Gegen die Zurechnung von G_1 und Greifenstein-Mnenian zum Mitteldevon sprechen gewichtige palaeontologische Erwägungen. Zwar ist die Zahl der im Riffkalk und im Crinoidenkalk vorkommenden Arten[2] gering. Aber die unzweifelhaft

[1] Nach E. Kayser und Holzapfel sind beiden gemeinsam: *Lichas Haueri, Calymmene interjecta, Bronteus speciosus, viator* und *pustulatus, Cyphaspis hydrocephala, Proëtus planicauda* und *lepidus, Phacops breviceps, Cheirurus Sternbergi, Harpes Orbignyanus, Odontochile rugosa* und *O. Reussi*. Hinzuzufügen sind nach meinen Beobachtungen: *Cheirurus gibbus* und *Phacops fecundus*, der in zwei Varietäten, var. *major* in F und var. *degenera* in G_1, vorkommt; ferner *Phacops Sternbergi, Mimoceras compressum* Beyr. (= *G. ambigena* Barr. in G_1) und (nach F. Katzer) *Nautilus* cf. *anomalus* Barr.

[2] *Phacops breviceps* ist im gelben Kalk verbreitet, kommt aber auch im weissen Kalk vor (zahlreiche Exemplare im Breslauer Museum). Ebenso ist *Pentamerus acutolobatus* mut. *procerula*

vorhandene Wechsellagerung lässt den faunistischen Gegensatz durch Faciesverschiedenheit bedingt erscheinen.

Die Charakterformen der Knollenkalke, die Odontochilen, welche auch bei Greifenstein und Mnenian nicht fehlen, haben ihre nächsten Verwandten im Unterhelderbergkalk, Hunsrückschiefer und bei Cathervieille. Dieselben sind also von der Faciesentwickelung unabhängig, fehlen aber in dem unbestrittenen Mitteldevon gänzlich. Ferner kommen einige der bezeichnendsten Greifensteiner Brachiopoden in dem, dem Koniepruser entsprechenden karnischen Riffkalk und im tiefsten osturalischen Devon (Bogoslawsk etc.) vor, so in den karnischen Alpen *Spirifer Thetidis, superstes, Merista passer, securis* und *Rhynchonella Bouris*, im Ural *Spirifer orbitatus, tiro* und *Thetidis, Spirifer indifferens* typ. und var. *transiens, Rhynchonella matercula, Merista passer* und *Leptaena tenuissima* in einer kaum unterscheidbaren Form, *Leptaena pseudotenuissima*. Am Altai (Krjukowsk Tab. XIV. p. 201) finden sich Greifensteiner Typen, wie *Harpes reticulatus, Platyceras disjunctum* und *Chonetes embryo* zusammen mit typisch unterdevonischen (*Athyris undata*) und obersilurischen Arten (*Whitfieldia tumida, Meristella ypsilon*). Die betreffenden Kalke des Altai hat auch E. Kayser in das Greifensteiner Niveau gestellt.

Man könnte auf den Gedanken kommen, dass ältere Typen als Superstiten höher hinaufgehen; aber gerade diese Thatsache weist darauf hin, dass wir uns noch im Unterdevon, der Periode weitgehender Differencirung der Meeresbecken[1], befinden. Im Mitteldevon bedingt das allgemeine Ansteigen der Strandlinie in der Nordhemisphäre das Verschwinden von derartigen provinziellen Eigenthümlichkeiten.

Die Tentaculitenschiefer (G_2), welche bei Prag den Knollenkalk überlagern, besitzen grosse petrographische und faunistische[2] Verwandtschaft mit den gleichartigen Bildungen von Thüringen und Nassau, wie schon früher von mir hervorgehoben[3] wurde. Die damals nur vermuthete Zugehörigkeit zum Mitteldevon kann als erwiesen gelten.

Die Knollenkalke von Hlubocep (G_3) mit ihren zahlreichen Cephalopoden und Palaeoconchen waren schon früher von mir in das Mitteldevon gestellt worden[3]. Eine Anzahl von gemeinsamen Arten verweist auf die Kalke von Hasselfelde und die obere Wissenbacher Zone mit *Aphyllites occultus*, so vor Allem das Leitfossil selbst, ferner *Aph. Dannenbergi* Beyr. (= *bohemicus* Barr.), *Aph. angulatus* Frech, *Anarcestes vittiger* Sandb., *An. neglectus* Barr., *Gyroceras proximum*

Barr., *Streptorhynchus distortus, Stroph. Sowerbyi, Spirifer Thetidis, Spir. indifferens* (nach selbstgesammelten Exemplaren) und *Atrypa comata* Barr. (= ? *Arimaspus* Eichw.) hier wie dort vorhanden. Viel grösser ist die Zahl der aus dem Koniepruser Kalk in den schwarzen Knollenkalk hinaufgehenden Brachiopoden: *Spirifer Nerei, superstes, Rhynchonella princeps, nympha, Merista herculea, Strophomena Phillipsi.*

[1] Wesentlich gleichalt sind die Crinoidenkalke von Greifenstein, Mnenian und Cabrières (s. u.), die oberen bezw. obersten Coblenzschichten und die bekannten Greifensteiner Quarzite, die Tentaculitenknollenkalke von Thüringen, die schwarzen Knollenkalke von Tetin (G_1) und die grauen Crinoidenkalke mit *Phacops Sternbergi* in den Karawanken.

[2] Zeitschr. deutsch. geol. Ges. 1886, p. 919. Die wichtigsten Arten sind: *Tentaculites elegans* Barr., *acuarius* Richt., *Styliolina clavulus* Barr. und *striatula* Nov., *Leptaena subtransversa* Schnur = *comitans* Barr. ex parte, *Phacops rorgensis* und *fugitivus* A. Roem.

[3] L. c. p. 919.

Barr., *Orthoceras pastinaca* Barr. und *Jovellania*. *Mimoceras gracile* und *Hercoceras subtuberculatum* Sandb. (= *mirum* Barr., Taf. 15 Fig. 8) liegen am Rhein allerdings nur in der tieferen Zone. Der häufigste, weit verbreitete Goniatit ist *Anarcestes lateseptatus* var. *plebeia* Barr. (Taf. 30a). Eine seltene, aber bezeichnende Localform ist *Nothoceras*, Taf. 15 Fig. 7.

Die sandigen Schiefer von Hostin (H_1) mit ihren Pflanzenresten (*Hostinella*) und Quarzitplatten weisen unzweideutig auf ein Flacherwerden des Meeres hin, das in den vorhergehenden Stufen bedeutendere Tiefe besessen haben muss. Während die oberen Horizonte einem in raschem Rückzuge begriffenen Meere angehören und fossilleer sind (H_2 und H_3), verweisen die spärlichen marinen Reste von H_1 auf einen Vergleich mit der Stufe des *Stringocephalus Burtini*. Vor Allem ist das Leitfossil selbst vertreten[1]; die Vermuthung, dass die hier vorkommende *Buchiola* cf. *retrostriata* schon auf Oberdevon hinweist, erledigt sich dadurch, dass verwandte Formen neuerdings im oberen Mitteldevon Deutschlands häufig gefunden sind. Über das Alter der hangendsten fossilleeren Bildungen (H_2 H_3) sind natürlich nur Vermuthungen möglich. Während der Zeit des Oberdevon (ganz oder zum Theil), des unteren und mittleren Carbon war Böhmen nicht vom Meere bedeckt.

Tabellarisch lässt sich die eigenartige Faciesentwickelung des böhmischen Devon wie folgt zur Darstellung bringen. Die Altersdeutung stimmt in allen wesentlichen Punkten mit der schon im Jahre 1886[2] in Vorschlag gebrachten überein:

Hangendes: Oberstes Carbon
Bedeutende Discordanz

Mitteldevon:

Etwa = Stufe des *Stringocephalus*
- H_2 und H_3 fossilleere Schiefer (Rückzug des Meeres)
- H_1 Schiefer von Hostin mit *Buchiola* cf. *retrostriata*, *Stringocephalus Burtini* und Landpflanzen (Flacherwerden des Meeres)

Etwa = Stufe der *Cultrijugatus*-Zone (*Caecola sandalina*)
- G_3 Knollenkalke von Hlubocep mit *Aphyllites occultus* und Zweischalern (*Puella*) (Tieferes Meer)
- G_2 Tentaculitenschiefer mit *Tentaculites elegans* Barr., *Styliolina clavulus* Barr., *Leptaena subtransversa* und *Aphyllites fecundus* (Tieferes Meer)

Unterdevon:

G_1 Knollenkalk von Tetin mit *Odontochile* (Tieferes Meer)

F_2 z. Th. Rother Plattenkalk von Mnenian (= Greifenstein) mit *Aphyllites fidelis*
Crinoidenkalk mit Trilobiten, Goniatiten, glatten Brachiopoden (Mittlere Tiefe)

F_2 z. Th.
Weisser Korallenriffkalk von Konieprus, massig, mit zahlreichen korallophilen Brachiopoden, Capuliden und Nestern von Trilobiten (Geringe Tiefe)

F_1 Schwarze Plattenkalke von Kosorsch mit Tiefseespongien, Palaeoconchen und *Hercynella bohemica* (Sehr tiefes Meer)

Liegendes: E_2 Obersilur

[1] E. Kayser und E. Holzapfel l. c. p. 509.

[2] F. Frech, Zeitschr. deutsch. geol. Ges. 1886, p. 921. Interessant ist die Erinnerung an die früheren Anschauungen Barrande's, die sich in manchen Beziehungen mit der modernen Auffassung decken: Die Tafel 50 des im Jahre 1852 erschienenen ersten Bandes des Système Silurien enthält noch

b) Ueber das Devon des östlichen Harzes.

Der Harz umschliesst zwei im Wesentlichen durch den Brockengranit getrennte Devongebiete; in dem westlichen, die rheinische Schichtenfolge (oben p. 150) wiederholenden Oberharz wiegen die jüngeren, in dem östlichen (Unterharz) die älteren Stufen vor. Besondere Aufmerksamkeit haben von jeher die in den Kalklinsen der östlichen Wiedener Schiefer vorkommenden Versteinerungen erregt, deren Übereinstimmung mit den böhmischen, damals zum Silur gestellten Stufen F und G auch den älteren Forschern F. A. Roemer[1] und Giebel[2] nicht entgangen ist.

Die enge stratigraphische Verknüpfung dieser angeblich silurischen Kalkformen mit der Hauptquarzitfauna des rheinischen Spiriferensandsteins führte E. Beyrich[3] zu der ebenso scharfsinnigen wie zutreffenden Vermuthung, dass beide altersgleich seien; für die geologische Auffassung maassgebend war der Nachweis, dass die böhmischen Versteinerungen (Taf. 10a) an die Kalklinsen gebunden sind, während die rheinische Fauna in Schiefer und Grauwacke vorkommt. Schon früher hatte Ferdinand Roemer ganz ähnliche Anschauungen ausgesprochen[4].

Die von E. Kayser in Ausführung dieser Gedanken unternommene Bearbeitung der Fauna[5] führte zu stratigraphischen Ansichten (I. p. 42), die in der Folge theils von dem Verfasser selbst, theils von anderer Seite mehrfache Berichtigung erfuhren.

Im Westharz wurde die Übereinstimmung der altpalaeozoischen Schichtenfolge mit der der rechtsrheinischen Gebirge von F. A. Roemer in den Grundzügen (I. p. 40), von neueren Forschern in den Einzelheiten nachgewiesen (s. o. p. 156 und p. 171); der Ostharz schien die im I. Bande p. 42 wiedergegebene, in den Einzelheiten wesentlich von Lossen und Kayser construirte Zusammensetzung zu zeigen und somit den übrigen Devongebieten gegenüber ein Reich für sich zu bilden.

Neuere Untersuchungen, die theils von palaeontologischen Erwägungen, theils von kartographischen Aufnahmen ausgingen, haben zu dem übereinstimmenden Ergebnise der Unhaltbarkeit des Lossen-Kayser'schen Schemas geführt:

1. Die Tanner Grauwacke (o. p. 42) enthält die Flora des Culm (*Archaeocalamites, Lepidodendron, Knorria*) und ist im Sinne der zuerst von F. A. Roemer geäusserten Anschauung dem Untercarbon zuzurechnen. Möglicherweise besteht

---

eine Faune quatrième (F) und eine Faune cinquième (G). Dieselben entsprechen ungefähr der jetzt in Aufnahme gekommenen Gliederung in Unterdevon (das allerdings noch G, umfasst) und in Mitteldevon (G, bis H). Erst in den später erschienenen Theilen des Système Silurien, deren palaeontologischer Werth ebenfalls den des ersten Bandes nicht erreicht, ist die vierte und fünfte Fauna in der dritten aufgegangen.

[1] Beiträge zur geologischen Kenntniss des nordwestlichen Harzgebirges. I—V. Palaeontogr. 1850—66.

[2] Die silurische Fauna des Unterharzes. Abhandl. d. naturwiss. Ver. f. Sachsen u. Thüringen. I. 1858.

[3] Zeitschr. deutsch. geol. Ges. 1867. p. 248, 249. Hier wird auch schon auf die Beziehungen zu dem amerikanischen Helderberg hingewiesen.

[4] Rheinisches Übergangsgebirge. p. 54.

[5] Die Fauna der ältesten Devonablagerungen des Harzes. Abhandl. d. preuss. geol. Landesanst. Bd. II. H. 4. 1878. Hier giebt E. Kayser eine vollständige Übersicht der historischen Entwickelung unserer Kenntnisse. p. V—XXIII, bes. V—XIV. Abgesehen von der Änderung der stratigraphischen Auffassung bedürfen auch manche palaeontologische Abschnitte des Werkes (z. B. die Goniatiten und Graptolithen, die Gruppe des *Spirifer excavatus* und *Decheni* sowie die Korallen) der Revision.

ein Zusammenhang mit der die Fauna des Culm führenden Magdeburger Grauwacke. Eine unterdevonische, ausschliesslich Landpflanzen führende Schichtengruppe ist (abgesehen von dem gänzlich verschiedenen Old Red) in der Alten Welt unbekannt. Abgesehen von den Culmgrauwacken liegen jedoch in der sogenannten Sattelaxe des Harzes versteinerungsleere klastische Gesteine, für die — ähnlich wie für den Bruchbergquarzit — eine unterdevonische Alterstellung discutabel ist.

2. Von den unteren Wiedener Schiefern ist zunächst der Graptolithenhorizont als obersilurisch (6a I. p. 42, oben p. 116) auszuschliessen. Allerdings treten die Schiefer nach LOSSEN stets im Liegenden des Hauptquarzites, d. h. im oberen Unterdevon auf. Doch fehlt den in enger stratigraphischer Beziehung zu dem Graptolithenschiefer stehenden Quarziten stets die Obercoblenzfauna; dieselben sind lediglich auf Grund des petrographischen Befundes als Hauptquarzit kartirt worden.

Auch abgesehen von den Graptolithenschichten enthalten die unteren Wieder Schiefer (6b p. 42) Andeutungen verschiedenartiger Horizonte:

3. Den Ausgangspunkt bildete der Beweis[1], dass der inmitten der unteren Wieder Schiefer gelegene Hasselfelder Kalk eine entschieden mitteldevonische Goniatitenfauna enthält. Nachdem diese Anschauung zu Anfang verschiedentlich, von E. KAYSER auch mit palaeontologischen Erwägungen[2] bekämpft worden war, wird neuerdings von demselben Forscher die früher bestrittene stratigraphische Wichtigkeit der älteren Goniatiten zu weitergehenden Folgerungen verwerthet[3], so dass hiermit wohl auch bezüglich der Hasselfelder Kalke die wünschenswerthe Übereinstimmung hergestellt ist[4]. Folgerichtig muss jetzt sogar noch ein weiterer Theil der Harzer Kalklinsen dem Mitteldevon zugerechnet werden, so vor Allem die Schichten von Sprakelsbach, Laddekenberg und der Cephalopodenkalk des Joachimskopfs. Dieselben enthalten u. a. *Anarcestes neglectus* BARR. (G_2 und Hasselfelde) und den nahe mit *Anarcestes occultus* verwandten *Aphyllites zorgensis* (G_2; E. KAYSER, Fauna. t. 8 f. 4—7), sowie *Hercoceras subtuberculatum* (Sprakelsbach), *Phacops zorgensis* und *fugitivus*. Ein von Zorge stammender *Spirifer* entspricht ferner nicht dem *Sp. Decheni*, sondern dem typischen *Sp. cultrijugatus* des Mitteldevon.

4. Abgesehen von diesen mitteldevonischen Vorkommen sind verschiedene Unterdevonhorizonte in dem umfassenden, der weiteren Gliederung bedürftigen Complex der unteren Wieder Schiefer verborgen. Auf einen tieferen Horizont (F_1) deuten hin: Die schwarzen Kalke der Harzgeröder Ziegelhütte mit zahlreichen Orthoceren (darunter *Orthoceras dulce* BARR. aus E_1), *Hercynella*, *Praelucina* (= *Cardiola* bei KAYS.) und *Puella*.

[1] FRECH, Zeitschr. deutsch. geol. Ges. 1889. p. 239. Vergl. oben p. 109.

[2] Referat im Neuen Jahrbuch. 1890. I. p. 436.

[3] E. KAYSER und E. HOLZAPFEL, Über die stratigraphischen Beziehungen der böhmischen Stufen F, G, H. Jahrb. geol. Reichsanst. 1894. p. 479 ff. Vollständige, klar und objectiv gehaltene Übersichten über den Stand der Hercynfrage finden sich bei BARROIS, Faune du Calcaire d'Erbray. 1889. p. 281—330, und bei CLARKE, The Hercynian question. 42. Ann. Report of the State Museum of Nat. Hist. Albany. N. Y. 1891. p. 408—437.

[4] Vergl. LOSSEN, Zeitschr. deutsch. geol. Ges. 1889. p. 801 ff., Entgegnung von F. FRECH. Ibid. p. 804. Eine während des Druckes veröffentlichte Mittheilung mehrerer Geologen der G. L.-A. (Jahrb. f. 1895. p. 127) sieht den Kalk — was die Hauptsache ist — als mitteldevonisch an, richtet aber gegen nebensächliche Punkte der Darstellung des Verfassers kleinliche Angriffe.

4b. Der Brachiopodenfacies gehören die meisten Kalkvorkommen des Harzes an und zeigen, soweit diese vorherrschende Thierklasse in Betracht kommt, grosse Ähnlichkeit mit den Konieprusser Riffkalken: Gerippte Rhynchonellen, Spiriferen und Pentameren wiegen durchaus vor, während die bezeichnenden Vertreter der Greifensteiner Fauna so gut wie gänzlich fehlen; nur *Phacops fecundus* besitzt einige Verbreitung. Bezeichnende Arten des Konieprusser Kalkes finden sich u. a. am Joachimskopf bei *Zorge*: *Spirifer togatus* und *Pent. Sieberi* (Taf. 19a). Auch Riffkorallen kommen, wenn auch nicht besonders häufig, an den Hauptfundorten der Brachiopodenkalke vor: Mägdesprung, Schneckenberg, Zorge und Radebeil. Die unter verschiedenen, meist aus anderen Gründen hinfälligen *(Dania)* Namen beschriebenen Tabulaten *Dania*, *Emmonsia* und *Beaumontia* gehören sämmtlich zu der Gruppe des *Favosites Goldfussi*. Eigentliche Korallenkalke fehlen hingegen und damit auch die grossen dickschaligen Gastropoden wie *Tremalonotus*. Hingegen ist die böhmische „*Natica gregaria*" Barr. zuerst aus den Brachiopodenkalken des Harzes als *Platyostoma naticoides* A. Roem. beschrieben.

5. Im Gegensatze zu den schwarzen Plattenkalken und den Brachiopodenbildungen des tieferen Mitteldevon haben u. a. die dunkelen Kalke vom Scheerenstieg bei Mägdesprung mit *Dalmania (Odontochile) tuberculata* die nächste Beziehung zu den schwarzen Knollenkalken von Tetin (G_1). Die sonstigen dort vorkommenden Arten *Megalanteris Deshayesi* Vern., *Rhynchonella subcuboides* Gieb., *Pentamerus galeatus*, *Strophomena interstrialis*, *Tentaculites acuarius*, *Geinitzianus* (Tentaculiten-Knollenkalk von Thüringen), *Styliolina laevis* (höheres Devon in Thüringen) widersprechen dieser Deutung nicht.

Bei einer Vergleichung der Wiedaer Kalke mit dem rheinischen Spiriferensandstein kommen angesichts der hohen Stellung des Hauptquarzites zunächst die beiden mittleren Stufen des *Spirifer Hercyniae* und *primaevus* in Betracht. So wenig der allgemeine Charakter der Fauna infolge der Faciesverschiedenheit nähere Beziehungen aufweist, so ist doch die vollkommene Übereinstimmung der beiden Leitfossilien (*Spirifer Hercyniae* und *primaevus*[1]) kein Zufall. Die Zahl der übrigen übereinstimmenden Arten beschränkt sich auf *Athyris undata*, *Spirifer Bischofi* Gieb. (bei Radebeil, Mägdesprung und in der Siegener Grauwacke von Bilstein bei Olpe), *Sp. hystericus* Schl. emend. (= *Sp. excavatus* Kays., ex parte), *Sp. hystericus* var. *crassa* (= *Sp.* cf. *Inericosta* E. Kays., l. c. t. 22 f. 10) und *Platyostoma naticoides* A. Roem. (Obere Coblenzschichten).

6. Der Hauptquarzit[2] steht nach seinen Versteinerungen den oberen Coblenzschichten des rheinischen Unterdevon (Stufe des *Spirifer paradoxus*) gleich. Die wichtigsten Arten sind: *Chonetes sarcinulatus* und *dilatatus*, *Strophomena piligera* und *rhomboidalis*, *Orthis hysterita*, *Athyris undata*, *Atrypa reticularis*, *Anoplotheca venusta*, *Spirifer auriculatus* Sdb. und *curvatus* Schloth. (= *ignoratus* Maur.), *Sp. paradoxus*

[1] Auf die nahen Beziehungen von *Spirifer primaevus* Steinm. und *Dechені* Kays. (= *fallax* Gieb.) hat E. Kayser hingewiesen. Wie die Nachuntersuchung des revisionsbedürftigen *Sp. fallax* Gieb. beweist, stimmt derselbe vollkommen mit einzelnen bisher zu *Sp. primaevus* gerechneten Exemplaren überein. Hierher auch *Sp. Decheni* Oehlert non Kays. p. 196).

[2] E. Kayser, Die Fauna des Hauptquarzites und der Zorger Schiefer des Unterharzes. Abh. preuss. geol. Landesanstalt. N. F. H. 1. Referat von F. Frech (mit einigen Revisionen und Berichtigungen) im N. Jahrb. 1891. I. p. 286.

und *subcuspidatus* var. *alata*, *Pterinaea fasciculata* und *ostreiformis*, *Limoptera semiradiata*, *Cryphaeus Lethaeae* Kays. (Taf. 25 Fig. 10, bei Mägdesprung) u. a. Eine einzige Species, die der böhmischen und Wiedaer *Rhynchonella Henrici* nahe verwandte *Rh. Sancti Michaelis* Kays., ist dem Harze eigenthümlich, doch findet sich eine andere hierher gehörige Varietät, *Rh. extenuata* Barr., auch bei Coblenz.

Die Fundorte liegen in der Nähe von Andreasberg (Dreijungferngraben), Hasserode (Drei Annen), Mägdesprung (Krebsbachthal) und vor Allem bei Michaelstein, stehen aber hinsichtlich des Fossilreichthums weit hinter den rheinischen Vorkommen zurück.

Über das stratigraphische Verhältniss des Hauptquarzites zu dem meist räumlich getrennten Vorkommen der heteropen Kalke vom Scheerenstieg etc. (5.) können nur geologische Aufnahmen Klarheit verschaffen.

7. Die oberen, durch häufiges Vorkommen von Diabasdecken ausgezeichneten Wieder Schiefer liegen im Hangenden des petrefactenführenden Hauptquarzits und sind somit mitteldevonisch. Die von E. Kayser (l. c. p. 116 ff. t. 13) aus den unrichtig so genannten Zorger Schiefern beschriebene kleine Fauna stammt, wie M. Koch nachgewiesen hat[1], aus diesem Horizont. Die Schiefer vom Herzoglichen Weg bei Blankenburg enthalten *Tentaculites acuarius*, *Hyolithus striatus*, *Retzia novemplicata*, *Anoplotheca lepida*, *Mimoceras gracile* sowie *Anarcestes lateseptatus* und gehören dem unteren Mitteldevon, genauer der tieferen Stufe der Wissenbacher Schiefer mit *Anarcestes subnautilinus* an. Ein wesentlicher Altersunterschied zwischen oberem Wieder Schiefer und Hasselfelder Kalk besteht also nicht.

8. (= 1.) Von ganz besonderer Wichtigkeit ist die von M. Koch[2] neuerdings berichtigte Horizontirung der Elbingeröder Grauwacke, des Zorger Schiefers (s. str.[3]) und des Hauptkieselschiefers. Elbingeröder Grauwacke und Zorger Schiefer galten im Gebiet von Elbingerode und Hüttenrode bisher als das Liegende des Stringocephalenkalks und Cypridinenschiefers. Ihre normale Lage ist jedoch im Hangenden des Mittel- und Oberdevon, ihr Alter das des Culms. Auch der Hauptkieselschiefer entspricht wahrscheinlich dem Culmkieselschiefer.

Der nachstehende Versuch einer Übersicht des östlichen Harzer Palaeozoicum beruht zwar ebenso, wie die früheren Eintheilungen, auf Combination, nicht auf einem oder einigen klaren Profilen. Aber wenigstens enthält dieselbe nur geologische Gebilde, die auch anderwärts in dem westeuropäischen Unterdevon beobachtet worden sind und keine Annahme, die in directem Widerspruch zu den palaeontologischen Thatsachen[4] steht. Auch das tiefere Hinabreichen von Kalk-

[1] Vergl. M. Koch, Cypridinenschiefer im Devongebiet von Elbingerode. Jahrb. d. preuss. geol. Landesanstalt für 1894. p. [illegible], Anm.; ausführlicher Jahrb. f. 1895. p. 131 ff.

[2] M. Koch, Cypridinenschiefer im Devongebiet von Elbingerode und Hüttenrode. Jahrb. d. preuss. geol. Landesanstalt für 1894. p. 190 ff. Anfangs sprach sich der Verf. noch sehr vorsichtig über die allgemeine Frage aus, ob die gesammten, zu den obigen Horizonten gestellten Bildungen dem Culm zufallen, erbringt jedoch später den Nachweis des Vorkommens von Culmversteinerungen. Angesichts dieser gänzlichen Umgestaltung der Lossen-Kayser'schen Eintheilung erscheint die scharfe Kritik, welche E. Kayser an den Forschungen des hochverdienten F. A. Roemer a. a. O. ausgeübt hat (Fauna der ältesten Devonablagerungen des Harzes, p. XII, XIII), kaum berechtigt.

[3] Ausschliesslich der Schiefer mit *Mimoceras gracile* vom Herzoglichen Weg bei Blankenburg (Zorger Schiefer E. Kayser).

[4] Wie die Horizontirung der Graptolithenschiefer, der Tanner Grauwacke mit *Archaeocalamites* und der Hasselfelder Kalke als Unterdevon.

linsen in dem deutschen Unterdevon steht nach den neuesten Entdeckungen DENCKMANN's nicht mehr vereinzelt da.

Die Schönauer Kalke im Kellerwald enthalten u. a. *Rhynchonella princeps*, sowie *Aphyllites fecundus* BARR. (G_1), werden von den oberen Coblenzschichten[1] überlagert und entsprechen stratigraphisch einem mittleren Horizont des Unterdevon.

Das ältere Palaeozoicum des Ostharzes. (Vergl. I. S. 42.)

Culm: „Elbingeröder Grauwacke" und „Zorger Schiefer" mit *Phillipsia aequalis*, *Eichwaldi*, *Pronorites cyclolobus*, *Posidonia Becheri*, *Cladoch. Michelini*; „Hauptkieselschiefer und Tanner Grauwacke" mit *Archaeocalamites transitionis*.

Cypridinenschiefer von Elbingerode, an der Basis local in **Clymenienkalk** übergehend; **Oberes Oberdevon**.

Korallenkalk mit *Phill. ananas* von Rübeland = **Unteres Oberdevon**, untrennbar verbunden mit

Stringocephalen-Eisenstein und Korallenkalk von Elbingerode = **Oberes Mitteldevon**. An der Basis (am Büchenberg Diabas und Tuff) *Stringocephalus* und *Calceola*; weiter oben *Phac. breviceps* und *Anarc. cancellatus*.

Oberer Wieder Schiefer mit der älteren Wissenbacher Fauna (*Mimoceras gracile* am Herzoglichen Weg); kalkiger Schiefer mit Diabaslagern und (räumlich getrennt):

Hasselfelder Kalk

(= **Unterer Wieder Schiefer** z. Th.) bei Hasselfelde im höheren Horizont mit *Anarcestes [illegible]* (G_3), bei Sprakelsbach und dem Laddekenberg im tieferen Horizont mit *Aphyllites zorgensis* und *Phacops fugitivus*. Beide = **Unteres Mitteldevon**.

Hauptquarzit, Stufe des *Sp. paradoxus* = **Oberes Unterdevon** (Obercoblenz).

Unterer Wieder Schiefer z. Th. mit Kalklagern = **Unterdevon**, Untercoblenz (sicher) und Siegener Grauwacke (wahrscheinlich), vom Mägdesprung, Scheerenstieg, Schneckenberg, Radebeil. In denselben die Faunen des Konieprusser Riffkalkes und des Knollenkalkes von Tetin.

Vorkommen von *Dalmania tuberculata*, *Pentamerus costatus*, *Spir. Hercyniae* und *Decheni* (kaum verschieden von *Sp. primaevus*) und *togatus*, *Rh. princeps*, *Sp. sericeus*.

Wahrscheinlich in tieferem Niveau schwarze Kalke (F_2) der Harzgeröder Ziegelhütte mit *Hercynella bohemica*, *Patella* und *Orthoceras dulce*.

?Tanner Grauwacke ex parte?

Graptolithenschiefer = **Obersilur** (Unteres Ludlow).

o) Ueber das Devon des Thüringer Waldes.

Neuere Arbeiten über das Thüringer Devon[2] erheischen eine Richtigstellung verschiedener Angaben des ersten Bandes (I. p. 44). Das tiefste Glied des über die verschiedenen Silurhorizonte transgredirenden Thüringer Devon ist der **Tentaculitenknollenkalk**, sowie die keine stratigraphische Selbstständigkeit beanspruchenden Schichten mit *Machaeracanthus bohemicus* BARR. aus G_1 (= *Ctenacanthus*-Schichten). Die Knollenkalke bilden Einlagerungen im unteren Theile der **Tentaculitenschiefer** und werden von wenig mächtigen ($^1/_4$—8 m) Schiefern

[1] Mündliche Mittheilung des Herrn Dr. DENCKMANN.

[2] LIEBE, Übersicht über den Schichtenaufbau Ostthüringens. Abhandlungen zur geologischen Specialkarte von Preussen. V. 1. F. KATZER, Über das Alter der Thüringer Tentaculiten- und Nereitenschichten. Zeitschr. deutsch. geol. Ges. 1894. p. 323. Das Referat des Verf. im N. Jahrb. 1896. II. enthält Berichtigungen der Ansichten R. KATZER's.

unter-, von der Hauptmasse der Schiefer hingegen überlagert. Die im oberen Schiefer vorkommenden Tentaculiten (*Tentaculites elegans* RICHT., *T. ferula* RICHT. und *Styliolina laevis* RICHT.) gestatten eine schärfere Unterscheidung von den Knollenkalken, die *Tentaculites acuarius* RICHT., *T. Geinitzianus* RICHT. und *T. infundibulum* RICHT. enthalten. In einem mittleren Horizonte sind den Schiefern Quarzite mit eigenthümlichen, vielleicht von Würmern herrührenden Kriechspuren (*Nereites*, *Lophoctenium*) eingelagert. Diabaslager bilden entweder Einlagerungen oder überdecken die abradirten Falten des Silur.

In den Knollenkalken treten — abgesehen von den Tentaculiten — meist unterdevonische Arten auf, die z. Th. eine gewisse Verwandtschaft mit dem Mitteldevon erkennen lassen. Die vorkommenden Korallen sind z. B. mit mitteldevonischen Arten verwandt (*Favosites cristatus*, *reticulatus* und *Goldfussi*), ohne vollständig übereinzustimmen. Die Brachiopoden wurden zuerst aus Böhmen beschrieben und sind entweder auf den Konieprusер Riffkalk beschränkt (*Strophomena Verneuili* und *Retzia Haidingeri*) oder reichen bis in die obere Grenzschicht des Unterdevon, die Knollenkalke von G_1 hinauf: *Spirifer Nerei* (die schmalflügelige Varietät), *Spirifer falco*, *Rhynchonella nympha* und *Streptorhynchus distortus*. *Machaeracanthus*, *Odontochile*, *Phacops fugitivus* (Schiefer), der dem böhmischen *Ph. cephalotes* und *Bronni* nahestehende *Ph. strabo* sind mit böhmischen G_1-Arten ident oder verwandt. Von den Tentaculiten ist *Tentaculites acuarius* in Böhmen überall verbreitet, *T. elegans* auf die Schiefer (G_2) beschränkt.

Die quarzitischen Einlagerungen, die GÜMBEL[1] in der südlichen Fortsetzung der Thüringer Nereitenschichten, im Fichtelgebirge, entdeckt hat, enthalten die Fauna der rheinischen oberen Coblenzschichten. Am Wege zwischen Steinach und Hämmern fanden sich u. a. *Spirifer paradoxus*[1] und *speciosus*, *Strophomena taeniolata* und *piligera*, *Chonetes sarcinulatus* und *Tentaculites scalaris*.

Andererseits sind die Arten der thüringer und vogtländischen Tentaculitenschiefer auch im rechtsrheinischen und böhmischen Mitteldevon (G_2) nachgewiesen. Die Grenze der beiden Hauptabtheilungen ist also, wie so häufig, schwer zu bestimmen und fällt mitten in die Tentaculitenschichten etwa derart, dass die Knollenkalke als unbezweifeltes Aequivalent der böhmischen Knollenkalke (G_1) noch dem Unterdevon angehören. Bemerkenswerth ist das Auftreten eines faunistisch ebenfalls auf der Grenze von Unter- und Mitteldevon stehenden Tentaculitenschiefers in Catalonien (Tab. XIII).

Die Fauna der als „Tuffe von Planschwitz" (Thüringen) bezeichneten Schichten enthält mittel- und oberdevonische Elemente. Ein Normalprofil findet sich bei der Stadt Plauen im Vogtland:

Hangendes:	5. Clymenienkalk	Oberdevon.
	4. Korallenbreccie mit *Phillipsastraea*	
	3. Mandelbreccie	
	2. Korallenkalk mit *Phillipsastraea Hennahi*, *Bowerbanki* und *Ph. Roemeri* (letztere im Ebersbachthal)	
	1. Schalsteintuff, grünlich und röthlich	= Ob. Mitteldevon.

[1] GÜMBEL, Fichtelgebirge. p. 470. Die Bestimmung konnte durch Untersuchung eines Steinacher Exemplars bestätigt werden.

Die Tuffe (1) enthalten unfern der Stadt bei Kürbitz: *Favosites polymorphus*, eine typische Mitteldevon-Art, ferner *Cyathophyllum Lindströmi* Frech, *C. caespitosum* Goldf., *Alveolites suborbicularis* und *Alv. reticularis*; das ist die Fauna der Planschwitzer Schichten.

In Thüringen ist das Oberdevon, abgesehen von den Tuffen mit *Spirifer Verneuili* und *Phillipsastraea* (Schleiz), durch Knollenkalke mit *Gephyroceras*, sowie durch Cypridinenschiefer, z. Th. mit Nehdener Goniatiten vertreten. Die im Hangenden der verbreiteten Clymenienkalke vorkommenden Schiefer mit Pflanzenresten (I. p. 44) werden jetzt zum Culm gestellt.

Das ältere Devon Thüringens zeigt demnach folgende Gliederung:

		Böhmen
Nereitenquarzit, obere Tentaculitenschiefer mit *Tentaculites ferula*, *elegans*, *Styliolina laevis*, *Phacops fecundus*, *Ph. (Trimerocephalus) Roemeri*, *Acidaspis myops*.		Tentaculitenschiefer G_2 (Unt. Mitteldevon)
Tentaculiten-Knollenkalk und untere Tentaculitenschiefer mit *Tent. acuarius*, *Geinitzianus*, *infundibulum*, *Machaeracanthus bohemicus*, *Rhynchonella nympha*, *Spirifer Nerei* und *falco*, *Retzia Haidingeri*, *Streptorhynchus distortus*, *Strophomena Verneuili*, *Odontochile*, *Favosites* aff. *reticulata* =	Quarzit von Steinach (Fichtelgeb.) mit *Spir. paradoxus*, *Tent. scalaris*, *Stroph. piligera* u. *taeniolata* =	G_1 Knollenkalk von Tetin mit *Odontochile* (Ob. Unterdevon)
Lücke und Discordanz		Riffkalk von Koneprus (Tieferes Unterdevon)
Obersilurischer Graptolithenschiefer		Obersilur

Die Tentaculitenschiefer und Knollenkalke von Bennisch in Österreichisch-Schlesien[1] stehen bezüglich ihrer Faciesentwickelung den Thüringer Schichten nahe und entsprechen stratigraphisch den böhmischen Zonen G_1 und G_2, d. h. dem unteren Mitteldevon. Die bei Frobelhof vorkommende *Styliolina* ist, wie die Originalexemplare in Breslau zeigen, ident mit *Styliolina striatula* Nov. (G_1 und G_2). Die daselbst vorkommende *Acidaspis*-Art steht *Acid. myops* Richt. nahe.

Die Knollenkalke des Annaschachtes bei Bennisch enthalten *Anarcestes lateseptatus* Beyr. var. *plebeia* (Taf. 30a), die bei Hlubocep in besonderer Häufigkeit vorkommende Art, sowie ferner *Phacops breviceps* Barr. (= *Ph. latifrons* F. Roem. l. c.[2]), *Cyphaspis* nov. sp., *Cupressocrinus* und *Heliolites porosus*.

d) Über das ältere Devon in Frankreich.

(Tab. XIII.)

Ähnlich wie im Harz erschwert auch im nordwestlichen Frankreich das unregelmässige linsen- oder nesterartige Vorkommen der Kalkfaunen die genauere Altersbestimmung. Besonders macht sich diese Schwierigkeit bei der Horizontirung der Kalke von Erbray geltend, welche angesichts der Unklarheit der Lagerungs-

[1] F. Roemer, Geologie von Oberschlesien. t. 2.

[2] Das spitze, an *Phacops cephalotes* erinnernde Exemplar, t. 3 f. 7, ist ein verdrückter *Ph. breviceps*, f. 6 ein schematisirtes, aber leidlich kenntliches Exemplar der Art.

verhältnisse und des Fehlens von Versteinerungen in der klastischen Facies wesentlich von den Versteinerungen abhängt (s. Tab. XIII, für das höhere Devon vergl. oben Tab. XI). Man darf annehmen, dass BARROIS nicht auf Grund der palaeontologischen Bestimmungen, sondern infolge der inzwischen geänderten Anschauungen über nichtfranzösische Devonkalke die Erbray-Schichten mit der Stufe des *Spirifer Mercuri* verglichen hat[1]. Der obere Theil, die blauen Kalke, entsprechen der Stufe des *Spirifer Hercyniae*; die Abbildung der genannten Art bei BARROIS stimmt vollkommen mit den Ausgüssen der rheinischen Exemplare überein (Taf. 23a). Ferner liegt bei Baubigny der Kalk von Néhou (= Stufe des *Spirifer paradoxus*)[2] über dem korallenreichen Kalk von Erbray. Doch scheinen in der unteren Loiregegend noch nicht alle Schwierigkeiten behoben zu sein[3].

Erschwert wird die Altersbestimmung vor Allem durch den Umstand, dass — wie die Tabelle zeigt — die Horizonte des Kalkes wesentliche facielle Verschiedenheiten erkennen lassen. Die Riffkorallen mit den begleitenden Capuliden und Conocardien kommen fast nur in den unteren Horizonten (BARROIS) vor; die Brachiopoden, auf denen die Vergleichung mit den deutschen Schichtgruppen beruht, treten vornehmlich in den oberen Kalken auf. Einzelne Brachiopoden-Arten (siehe Tabelle), welche in den böhmischen Riffkalken vorkommen, sind in Erbray auf das untere Niveau beschränkt, bieten jedoch, da die Koniepruser Kalke den grössten Theil des Unterdevon vertreten, keine Anhalte für eine schärfere Horizontirung.

Abgesehen von dem eben berührten Auftreten abweichender Facies ist in dem westeuropäischen Unterdevon-Meer ein rein geographischer Gegensatz zwischen dem äussersten Westen (Bretagne) und dem rheinisch-belgischen Gebiet vorhanden: In einer breiten, quer durch Westfrankreich ziehenden Zone (Cotentin-Anjou-Maine-Loire Inférieure) ist das tiefste Unterdevon nicht entwickelt. In der Bretagne sind Aequivalente der Stufe des *Spirifer Mercuri* mit einer gänzlich abweichenden Fauna vorhanden: In dem mannigfach gestörten Gebiet der Rhede von Brest[4] liegt über dem Oberdilur der Schiefer und Quarzit von Plougastel (die Stufe des *Homalonotus* LE HIR), welcher trotz ähnlicher Faciesentwickelung wenig Beziehungen zu der Stufe des *Spirifer Mercuri* erkennen lässt. Den Grund bildet wohl die Trennung durch die oben besprochene Landzunge, die wahrscheinlich als Halbinsel von dem

[1] CH. BARROIS, Faune du calcaire d'Erbray. Lille 1889. Einige bezeichnende Formen auf Taf. 19a Fig. 13—18.

[2] OEHLERT, Dévonien des environs d'Angers. Bull. soc. géol. de France. [3.] p. 748 ff. FRECH, Devonische Aviculiden. p. 4.

[3] Einerseits stammt ein grosser Theil der von BARROIS beschriebenen Arten aus älteren Sammlungen und ist somit nicht genau horizontirt. Andererseits weichen die neuesten stratigraphischen Angaben von OEHLERT und BUREAU wesentlich von den Beobachtungen BARROIS' ab (Feuille géologique de Château-Gontier [Mayenne]. Bull. soc. scienc. nat. Nantes. 1885. p. 83; BARROIS, Faune d'Erbray. p. 274 ff.). BARROIS giebt an, dass der weisse Kalk älter als der blaue sei (und dieser Ansicht folgt unsere Tabelle), OEHLERT behauptet das Gegentheil. Sicher erwiesen ist die Vertretung der Stufe des *Spirifer Hercyniae* durch den höheren Theil der Kalke. Die Möglichkeit liegt ferner vor, dass die unteren weissen Kalke noch theilweise der Stufe des auch in Frankreich vorkommenden *Spirifer primaevus* (= Stufe der *Orthis Monnieri*) entsprechen. Auf der Tabelle wurde diese Möglichkeit durch einen schrägen Strich angedeutet. Die Stufe der *Orthis Monnieri* ist auf dem Blatte Château-Gontier räumlich getrennt von den Erbray-Kalken nachgewiesen.

[4] BARROIS, Bull. soc. géol. de France. [3.] XIV. p. 690 ff.

…):do)	Pyrenäen	Catalonien (Barcelona) (Barrois)	Languedoc (Cabrières) (Frech)
Llama … cf. occul- … complicata, … Purgai, … therina, … rinata, … frons …hiefer …mi …riculatus, …ris und …zen Arnao	Kalk von Castelnau-Durban (Ostpyrenäen) mit *Spirifer aculeatus, concentricus, Rh. parallelepipeda* u. *Orthis canaliculata, Metriophyllum Bouchardi, Montic. fibrosa*	Schiefer von Bruguers mit *Ph. fugitivus, Harpes venulosus, Ph.* cf. *miser, Proetus dormitans, Lept. corrugata, Tentaculites Geinitzianus* und *acuarius, Pl. selcanum*	Schichten von Ballerades mit *Cyath. helianthoides, Heliolites porosus, Hallia* cf. *gigantea* — Mergel von Val d'Isarne mit *Spirifer cultrijugatus, Calceola sandalina, Chon. dilatatus, Pentamerus* cf. *Sieberi, Cyath.* cf. *Lindströmi*
	Spiriferensandstein von Larrau und Bost (Pic du Midi) mit *Spirifer paradoxus, Rhynchonella subcordiformis, Pleurodictyum problematicum, Orthis striatula* Schiefer vom Col d'Aubisque (zw. Cauterets und Eaux-Bonnes) mit *Spirifer paradoxus, Spirifer subspeciosus, Atr. reticularis, Meg. Archiaci, Athyris Ezquerrae, Stroph. Murchisoni, Chon. sarcinulatus*	| +	Weisse Kalke des Pic de Cabrières mit *Phac. fecundus major* | Kieselkalk von Bissounel mit *Phac. Escoti* *Phac. breviceps, Harpes Montagnei* Barr., *Cheirurus gibbus, Proetus crassirhachis, intermedius, Anarcestes lateseptatus, Aphyll. sorgensis, Orthoceras pulchrum* und *subannulare, Rhynch. eriox* und *princeps gibba, Athyris Philomela, undata, Thetis, Merista passer, Spirifer indifferens, superstes, Leptaena tenuissima, Amplexus hercynicus*

nordischen Festlande abgegliedert war (vergl. die Karte III). Während der darauf folgenden Ablagerung der Stufe der *Orthis Monnieri* herrschen, wie es scheint, gleichartige facielle und faunistische Verhältnisse im ganzen Nordwesten Frankreichs. Die normannische Halbinsel ist also infolge der Transgression verschwunden. Immerhin sind noch Unterschiede faunistischer Art gegenüber der östlichen, im Wesentlichen isopen Stufe des *Spirifer primaevus* vorhanden. Während der Ablagerung der Kalklinsen von Erbray (= Stufe des *Spirifer Hercyniae*) macht wiederum die facielle und faunistische Verschiedenheit eine eingehendere Vergleichung schwierig. Erst die Schiefer und Kalke von Néhou stimmen — trotz des etwas grösseren Kalkgehaltes — faunistisch mit der Stufe des *Spirifer paradoxus* (= Grauwacke von Hierges und obere Coblenzschichten) überein. Die Localnamen wurden in die Tabelle aufgenommen.

Ein Blick auf die Tabelle zeigt die weite Verbreitung der oberen Stufe des *Spirifer paradoxus* in Westfrankreich, den Pyrenäen und Asturien. Das tiefere Unterdevon fehlt entweder (Catalonien, Leon) oder zeigt — wie überall — eine ausgesprochene Differencirung. Die versteinerungsleeren Quarzite und Dolomite von Languedoc, die Dachschiefer von Cathervieille und die Kalke von Nieva mit *Spirifer hystericus* dürften etwa dem gleichen Horizonte angehören. Die unterste Stufe des Unterdevon ist nur in der Bretagne vertreten.

Merkwürdig ist ein isolirtes Vorkommen von Greifensteiner Kalk am Pic de Cabrières in Languedoc[1], das allseitig von Verwerfungen umgeben ist und wahrscheinlich dem obersten Theile der dort anstehenden Quarzite und Dolomite entspricht. Neben den Trilobiten, die als Superstitenfauna weit in das Mitteldevon hinaufgehen (siehe Tab. X und Taf. 19d), finden sich zahlreiche andere Arten, die bisher nur bei Greifenstein und Mnenian gefunden worden sind, so *Leptaena tenuissima*, *Spirifer indifferens* und *superstes*, *Merista passer* und *securis*, *Pentamerus Sieberi*, *Rhynchonella princeps*, *Henrici* und *velox* (Riffkalk von Konieprus), *Harpes Montaguei* und *Proetus micropygus*, *tuberculatus*, *Orthoceras subannulare* (F_2 bis Unterdevon) u. a. Die neuerdings von Bergeron unter neuen Namen abgebildeten Arten dieser Fauna lassen sich sämmtlich — nach den von mir gesammelten, mit den betreffenden Figuren übereinstimmenden Exemplaren — auf Greifensteiner Typen beziehen[2]. Bemerkenswerth ist das Vorkommen eines neuen *Maeneceras* mit sehr einfacher Sutur am Pic de Cabrières.

Die Kieselkalke des Pic de Bissounel, in denen ein dem böhmischen *Phacops*

[1] Frech, Zeitschr. d. geol. Ges. 1887, p. 385, 404. Ibidem 1889, p. 260 ff.

[2] Vergl. Bergeron, Montagne Noire. Ann. sc. géologiques. Bd. 22, t. 5:

Harpes Escoti Berg. = *H. Montagnei* Barr.

Phacops Rouvillei Berg. = *Ph. fecundus major* Barr.

„ *Munieri* Berg. = *Ph. breviceps* Barr.

Cheirurus Lenoiri Berg. = *Ch. gibbus* Beyr.

Spirifer aff. *euryglossa* Berg. (non Schnur) = *Sp. indifferens* Barr.

Rhynchonella bissounensis Berg. ist die einzige eigenthümliche Art (= *Rh. protracta* Sow.? bei Frech, Zeitschr. d. geol. Ges. 1889, p. 271).

Die von Holzapfel (Das obere Mitteldevon, p. 413) auf diese Abbildungen begründete Horizontirung der Kalke als oberes Mitteldevon beruht auf unzulänglicher Kenntniss der Literatur; auch im Sinne von E. Kayser wird die Greifensteiner Fauna, um die es sich handelt, tiefer horizontirt.

Boucki (G_1) verwandte Art ebenfalls auf Unterdevon hinweist, sind durch Dislocationen vom Pic de Cabrières getrennt.

e) Das Devon der Ostalpen.

Ausschlaggebend für die Altersbestimmung der unterdevonischen Kalke war, wie schon erwähnt, ein ununterbrochenes Profil vom Obersilur bis zum Oberdevon, das von mir in den Karnischen Alpen am Wolayer Thörl nachgewiesen wurde[1]. Inmitten einer durch starke Faltung dislocirten Gebirgskette findet sich hier eine regelmässige, über 1000 m mächtige Aufeinanderfolge von Horizonten, die fast sämmtlich durch Versteinerungen in unzweideutiger Weise gekennzeichnet sind.

Über rothen Orthocerenkalken, den typischen Vertretern des böhmischen Obersilur (E_2, oben p. 108), treten zwei Zonen auf, welche Versteinerungen des unterdevonischen (Konieprusser) Riffkalkes und des Obersilur in eigenthümlicher Mischung enthalten, aber wegen des Vorkommens von Goniatiten dem Devon zuzurechnen sind. Darüber lagern mächtige Korallenriffkalke mit Nestern von Crinoiden- und Brachiopodenbreccien, sowie zahlreichen dickschaligen Riffschnecken; Trilobiten und Zweischaler sind selten und Cephalopoden treten ganz zurück. Die Formen kommen — etwa mit Ausnahme der uralischen Gattung *Karpinskia* — in den böhmischen Riffkalken vor.

Die Aufzählung der reichen, über 130 Arten umfassenden Fauna wurde gegeben in FRECH, Die Karnischen Alpen. p. 250—257, und die Beschreibung der seltenen Trilobiten und Cephalopoden, sowie der zahlreichen Gastropoden in Zeitschrift deutsch. geol. Ges. 1894. p. 440—479. t. 30—37[2].

Normales **Mitteldevon** mit typischer Fauna bildet die Fortsetzung der ungeschichteten Riffmassen des Unterdevon und ist von diesem ebensowenig wie von dem auflagernden Oberdevon (Iberger Kalk = Tully limestone) durch scharfe Grenzen getrennt. Doch sind die Versteinerungen überall wohlbestimmbar und die Einheitlichkeit der Schichtenfolge ist in den jähe abstürzenden Kalkwänden des Eiskars und des **Kollinkofels** klar ersichtlich. Hoch oben auf der schwindelnden Zinne des Kollinkofels brach ich die Gehäuse der bekannten Leitfossilien des Mitteldevon, *Stringocephalus Burtini* und *Macrocheilos arculatum*, aus dem Felsen. Dem höheren, auf dem Südgehänge anstehenden Horizont, der vollkommen mit den oberdevonischen Riffkalken des Harzes übereinstimmt, gehören *Rhynchonella cuboides*, *pugnus* und *acuminata* an[3].

Der Konieprusser Riffkalk (F_2 z. Th.) wird also von Obersilur unter-, von Mitteldevon überlagert und entspricht somit dem Unterdevon.

Die Schichtenfolge des älteren Palaeozoicum in den Karnischen Alpen und Karawanken ist im Folgenden zusammengestellt und durch Aufzählung der wichtigsten Versteinerungen erläutert:

[1] FRECH, Die Karnischen Alpen. Halle 1894. p. 224—229 und p. 241 ff. Vergl. ausserdem: Über das Devon der Ostalpen. I—III. Zeitschr. deutsch. geol. Ges. 1887—1894. Durch die neueren Aufnahmen der k. k. geologischen Reichsanstalt sind meine Beobachtungen lediglich bestätigt worden.

[2] Vergl. unsere Taf. 19a—19c.

[3] Vergl. Zeitschr. deutsch. geol. Ges. Bd. 43 (1891.) p. 672, besonders p. 681 ff.

Das Devon der Karnischen Alpen.

Hangendes: Culmgrauwacke und Schiefer mit *Archaeocalamites transitionis*.

Oberes Oberdevon: Clymenienkalk am Grossen Pal (im Hangenden der Kalkmasse des Pal) mit *Cyrtoclymenia laevigata* (sehr häufig) und *Oxyclymenia undulata*, *O. striata*, *Cyrtocl. cingulata*, *Dunkeri*, *binodosa*, *Gonioclymenia speciosa*, *Brancoceras sulcatum*, *Tornoceras planidorsatum*, *Prolobites delphinus*, *Porcellia Tietzei*, *Trimerocephalus carinthiacus*, *Posidonia venusta* var.

Unteres Oberdevon: Brachiopodenkalk versteinerungsreich am S.-Abhang des Kollinkofels (im Hangenden des Stringocephalenkalkes) mit *Rhynch. cuboides*, *pugnus*, *acuminata*, *Roemeriana plana* und *obesa*, *Athyris globosa*, *Spir. inflatus*, *Orthis striatula*, *Productella Herminae* und *forojuliensis*. *Alveolites*: in den Karawanken (Vellach) mit *Philipsastraea*.

Oberes Mitteldevon: Stufe des *String. Burtini*. Ungeschichteter Korallenriffkalk mit Brachiopodennestern. Spitze des Kollinkofels und der Kellerwand, des Kleinen Pal u. s. w. *String. Burtini*, *Uncites?*, *Macrocheilus arculatum*, *Platyceras conoideum*, *Holopella piligera*, *Athyris desquamata* und var. *alticola*, *aspera*, *Orthis Gosseleti*, *Cyathoph. caespitosum*, *vermiculare praecursor*, *Alv. suborbicularis*, *reticulatus*, *Favosites polymorphus*, *Goldfussi*, *Actinostroma verrucosum*, *Stromatopora concentrica*.

Unteres Mitteldevon: Am Kollinkofel versteinerungsleer; am Osternigg, Poludnigg und bei Vellach Riffkalk mit *Heliolites Barrandei* (= *vesiculosus*), *Fav. Goldfussi*, *reticulatus*, *Cyathoph. hexagonum*, *caespitosum*, *helianthoides*, *vermiculare praecursor*, *Alveolites suborbicularis*, *Striatop. vermicularis*, *Aulopora* in *Actinostroma*.

Oberes Unterdevon: Am Kollinkofel ohne Versteinerungen, bei Vellach (Karawanken) mit *Phacops Sternbergi* (G_1), *Cheirurus Sternbergi*, *Pleurotomaria Telleri*, *Trematonotus involutus*, *Platyceras Protei*, *Spir. Nerei*, *falco*, *superstes*, *Merista herculea*, *Athyr. mucronata*, *Rhynch. Proserpina*, *pseudolivonica*, *Pent. procerulus*, *anomalus*, *Eucalyptocrinus* n. sp., *Hexacrinus* n. sp., *Favosites*, *Heliolites*.

Mittleres Unterdevon: Riffkalk des Wolayer Thörl, Stufe der *Rhynch. princeps* und des *Harpes venulosus*. *Calym. reperta*, *Cyph. hydrocephalus*, *Cheirurus gibbus*, *Cyrtoceras pugio*, *Orthoceras Volaye*, *Pleurotomaria Gremburgi*, *carnica*, *Murchisonia Davyi*, *Triangularia paradoxa*, *Bellerophon telescopus*, *Trematonotus fortis* und *inaertus*, *Oxydiscus*, *Euomphalus carnicus*, *Polytropis Guilleri*, *Trochus pressulus*, *Annae*, *Loxonema ingens*, *enantiomorphum*, *Platyceras Sileni*, *plicatile*, *Zinckeni*, *marinatum*, *tekanum* (= *mons*), *Platyostoma varians*, *Philhedra*, *Horiostoma tubiger*, *Turbonitella Verae*, *Avicula palliata*, *Amphicoelia europaea*, *Myalinoptera*, *Conocardium artifex* n. s., *Spir. falco*, *Thetidia*, *derelictus*, *infirmus*, *Triton*, *Merista passer*, *securis*, *Meristella Circe*, *Retzia Haidingeri*, *Karpinskia accidentalis*, *Rhynch. Baucis*, *nympha*, *emaciata*, *amalthea*, *gibba* n. s., *Pentamerus optatus*, *Sieberi*, *Janus*, *Orthis praecursor*, *palliata*, *occlusa*, *Cyathocrinus*, *Rhipidocrinus praecursor*, *Aspasmophyllum ligeriense*, *Cyath. caespitosum*, *Favosites* und massenhafte Korallen.

Unteres Unterdevon: Versteinerungsreich nur am Wolayer See und Wolayer Thörl.

Zone der *Rhynchonella Megaera*, Brachiopodenkalk mit *Rh. Zelia*, *Sappho* var. *hircina*, *Retzia? umbra*, *Athyris obolina*, *Nucleospira pisum*, *Atrypa marginalis*, *Platyceras* cf. *naticoides*, *Orthoc. Argus*, *Cheirurus propinquus* mut. *devonica*.

Zone des *Tornoceras inexspectatum*, rother Cephalopoden-Knollenkalk mit *Hercoceras* n. sp., *Tornoc. Stachei*, *Anarcestes praecursor?*, *Aphyllites*, *Cyrtoceras miles*, *Gomphoceras*, *Orthoceras*.

Liegendes: Obersilurischer Orthocerenkalk (Zonen des *Orthoceras Richteri* und *alticola*) und Thonschiefer (Wolayer Thörl).

Die mit den böhmischen und den alpinen Schichten übereinstimmende Entwickelung, welche das kalkige Unterdevon in dem Grenzgebiet von Asien und Europa, im Ural, besitzt, ist in der folgenden Tabelle XIV, die einen Auszug aus den classischen Werken TSCHERNYSCHEW's[1] bietet, zusammengestellt:

[1] Schon in einer älteren Arbeit vergleicht GRÜNEWALDT die *Pentamerus*-Kalke von Petropowlowsk und Bogoslawsk (Ost-Ural) mit der böhmischen Stufe F, die allerdings damals noch allgemein

Tabelle XIV: Das Devon im Ural,

	Rheinland	Böhmen	Ostalpen	Bosporus	Südl. Kleinasien (Cilicien, Antitaurus)
Oberes	Stufe der *Clymenia undulata* Stufe des *Cheiloceras curvispina* Stufe des *Gephyroceras intumescens*	Lücke	Clymenienkalk bei Graz und am Gross Pal (Karnische Alpen) Korallenriffkalk mit *Phillipsastraea* (Vellach, Karawanken) Brachiopodenkalk mit *Rh. cuboides* des Kollinkofel (Karnische Alpen)	? Kalke zwischen Pendek und Kartal mit *Phillipsastraea pentagona* (*Roemeri*)	Antitaurus: Schichten von Feke, Hadjin und Tschatagla mit *Spir. Verneuili, Archiaci, Chonetes nana, Productella subaculeata, Striatopora subaequalis*
Mittleres	Stufe des *Stringocephalus Burtini*	Stufe des *String. Burtini* Sandstein von Hostin mit vorwiegenden Pflanzenresten. H	Stufe des *Stringocephalus Burtini* Riffkalk des Kollinkofels und Hochlantschkalk (Graz)	Kalke und Schiefer mit *Retzia ferita, Cyath. quadrigeminum, caespitosum, Alveol. suborbicularis, Cupressocrinus*	
	Stufe der *Calceola sandalina*	Zone des *Aph. occultus* und *Dannenbergi* Knollenkalk mit Cephalopoden und Palaeoconchen G_3 Zone des *Aphyll. zorgensis* Tentaculitenschiefer = G_2	Stufe des *Heliolites Barrandei* Riffkalk und geschichteter Kalk bei Graz, Vellach (Karawanken) und Osternigg (Karnische Alpen)		? Schichten des Antitaurus mit *Fav. reticulatus*
Unteres	**Stufe des *Spir. paradoxus***	Zone des *Aphyll. fidelis* und der *Odontochile Hausmanni* (G_1) (F z. Th.) (Mnenian)	Zone des *Phacops Sternbergi* Crinoidenkalk (Vellach) — Riffkalk	Kalkiger Schiefer von Kartal und Kanlydja mit *Sp. paradoxus, Sp. auriculatus, Sp. Trigeri, Pleur. problematicum, Pterinaea lineata, Centron. Guerangeri, Athyris undata, fasciculata*	Schichten von Kilindria (Cilicien) mit *Sp. paradoxus*
	Stufe des *Sp. Hercyniae*	Stufe der *Rhynchonella princeps, Spir.* [illegible], *Bronteus palifer* und *Harp. venulosus* Korallenriffkalk (Konieprus, F_2 z. Th.)	Stufe der *Rhynchonella princeps* und des *Harpes venulosus* (Wolayer Thörl) — Riffkalk	Schichten von Tschubukli und Kulender mit *Tropidoleptus, Rensselaeria strigiceps, Orthis Gervillei, Strophom. Bouei, Trachoceras, Athyris undata, Pleurot. constantinopolitanum*	
	Stufe des *Sp. primaevus*				
	Stufe des *Sp. Mercieri* = Gedinnien	Zone der *Hercynella bohemica* (F_1)	Zone der *Rhynchonella Megaera* Zone des *Tornoceras inexspectatum*		

Sibirien und Kleinasien. (Vergl. Taf. 19 a.)

Ural, Westabhang	Ural, Ostabhang	Altai (Gouv. Jenisseisk)
D3 Clymenienschichten von Muraksawa mit *Cl. annulata, flexuosa, Krasnopolski, Spir. Archiaci, Rh. acuminata*. Kalk mit *Cheiloceras Verneuili* (Jaiwa). *Rh. reniformis, Leiorhynchus subreniformis*	Cypridinenschiefer Clymenienkalke	
D3 Kalk mit *Gephyr. intumescens* (Muraksawa, Koltuban) Kalk mit *Rh. cuboides* (Minjar, Jaiwa, Usswa)	Thoniger Kalk mit *Rhynch. cuboides* von Kadinskoi am Isset, *Gruenewaldtia latilinguis, Atrypa Duboisi, Pent. galeatus, Orthis striatula*	Kalk von Gerichowsk
D2b Stufe des *Stringoc. Burtini* und *Spir. Anossoffi* mit reicher Fauna	Noch nicht nachgewiesen	Kalk der Boja (Minussinsk) mit *Sp. Cheehiel, Sp. Anossoffi* var. *Martianoff, undifer, inflatus, Stroph. productoides, Ath. concentrica, Aul. repens, Spirorbis omphalodes, Dechenella*
D2a Stufe des *Pentamerus baschkiricus* Kalk u. a. mit *Pent. pseudobaschkiricus, arctus, Cystiph. vesiculosum, Atr. suborbicularis, Fav. Goldfussi, Cyath. ceratites, Leperditia Moelleri, Isochilina biensis* (Jurezan, Sim) Sandstein, Schiefer, gestreifter Mergel, ohne Versteinerungen		
D1m Kalke des Jurezan und der Ufa (Njase Petrowski) mit †*Pent. optatus* und **Atrypa desquamata, Athyris Thetis, Spir. Jaschei, Atrypa membranifera, Pent. fasciculatus*, †*Karpinskia conjugula*, †*Meristella didyma, Leperd. Barboiana, Strept. ziczac, Platyceras*	Kalk und Schiefer der Loswa und von Pokrowskoje mit *Phacops fecundus degener, Thysanopeltis, Cyphaspis* aff. *hydrocephalus, Anarc. lateseptatus, Tentaculites acuarius* und *procerus, Styliolina, Pleurot. subcarinata*	Kalk von Krjukowsk Stufe des *Phacops altaicus, Harpes reticulatus, Bronteus, Proetus Oehlerti*, †*Meristella upsilon*, †*Whitf. tumida, Athyr. undata, Anarcestes lateseptatus, Platyceras disjunctum, Chonetes embryo*
D1g Schiefer und Sandstein der Sigalga mit *Orthis subcarinata* und *Gruenew. latilinguis, Favosites Goldfussi, Stroph. comitans*	Sandstein und Schiefer von Nary ohne Versteinerungen	
D1e Marmor des Belaja mit *Stroph. Stephani, Chonetes Verneuili, Pent. optatus, Hercynella bohemica, Polytropis princeps, Platyceras, Jovellania, Atrypa Arimaspus*, **Karpinskia conjugula* Metamorphe Schiefer und Glimmerquarzite	Stufe des *Pentamerus pseudoknighti* Kalk von Bogosslowsk und Petropawlowsk mit Einlagerungen von Schiefer, Diabas- und Porphyrit-Tuffen *Stroph. Stephani, Pentam. vogulicus, striatus*, **Rhynch. princeps, nympha, septentrionalis*, **Karpinskia, Gruenewaldtia camelina, Atr. sublepida*, †*marginalis, granulifera, Sp. Iero*, **robustus, Thetidis*, †*nobilis* var., **indifferens*, **Merista passer*, †*Meristella turjensis, Eutomis pelagica*, †*Youngia, Schmidtella, Aristozoe*, **Diplochone*	

Zusammenfassung.

Der vorstehende Abschnitt enthält theils in kurzer Darstellung, theils in Tabellenform eine Zusammenfassung der wichtigsten Beobachtungen über das kalkige Unterdevon der Alten Welt, sowie über die mit demselben vereinigten Mitteldevonvorkommen. Für die älteren und die jüngeren Horizonte war früher der Name Hercyn im Gebrauch. Diese Bezeichnung hat jedoch durch die mannigfachen Umdeutungen und Veränderungen, welche grossentheils auf E. Kayser zurückgehen, thatsächlich den Charakter einer Verlegenheitsbezeichnung angenommen, der jeder Autor eine andere Deutung unterlegt. Ich habe den Namen Hercyn daher auch in meinen letzten Arbeiten nur noch für diejenigen Vorkommen angewandt, über deren stratigraphische Stellung nicht genügende Klarheit bestand. Nachdem die Zweifel über die Stellung der Greifensteiner Kalke beseitigt sind — denn die Frage, ob ein Grenzhorizont nach oben oder nach unten zu rechnen sei, ist untergeordneter Art — liegt kein Grund[1] für die Beibehaltung des Verlegenheitsnamens vor. Es kommt hinzu, dass derselbe durch das Vorhandensein des „hercynischen“ Gneisses und der „hercynischen“ (mittelcarbonischen) Gebirgsfaltung keineswegs an Klarheit gewinnt.

Nachdem die Entbehrlichkeit des vieldeutigen Namens festgestellt ist, bleibt die sachliche Frage zu beantworten, ob die Unterschiede zwischen den früher als Hercyn bezeichneten geologischen Gebilden und dem historischen Unterdevon auf physikalischen oder auf geographischen (heteropen oder heterotopen) Abweichungen beruhen?

Beyrich und nach ihm die überwiegende Mehrzahl der Forscher haben die Frage in ersterem Sinne beantwortet. E. Suess ist hingegen der Meinung, dass die hercynische Stufe die südliche (bezw. mediterrane) Entwickelungsform des Unterdevon darstelle (Antlitz der Erde. II. p. 288: „Im nördlichen Europa sieht man die hercynische Stufe nicht“).

zum Silur gestellt wurde (Mém. des savants étrangers. t. VII. St. Petersburg 1854 und ibid. t. VIII. 1859). Die beiden grossen Arbeiten von Tschernyschew: Die Fauna des unteren Devon am Westabhang des Ural. Mém. Com. géol. III. 1. 1885 und Die Fauna des unteren Devon am Ostabhang des Ural. Mém. Com. géol. IV. 3. 1893 führen diese Ansicht mit Zugrundelegung der neueren Anschauungen in mustergiltiger Weise aus und erweitern die Kenntniss besonders hinsichtlich des Westabhanges in ausgedehntem Maasse. Die Kalke der Krjukowsk-Grube im SW.-Altai entsprechen nach dem genannten Forscher den Wieder Schiefern des Harzes und den Kalken von Néhou, d. h. dem höheren Unterdevon (Coblenzstufe). Vergl. Tschernyschew, Materialien zur Kenntniss der devonischen Fauna des Altai. St. Petersburg 1893 und unsere Taf. 19a Fig. 1—4, 6, 8, 10.

[1] Auch E. Kayser scheint in seiner letzten Arbeit (Über die stratigraphischen Beziehungen der böhmischen Stufen F, G, H. p. 512) keinen besonderen Werth auf die Beibehaltung der Bezeichnung zu legen und stellt unter Vorbehalt („wenn man den Ausdruck Hercyn überhaupt beibehalten will“) die unteren Wieder Schiefer, den Kalk von Koneprus, Erbray, von der Belaja und das Unter-Helderberg hierher, fasst das Hercyn also als „kalkiges Unterdevon“ auf; dem gegenüber nennen Tschernyschew und Barrois die tiefere Abtheilung des Unterdevon Hercynien, die obere Coblenzien u. s. w. Jedenfalls ist das „Hercyn“ keine stratigraphische Übergangsstufe, wie Tithon oder Rhät, sondern eine facielle Entwickelung, die aber so mannigfaltige Beschaffenheit annimmt, dass man dieselbe nicht aus sachlichen, sondern nur aus historisch-philologischen Gründen dem rheinischen Unterdevon gegenüber als Einheit ansehen könnte.

Beide Anschauungen entsprechen der Gesammtheit der neueren Erfahrungen nicht vollkommen. Die inmitten des normalen rheinischen Devon gelegenen Vorkommen von Schönau (Kellerwald), Greifenstein und Günterod enthalten — wie man auch über ihre genauere Horizontirung denken mag — doch eine typisch „hercynische“, d. h. fremdartige, mit böhmischen Schichten übereinstimmende Devonfauna; ebenso umschliesst das englische Mitteldevon, d. h. das nördlichste marine Devongebiet Europas, eine ganze Anzahl von Arten, deren nächste Verwandte im böhmischen F vorkommen (z. B. *Phacops batracheus*, verwandt mit *fecundus*, Arten von *Proëtus*, *Lichas*, *Bronteus* [*Thysanopeltis*], *Aristozoe* u. s. w.).

Die ursprüngliche, von Katzer ausgeführte Auffassung Beyrich's, dass das Hercyn eine verschiedene Facies des historischen Unterdevon darstelle, ist für den Harz vollkommen zutreffend; wenn allerdings Katzer die Hercynbildungen als die „in tieferem Meere abgelagerten Aequivalente“ der sandig-schieferigen Localbildung auffasste, so wird diese Ansicht der grossen Mannigfaltigkeit der Thatsachen nicht mehr gerecht, welche seit dem Erscheinen der Bearbeitung der Harzfauna (1878) bekannt geworden sind. Man wird beispielsweise nicht annehmen können, dass ein Brachiopodenkalk des unteren Helderberg sich unter wesentlich anderen Bedingungen gebildet habe, als ein dieselben Brachiopodengattungen enthaltender Schiefer der Coblenzschichten. In dem einen Falle überwog die Zufuhr thonigen Sediments den auf organischem Wege gebildeten Kalk; aber die Meerestiefe, Küstennähe, Temperatur waren dieselben. Noch weniger können die Korallenriffkalke, welche im sogenannten Hercyn eine bedeutende Rolle spielen, als Bildungen des tieferen Meeres angesehen werden.

Wie gross die Faciesverschiedenheiten innerhalb des „hercynischen“ Unterdevon sind, zeigt die Thatsache, dass in Nordfrankreich, im Ural und im Staate New York (Lower Helderberg, Oriskany) die Goniatiten, in den Karnischen Kramenzelkalken die Brachiopoden, bei Greifenstein, Cabrières und in den genannten Knollenkalken die Riffkorallen fehlen; die Capuliden, welche meist zu den bezeichnendsten und häufigsten Formen gehören („Capulien“ Barrois), treten bei Cabrières und Greifenstein in den Hintergrund; Trilobiten finden sich im böhmischen Gebiet in ausserordentlicher Menge und gehören in den Alpen zu den grössten Seltenheiten u. s. w.

Abgesehen von der Faciesentwickelung, kommen zum Theil auch geographische Verschiedenheiten in Frage. Es ist davon auszugehen, dass die überwiegende Mehrzahl der Arten von Harzgerode und von Erbray anderwärts in Schichten vorkommen, über deren unterdevonisches Alter ein Zweifel nicht möglich ist. Der Gedanke liegt nun nicht zu fern, dass in die westlichen Meere von dem östlichen[1] Stammsitz der hercynischen Fauna verschiedenartige Elemente ausgewandert seien. Hierdurch würde die theilweise Verschiedenheit dieser Localfaunen unter sich und die Übereinstimmung mit der Stammfauna erklärt werden. Die Fortdauer dieser „Colonien“ ist selbstredend an bestimmte Facies geknüpft. Regionale und facielle Verschiedenheiten combiniren sich in eigenthümlicher Weise und man gelangt zu

[1] Man kennt Unterdevon in ausschliesslich hercynischer Form am Ural, in Böhmen und in den Ostalpen. Das Unterdevon von Graz ist so gut wie versteinerungsleer, das Unterdevon vom Bosporus entspricht den höheren rheinischen Horizonten (Tab. XIV).

dem Begriffe einer „geographischen Facies", d. h. einer unter bestimmten physikalischen Verhältnissen entstandenen Bildung, deren Vorkommen auf ein abgegrenztes Gebiet beschränkt ist[1].

Wenn hier zur Erklärung des eigenthümlichen Auftretens der Hercynfaunen von Greifenstein, Cabrières und Erbray gewissermaassen auf die „Colonien" Barrande's zurückgegriffen wird, so geschieht dies in folgendem Sinne: Die geologischen Beobachtungen, welche zu der Colonien-Hypothese Veranlassung gaben, sind unrichtig; fehlen doch sogar an der Grenze des böhmischen Unter- und Obersilur die für die Entstehung der Colonien nothwendigen Voraussetzungen. Hingegen ist die Möglichkeit, dass die Thierwelt eines Meeresbeckens in ein anderes auswandert und dort unter bestimmten günstigen Bedingungen fortlebt, von vornherein einleuchtend.

In beschränktem Sinne vergleichbar ist das Auftreten mariner Muschelbänke im Keuper von Mitteldeutschland, besonders das örtlich beschränkte Vorkommen von *Myophoria*[2]. Auch die Einlagerung mariner Bänke mit Goniatiten und anderen Meeresthieren inmitten der Steinkohlenflötze gehört hierher. Die bekanntesten Beispiele sind das Vorkommen von *Gastrioceras diadema*, *Thalassoceras atratum* und verwandten Arten bei Chokier in Belgien, sowie das Auftreten mariner Conchylienbänke im Carbon von Oberschlesien, Westfalen und England.

Andererseits könnte man, um eine Vorstellung von der Art des Auftretens der Hercynfauna zu erhalten, an das Vorkommen nordischer Meeresthiere inmitten der mediterranen Fauna von Sicilien erinnern. Am besten durchforscht sind in dieser Hinsicht die jungen Muschelbänke der Gegend von Palermo, aus denen Monterosato im Ganzen 504 Arten aufzählt. 07 davon kommen nicht mehr im Mittelländischen Meere vor; unter ihnen sind 66 ausgestorben, 31 leben noch im Atlantischen Ocean und von den letzteren zeigen eine Anzahl nordischen Charakter. Es liess sich nachweisen, dass die nordischen „Colonisten" in der obersten Schicht beisammen liegen und Neumayr[3] spricht die Vermuthung aus, dass die Verhältnisse an anderen Punkten, deren Lagerung noch nicht näher untersucht ist, z. B. auf Rhodus ähnlich liegen möchten.

Diese nordischen Colonien sind, wie es scheint, mit einer einzigen Ausnahme im Gebiete des Mittelmeeres verschwunden. Im Quarnerischen Golf bei Triest findet sich *Nephrops norvegicus*, ein Verwandter des Hummers, der dem ganzen übrigen Mittelmeer fehlt, an bestimmten, nicht über 60 m tiefen Stellen in Begleitung anderer nordischer Meeresthiere. Es lässt sich nicht verkennen, dass das Vorkommen vom Klosterholz bei Ilsenburg einige Vergleichspunkte bietet, wo Formen des Kalkes, wie *Dalmanites*, *Orthoceras Jovellani*, *Pentamerus costatus* und böhmische Brachiopoden neben den Formen des Spiriferensandsteins, *Chonetes sarcinulatus*, *Streptorhynchus umbraculum*, *Spirifer paradoxus* auftreten[4].

[1] Nach der Nomenclatur der Wiener Geologen würden die hercynischen Kalke gleichzeitig heterop und heterotop entwickelt sein (E. Koken).

[2] Die Raibler Art *Myophoria Kefersteini* ist bekanntlich in einer nur wenig abweichenden Varietät hier gefunden worden.

[3] Vergl. Erdgeschichte. II. p. 539.

[4] Es wird hierbei vorausgesetzt, dass nicht etwa der Spiriferensandstein im Klosterholz den Hercynkalk überlagert. Bei den übrigen Vorkommen des Harzes sind die Versteinerungen auf die Kalklinsen beschränkt, während die umgebenden Schiefer fossilleer sind.

Der Vergleich beschränkt sich selbstverständlich auf einige Punkte: Es handelt sich in dem einen Falle mehr um geographische, im anderen mehr um facielle Verschiedenheiten. Immerhin sind Beispiele von dem Vorkommen verschiedenartiger Faunen unmittelbar nebeneinander recht selten.

Dem faciellen und geographischen Moment ist bei der Erklärung der Verbreitung hercynischer Faunen zweifellos eine grosse Bedeutung einzuräumen. Jedoch beruht die ungleiche Vertheilung der Faunen zum Theil auch auf der Art des Vorkommens.

Die überaus formenreich entwickelten Schalthiere der „Hercynbildungen" treten meist an bestimmten, oft sehr beschränkten Punkten in grösster Menge auf. Von den häufigen Arten, z. B. *Pentamerus optatus* und *P. Sieberi*, *Merista passer*, *Spirifer Nerei*, *Phacops fecundus*, den Capuliden und Conocardien, werden bei Koneprus im Riffkalk wie im Crinoidenkalk derartige Nester fast regelmässig wieder und wieder aufgefunden; von anderen, z. B. von *Pentamerus* cf. *baschkiricus* Vern., ist bei Koneprus nur ein einziges Mal ein Punkt bekannt geworden, der überaus zahlreiche Exemplare geliefert hat; Anhäufungen von *Bronteus thysanopeltis*, die ganz aus den Schalenresten dieses Trilobiten bestehen, sind nur wenige Male gefunden worden u. s. w. Auf die Ähnlichkeit dieser Hercynentwickelung mit den Hallstätter Kalken wurde bereits oben hingewiesen.

Einen vollkommenen Gegensatz dazu bilden die Ablagerungen des rheinischen Unterdevon, wo dieselben Leitformen, wie *Chonetes*, *Orthis hysterita*, *Spirifer paradoxus* oder *Sp. primaevus*, *Rensselaeria strigiceps*, überall in eintöniger Massenhaftigkeit wiederkehren. Die seltenen Arten finden sich weniger in vereinzelten Anhäufungen als vielmehr in einzelnen Exemplaren.

Im Mitteldevon bilden die Cephalopodenkalke die Fortsetzung der Greifensteiner Facies, die Massenkalke und Eifeldolomite enthalten die umgeänderte Fauna der gleichartigen bei Koneprus und in der Karnischen Kette vorkommenden Gesteine; die Nachkommen der Charakterformen des rheinischen Spiriferensandsteins liegen in den sandigen Schichten der amerikanischen Hamilton group.

3. Das Devon im Staate New York.

a) Das Unterdevon (Helderberg) mit besonderer Berücksichtigung der Silurgrenze.

Das Devon des Staates New York ist in doppelter Beziehung bedeutsam: Einerseits umschliesst dasselbe in Faciesbildungen, die den europäischen gleich oder ähnlich sind, eine Fauna mit ausgeprägten geographischen Abweichungen; andererseits können bei der Regelmässigkeit der Lagerung die Faciesunterschiede der alten Meere hier mit seltener Deutlichkeit verfolgt werden. Bei der engen Verknüpfung von Silur und Devon ist eine Berücksichtigung des ersteren nicht zu umgehen. Im Westen des Staates New York, am Niagarafall und am Genessee River, zeigt das Obersilur seine mächtigste Entwickelung und reichste Gliederung. Das in diesem Lehrbuch (I. p. 20) enthaltene Normalprofil bezieht sich auf die Umgebung des Niagarafalls; die Entstehung desselben wird bekanntlich durch die Zwischenlagerung des 42 m mächtigen Niagarakalkes zwischen den liegenden Sandsteinen und Schiefern

(1. Medina-Sandstein, 2. Clinton beds 10 m, 3. Niagara shale 24 m) und den hangenden Mergeln der mehrere hundert Fuss mächtigen Salzformation[1] bedingt. Die bedeutendste Gesammtmächtigkeit — 5500′ — besitzt das Obersilur in den an New York angrenzenden Theilen von Pennsylvania. Diese Thatsache verdient um so mehr Beachtung, als in östlicher Richtung ein unregelmässiges Auskeilen der obersilurischen Schichten zu beobachten ist; schliesslich sind dieselben im Osten von New York am Hudson auf wenige Fuss Mächtigkeit beschränkt und verschwinden dann gänzlich. Wenigstens lässt der von HALL beschriebene Durchschnitt Howes Cave (Schoharie Cy.) keine andere Deutung zu. (Man vergleiche das nebenstehende Profil.) Es finden sich dort:

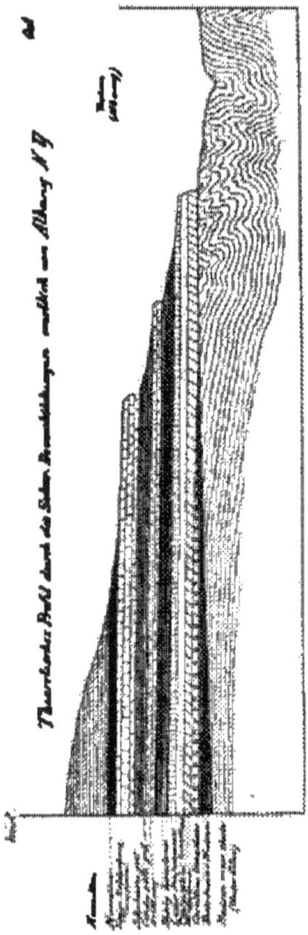

Oben. 6. Unterer *Pentamerus*-Kalk.

5. Tentaculitenkalk mit *Tentaculites irregularis* HALL, *Spirifer Vanuxemi* HALL (nahe verwandt mit *Sp. crispus*), *Strophomena varistriata* HALL.

4. Hydraulischer Kalk (Waterlime) 10 m; durch Wechsellagerung auf das Engste mit 3. verbunden.

3. Coralline limestone (2,5 m). Korallenknollen sind in dem dunkelen Gesteine des Waterlime eingeschlossen. Man findet: *Spirifer crispus* DALM., *Calymmene camerata* HALL, *Favosites Forbesi* M. EDW. et H. 1851 (= ? *Favosites Niagarensis* HALL, Palaeont. N. Y. II. 1852. t. 75 f), *Aulopora serpens* M. EDW., *Cyathophyllum inaequale* HALL sp. (= *Columnaria inaequalis* HALL), also typische Obersilurformen.

2. Knollige Schiefer, reich an arsenigem Pyrit, ohne Versteinerungen (5 m).

1. Hudson River shale (oberes Untersilur). Grünlicher Schieferthon, der in der nächsten Umgebung Versteinerungen führt (im Ganzen 4—500 m).

Wenn man mit 6. die untere Helderberggruppe (= Unterdevon) beginnen lässt und die obere Grenze des Untersilur über 1. legt, so erscheint die ganze, fast zwei-

[1] Salina group oder Onondaga salt group, 1000—1400′ mächtig; der erstere Name ist kürzer und unzweideutiger als der zweite, welcher zu Verwechselungen mit dem devonischen Onondaga limestone führen könnte.

tausend Meter betragende Mächtigkeit der Oneida-, Medina-, Clinton- und Niagara-Schichten auf 20 m beschränkt; der weitverbreitete Waterlime fehlt auch im Westen nicht. Diese für die Grenzbestimmung von Silur und Devon wichtigen Thatsachen wurden hier erwähnt, da im europäischen Palaeozoicum nirgends ein Facieswechsel und das Auskeilen mächtiger Formationen in gleicher Deutlichkeit nachweisbar ist.

Bei Howes Cave lässt sich über dem Untersilur keine Spur einer Discordanz wahrnehmen. Nur wenig weiter östlich, bei Albany am Hudson, sind die nach dem Flusse benannten Schiefer aufgerichtet und die kalkigen Bänke der Helderberggruppe lagern discordant darüber; gleichzeitig sind auch die letzten Andeutungen des Obersilur verschwunden. Die wechselnde Mächtigkeit des Obersilur und der älteren Devonbildungen geht am besten aus der beifolgenden Tabelle hervor, die ich einem Aufsatze von Prosser entnehme[1].

Die Mächtigkeits-Verhältnisse des Obersilur und älteren Devon im Staate New York nach Prosser (Zahlen in engl. Fuss).

	Abtheilungen	Westl. Theil von New York		Westl. centraler Theil v. New York		Centraler Theil von New York		Östl. Theil von New York
		Mächtigkeit		Mächtigkeit		Mächtigkeit		Mächtigkeit
		geschätzt	gemessen	geschätzt	gemessen	geschätzt	gemessen	gemessen
Ält. Devon	Upper Helderberg	90	150	100	78	70	90	(85) Cauda Galli 40
	Oriskany	fehlt	fehlt	5	13	20	—	10
	Lower Helderberg	fehlt	fehlt	110	115	120	188	200
Obersilur	Waterlime u. Salina group	600	400	1000	1418	700	1239	fehlt
	Niagara	180	250†	140	385(?)	40(?)	83	„
	Clinton	80		80	83	200	323	„
	Medina	700	1075	600	912	400	520	„
	Oswego sandstone oder Oneida conglomerate	fehlt	83	fehlt	210	100	107	„

Eingehendere Angaben über die Discordanz an der Silur-Devongrenze verdanken wir W. M. Davis[2]; die weit reichende Bedeutung dieser Beobachtungen rechtfertigt die Wiedergabe derselben.

Unmittelbar südlich von Albany zeigen die Profile in den Helderberg- und Catskill-Bergen eine concordante Auflagerung der Helderbergschichten auf dem Untersilur; das Obersilur fehlt gänzlich. Noch weiter südlich, bei Rondout am Hudson und bei Otisville (NW. von New York city) liegt discordant über den aufgerichteten Hudsonschiefern:

Oben. 3. *Pentamerus*-Kalk der unteren Helderbergschichten.

2. Waterlime.

1. Sandstein, zuweilen conglomeratisch ausgebildet; wenig mächtig und fossilleer (= Obersilur).

In Pennsylvania, im Westen des zuletzt besprochenen Gebietes verschwindet die Discordanz; jedoch weist das Vorkommen von untersilurischen Geröllen in dem basalen Conglomerat des Obersilur auf eine Unterbrechung des Schichtenabsatzes

[1] Geolog. Soc. America. IV. (1893.) p. 116, 117.

[2] American Journ. of science. 1883, p. 387.

hin. Auch in den weiter im Südwesten gelegenen Staaten lagern Ober- und Untersilur concordant.

Bei dem ungleichförmigen Auftreten dieser Discordanzen war es natürlich, dass die New Yorker Staatsgeologen bei der Grenzbestimmung der Hauptformation den scharf ausgeprägten und überall nachgewiesenen Horizont des durch Kalke unten und oben begrenzten Oriskany-Sandsteins als Grenzniveau ansahen.

Für die Horizontirung des Unter-Helderberg als Unterdevon ist maassgebend einerseits die Übereinstimmung der Niagarastufe mit dem europäischen Obersilur und der Hamiltonschichten mit dem oberen Mitteldevon, andererseits die enge stratigraphische Verbindung, in welcher der Sandstein mit den unteren wie den oberen Helderbergkalken steht:

Schon in dem normalen Oriskany-Sandstein weisen trotz der einschneidenden Verschiedenheit der Facies einzelne faunistische Züge — so die Rensselaerien — auf die unteren Helderbergkalke hin. Vor Allem bildet jedoch ein kieselig-kalkiges Gestein bei Becraft Mt. (Columbus Cty., N. Y.) mit einer gleichmässig aus Oriskany- und Unter-Helderbergtypen gemischten Fauna die klastisch entwickelte Facies der älteren Abtheilung. Das genannte, von Clarke und Beecher[1] entdeckte Vorkommen erweist die enge Zusammengehörigkeit der Horizonte, welche jetzt als amerikanisches „Unterdevon" zusammengefasst werden. Die scharfe faunistische Grenze, welche der Oriskany sandstone in den meisten Profilen darstellt, erscheint nach oben und nach unten zu überbrückt und die Zurechnung des Lower Helderberg zum Unterdevon nicht nur durch Vergleiche mit Europa, sondern auch durch amerikanische Vorkommen sicher gestellt. Die detritogene Facies der oberen Helderbergkalke ist der Schoharie grit, der faciell dem Oriskany ähnelt, jedoch eine wesentlich abweichende Brachiopodenfauna enthält und nur local entwickelt ist (Schoharie bei Albany[2]).

Andererseits zeigt die Oriskany-Fauna der Provinz Ontario, Canada, viel nähere Beziehung zu den oberen Helderbergkalken als zu den unteren[1], würde also stratigraphisch mehr dem Schoharie grit von New York homotax sein. Eine vollkommene Übereinstimmung mit den letzteren besteht jedoch wegen der Verschiedenartigkeit der Faciesentwickelung nicht. Der Schoharie grit ist ein feinkörniger brauner Sandstein (grit), in dem die zahlreichen mittelgrossen Brachiopoden als Steinkerne erhalten sind; der Oriskany ist ein grober weisser Sandstein (sandstone), in dem besonders an der oberen und unteren Grenze kalkige Einlagerungen mit Korallen vorkommen und in dem die sämmtlichen vielfach mit Kalkschale erhaltenen Mollusken meist sehr bedeutende Grösse erreichen. Schematisch lassen die Beziehungen sich folgendermaassen veranschaulichen (s. das Profil S. 209).

Weiter nördlich tritt Unterdevon nur sporadisch auf:

Das Innere von Canada besteht ausschliesslich aus Urgebirge und älterem

[1] Beecher & Clarke, Lower Oriskany Fauna. Amer. Journ. of science. Vol. 44. (1892.) p. 414.

[2] Am Cayuga-See und Trenton Falls im mittleren Theil fehlt der Schoharie grit. Clarke fasst l. c. p. 85 den Oriskany-Sandstein als Facies des Ober-Helderberg auf; selbstverständlich fehlen auch hier Beziehungen nicht. Doch kann ein Zweifel über den näheren Zusammenhang von Oriskany mit Unter-Helderberg nicht bestehen, wenn man, wie der Verf., eine Anzahl typischer Profile in New York abgesammelt und die Fauna studirt hat.

Palaeozoicum (Cambrium-Untersilur). Die vereinzelten Vorkommen von Devon aus der Gegend von **Montreal** (St. Helen's Island[1]), welche die Verbindung des New Yorker Devon mit den gleichalten Ablagerungen der Nordostküste herstellen, beanspruchen daher besonderes Interesse. Der versteinerungsführende Kalk, welcher (s. u.) zweifellos dem tiefsten Unterdevon (Lower Helderberg) gleichzustellen ist, tritt in Verbindung mit Conglomeraten auf. Die letzteren enthalten Bruchstücke aller in der Nähe vorkommenden Gesteine vom Gneiss bis zum unteren Obersilur (Medina-Sandstein). Die scharfkantigen Gerölle werden durch vulcanisches Bindemittel verkittet, welches auch Helderbergversteinerungen enthält. Reste dieser unterdevonischen Vulcane liegen ferner in zahlreichen „Trappgängen" der Umgegend vor. Das Fehlen von höherem Obersilur in dem Schalsteinconglomerat deutet wahrscheinlich auf eine locale, kurze Trockenlegung des Meeresbodens während dieses Zeitabschnittes hin.

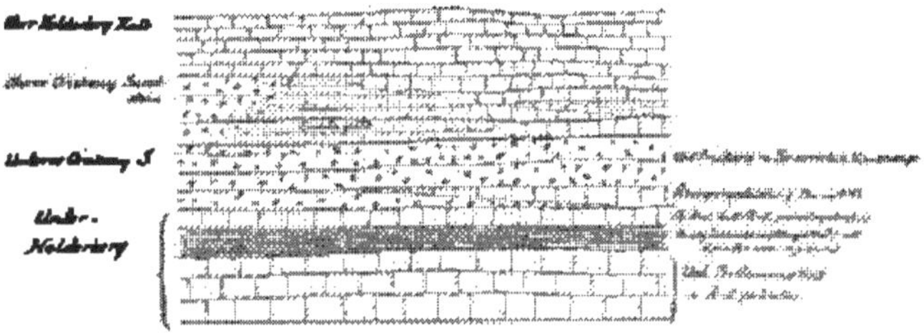

Schematische Darstellung der Faciesentwickelung des älteren Devon im Staate New York.

Die Verbreitung der nachfolgend aufgezählten Versteinerungen von New York nach **Neu-Schottland** und **Neu-Braunschweig** (Bay de Chaleur, sowie die nördlicher gelegene Gaspé-Bay) beweist einen unmittelbaren Zusammenhang der unterdevonischen Meere. Ferner ergiebt sich aus der Thatsache, dass Oriskany-Versteinerungen, wie *Spirifer* cf. *arenosus* und *Hipparionyx proximus* Vanux. (*Orthis*) zusammen mit Helderbergversteinerungen vorkommen, die locale und facielle Bedeutung des Oriskany-Sandsteins. Der letztere ist bekanntlich auf das Gebiet zwischen New York, Maryland und Ontario beschränkt. Weiter östlich liegt ein anderes isolirtes Vorkommen von Unter-Helderberg: Am **Square Lake** (**Maine**) findet sich ein röthlicher (an die Montrealer Vorkommen erinnernder) Kalk, der erfüllt ist von Trilobiten, wie *Proetus macrobius* Bill., und Brachiopoden (*Strophomena punctulifera* Conr. und *arata* Hall, *Meristella laevis* Hall, *Retzia Maria* Bill., *Orthis oblata* Hall, *planoconvexa* Hall und *Trematospira Hippolyte* Bill.).

Die Verbreitung der nördlichen Unterdevonarten ist im Folgenden zusammengestellt:

[1] William Deeks, The Lower Helderberg Formation of St. Helen's Island. Canadian Record of Science. IV. p. 104.

Unter-Helderberg-Kalk von St. Helen's Island, Montreal	Unter-Helderberg-Kalk von: New York	Gaspé und Bay de Chaleur	Nova Scotia	Oriskany-Sandstein
Chaetetes abruptus	•	—	—	—
Callopora incrassata	—	—	—	—
Favosites Helderbergiae	•	•	—	•
Zaphrentis corticata	•	—	—	—
" *Roemeri*	•	•	—	—
Ptilodictya acuta	—	—	—	—
Atrypa reticularis	•	•	•	—
Lingula perlata	•	—	—	—
Orthis deformis	•	—	—	—
" *discus*	•	—	•	—
" *eminens*	•	—	—	—
Hipparionyx proximus	—	—	—	•
Orthis oblata	•	—	—	—
" *tubulostriata*	•	•	—	—
Pentamerus galeatus	•	—	•	—
" *pseudogaleatus*	•	—	—	—
" *Verneuili*	•	—	•	—
Rhynchonella aequivalvis	•	—	—	.
" *formosa*	•	—	•	—
" *mutabilis*	•	—	—	—
" *nucleolata*	•	•	—	—
" *vellicata*	•	—	•	—
" *ventricosa*	•	—	—	—
Spirifer (verwandt mit *Sp. arenosus*)	—	•	—	•
" *concinnus*	•	•	—	—
" *cyclopterus*	•	•	•	.
Stricklandinia gaspensis	—	•	•?	—
Streptorhynchus radiatus	•	—	•	—
Strophodonta profunda	—	—	•	—
" *punctulifera*	•	—	•	—
" *varistriata*	•	•	•	—
Strophomena rhomboidalis	•	•	•	
Platyostoma depressum	•	•	•	—
Tentaculites Helena	—	—	—	—

b) Die Faciesentwickelung des höheren Devon.

Das Oberdevon des Staates New York zeigt mannigfache Faciesbildungen, deren gegenseitiges Verhältniss aus der nebenstehenden schematischen Skizze (nach J. M. Clarke[1]) erhellt. Die Sedimente sind vorwiegend sandig (punktirt oder punktirt und gestrichelt) oder schieferig (gestrichelt); Kalke beschränken sich auf den ein bis wenige Meter mächtigen Tullykalk mit *Rhynchonella cuboides* (= *venustula* Hall) und *Rh. pugnus*, sowie auf spärliche Einlagerungen in den schieferigen Sandsteinen des Chemung.

Das höhere Devon besteht vorwiegend aus Brachiopodenschiefern (Hamilton, Tully, Ithaca, Portage, Chemung), vereinzelt aus schwarzen Schiefern (Genessee) oder Kramenzelkalken (Oneonta- und *Styliola*-Schicht der Naples beds) mit Goniatiten (*Gephyroceras intumescens*[2], *Tornoceras simplex* var. *uniangulare* Hall = *uniangulare* Holzapf., *Goniatites sinuosus*, *Bactrites*, *Cyrtoclymenia neapolitana* Clarke[3]),

[1] Report of the State Geologist for 1893. p. 556.

[2] J. M. Clarke, The Fauna with *Goniatites intumescens* in W.-New York. Amer. Geologist. 1891. p. 86.

[3] J. M. Clarke, *Clymenia* in the Fauna of the *Intumescens*-Zone. Amer. Journ. 1892. p. 57.

Styliolinen (*Styliolina fissurella*) und Palaeoconchen (*Buchiola, Lunulicardium, Cardiola*); Korallenkalke fehlen. Die gegenseitige Vertretung der Old Red-Facies und der Brachiopodenschichten wird unten besprochen (p. 223).

Die als Ithaca beds bezeichneten Brachiopodenschichten mit *Spirifer mesocostalis, Cyrtina hamiltonensis, Strophomena mucronata* und *Productella speciosa* bilden die wenig veränderte Fortsetzung des mitteldevonischen Hamilton[1]; die Grenzhorizonte des Tullykalkes[2] und Geneseeschiefers fehlen zuweilen. Die ursprünglich von HALL als Portagesandstein bezeichneten Schichten sind, insbesondere im oberen Theile, fast versteinerungsleer.

Die Chemungschichten (= Famennien) bilden die palaeontologisch von Ithaca und Portage verschiedene Brachiopodenfacies des oberen Oberdevon; ihre Charakterformen sind: *Spirifer Verneuili, Ambocoelia umbonata* var. *costulata, Orthis tioga* und *carinata. Strophomena cayuta, Productella lacrimosa* und *costatula*; *Spirifer mesocostalis* (siehe p. 243) geht aus der unteren Stufe herauf.

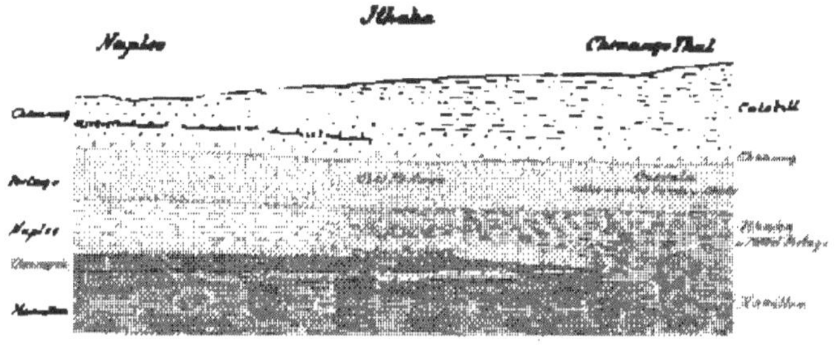

Schematische Darstellung des Ineinandergreifens der Facies im oberen Devon des Staates New York. (Im Wesentlichen nach CLARKE; hinzugefügt wurde das Catskill, welches die Chemung-Schichten in übergreifender Wechsellagerung bedeckt.)

Von besonderer Bedeutung ist das im nördlichen Pennsylvania beobachtete Vorkommen von zwei Petroleumhorizonten in den Sandsteinen des Oberdevon. Der tiefere liegt im oberen Theil des Chemung (Bradford und Warren sands), der höhere, die Conglomeratbank des berühmten Venango oil sand, im Catskill[3].

Überall ist das in den Höhlungen des Sandsteins angesammelte Erdöl von schwererer Salzsoole im Liegenden und leichteren Kohlenwasserstoffgasen im Hangenden begleitet. Der dritte, besonders in Westvirginia entwickelte Petroleumsandstein

[1] Als Subfacies des Ithaca sind die Schiefer mit *Spirifer laevis*, die *Lingula*-Schiefer und die Sandsteine mit *Cryptonella Eudora* anzusehen, welche wenig mächtige Einlagerungen bilden. Vergl. H. S. WILLIAMS, On the fossil Faunas of the Upper Devonian. U. S. Geol. Survey. Bull. No. 3.

[2] H. S. WILLIAMS, On the Tully limestone. 6. Ann. Rep. of the State Geologist for 1886. p. 13. Derselbe, The *Cuboides*-Zone and its Fauna. Bull. Geol. Soc. of Amer. I. 1890. p. 481 ff.

[3] WHITE, The Mannington oil field. Bull. Geol. Soc. of Amer. 3. p. 188. Ausführliches siehe unten bei der Besprechung des Carbon.

liegt unmittelbar im Hangenden des Devon (Big Injun Oil sand des Pocono-Sandsteins s. u.).

c) Vergleich des nordamerikanischen und rheinischen Devon.

Die untere Helderberg- und untere Devonfauna zeigt — nach meiner Meinung — so grosse Verschiedenheiten[1], dass aus palaeontologischen Vergleichen allein ihre Gleichwerthigkeit[2] nicht gefolgert werden kann. Da dieselbe sich jedoch aus stratigraphischen Erwägungen ergiebt, muss zur Erklärung der Abweichungen eine geographische Trennung der Meere angenommen werden. Bei der Vergleichung sind vor Allem die gleichartigen, isopen Facies in Betracht zu ziehen. Man wird, um ein richtiges Bild zu erhalten, z. B. den Oriskany sandstone mit dem Spiriferensandstein oder den *Pentamerus*-limestone mit dem Konjepruser Brachiopodenkalk vergleichen müssen, nicht aber den erstgenannten mit dem letzteren. Vollkommen altersgleiche und isop entwickelte Bildungen, wie Oriskany sandstone und Spiriferensandstein, kommen allerdings selten in Frage. Andererseits wird die Vergleichung auch unter diesen Umständen dadurch erleichtert, dass idente Arten im Unterdevon fast gänzlich[3] und im Mitteldevon mit verschwindenden Ausnahmen[4] fehlen. Es kommen also nur die Gattungen in Betracht, welche fast niemals auf eine Zone beschränkt sind.

Von amerikanischen, der kalkigen Helderberg-Gruppe angehörigen Gattungen (Taf. 25a) fehlen im europäischen Unterdevon:

1. Trilobiten: Die bezeichnenden Subgenera von *Dalmania*: *Coryphalus* (*C. dentatus* Fig. 14, *regalis* und *pygmaeus*), *Odontocephalus* (*O. selenurus* Fig. 16) und *Coronura* (*C. myrmecobius*), sowie von *Lichas*: *Terataspis* Fig. 7, *Ceratolichas* und *Dicranogmus*.

2. Brachiopoden: *Leptocoelia*, *Rhynchospira*, *Trematospira*, *Coelospira*, *Eatonia* (falls nicht die mitteldevonische *Rhynchonella Schnuri* hierher zu stellen ist), *Bilobites* (*Orthis varica* HALL), *Orthostrophia* (*O. strophomenoides* Fig. 9), *Rensselaeria* (nur in der rheinischen Schieferfacies), *Stricklandinia* und *Leptaenisca*; von besonders bezeichnenden Arten wäre etwa *Spirifer macropleura* zu nennen (Taf. 25a Fig. 2).

3. Die Crinoiden zeigen stets stärkere geographische Differencirung als die übrigen Thiergruppen. Aber während im amerikanischen Obersilur eine ganze Anzahl europäischer Formen vorkommen (*Ichthyocrinus*, *Lecanocrinus*, *Eucalypto-*

[1] Einige der bezeichnendsten Leitformen der New Yorker Helderbergschichten sind auf Taf. 25a zusammengestellt.

[2] E. KAYSER, Fauna der ältesten Devonablagerungen des Harzes. p. 274 ff.

[3] *Spirifer acuminatus* HALL aus dem Corniferous sandstone steht allerdings dem *Sp. auriculatus* SANDB. aus den oberen Coblenzschichten und der eigenthümlichen, bei Lissingen vorkommenden Varietät des *Sp. cultrijugatus* (var. *excavata* KAYSER) nahe, stimmt jedoch mit keinem derselben völlig überein. Eine ausführliche Erörterung der Beziehungen dieser Formen ist ohne Abbildungen nicht möglich. Ferner ist *Spirifer concinnus* HALL verwandt mit *Sp. Nerei* BARR.

[4] Die Correlation beider Abtheilungen ist eben wegen der faunistischen Schwierigkeiten nicht bis ins einzelne durchführbar: Die obere Grenze des europäischen Unterdevon liegt entweder über dem Schoharie grit oder etwas höher im Corniferous limestone. Der *Marcellus*-Schiefer entspricht sicher einem höheren Abschnitt des Mitteldevon. *Aphyllites evexus* v. BUCH var. *expansa* VANUX., *Tornoceras simplex* typ. und var. *magnosellaris* kommen z. B. im oberen Mitteldevon und im *Marcellus*-shale vor.

crinus) sind im Unterdevon der beiden verglichenen Länder nur Verschiedenheiten hervorzuheben: In Amerika haben wir *Edriocrinus*, *Aspidocrinus* und von Cystideen *Lepadocrinus*; in Europa lebte besonders in den mergeligen Kalken des nördlichen Frankreich eine grössere Zahl eigenthümlicher Formen, während in den Unterdevonkalken der Ostalpen die Vorfahren der mitteldevonischen Crinoiden *Rhipidocrinus*, *Hexacrinus* und *Eucalyptocrinus* zu Hause waren. Auch der eigenthümliche *Proteroyptiles* Barr. wird in Amerika durch keine verwandte Gattung vertreten. Nur *Mariacrinus* Hall ähnelt dem europäischen *Ctenocrinus* und *Homocrinus* findet sich hier wie dort.

Korallen sind im tieferen Theile des amerikanischen Unterdevon selten und in Europa noch wenig erforscht, so dass eine eingehendere Vergleichung ausgeschlossen erscheint. Nur sei bemerkt, dass die kleine, aber bezeichnende Gattung *Metriophyllum*[1], die im europäischen Mitteldevon verbreitet ist, in Amerika bereits im Unterdevon erscheint. Auch das Vorkommen der charakteristischen kugelförmigen Spongie *Hindia* im unteren Helderberg wäre zu erwähnen. Cephalopodenfacies fehlen im älteren amerikanischen Devon, so dass eine eingehendere Vergleichung unthunlich erscheint. Immerhin ist das gänzliche Fehlen der Goniatiten, sowie der Gattungen *Hercoceras*, *Gyroceras* und *Jovellania* in den dem Koneprusser Riffkalk entsprechenden Horizonten erwähnenswerth. (Der älteste amerikanische Goniatit, ein *Mimoceras* aus dem Eureka-District, gehört bereits dem oberen Unterdevon an.)

Andererseits sind eine Anzahl von Formen für die verschiedenen Kalkfacies des europäischen Unterdevon bezeichnend: *Harpes*, *Cheirurus*, *Arethusina*, *Trimerocephalus*, die Gruppen des *Bronteus thysanopeltis* und *Dormitzeri*, sowie des *Proëtus (Phaëtonellus) planicauda*, die bezeichnenden Gastropoden *Tremotonotus*, *Hercynella* und *Oxydiscus*, von Brachiopodengattungen *Retzia*, *Karpinskia*, sowie die Gruppen der *Athyris Ezquerra*, des *Spirifer togatus*[2] und des *Pentamerus acutolobatus*.

Endlich wäre noch in diesem Zusammenhang die Aviculidengattung *Hyalinoptera*, welche in Amerika fehlt und in Europa ausschliesslich in kalkigen Bildungen vorkommt, zu nennen.

Besonders wichtig für die Frage der geographischen Verschiedenheit ist die Vergleichung von isopen und altersgleichen Faciesbildungen, wie es Oriskany sandstone und die mittleren Schichten des rheinischen Unterdevon, die Stufe des *Spirifer primaevus* (Siegener Grauwacke und Taunusquarzit) und untere Coblenzschichten sind. Wie zu erwarten, treten eine ganze Anzahl von ähnlichen Formen hervor: *Spirifer arrectus* Hall ist sehr nahe verwandt mit *Spirifer primaevus* Stein., *Hipparionyx proximus* ist generisch übereinstimmend und specifisch nahe verwandt mit den als *Streptorhynchus umbraculum* und *gigas* bezeichneten Formen der tieferen rheinischen Schichten; *Rhynchonella Dannenbergi* Kays. (unt. Coblenzschichten) erinnert an *Rh. multistriata* Hall[3],

[1] *Streptelasma strictum* Hall besitzt die für *Metriophyllum* bezeichnende Structur.

[2] Derselbe ist zwar wie *Spirifer macropleura* von dem weit verbreiteten obersilurischen *Sp. plicatella* abzuleiten, zeigt aber eine ganz abweichende Entwicklungsrichtung.

[3] Nicht wie Kayser angiebt, an *Rhynchonella Barrandei* Hall; letztere ist eine echte *Wilsonia*, während die erstgenannte zu den grossen, flachsinuirten, mit dachförmigen Rippen versehenen Formen gehört.

Rensselaeria ovoides Hall an *R. strigiceps* Roem., *Orthis personata* Wirtg. an eine noch unbeschriebene, von mir bei Schoharie gefundene Art, endlich „*Megambonia*“ *lamellosa* Hall[1] an *Avicula pseudolaevis* Oehl.

Hiermit sind aber auch die Ähnlichkeiten erschöpft, und die Zahl der abweichenden Gattungen und Gruppen ist bei weitem grösser. Nur im Oriskany sandstone kommen vor: *Pholidops*, *Rhynchospira*, *Coelospira* Taf. 25a Fig. 13, *Leptocoelia* Fig. 6, *Metaplasia* Fig. 12, *Eatonia*. *Amphigenia*, *Meristella* Fig. 10, 11, *Edriocrinus*, sowie das eigenthümliche Cirriped *Anomalocystites disparilis* (welche nicht zu den Cystideen gehört, wie mir die Untersuchung des Originals bewies). Von bezeichnenden Arten sind zu nennen *Spirifer arenosus*, *Pentamerus* (*Pentamerella*) *arata* und *Rensselaeria* (*Beachia*) *oviformis*.

Andererseits sind für die rheinischen Grauwacken und Spiriferensandsteine bezeichnend: *Chonetes*[2], *Anoplotheca*, *Tropidoleptus* (die Art fehlt in den tieferen Schichten Nordamerikas und erscheint dort erst im höheren Mitteldevon), ferner von Zweischalern *Pterinaea*, *Actinodesma*, *Gosseletia*, *Limoptera*, *Grammysia* (auch diese Gattungen erscheinen erst im amerikanischen Mitteldevon), *Prosocoelus*, *Kochia*. Die Crinoiden sind fast sämmtlich generisch verschieden; erwähnenswerth ist das Überleben der untersilurischen Gattung *Agelacrinus* am Rhein (Siegener Grauwacke). Über die tiefgreifende Verschiedenheit kann demnach wohl kein Zweifel bestehen.

Bei der vorstehenden Vergleichung sind diejenigen Ausbildungsformen des Oriskany sandstone ausser Betracht gelassen, welche einerseits den faunistischen Übergang zu den oberen Helderbergschichten bezeichnen (Cayuga in Canada West), andererseits die Thierwelt des unteren Helderberg, gemischt mit den bezeichnenden Oriskany-Arten, enthalten (Becraft Mt. bei Hudson City, N. Y.[3]).

Es fanden nur die typischen Vorkommen Verwendung, welche schon vor Jahren von Hall am Schoharie, den Helderberg-Mountains, vom Cayuga-See (N. Y.) und von Cumberland (Maryland) beschrieben wurden.

Im Corniferous limestone sind die faunistischen Verschiedenheiten weniger scharf ausgeprägt[4] als in den tieferen Bildungen, aber sowohl hier wie in der höheren Hamilton group noch deutlich wahrnehmbar. Die letztere ist vielfach in Form sandiger Mergel und mergeliger Sande entwickelt und die eigenthümliche faunistische[5] Ähnlichkeit mit dem rheinischen Unterdevon beruht z. Th. auf dieser faciellen Übereinstimmung. Aber andererseits stimmen die Mergel (Moscow shale),

[1] Die Art gehört, wie ein schön erhaltenes, bei Schoharie gesammeltes Stück beweist, zu *Avicula*. Da schon eine *Avicula lamellosa* Goldf. vorliegt, schlage ich für die Art des Oriskany sandstone die Bezeichnung *Avicula Halli* vor.

[2] Im Oriskany ist nur eine einzige seltene Art nachgewiesen.

[3] American Journ. of science. Vol. 44. (Nov. 1892.) p. 410.

[4] Erwähnenswerth sind die vicariirenden Formen der Spiriferen in dem unteren Mitteldevon Europas und dem Corniferous limestone, so *Spirifer elegans* Stein. vic. *gregarius* Hall; *subcuspidatus* Schnur, vic. *euryteines* Hall; *cultrijugatus* F. Roem., vic. *acuminatus* Hall.

[5] *Pterinaea fasciculata* Goldf. cf. *Pt. flabella* Hall; ferner sei erinnert an das gewissermassen verspätete Vorkommen von *Tropidoleptus*, *Grammysia*, *Homalonotus*, *Calymmene* u. a. Gleichzeitig wie in europäischen Schichten erscheint *Cardiola* (*Buchiola*) *retrostriata* v. Buch (cf. *speciosa* Hall) an der Basis des Hamilton.

wie sie z. B. am Cayuga-See den grössten Theil des Hamilton bilden, faciell vollkommen mit den *Calceola*-Mergeln überein und ebenso erinnert der „Encrinal limestone" an die denselben eingelagerten Kalke. Eine Vergleichung kann also ähnlich wie zwischen Oriskany sandstone und Siegener Grauwacke erfolgen.

Die Fauna des amerikanischen Mitteldevon, dessen Hauptvertreter die Hamilton group darstellt, ist trotz mancher übereinstimmender Züge[1] doch im Ganzen so abweichend, dass man das Vorhandensein einer besonderen, von der rheinischen abweichenden Meeresprovinz auch zur Mitteldevonzeit annehmen muss. Beispielsweise sind — abgesehen von der Verschiedenheit der meisten Arten — eine Anzahl von Brachiopoden- und Phyllocariden-Gattungen auf Nordamerika beschränkt, so *Camerella*, *Eichwaldia*, *Pentamerella*, *Trematospira*, *Vitulina*, *Tropidoleptus*, *Pentagonia*, *Coelospira*, *Echinocaris*, *Tropidocaris*, *Rhinocaris* und *Mesothyra*. Auch *Homalonotus* (Subgen. *Dipleura*), *Grammysia*, *Pterinaea* und *Ambocoelia* sind im europäischen Mitteldevon ausgestorben, erreichen hingegen in Amerika erst im Hamilton (Oberes Mitteldevon) ihre Hauptentwickelung. Andere Gattungen sind den europäischen Schichten eigenthümlich, darunter — abgesehen von kleineren und seltenen Formen — verbreitete Leitfossilien, wie *Uncites*, *Stringocephalus*, *Davidsonia*, *Anoplotheca*, *Kayseria*, *Megalodus*, *Mecynodus* u. a. Bemerkenswertherweise zeigen auch in diesem Falle die Korallen bei Weitem geringere Verschiedenheiten, als die Brachiopoden. Sieht man von kleineren Gattungen ab, deren Verbreitung beschränkter ist, so sind die nordamerikanischen Genera, mit Ausnahme von *Chonostegites*, auch in Europa vertreten und von den wichtigeren europäischen Gruppen fehlen in Nordamerika nur *Calceola* und *Endophyllum*.

Auch die migrationsfähigen Cephalopoden besitzen neben einigen verwandten Zügen manche Verschiedenheiten. Einerseits gehört „*Cyrtoceras*" *tetragonum* Arch. Vern. zur Gruppe des *Trematocheilus marcellense* Hall und die beiden Hauptgruppen der subnautilinen Goniatiten, *Anarcestes* und *Aphyllites*, sind in beiden Welttheilen durch vicariirende oder idente Arten vertreten. *Aphyllites evexus* v. B. var. *expansa* Vanux. und var. *crassa* Holzapf., *Tornoceras simplex* Typus und var. *unisangularis* Con. (= *mauguosellaris* Holzapf.) kommen im oberen Mitteldevon Deutschlands und im *Marcellus*-shale vor. Dagegen fehlen in Ostamerika die Genera *Pinacites* (*Goniatites Jugleri* F. Roem. = *emaciatus* Barr.), *Mimoceras* (*G. compressus* Beyr.), *Maeneceras* (*G. terebratus* Beyr. Taf. 32a Fig. 17) und die Gruppe des *Anarcestes cancellatus* Taf. 32a Fig. 16.

Bemerkenswerth ist endlich das Fortleben von Formen des europäischen Obersilur und Unterdevon in jüngeren Schichten Nordamerikas. Hierher gehören: *Calymmene* (*C. platys* Green), *Eichwaldia*, *Tropidoleptus*, *Grammysia* u. a.

[1] Schmale Exemplare der *Athyris spiriferoides* Hall sind von *A. concentrica* v. B. nicht zu unterscheiden; ähnlich verhält sich *Phacops rana* Hall zu *Ph. latifrons* Schl., *Nucleospira concinna* Hall zu *N. lens* Schnur, *Spirifer macronotus* Hall zu *Sp. mediotextus* Arch. Vern. Sehr nahe verwandt sind: *Paracyclas lirata* Conr. mit *Par. rugosa* Gf., *Gonophora peracuta* nov. nom. (= *Gon. acuta* Hall non Sandb.) mit *Gon. acuta* Sandb., *Leptodomus elongatus* Conr. sp. mit *L. Heinersdorffi* Beush. Idente in der Hamilton group (bezw. im Ober-Helderberg) und im Mitteldevon der Eifel vorkommende Arten sind: *Spirifer mucronatus* Hall (Crinoidenschicht s. o.), *Nyassa dorsata* Gf. sp. (= *arguta* Hall), *Paracyclas proavia* Gf. (= *elliptica* Hall) und *antiqua* Gf. (= *ohioensis* Meek), endlich *Nucula fornicata* Gf.

Besonders wichtig für die Vergleichung homotaxer Gebirgsglieder ist die Frage, ob die Zonen in den in Frage kommenden Gebieten zusammenfallen oder nicht. Ein Blick auf die am Schluss des Devon folgende Übersichtstabelle zeigt die Verschiedenheit der amerikanischen und europäischen Gliederung; u. a. fehlt die pelagische Cephalopodenfacies der Wissenbacher (Goslarer) Schiefer und der Knollenkalke von Hasselfelde und Hlubocep, welche in Europa vereinzelt vorkommt, in Amerika in den etwa gleichalten obersten Helderberg-Schichten vollkommen. Der *Marcellus*-Schiefer entspricht dem tieferen Theile der Stufe des *Maeneceras terebratum*.

4. Das Unter- und Mitteldevon in Südamerika und Südafrika.
(Tab. XV.)

Die Entwickelung des Devon in Brasilien, Bolivia[1], den Falklandinseln und in Südafrika entspricht einer südlichen Ausdehnung des amerikanischen Helderberg-meeres. Die Faunen, die wir aus diesen Gebieten kennen, deuten auf das Vorhandensein einer Oriskany- (Unterhelderberg) und einer mitteldevonischen Hamilton-fauna. Die tiefsten Zonen des Unterdevon sind ebensowenig nachgewiesen, wie höhere Horizonte. Charakteristisch ist das Vorwiegen klastischer Gesteine, sowie die Abwesenheit von pelagischen oder Tiefseebildungen. Cephalopoden *(Orthoceras)* und Korallen *(Stenopora)* sind daher gleich spärlich vertreten, während Brachiopoden und Zweischaler, sowie Trilobiten und Conularien häufig auftreten.

Die Beziehungen von Südamerika und Europa (*Tropidoleptus* in beiden Gebieten (im Unterdevon) sind sehr entfernter Art, während die Unterschiede von der nordamerikanischen Fauna in Anbetracht der bedeutenden Entfernung überraschend gering sind. Über die stratigraphischen Beziehungen und die wichtigsten Faunen-elemente giebt die Tabelle XV Aufschluss.

Die älteren Bildungen Südamerikas sind dem Oriskany-Sandstein homotax, der im Wesentlichen die sandige Facies der älteren Helderbergkalke darstellt (s. o.).

Die reichste Oriskany-Fauna ist im unterdevonischen Sandstein der Flüsse Maecurú und Curua in Nordbrasilien (Prov. Pará) gefunden und von Hartt, Rathbun und Clarke[2] beschrieben worden. Ferner sind bei Ponta Grossa und Jaguarahyva (Prov. Paraná, z. Th. nahe der Grenze von S. Paulo), sowie bei Lagoinha (Mato Grosso) in Centralbrasilien[3] gleichartige Gesteine und Faunen bekannt geworden. Besonders zahlreich sind Phacopiden und Spiriferen, fast ausschliesslich mit eigenthümlichen Arten. Daneben finden sich *Homalonotus*, *Chonetes*, *Orthis*, *Strophalosia*, *Retzia* und *Amphigenia*.

Die bei Maecurú gefundenen Arten zeigen z. Th. noch obersilurische Anklänge, so *Phacops*-Arten der *Arachne*-Gruppe und ein *Homalonotus*, der mit dem

[1] Vergl. die schöne Zusammenstellung von A. Ulrich, welche die palaeontologische Bearbeitung der von Steinmann gesammelten Fossilien und eine Übersicht der älteren Literatur enthält: Palaeozoische Versteinerungen aus Bolivien. Mit Taf. I—V. Stuttgart 1892, und L. v. Ammon, Devonische Versteinerungen von Lagoinha in Mato Grosso. Sep.-Abdr. aus d. Zeitschr. f. Erdkunde. Berlin. Bd. XXVIII.

[2] Vollständige Literaturangaben und Petrefactenverzeichnisse bei Ulrich l. c. p. 100 u. 101.

[3] L. v. Ammon, Zeitschr. f. Erdkunde. Berlin. Bd. XXVIII.

obersilurischen *H. delphinocephalus* (und andererseits *H. Vanuxemi* aus dem Helderberg) verwandt ist: an Unterdevon im Allgemeinen erinnern *Phacops*-Arten aus der Gruppe des *Phacops fecundus* und *Logani (Ph. brasiliensis)*, sowie *Dalmania* aus der Gruppe *Odontochile (D. maecurua, D. tenuiloba)*. Specifisch amerikanisch sind: *Vitulina (V. pustulosa* HALL), *Spirifer duodenarius* HALL, *Strophomena perplana* HALL und *Amphigenia elongata* HALL. Gewisse Beziehungen zu Europa könnte man andererseits in dem Vorkommen von *Tropidoleptus carinatus* HALL und *Streptorhynchus Agassizi* (RATHBUN) sehen. Die erstere Art kommt in Nordamerika im Mitteldevon (Hamilton), in Europa in einer wenig verschiedenen Form im Unterdevon (Siegener Grauwacke und untere Coblenzschichten) vor; ebenso ist der nächste Verwandte des unregelmässig gewachsenen *Strept. Agassizi* in Amerika vor allen im höheren Devon, in Europa im Unterdevon (*Strept. distortus* BARR. [non WAAGEN] aus F_2) zu Hause. Doch kommen diese geringfügigen Ausnahmen gegenüber dem amerikanisch-unterdevonischen Anstrich der Fauna nicht in Betracht.

Auch die Iclaschiefer von Bolivia enthalten die genannte, im nordamerikanischen Unterdevon vorkommende *Vitulina*, daneben aber ältere Typen, vor Allem die nordamerikanische, dem europäischen Unterdevon fremde *Leptocoelia*, sowie ferner den von ULRICH unter einem der Synonymik anheimfallenden Namen beschriebenen *Spirifer arrectus* HALL[1]; der letztere ist die häufigste und bezeichnendste Leitform des Oriskanysandsteins.

Nicht vollkommen geklärt erscheinen die Beziehungen des südafrikanischen Unterdevon. Man hat mit voller Berechtigung eine Meeresverbindung mit Südamerika angenommen, und das Devon der Falklandsinseln als Zwischenbildung des südafrikanischen und südamerikanischen Devon betrachtet. ULRICH hob andererseits hervor, dass das Vorkommen einer Art der Gruppe des *Bellerophon trilobatus* am Cap auf eine Verbindung mit europäischen Meeren hindeute. Diese Formenreihe findet sich jedoch auch in Nordamerika, ist also für die vorliegende Frage ohne Belang. Auch *Spirifer antarcticus* MORRIS et SHARPE deutet auf die neue wie auf die alte Welt hin, da derselbe ebensowohl mit *Sp. primaevus* wie mit dem nord- und südamerikanischen *Sp. arrectus* nahe verwandt ist (wie ein bei Gydo, Capcolonie, gesammeltes Exemplar des Breslauer Museums beweist).

Hingegen sind die in der Capcolonie vorkommenden Homalonoten einerseits für das unterdevonische Alter der Bokkeveldschichten[2], andererseits für eine Ver-

[1] = *Spirifer Chuquisaca* ULRICH (Taf. 25d), Beiträge zur Geologie und Palaeontologie von Südamerika p. 65 t. IV f. 19, 20. Drei in der Breslauer Sammlung befindliche, ebenfalls von DAGINCOURT bezogene bolivianische Exemplare sind von den bei Schoharie von mir gesammelten Stücken des *Sp. arrectus* nicht zu unterscheiden.

[2] SCHENCK gliedert seine Capformation von oben nach unten in

3. Zwartebergs- und Zuurbergschichten mit *Lepidodendron*, *Ulodendron*, *Calamites* (kann Oberdevon oder Untercarbon sein).
2. Bokkeveldschichten, schiefrig-sandig mit *Homalonotus*, *Spirifer antarcticus*, *Cucullella*, *Leptocoelia flabellites*, *Tentaculites*, *Conularia*.
1. Tafelbergsandstein rein sandig, ohne Versteinerungen.

Der Tafelbergsandstein ist nach SCHENCK ein heteropes Aequivalent der Bokkeveldschichten („und zwar in den meisten Fällen wohl des obersten Theiles derselben"). Auch wenn man den Sand-

bindung mit Europa beweisend: Die von Gürich (l. c. p. 77) erwähnten Homalonoten („*Homalonotus Herscheli* Murch.") von Vogelsang und Saron (Capcolonie) gehören zu zwei verschiedenen Arten: *Hom. Herscheli* Murch.[1] s. str. steht dem *Hom. rhenanus* Koch[2] ausserordentlich nahe; die Form des Pygidium und der Charakter der Berippung ist ganz übereinstimmend. Nur besitzt die afrikanische Art einige Rhachisglieder mehr (16 bezw. 13) und lässt einige unregelmässige Knötchen erkennen. Eine zweite grössere Art, *Hom. perarmatus* n. sp., besitzt zahlreichere unregelmässig vertheilte Knoten und erinnert in jeder Hinsicht an *Hom. (Burmeisteria) armatus* Burm.[3] und *Hom. subarmatus* C. Koch, von welcher letzteren Art das noch unbekannte Kopfschild zum Vergleich danebengestellt ist. Auch das Vorkommen von *Cucullella* am Cap dürfte eher auf eine Verbindung mit dem europäischen Unter-

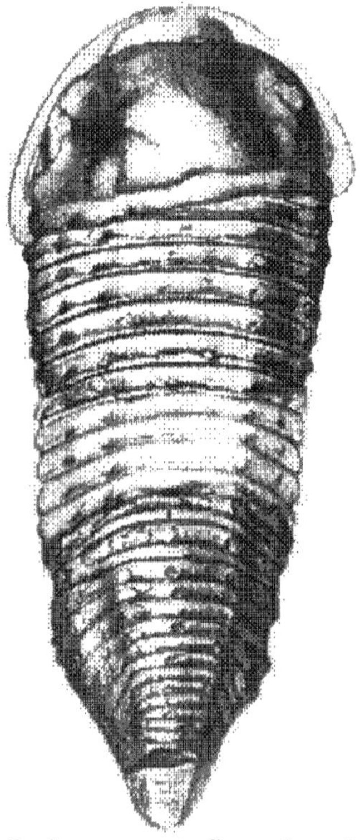

Homalonotus perarmatus Frech. Aus zwei Stücken combinirt. Unterdevon, Saron, Capcolonie. (Museum Breslau.)

Homalonotus subarmatus C. Koch. Glabella. Obere Coblenzschichten. Lahneck. (Museum Breslau.)

stein, wie andere wollen, etwas tiefer horizontirt, wird an der Auffassung der „Capformation" als Devon wenig geändert. Nur die obere Grenze derselben, d. h. das Alter der Zwartebergschichten ist auf Grund der vorliegenden Anhaltspunkte nicht sicher bestimmbar, da Pflanzenreste, wie *Lepidodendron* etc. im Devon und Carbon vorkommen. Vergl. Schenck, Petermann's Mitth. 1888. H. VIII und Gürich, N. Jahrb. 1880. II. p. 73.

[1] Silurian System (Atlas) t. 7 b f. 2. Die Abbildung ist undeutlich und lässt die oben beschriebenen Eigenthümlichkeiten nicht erkennen.

[2] Rheinische Homalonoten. t. 3 f. 1—7.

[3] l. c. t. 1 f. 1—6, bei der rheinischen Art sind die Knoten weniger zahlreich.

devon-Meere hinweisen: Die Gattung fehlt zwar auch in Amerika nicht (= *Nucleites* HALL), ist aber auf das obere Mitteldevon (Hamilton group) beschränkt.

Im Norden und in der Mitte von Südamerika (Nordbrasilien, Pará, Amazonas und Bolivia) ist noch Mitteldevon in einer auf Nordamerika hinweisenden Entwickelungsform vorhanden (Sandstein von Ereré und Huamampampa). Oberdevon ist weder hier noch im Süden beobachtet; vielmehr liegt in Bolivia marines Obercarbon im Hangenden des Mitteldevon. Weiter südlich — im Süden Brasiliens, auf den Falklandsinseln und im Capland — fehlt auch das Mitteldevon gänzlich oder ist wenigstens bisher nicht einmal aus Andeutungen bekannt geworden[1].

Diese Entwickelung scheint das directe, compensirende Gegenstück zu der Transgression der Nordhemisphäre zu sein. Dieselbe beginnt im Mitteldevon und erreicht im unteren Oberdevon ihren Höhepunkt. Im Süden — abgesehen von Australien — müsste somit die Regression des Meeres am ausgesprochensten im Oberdevon hervortreten, was den bisher beobachteten Thatsachen entspricht.

Ein Blick auf die umstehende Tabelle XV veranschaulicht die nahen faunistischen Beziehungen, welche zwischen Nordamerika, Südamerika und Südafrika bezüglich der Entwickelung des Devon bestehen: Besonders weite Verbreitung besitzt *Leptocoelia flabellites* aus dem Oriskany, *Spirifer arrectus* (= *Chuquisaca*) nebst Verwandten, sowie *Vitulina*, eine in Südamerika sehr häufige Form, die in New York als bezeichnend für Hamilton (Oberes Mitteldevon) galt, bis vor kurzem die Gattung auch im Unteren Oriskany entdeckt wurde.

C. Die geographische Verbreitung und Entwickelung des Devon.

1. Der nicht-oceanische Ursprung des devonischen Rothen Sandsteins (Old Red Sandstone).

a) Stratigraphie und Tektonik.

Die weite Verbreitung rother Sandsteinbildungen ist das Merkzeichen der devonischen Formation, ähnlich wie die Anhäufung von Kohlenstoff das Carbon, gewaltige Massen von Riffkalk und Dolomit die Trias kenntlich machen. Wie schon erwähnt, findet an den geologischen Grenzen ein Übergreifen der Old Red-Facies nach dem Silur wie nach dem Carbon zu statt (p. 118). Es ist nicht das Auftreten der rothen Sandsteine an sich, sondern die bedeutende Ausdehnung, welche Beachtung verdient.

Der herkömmlichen Erklärung der englischen Geologen als Süsswasserbildung sind neuerdings verschiedene Forscher entgegengetreten ohne eine befriedigendere Deutung an die Stelle zu setzen.

Dem Einwand, dass dem Old Red Korallen, Echinodermen, Brachiopoden, Gastropoden, Cephalopoden und Trilobiten fehlen, wurde mit der Angabe begegnet,

[1] Der bestimmte Nachweis des Fehlens von höherem marinen Devon ist allerdings bisher nur aus den Schichtenfolgen von Bolivia, von Mato Grosso und dem Capland zu erschliessen; doch lässt die Übereinstimmung dieser weit entlegenen Länder weitergehende Schlüsse nicht ganz unberechtigt erscheinen: Nirgends ist marines Oberdevon entwickelt, in Mato Grosso fehlt auch Mitteldevon und die nächsten oberhalb der grossen Lücke auftretenden Schichten sind carbonisch oder dyadisch

Tabelle XV: Das Devon in Südamerika und Südafrika

	New York	Brasilien: Norden (Para, Amazonas) [Hartt, Orville Derby, Rathbun, Clarke]	Brasilien: Süden (Paraná, Matto Grosso) [v. Ammon]
Hangendes			Dyadischer Sandstein mit Reptilienresten (ca. 500 m) **Concordante Auflagerung**
Oberdevon	**Reiche Entwickelung (p. 211)**	**Nicht beobachtet**	**Fehlt**
Mitteldevon	**Hamilton** **Marcellus**	Sandstein von Ereré mit *Homalonotus Oiara*, *Cryph. Paituna*, *Lingula spatulata* und andere Arten, *Chonetes Comstocki*, *Trop. carinatus*, *Vitulina pustulosa*, *Spirifer pedroanus* u. a., *Cyrtina Curupira*, *Rh. ererensis*, *Retzia Jamesiana*	**Fehlt**
	Oberer Helderberg Schoharie Cauda galli Oriskany-Sandstein. Stufe des *Spir. arenosus* und der *Leptocoelia flabellites* Unterer Helderberg	Sandstein von Maecurú (Para) und Curua Stufe des *Phac. brasiliensis*, *Dalm. maecurua*, *tumiloba* und *Acaste gatea*, *Homalonotus Derbyi*, *Vitulina pustulosa*, *Tropidoleptus*, *Spir. duodenarius*, *Stroph. perplana*, *Amphigenia elongata*, *Spir. Derbyi*, *maecuruensis*, *Hartti*, *Pedroanus* u. a., *Retzia Jamesiana*, *Orthis*, *Streptorhynchus Agassizi*, *Productella maecuruensis*	Sandstein von Paraná und Rotheisenstein von Lagoinha (Matto Grosso) Stufe der *Leptocoelia flabellites* und *Phacops brasiliensis*, *Beller. chapadensis*, *Tentaculites bellulus*, *Discina Baini*, *Chonetes falklandicus*, *Spirifer Vogeli*, *Centronella* + **Discordanz**
	Liegendes: Obersilur	**Obersilur**	**Phyllit**

(Südliches Helderberg- und Südafrikanisches Meer).

Bolivia (Titicaca-See) (Steinmann, Ulrich)	Falkland-Inseln [Darwin, Morris et Sharpe]	Capland [Schenck]
Marines Obercarbon mit *Prod. semireticulatus*		Witteberg-Sandstein, Zwarte- und Zuurberg-Schichten mit *Lepidodendron*, *Ulodendron* und *Calamites*
Fehlt	Nicht beobachtet	
Sandstein von Tarabuco mit *Rhynch.* cf. *antisiensis*		
Grauwacke des R. Sicasica mit *Trop. carinatum*, *Vitul. pustulosa*, *Chonetes Stuebeli*		
Sandstein von Huamampampa mit *Avicula* cf. *Boydi*, *Rensselaeria* cf. *Jamesiana*, *Streptorh.* cf. *chemungensis*, *Cryphaeus*		Tafelberg-Sandstein ohne Versteinerungen
Iclaschiefer, Conularienschiefer. Stufe des *Spirifer arrectus* und der *Leptocoelia flabellites*, *Vitulina pustulosa*, *Spir. Vogeli*, *Chonetes Arcei*, *Dalmania (Coronura) Clarkei*, *Cryph. giganteus*, *Acaste devonica*, *Phacops*, *Con. africana* und *undulata*, *Tentac. bellulus*, *Meristella Riskowski*, *Stenopora Steinmanni*, *Nuculites Beneckei* 300 m	Stufe des *Spir. antarcticus* und der *Leptocoelia flabellites*, Sandstein u. s. w. mit *Chonetes falklandicus*, *Discina Baini*, *Streptorhynchus Sulivani* und *concinnus*, *Spir. Orbignyi* und *Hawkinsi*	Bokkeveld-schichten (schieferig-sandig) Stufe der *Spirifer antarcticus* u. der *Leptocoelia flabellites*, *Cucullella*, *Tentaculites*, *Conularia africana*, *Hom. Herscheli* und *pyramidatus* n. sp., *Phacops africanus* (cf. *brasiliensis*), *Beller. quadrilobatus* (Cedarberg, Hottentottenkloof, Gydo)
Untere Bänke des Iclaschiefers mit *Centronella Arcei* und *Lept. flabellites*		Diskordanz
		Urgebirge

dass eine Anzahl der typischen Sandsteinfische auch im marinen Devon vorkäme und dass in Russland nach einer alten Angabe MURCHISON's beide Bildungen durch Wechsellagerung verbunden sind. Nach zahlreichen neueren Angaben besteht diese Wechsellagerung — abgesehen von vereinzelten Ausnahmen (s. u.) — darin, dass fischführender Sandstein die marinen Brachiopodenkalke über- und unterlagert (Tab. XVI). Ferner liegt die Grenze zwischen oberem baltischen Sandstein und marinem Kalk nicht überall in demselben Horizont[1].

Einen viel schlagenderen Einwand gegen die Süsswassernatur des rothen Sandsteins bildet die weite Verbreitung von Salz und Gyps in den fraglichen Bildungen Russlands. In Kurland ist der Sandstein durch häufig vorkommende Salzpseudomorphosen[2], am Timan durch Gypse[3] und Salzquellen, die wahrscheinlich in demselben ihren Ursprung haben, gekennzeichnet. Ebenso einleuchtend ist jedoch andererseits die palaeontologische und petrographische Verschiedenheit des Old Red und des marinen Devon sowie die Folgerung, dass beide unter verschiedenen physikalischen Bedingungen gebildet wurden.

Eine einfache Beantwortung der Frage, ob der rothe Sandstein in Salz- oder

---

[1] Ich bezeichne die beiden Sandsteinhorizonte, für die eine einheitliche Bezeichnung zu fehlen scheint, als oberen und unteren baltischen Sandstein. Über die Lagerungsverhältnisse ist Folgendes zu bemerken: Bei Uboja (Gouv. Pleskau) entspricht die Grenze zwischen dem oberen Sandstein (mit *Glyptolepis leptopterus*) und dem liegenden marinen Devon der Scheidelinie zwischen Ober- und Mitteldevon; weiter nördlich in demselben Gouvernement (am Schelon) reicht dieselbe Grenze weiter in das Oberdevon hinauf. Im centralen Russland ist hingegen das ganze Oberdevon mariner Kalk, während bei St. Petersburg ausser dem Oberdevon noch ein oberer Theil des Mitteldevon in der Old Red-Facies entwickelt ist (KARPINSKY, Zur Geologie des Gouvernements Pskow [Pleskau]. Mél. phys. et chim. St. Pétersbourg. T. XII. p. 624). — Die weiteren Angaben über die Lagerungsverhältnisse des russischen Devon sind im Folgenden (Tab. XVI) zusammengestellt:

Auflagerung des unteren baltischen Sandsteins mit *Asterolepis*, *Osteolepis*, *Dipterus*, *Glyptolepis*, *Estheria membranacea* auf Obersilur an der Torgel („unconformity by erosion").
PANDER, Saurodipterinen, Dendrodonten, Glyptolepiden. Petersburg 1860. Vorrede.

Auflagerung der oberen baltischen Sandsteine auf marinem Devon am Sjass (Gouv. Nowgorod). TRAUTSCHOLD, Drei geologische Briefe an den Vicepräsidenten der kaiserl. naturw. Gesellschaft zu Moskau. p. 3.

Derselbe, Über *Coccosteus megalopteryx* TRAUTSCH. Zeitschr. deutsch. geol. Ges. 1889. p. 35.

WENJUKOFF, Die Fauna des devonischen Systems im nordwestlichen und centralen Russland. St. Petersburg 1886. Die Altersbestimmung der einzelnen Horizonte ist revisionsbedürftig; die Berichtigung erfolgte durch TSCHERNYSCHEW, Fauna des mittleren und oberen Devon am Westabhange des Ural. Mém. com. géol. No. 3. 1887, besonders p. 190—208.

Ausserdem WENJUKOFF, Le système dévonien dans la chaîne des Mongodjares. Petersburg 1885.

[2] Vergl. GREWINGK, Erläuterungen zur geologischen Karte von Liv-, Esth- und Kurland. 2. Aufl. 1879. p. 18. Zahlreiche Kurländer Exemplare befinden sich im Breslauer Museum.

[3] Von der Ust-Uchta, einem Nebenfluss der Petschora, citirt TSCHERNYSCHEW das folgende von KEYSERLING beobachtete Profil im Oberdevon (Mittleres und oberes Devon am Westabhang des Ural. p. 197):

Oben 5. Mergel und Gyps mit *Spirifer Archiaci*.
4. Kalk mit *Bothriolepis favosa* und *ornata*, *Ptetichthys major* und *cellulosus*, *Dendrodus biporcatus* und *hastatus*, *Glyptolepis leptopterus*, *Dimeracanthus concentricus*.
3. Grünlicher Thon mit Gyps.
2. Weisser Kalk mit Flechen.
1. Grünlicher Thon und Kalk mit *Arca oreliana* und *Coccosteus obtusus*, *Sp. Archiaci*.

in Süsswasser gebildet wurde, erscheint also kaum möglich und es ergiebt sich, dass die Fragestellung an sich unrichtig war:

Die chemische Zusammensetzung des Wassers ist von geringerer Bedeutung; viel wichtiger ist die Auflösung des Problems, ob der rothe Sandstein in oceanischen Becken oder im Gebiete des Festlandssockel abgelagert wurde. Für die Entscheidung ist einerseits eine petrographische und tektonische Vergleichung, andererseits die palaeontologische Statistik maassgebend.

Innerhalb der im Bereich der Hundertfadenlinie liegenden Buchten, Meerengen und Binnenmeeren sind die grössten Verschiedenheiten des procentualen Salzgehaltes möglich: es braucht nur auf das naheliegende Beispiel der normalsalzigen Nordsee, des starksalzigen friesischen Wattenmeeres, der schwachgesalzenen Ostsee und des fast ausgesüssten Bottnischen Meerbusens hingewiesen zu werden. Alle diese Meerestheile stehen in offenem Zusammenhang und zeigen je nach dem Salzgehalt und der Beschaffenheit des Sediments eine Reihe faunistischer, durch Übergänge vermittelter Abweichungen.

Viel einschneidender sind die faunistischen Verschiedenheiten, welche die Gesammtheit dieser Meeresbecken im Vergleich zu den pelagischen und abyssischen Theilen des offenen Oceans aufweist. Das gemeinsame Kennzeichen der flachen Meerestheile besteht darin, dass sie sämmtlich dem europäischen Festlandssockel angehören und dass ihre fein- oder grobklastischen Sedimente sämmtlich von demselben stammen.

Das angeführte Beispiel passt beinahe Wort für Wort auf das ostamerikanische Oberdevon, in welchem die rein marine aber aus klastischen Elementen aufgebaute Chemung group (vergleichbar der Nordsee-Fauna) allmählich in die petrographisch ähnlichen, aber nur durch Fische, Landpflanzen und eigenthümliche Zweischaler gekennzeichneten Catskill-Sandsteine übergeht. Die letzteren würden etwa der Ablagerung in den brakischen Theilen des Baltischen Meeres entsprechen, in dem die Süsswasserfische unserer Flüsse fast vollzählig angetroffen sind. Sogar höchst empfindliche Thiere, wie Bachforelle und Äsche, werden gelegentlich lebend gefangen. Eine ganze Reihe anderer Süsswasserformen sind zu selteneren[1] oder häufigen Standfischen in der Ostsee geworden, so Stichling (*Gasterosteus aculeatus*), Zander, Barsch, Hecht, Karausche, Elleritze, die verschiedenen Bleien (*Abramis brama*, *vimba* und *ballerus*), sowie zahlreiche Weissfischarten (*Alburnus lucidus*, *Pelecus cultratus*, *Leuciscus idus* und *rutilus*). Umgekehrt sind verschiedene Salzwasserfische in den Flüssen heimisch geworden (Möbius l. c. p. 183), so Plattfische (*Platessa flesus*) und Seenadeln (*Siphonostoma typhle* und besonders *Nerophis ophidion*).

Im westlichen Theile des Staates New York[2] im Durchschnitte des Genessee-Flusses ist das ganze Oberdevon als mergelig-sandige Schichtenfolge mit zahlreichen

[1] Vergl. Möbius und Heincke, Die Fische der Ostsee. Berlin 1883. p 164, 167, 168, 175, 177. Zu den selteneren Standfischen der Ostsee gehören u. a.: *Acerina cernua*, *Abramis blicca*, *Coregonus oxyrhynchus*, *Lota vulgaris*, *Cobitis fossilis* und *barbatula*, *Aspius rapax*, *Leuciscus cephalus* und *Silurus glanis*.

[2] H. S. Williams, Amer. Journ. 47. 1894. p. 144. Vergl. auch J. Stevenson, The Chemung and Catskill. Amer. Ass. for the advancement of science. 1891.

Tabelle XVI: Das Devon

	Ostseeprovinzen und nordwestliches Russland	Centrales Russland	Nordöstliches Russland (Petschora-Timan)
Hangendes	Unterer Zechsteinkalk mit *Productus horridus* und *Schizodus* (Kurland)	Untercarbon: Sandstein mit *Stigmaria*, *Lepidod. Veltheimianum*, Kohle	Marines Obercarbon, Stufe des *Sp. mosquensis*
Ober-Devon	Lücke Oberer baltischer Sandstein (30 m) mit Fischen Am Fl. Sjass mit *Holoptychius*, *Bothriolepis*, *Dendrodus*, *Cricodus*, *Chelyophorus*, *Coccosteus megalopteryx*, *Dipterus* Kalk mit *Sp. Verneuili* und *Archiaci*, *Ptyctodus*	Kalk von Malewka-Murajewnia Schichten mit *Arca oreliana* (Lebedjaner Schichten) Thoniger Kalk mit *Sp. Verneuili* (Jeletzer Schichten), *Sp. Archiaci*, *Stroph. aerlia* und *Dutertrii*, *Strophalosia productoides*, *Rhynch. pugnus* und *cuboides*, *Myalinoptera crinita*, *Leiorh. rhomboideus*	Lücke Domanik-Schiefer mit *Torn. simplex*, *Gephyroc. intumescens*, *Ammon.* Kalk mit *Sp. Archiaci* und *Verneuili*, *Sp. granulatus*, *Stroph. Dutertrii* und *aerlia*, *Arca oreliana* Dolomit mit *Bothriolepis* und *Holoptychius*
Mittel-Devon	Kalk mit *Sp. Anossoffi*, *Sp. tenticulum*, *muralis*, *Rh. Meyendorfi*, *Platyschisma uchtense*, *kirchholmiense*, *Macrocheilus arculatum*, *Murch. angulata*, *Favosites polymorphus* (Kalk von Lennat), Pleskau, Dolomit der Düna) Unterer baltischer Sandstein, 100 m, mit Wellenfurchen. An der Torgel (Livland) mit *Asterolepis*, *Osteolepis*, *Glyptolepis*, *Dipterus*, *Heterosteus*, *Homosteus*, *Lingula*, *Estheria Murchisoniana*	Kalk mit *Sp. Anossoffi* (Woronescher Schichten von Dewitza, Jendowischtsche, dem Don), *Sp. tenticulum*, *Rh. livonica*, *Javellania subtriangularis*, *Dielasma ventricosa*, *Plat. kirchholmiense*, *Cyath. caespitosum*, *hexagonum*, *Ath. Helmersenii*, Tentaculiten Unterer baltischer Sandstein mit *Glyptolepis* und *Asterolepis* (Orel)	Kalk mit *Sp. Anossoffi*, *Sp. elegans* und *muralis*, *Rh. Meyendorfi*, *Macr. arculatum*, *Platyschisma uchtense*, *Cyath. caespitosum*
Liegendes	Transgressions-Lücke Obersilur	Transgressions-Lücke Untersilur von Minsk und Twer	Transgression und Lücke Mittleres Obersilur mit *Leperditia Hisingeri*, *Bumastus barriensis*, *Encrinurus punctatus*

marinen Resten (Chemung) entwickelt. Ca. 180 km östlich erscheinen am Cayuga-See nach dem Verschwinden der Chemung-Fauna als oberstes Glied des Devon einige Hundert Fuss rother Sandsteine. Weitere 180 km östlich besteht bereits das obere Drittel des Oberdevon aus Catskill-Sandsteinen; darunter liegen: 2. untere Chemung-Schichten mit spärlichen Versteinerungen; 3. Ithaca-Schichten, marine, vorwiegend sandige Schichten; 4. Oneonta-Schichten; 5. Eine Übergangsfauna von Ithaca (Oberdevon) und Hamilton (Mitteldevon); 6. Hamilton. Noch weiter östlich, am Hudson,

in Russland.

Ural Westabhang	Ural (südliche Ausläufer)	
Kohlenflötze		
Kalk mit *Productus mesolobus*		
Kalk mit *Clymenia annulata, Cl. flexuosa, Leiorhynchus subreniformis* (Murakaewa)	Schichten mit *Clym. undulata, Cl. angustiseptata, annulata, laevigata, Dunkeri, speciosa, Sporad. Münsteri, Branc. sulcatum*	Guberlinskische Berge
Kalk mit *Cheiloceras Verneuili* und *Leiorh. subreniformis* (Fl. Jaiwa)		
Kalk mit *Gephyroc. intumescens, Ammon, Torn. simplex, Bactr. carinatus, Buch. retrostriata, Styl. fissurella, Tent. tenuicinctus, Spir. Archiaci, Rhynch. cuboides* (Murakaewa, S. Koltuban)	Kalk von Kauldjar und Schaldak mit *Torn. simplex, Bactrites carinatus, Rh. cuboides* und *pugnus, Sp. Archiaci* und *tenticulum, Porcellia primordialis*	Mugodjaren
Kalk mit *Rh. cuboides, Sp. Archiaci, Murchisonianus, bifidus, ziczac, Prod. sericeus* (Fl. Minjar, Fl. Jaiwa, Usswa)	†	
Kalk mit *Spir. Anossofi* und *String. Burtini, Rhynch. Meyendorfi, procuboides, Leiorh. mesacostalis, Kellogi, Spir. elegans, Cyath. caespitosum, hexagonum, Platyschisma uchtense* und *kirchholmiense*	Kalk des Alban und Dandyn-Tau mit *Sp. Anossofi, Macrochilus arculatum, Rotella heliciformis, Leiorh. formosus* und *Phill. Henochi*	
Kalk mit *Pentamerus baschkiricus, P. pseudobaschkiricus, ovatus, Dechenella Romanowskii, Cystiphyllum vesiculosum, Cyath. ceratites, Favosites Goldfussi*		
Gestreifte Mergel, Schiefer und Sandsteine		
Unterdevon (siehe Tab. XIV)		
Metamorphe Schiefer		

wird das ganze Oberdevon von den rothen Catskill-Sandsteinen gebildet und in Maine ist der grösste Theil des gesammten Devon (die ganze Schichtenreihe zwischen Oriskany und Carbon, d. h. ein Theil des unteren, das mittlere und obere Devon) durch Bänke vom Charakter der rothen Catskill-Schichten aufgebaut. Die spärliche Fauna des Catskill-Sandsteins besteht aus Placodermen (*Holoptychius*), dem eigenthümlichen riesenhaften *Stylonurus* und der auch in nichtmarinen Schichten Europas vorkommenden Gattung *Amnigenia* (*A. catskillensis*). Vergl. p. 211.

Man muss aus den vorstehenden Angaben den Schluss ziehen, dass das unbedingte Vorwiegen groben festländischen Materials sowie die rothe Färbung ein wichtiges Kennzeichen des Old Red ist. Dieses Material konnte jedoch in flachen, die Continente umsäumenden Meereszonen oder in festländischen Becken abgelagert sein. Wir kennen ausgedehnte Devongebiete, in denen innerhalb rein klastischer Bildungen nur marine Reste gefunden werden: das Famennien Belgiens, das rheinische Unterdevon und das gesammte Devon in Nord-Devonshire. Allerdings pflegen in den marinen Litoralbildungen thonige Sedimente vorzuwiegen; gelegentliche Einlagerungen von Kalkbänken, wie sie in allen genannten Gebieten beobachtet werden, entsprechen den Kalken („cornstones") des unteren Old Red.

Die klastischen Massen des rheinischen Schiefergebirges und des Famennien gelangten auf dem innerhalb der Hundertfadenlinie liegenden Continentalsaum des Oceans zur Ablagerung, während der Old Red unter anderen Bedingungen entstanden sein muss.

Bezeichnend für den Old Red im Gegensatz zu dem marinen Devon ist das ausschliessliche Vorkommen desselben auf altem Schollenland und der Umstand, dass in Sandsteingebieten trotz einer oft gewaltigen Ge-

Schematisches Profil durch die Cheviot Hills, Westl. Northumberland (nach J. G. Goodchild).

c Oberer Old Red Sandstone und Conglomerat.
b Unterer Old Red Sandstone (Cheviot Serien).
a Silur (? Wenlock).
e Yoredale-Schichten (Obercarbon).
d Kohlenkalk (Untercarbon).
c¹ Eruptivdecken im oberen Old Red.

sammtmächtigkeit kaum irgendwo vollständige palaeontologische Zonenprofile beobachtet werden. An den meisten Fundorten kommt, wie die Tabelle (p. 232) zeigt, nur eine einzige Fauna vor (Polen, Podolien, Ostcanada). Wo in Grossbritannien zwei wesentlich abweichende Sandsteinformationen einander überlagern, sind dieselben durch eine Discordanz und eine dem grössten Theile des Mitteldevon entsprechende Lücke von einander getrennt. In Russland lagert zwischen den Sandsteinformationen der Kalk des marinen Mitteldevon. Die einzige wirkliche Ausnahme ist die Schichtenfolge von Caithness in Schottland, wo die zu ungewöhnlicher Mächtigkeit (16 200') angeschwollenen Flagstones[1] in vier fossilführenden Schichtgruppen die Vertreter von zwei oder drei unterscheidbaren Faunen enthalten (Tab. XVIII p. 232).

Diese Localisirung der Faunen ist den oceanischen Schichten fremd und deutet darauf hin, dass der Sandstein in continentalen Becken abgelagert wurde; der Salzgehalt und die Ausdehnung derselben unterlag — je nach den Fortschritten, welche die Ablagerung der klastischen Gesteine machte —

[1] A. Geikie, On the Old Red Sandstone in Western Europe. p. 371. Flagstone ist ein schieferiger plattiger Sandstein. Siehe auch Tab. XVIII p. 232.

bedeutenden Schwankungen. Die oceanischen Tiefen werden in viel langsamerem Tempo ausgefüllt; ihre Sedimente erstrecken sich über weite Gebiete und enthalten somit meist zahlreiche Faunen übereinander.

Oceanische Sedimente liegen entweder auf Schollenland oder in Faltungszonen. Der rothe Sandstein des Devon hat — ebenso wie fast durchgängig die rothen Sandsteine jüngerer Formationen — niemals an den gewaltigen Faltungen theilgenommen, welche die grossen Hochgebirge aufgestaut haben. Der rothe Sandstein liegt in Schottland auf den abradirten Falten des altsilurischen Hochgebirges, in Wales und ebenso in der Neuen Welt überlagern die fast horizontalen Catskill-Sandsteine südlich von Albany (N. Y.) die aufgerichteten altpalaeozoischen Hudsonbildungen (vergl. das Profil p. 206).

In Colorado und Wales grenzen die Sandsteine an die Faltungsgebirge und die übrigen Vorkommen liegen meist in grösserer Entfernung von gefaltetem Gebiet. Der *alte rothe Sandstein* ist also an continentale *flachgelagerte Schollen* und an Faltungszonen gebunden, in denen die *Gebirgsbildung dauernd erloschen* ist; das *marine Devon* ist vorwiegend von den *Faltungen des Carbon* und der Dyaszeit ergriffen worden.

Eine bemerkenswerthe Analogie besteht zwischen der tektonischen *Bildungsgeschichte des Devon* und der *Trias*. Die New Red Sandstones der letzteren lagern in England, Nordamerika (Connecticut-Sandstein), Südafrika (Karroo), Dekkan (Gondwana) und Australien (Hawkesbury-Sandstein) ebenfalls auf altem Schollen- oder Faltungsland, haben aber selbst keine nennenswerthe Faltung mehr erlitten. Die *deutsche Trias* mit ihrem von Sandsteinbildungen eingeschlossenen Muschelkalk *entspricht dem russischen Devon*. Die marine Trias gehört entweder dem Umkreise des Pacifischen Oceans oder dem eurasiatischen Grossen Mittelmeer (der Thethys) an und ist hier wie dort fast ausnahmslos gefaltet.

Im Devon ist der tektonische Gegensatz nicht mit gleicher Schärfe ausgebildet, da zwei Ausnahmen (ungefaltetes marines Devon in New York und den angrenzenden Gebieten und gefaltetes Old Red auf den Shetlandinseln[1]) vorkommen. Aber die letztgenannte Ausnahme beschränkt sich auf flache Undulationsfalten oder Schleppungen an Brüchen; nirgends haben — weder in der Trias noch im Devon — die rothen Sandsteine an Faltungen theilgenommen, die zur Bildung von Hochgebirgen Veranlassung gaben. Es besteht also überall ein directer Zusammenhang zwischen petrographischer Zusammensetzung, tektonischem Bau und der Art der Entstehung bei den continentalen Sandsteinen und den marinen Bildungen in den verschiedenen Abschnitten der Erdgeschichte.

b) Die Fischfaunen des rothen Sandsteins.

Ausschlaggebend für die Deutung des *Old Red* ist die *Vergleichung der Fischtypen*, die neuerdings auch aus dem *marinen Devon* in immer wachsender Zahl beschrieben werden: Wenn, abgesehen von den sonstigen physikalischen und palaeontologischen Verschiedenheiten, auch die Fischfauna bedeutsamere Unterschiede aufweist, so bleibt kein Zweifel an der abweichenden Entstehung übrig.

[1] A. Geikie, On the Old Red Sandstone of Western Europe. Edinburgh 1878. I. S. p. 410.

Tabelle XVII. Die devonischen Fische (ausschliesslich der Plagiostomen) und ihre Verbreitung im rothen Sandstein und den marinen Schichten.

Die Bezeichnung „Old Red" giebt das Vorkommen in Grossbritannien an. (Die grösseren auf eine bestimmte Facies beschränkten Gruppen sind gesperrt.)

Unterclasse Ordnung Familie	Nur im rothen Sandstein	Nur im marinen Devon	In beiden Facies
Cyclostomata **Hyperoartia** Palaeospondylidae	*Palaeospondylus* (Schottland, Achanarras)		
Selachii **Holocephali**		*Ptyctodus*, Ob. Mitteldevon: Balticum und Hamilton group *Rhynchodus*, Corniferous: Ohio; Hamilton: Wisconsin, Iowa; Mittl. Mitteldevon: Eifel *Palaeomylus*, Corniferous: Ohio; Hamilton: Wisconsin	
Dipnoi **Ctenodipterini**	*Conchodus*, Ob. Old Red und Balticum *Holodus*, Ob. balt. Sandstein; Gouv. Orel	*Palaedaphus*, Ob. Devon: Famennien und Chemung *Mylostoma*, Oberdevon: Ohio	*Dipterus*, Unt. und Ob. Old Red, balt. Sandstein u. Kalk; Chemung, Catskill
Ganoidei **Pteraspidae**	*Palaeaspis*, Obersilurischer rother Sandstein (Salina group, N. Y.) Unt. Old Red		*Pteraspis* (= *Scaphaspis*), Obersilur, Unterstes Old Red: England, Podolien und Spitzbergen, Unt. Rhein. Unterdevon: Bons *Cyathaspis*, Obersilur; Podolien, Balticum, England u. Unterstes Old Red: England
Cephalaspidae	*Cephalaspis*, Silurische Grenzschichten, Unt. Old Red: England, südl. Schottland, Spitzbergen, Ost-Canada. Ob. Old Red: Scaumenac *Eukeraspis* (= *Plectrodus*), Obersilur und Unterst. Old Red: Podolien *Thyestes* (= *Auchenaspis*), Obersilur u. Unterst. Old Red: England, Oesel *Didymaspis*, Unt. Old Red: England		? *Cephalaspis*, Unterdevon von Cornwall *Drepanaspis*, Hunsrückschiefer
Placodermata	*Microbrachium*, Oberste Zone des Unt. Old Red: Neu-Schottland *Homosteus*, Unt. Old Red (Schottland) und Unt. balt. Sandstein *Heterosteus*, Unt. balt. Sandstein: Livland	*Glyptaspis*, Oberdevon: Ohio *Aspidichthys*, Oberdevon: Ohio, Manitoba und Adorf, Westfalen *Callognathus*, Oberdevon: Ohio *Anomalichthys*, Oberdevon: Adorf	*Pterichthys*, Unt. u. Ob. Old Red: Allgemein verbreitet; Mitteldevon: Eifel *Bothriolepis*, Ob. Old Red: England, Scaumenac u. s. w., Chemung und Famennien

Placodermata	*Chelyophorus*, Ob. balt. Sandstein: Livland, Orel *Phlyctaenaspis*, Unt. Old Red: England, Neu-Braunschweig	*Dinichthys*, Mittl. Oberdevon: Ohio. N. Y.; Mitteldevon: Eifel *Titanichthys*, Oberdevon: Ohio *Trachosteus*, „ „ *Diplognathus*, „ „ *Gorgonichthys* Clayp. Ob.-Devon: Ohio *Brontichthys* „ „ *Macropetalichthys*, Unt. und Mitteldevon: Eifel, Ohio ?*Holopetalichthys*, Unterdevon: Kunlepros *Asterosteus*, Mitteldevon: Ohio *Holonema*, Oberdevon: Chemung	*Asterolepis*, Ueberall im Ob. Old Red verbr. (*Asterolepis ornata var. australis* M'Coy. Mitteldevon: Victoria) *Coccosteus*, Allgemein verbreitet mit Ausnahme des tiefsten Old Red und des Unterdevon
Chondrostei			
Acanthodei (Rother Sandstein-Dyas)	*Acanthodes*, Unt. u. Ob. Old Red: Schottland und Amerika *Mesacanthus*, Unt. Old Red: Schottland. Ob. Old Red: Scaumenac *Cheiracanthus*, Unt. Old Red: Schottland *Diplacanthus*, „ „ „ „ *Parexus*, „ „ „ „ *Climatius*, „ „ „ „ (England, Passage Beds u. Campbelltown, Neu-Braunschweig)		
Crossopterygii Phaneropleurini [übers Carbon]	*Phaneropleuron*, Ob. Old Red: Schottland und Scaumenac Bay		
Cyclodipterini	*Ctenodus*, Ob. Old Red und Ob. baltischer Sandstein *Glyptolepis*, Unt. Old Red: England, Ob. Old Red: Scaumenac *Tristichopterus*, Ob. Zone d. Unt. Old Red: Schottland *Eusthenopteron*, Ob. Sandstein: Scaumenac *Gyroptychius*, Unt. Old Red *Sauripterus*, Ob. Old Red: Schottland u. Catskill		*Dendrodus*, Ob. Old Red, Ob. balt. Sandstein, Pamennien, Catskill ? *Glyptolepis*, Oberdevon: Wildungen *Holoptychius*, Ob. Old Red: England, Colorado, Catskill; Ob. balt. Sandstein, Famennien, Ob. Devon: Eifel *Onychodus*, Unt. Old Red, Unt. Mitteldevon (Corniferous, Ohio und Eifel), Ob. Devon: Manitoba, Chemung und Huron shale; Spitzbergen *Phyllolepis*, Ob. Old Red, Famennien, Chemung
Rhombodipterini	*Glyptopomus*, Ob. Old Red: Catskill *Osteolepis*, Unt. Old Red und Unt. balt. Sandstein *Diplopterus*, Unt. Old Red und ? balt. Sandstein *Thursius*, Unt. Old Red: Nordschottland		? *Glyptopomus*, Ob. Devon: Deutschland ? *Osteolepis* (eine zweifelhafte Schuppe wird aus dem Mitteldevon der Eifel unter diesem Namen citirt)
Heterocerci Palaeoniscidae	*Cheirolepis*, Ob. Old Red, Ob. Sandstein d. Scaumenac-Bay, Ob. balt. Sandstein		

1. In den Gegenden, in welchen eine allmähliche Änderung des Meeres am Schluss des Obersilur zu beobachten ist (südl. Grossbritannien und Podolien), geht die Mehrzahl der Pteraspiden und Cephalaspiden in den untersten Old Red hinauf. Immerhin lassen z. B. die genauen Untersuchungen Alth's in Podolien selbst hier Verschiedenheiten erkennen. Die Species von *Pteraspis* sind im Obersilur und Old Red fast durchweg verschieden; ferner ist *Cyathaspis* auf die älteren, *Euceraspis* auf die jüngeren Schichten beschränkt. Über dieser silur-devonischen Übergangsfauna, in der *Coccosteidae* z. B. nur vereinzelt erscheinen, lassen sich im Grossen und Ganzen noch zwei Fischfaunen unterscheiden:

2. Die mittlere, durch das Auftreten der Mehrzahl der eigentlichen Old Red-Fische — Acanthodier, *Asterolepis*, *Osteolepis*, *Glyptolepis*, *Dipterus*, *Coccosteus*, *Pterichthys* — gekennzeichnet, liegt in England noch unter der dem Mitteldevon entsprechenden Discordanz und reicht in Russland bis zu dem unteren baltischen Sandstein empor, der die genannten Gattungen enthält. Diese Fauna entspricht dem marinen Unterdevon und dem unteren Mitteldevon.

3. Die obere Fauna (über der englischen Discordanz, oberer baltischer Sandstein, Scaumenac Bay in Canada) entpricht dem Oberdevon und zwar meist der höheren Abtheilung; dieselbe kennzeichnet sich durch neue Gattungen aus schon vorhandenen Gruppen, wie *Bothriolepis*, *Holoptychius*, *Eusthenopteron*, sowie ferner durch die neue Familie der Phaneropleuriden. Die Pteraspiden, welche kaum in den mittleren Horizont hinaufgehen, fehlen hier vollständig, die Cephalaspiden sind nur noch in Amerika (Scaumenac Bay) durch eine vereinzelte Art vertreten.

Bei einer ohne Rücksicht auf die Geologie durchgeführten Vergleichung ergiebt sich, dass einige bezeichnende Familien auf den rothen Sandstein beschränkt sind. Abgesehen von dem vereinzelten *Palaeospondylus* und den Rhombo-

Anmerkung zu Tab. XVII.

In der Anordnung der vorstehenden Liste (p. 228) bin ich dem Handbuch von Zittel gefolgt; selbstverständlich wurden jedoch die später erschienenen Arbeiten von Newberry (Palaeozoic fishes of N. America. Monogr. U. S. Survey. XVI. 1889) und v. Koenen (Über Fischreste des norddeutschen und böhmischen Devon. Aus dem 40. Bd. d. Abh. d. kgl. Gesellsch. d. Wissenschaften zu Göttingen. 1895) benutzt. Besondere Bedeutung wird stets der von S. Woodward verfasste Catalogue of the fossil fishes of the British Museum. III. (London 1891) beanspruchen. Jedoch wurden die auf gar zu mangelhafte Reste (einzelne Schuppen etc.) begründeten Gattungen nicht berücksichtigt. Ferner ist der Cleveland und Huron shale nicht (wie bei Newberry und Smith Woodward) zum Carbon gerechnet. — Über die fossilen Fische der östlichen britischen Besitzungen haben die wichtigsten Mittheilungen veröffentlicht: Whiteaves, Illustrations of the fossil fishes of Canada. Trans. Royal Soc. Can. Vol. IV Ser. IV (1886) und Vol. VI Ser. IV (1888). Eine Revision der dort abgebildeten Arten liefert R. Traquair, On the devonian fishes of Scaumenac Bay and Campbelltown in Canada. Geol. Mag. 1890, p. 15 ff. und On *Phlyctaenius* etc. Ibid. p. 55. Die Angaben über das Old Red in Sibirien gestatten keine bestimmte Entscheidung. Nach Rohon sollen die bei dem Dorfe Iryudschul gefundenen *Acanthodes*-Arten devonisch sein; eine zweifelhafte Form, *Gyrolepidotus* (verwandt mit *Lepidotus*), begleitet die ersteren. Eine andere Localität, Kisil-Kul bei Minussinsk, hat einen *Osteolepis Tschernyi* geliefert. Man vergleiche ausser der Arbeit Rohon's in den Mém. Acad. Imp. Sc. St. Pétersbourg. 1889, Sér. VII, t. 30, No. 13 besonders das kritische Referat im N. Jahrb. 1891. I p. 333.

dipterinen, deren Vorkommen im deutschen Oberdevon zweifelhaft ist, sind vor Allem die Cyclodipterinen, Phaneropleurinen, Palaeonisciden und Acanthodier zu nennen.

Dieser Gegensatz gewinnt an Bedeutung dadurch, dass Acanthodier und Palaeonisciden, die in Carbon und Dyas hinaufgehen, auch hier niemals in normalen marinen Sedimenten gefunden werden, sondern an die dem Old Red analogen Facies, productives Carbon, Rothliegendes mit den Braunauer Kalken (= cornstone) und Kupferschiefer gebunden sind.

Andererseits sind, wie in den späteren Meeren, die Haifische (einschliesslich der Holocephalen) auf den Ocean beschränkt. Eine weitere dem Meere eigenthümliche Gruppe sind die höchst eigenartigen um *Macropetalichthys*, *Asterosteus* und *Dinichthys* gruppirten Formen.

Dass neben diesen eigenthümlichen Formen eine Reihe weiterer Gattungen im Ocean und Old Red vorkamen, kann angesichts der in den heutigen Meeren bestehenden Beziehungen nicht Wunder nehmen. Abgesehen von den meerbewohnenden, aber in den Flüssen laichenden Lachsarten, Häringen *(Alosa)* und Stören, sowie den umgekehrt wandernden Aalen, kommen eine unerwartet grosse Zahl von Süsswasserbewohnern gelegentlich im Meere vor. Die eigenthümliche faunistische Mischung der Ostsee wurde schon berührt; im Schwarzen und Kaspischen Meer gehen auch unsere Karpfen *(Cyprinus carpio)* und Welse als Standfische in das Salzwasser hinein. Gerade die Ostsee mit ihrer Mischung von marinen, brakischen und Süsswasserfischen bildet die beste Parallele zu den Old Red-Seen; auch in den letzteren sind die faunistischen Gegensätze verwischt, da nur die brakischen und marinen Fische, nicht aber die der devonischen Flüsse erhalten sind.

Zusammenfassung.

Old Red und marines Devon sind nach dem Vorstehenden in durchaus abweichenden Bildungsräumen entstanden. Das eine gehört dem oceanischen Gebiet an und ist in grösseren Meerestiefen oder am Continentalsaum der Festländer abgelagert. Der Sandstein kennzeichnet die Gebiete des Continentalsockels und hat sich in Gewässern von verschiedener chemischer Zusammensetzung und geographischer Stellung niedergeschlagen. Man muss sich vorstellen, dass Binnenseen, die hie und da mit dem Ocean in Berührung standen, den Continent der Nordhemisphäre weithin bedeckten und mannigfache Verbindung untereinander besassen. Die Riesenströme bewirkten durch die Sedimentmassen, welche aus dem Innern des Landes stammen, eine häufige Änderung der Grenzen dieses Seensystems: Neben ausgesüssten Becken gab es andere, die mit brakischem oder salzigem Wasser erfüllt waren. Local kam es in abgeschlossenen Becken zur Bildung von Salz- und Gypsschichten (Timan, Kurland) nach der Art des Karabugas am Kaspisee.

Man denke sich das heutige Russland zwischen Ostsee, Weissem Meer, Kaspi- und Aralsee durch ein System von Binnengewässern bedeckt[1] und stelle sich ferner

[1] Nach den Reconstructionen Karpinsky's entspricht die Vertheilung der pleistocänen Wasserflächen zwischen Weissem Meer und Kaspi- und Aralsee etwa dem obigen Bilde.

vor, dass diesem Continentalsockel von beiden Seiten gewaltige Ströme zufliessen, so wird man ungefähr eine Vorstellung von der Bildungsweise des Old Red erhalten.

Auf der Reconstructionsskizze der devonischen Meere und Continente wurden in dem Gebiete zwischen Grossbritannien, Spitzbergen und dem östlichen Nordamerika eine Anzahl von ausgedehnten Binnenseen eingezeichnet, die durch Flussläufe miteinander in Verbindung stehen. Es bedarf keines besonderen Hinweises darauf, dass die Begrenzung dieser Seen und Flüsse eine rein hypothetische ist. Auch für die englischen Vorkommen, für die Geikie sogar eine eigene Nomenclatur (Lake Orkadie, L. Lorne, L. Cheviot, L. Caledonia, Welsh Lake) aufgestellt hat, gilt diese Einschränkung[1]. Doch deutet die aus den beiden Tabellen zu ersehende gleichmässige Vertheilung[2] der Fauna darauf hin, dass die verschiedenen Old Red-Seen in unmittelbarer Verbindung miteinander gestanden haben; diese Thatsache soll durch die Karte veranschaulicht werden.

Auf Tab. XVIII ist der Versuch gemacht, die verschiedenen Vorkommen des Old Red miteinander und mit dem marinen Devon zu vergleichen.

2. Der Rückzug des periarktischen Meeres und die Grenze von Silur und Devon.

Der im Westen von Nordamerika schon im unteren Obersilur beginnende Rückzug des periarktischen Weltmeeres (oben p. 110) wird während der letzten Phase des Silur in der Nordhemisphäre allgemein. Das Unterdevon ist — ähnlich wie der Lias — durch eine vergleichsweise geringe Ausbreitung des Meeres in den bekannten Theilen der Erde ausgezeichnet; in vielen Unterdevongebieten fehlen die tieferen Stufen, so im polnischen Mittelgebirge, im Sudetengebiet, in Thüringen, in Frankreich (mit Ausnahme der Ardennen und der Bretagne), sowie in Nordspanien.

[1] Old Red Sandstone in Western Europe. p. 354. Der genannte Autor führt die Verschiedenheiten zwischen den einzelnen englischen Old Red-Gebieten ausschliesslich auf geographische Abgliederung zurück. Für die localen Unterschiede der Sedimentirung dürfte diese Annahme um so mehr zutreffen, als im englischen Old Red eruptive Ergussgesteine eine grosse Rolle spielen. Auch untergeordnete faunistische Verschiedenheiten können in dieser Weise erklärt werden. Die Zusammensetzung der devonischen Fischfauna ist jedoch so gleichartig, dass dieselben Hauptgruppen überall in dem gleichen Horizonte auftreten (s. o.). Die tiefsten zum Silur hinüberleitenden Old Red-Schichten werden in England und Wales, Spitzbergen und Podolien durch das Zusammenvorkommen von Pteraspiden und Cephalaspiden gekennzeichnet. Wenn im nördlichen Schottland (Caithness, L. Orkadie) die beiden genannten Ordnungen gänzlich fehlen, so dürften eben diese ältesten Zonen hier nicht vertreten sein. So wenigstens lautet die ursprüngliche Meinung von Murchison, die auch von den neuesten englischen Autoren (J. W. Evans, The Geology of North-East of Caithness. Mit einer Kartenskizze. London 1891) wieder aufgenommen wird; Geikie sucht in dem oben citirten Werke auch diese palaeontologische Anomalie ausschliesslich durch geographische Verschiedenheiten zu erklären und stellt die Vertretung des Mitteldevon im schottischen Old Red durchaus in Abrede. Doch dürfte mindestens die obere Zone des nordschottischen Old Red, der Sandstein mit den eigenthümlichen Gattungen *Microbrachium* und *Tristichopterus* eine höhere (mitteldevonische) Stellung einnehmen.

[2] Am bemerkenswerthesten ist die faunistische Übereinstimmung der englischen oberen Old Red-Schichten mit den Mergeln der Scaumenac Bay. Die Übereinstimmung der Genera ist fast durchgehend und die meisten Species sind als vicariirende Formen aufzufassen. Die einzige eigenthümliche Gattung *Eusthenopteron* ist mit dem schottischen *Tristichopterus* nahe verwandt.

01

…rg	Sibirien (Jenissei)	Ost-Canada Gaspé Bay, Scaumenac, Campbe… (Gesammtmächtigkeit des Sandsteins 7000')	
…ar …che …ep …ent …uhl …Pal …ige	Sandstein vom Ognit am Jenissei mit *Lep. Veltheimianum, Archaeoc. radiatus, Schizostigma …*		
…T… …en …yä	? Schichten von Isyndyk schol mit *Acanthodes* und ? *Gyrolepidotus*	Graue Mergel der Scaumenac Bay (de Chaleur) mit *Bothriol. canadensis*, *curtum*, *Eusthenopteron Foordi*, *Acanth.* … *acanthus affinis*, *Cheirolepis canadensis*, *G…* …, *Gyroganthus*, *Cephalaspis latice…* Horizont wie die obigen?	
		? Schmutziggraue Sandsteine ohne Versteinerungen	
		Rothe Sandsteine mit *Psilophyton*	
		Conglomerate	
	? Schichten mit ? *Ostenbryia Tschersky*, Kisil-Kul, W. von Minussinsk, Tomsk	Mächtige Sandsteine mit Thoneisenstein und Pflanzenresten	
		Graue sandige Schiefer und Sandsteine mit *Lepidodendron gaspianum*, *Psilophyton princeps*, *Cordaites angustifolius*, *Cephalaspis Dawsoni* u. einem Kohlenflötzchen	
…nte …gen		Graue Kalke mit Helderberg-Oriskany-Fauna: *Spir. arenosus*, *Rensselaeria ovoides*, *Leptocoelia flabellites*, *Eatonia peculiaris*, *Stroph. Becki* und *perplana*. 800'	Schicht… Bellitow… *Cephal…* *lanc…* *Phlycta…* *Gyrac…*
		? Übergang: Concordante Ueberlagerung	
		Kalkige Schiefer von Gaspé mit *Pterygotus*, *Conularia*, *Lingula*	
		Obersilur. Kalk von Gaspé mit Niagara-Fauna	

Den anschaulichsten Beweis für den Rückzug des Meeres bildet der durch Wechsellagerung vermittelte Übergang des englischen Obersilur in den rothen Sandstein (s. u.), ferner das Auftreten der Eurypterenschichten des Balticum und vor Allem das Fehlen von marinem Devon in diesen für die Entwickelung des Obersilur classischen Gebieten.

Eine negative Schwankung von beschränkter Ausdehnung wird durch die salzführende, aus rothem Mergel und Sandstein bestehende Salina (oder Onondaga) group des Staates New York angedeutet. Hier liegt über der ebenfalls durch Eurypteren gekennzeichneten Litoral- oder Buchtenbildung des hydraulischen Kalkes (Waterlime) die im offenen Meere abgesetzte Helderberggruppe des Unterdevon; in einzelnen Gebieten ist das ganze Obersilur auf den Waterlime reducirt (s. o. p. 206).

Abgesehen von den Schwankungen des Meeresniveaus ist das ältere Devon zuweilen auch durch Gebirgsfaltung ausgezeichnet: Thüringen, New York, Nordschottland. Nur in zwei Gebieten der mediterranen Silurprovinz, in Mittelböhmen und in den Karnischen Alpen ist eine ununterbrochene Aufeinanderfolge von rein marinen, versteinerungsreichen Schichten des Obersilur und Unterdevon bekannt. In England — mit Ausnahme von Devonshire — lagert der nichtmarine Old Red Sandstone auf marinem Obersilur. In Skandinavien und in dem baltischen Gebiet fehlt das marine Unterdevon vollkommen. Vereinzelte Vorkommen von rothem Sandstein (? Old Red) finden sich in Norwegen und Südschweden; in Podolien geht das marine Obersilur ganz allmählich in Sandstein über, der nur die tiefste Zone mit *Pteraspis* umfasst (Tab. VII p. 105). Alle Thatsachen deuten auf einen allgemeinen Rückzug des obersilurischen Meeres hin, der sich auch auf einen grossen Theil des europäischen Russland erstreckt hat. Aus dem fernen Norden, aus Grönland und Spitzbergen, ist der Old Red Sandstone (Hekla-Hook-Schichten) mit Fischresten bekannt.

Auch in der Neuen Welt findet in dem Gebiete des periarktischen Silurmeeres ein theilweiser Rückzug des Oceans statt. Am deutlichsten prägt sich derselbe in dem westlichen Theile von Canada aus. An der Gaspé-Bay (am St. Lawrence-Golf, gegenüber von New Foundland) ist das gesammte Devon, abgesehen von den tiefsten Zonen, in der Old Red-Facies entwickelt (vergl. die Tab. XVIII) und überlagert das rein marine Obersilur. Auf der in geringer Entfernung liegenden Insel Anticosti treten die obersilurischen Schichten sogar in besonders reiner Kalkfacies[1] auf, die wahrscheinlich fern von der Küste gebildet wurde.

Die Reihenfolge Obersilur—Old Red Sandstone erinnert also, abgesehen von der Einschiebung eines tief-unterdevonischen Horizontes, an den mittleren und nördlichen Theil von Grossbritannien.

Es liegt somit nahe, für das ganze Gebiet des nördlichen Atlanti-

[1] Die tiefsten Grenzbildungen führen noch *Platystrophia lynx*, *Ambonychia radiata*, *Asaphus* sp., *Orthisina Verneuili* und *quadrata*, *Eichwaldia*; dieselben entsprechen nach der Ansicht von F. Schmidt etwa der Lyckholm'schen Schicht, dem oberen Theile des Untersilur. Darüber liegen Kalke mit *Pentamerus Barrandei* und *P. borealis*, *Leptocoelia hemisphaerica* und *Orthis Davidsoni*, welche dem tieferen Obersilur entsprechen. Weiter folgen die mittleren und höheren Schichten des Obersilur, welche ebenfalls vollkommen an die kalkige baltische Faciesentwickelung, die untere und obere Ösel'sche Gruppe erinnern. Darüber liegt das untere Helderberg und dann der nichtmarine Sandstein.

schen Meeres, d. h. für den östlichsten Theil von Nordamerika, England und Skandinavien, für ausgedehnte Theile von Mitteleuropa (siehe oben), sowie ferner für Grönland, Russland und Spitzbergen, einen Rückzug des periarktischen Meeres am Schlusse der Obersilurzeit anzunehmen.

In Sibirien breitete sich hingegen ein weiter unterdevonischer Ocean als Fortsetzung des Obersilurmeeres aus, in welchem wesentlich kalkige Sedimente zum Absatz gelangten. Aus dem Altai und dem Ural ist durch die wichtigen Untersuchungen von Tschernyschew Unterdevon mit reicher Fauna (Kalk der Belaja etc. Tab. XIV) bekannt geworden. Die versteinerungsleeren Quarzite und Schiefer des Ural, welche das Liegende des Unterdevon bilden, entsprechen wahrscheinlich dem Obersilur; aus Sibirien ist die letztere Formation, wie erwähnt, mehrfach beschrieben worden.

Während im periarktischen Silurmeer ein fast überall wahrnehmbarer Rückzug des Meeres stattfand, blieb dasselbe im mediterranen Gebiet stationär und griff theilweise über seine früheren Grenzen hinaus. Abgesehen von einzelnen Oscillationen, deren Schauplatz das heutige Thüringen war, fand eine eigentliche negative Bewegung nicht statt. Zwar ist im Gebiete von Südböhmen und in den Nordalpen keine Spur von Devon vorhanden; man wird jedoch bei der vollkommenen faunistischen Übereinstimmung der Kärntner und der böhmischen Unterdevon- (Hercyn-) Fauna diesen Mangel auf spätere Denudation zurückführen müssen oder höchstens eine geringfügige Oscillation annehmen können.

Ein zweifelloses Vordringen des unterdevonischen Meeres ist hingegen im rheinischen Schiefergebirge, in Devonshire und im westlichen Harze anzunehmen. Wo Grundgebirge bekannt ist, bildet stets Unterdevon[1] das Hangende desselben, und in den Ardennen ist ein basales Transgressionsconglomerat (Gédinnien inférieur) in weiter Ausdehnung nachgewiesen. Ob auch am Bosporus eine unterdevonische Transgression anzunehmen sei, ist bei der ungenügenden Kenntniss der älteren Formationen in Kleinasien nicht zu entscheiden.

In Frankreich dringen die unterdevonischen Gewässer erst während der unteren und späteren Phasen allmählich vor (siehe Tab. XIII), im mediterranen Theile von Spanien (Catalonien, Leon und wahrscheinlich Granada), in Thüringen, dem Fichtelgebirge und in Polen (Kielce) beginnt die Transgression erst während der Stufe des *Spirifer paradoxus*.

Die mannigfachen Meeresbewegungen am Schlusse des Silur, welche vorwiegend in negativem Sinne wirksam waren, erklären die Thatsache, dass marines Unterdevon und Obersilur sich in den meisten Gebieten gegenseitig ausschliessen. Vollständige Profile durch beide Formationen kannte man bis vor Kurzem nur aus Mittelböhmen und dem Staate New York.

In Frankreich sind die an wenigen Punkten (Erbray und Languedoc) bekannten Schichtfolgen lückenhaft und erst in neuerer Zeit eingehender beschrieben worden; das Letztere gilt auch für die Ostalpen.

Dieses gegenseitige Ausschliessen von Obersilur und Unterdevon,

[1] Abgesehen von dem wenig verbreiteten belgischen Untersilur.

sowie der Umstand, dass die letztere Abtheilung zuerst in sandig-*schieferiger Facies* am *Rhein* und in *Devonshire* bekannt wurde, erklären die Anschauungen, welche über die *Abgrenzung* von Silur und Devon bis zum Ende der siebziger Jahre fast allgemein herrschend waren. Dass man ursprünglich das in kalkiger Facies ausgebildete Unterdevon zum Silur zog, war vollkommen naturgemäss, da ein kalkig entwickeltes Unterdevon kaum bekannt war. Hieraus erklärt sich, dass BARRANDE seine bis in das obere Mitteldevon hinaufreichenden Stufen FGH als Anhängsel des Silurien auffasste, trotzdem ihm die faunistische Verschiedenheit von dem eigentlichen Obersilur (E) nicht entgangen war.

3. Die Vertheilung der unterdevonischen Meeresbecken.

Hierzu die Kartenskizze III.

Auf Grund der vorstehenden Ausführungen lassen sich die Grundzüge der geographischen Vertheilung von Festland und Meer zur unterdevonischen Zeit für einen ziemlich ausgedehnten Flächenraum feststellen. Am besten begründet ist die Annahme:

I. eines *arktisch-atlantischen Continentes* durch das Fehlen von Unterdevon in Russland und das Auftreten von unterem rothem Sandstein (s. o.) in Grossbritannien, Skandinavien, Spitzbergen und Ostcanada. Die faunistische Gleichartigkeit der das Obersilur überlagernden Sandsteine ist im vorhergehenden Abschnitte betont worden. Welchen Verlauf die Verbindungscanäle der ausgedehnten Binnenseen des europäischen und nordamerikanischen Old Red genommen haben, lässt sich nicht feststellen. Das im Gebiet des nördlichen Atlantic eingetragene System von Wasserläufen und Seen soll nur die Thatsache veranschaulichen, dass im älteren wie im jüngeren rothen Sandstein die Fischfauna zu beiden Seiten des Oceans übereinstimmende Züge trug.

Ia. Die *russische Halbinsel* des Unterdevon entspricht dem Gebiet, in welchem marine Bildungen zwischen Silur und dem transgredirenden Mitteldevon fehlen. Wahrscheinlich bestand ein unmittelbarer Zusammenhang mit dem arktischen Continent in der Gegend des nördlichen Theiles von Skandinavien. Binnenseen mit den bezeichnenden Fischen des rothen Sandsteins fanden sich nur im westlichen Theile Russlands; den Ablagerungen derselben sind an der Düna und anderwärts mitteldevonische Marinbildungen zwischengelagert (siehe die Tab. XVI); dem Old Red entsprechen bei Kielce die unteren Grenzzonen des Mitteldevon, in Podolien hingegen das tiefste Unterdevon. Zur Zeit des älteren und mittleren Unterdevon war auch das polnische Gebiet landfest.

1. Das *altai-uralische Becken* grenzte im Westen an die russische Halbinsel, im Norden und Osten an das arktische Festland. Aus dem Ural und Altai sind reiche unterdevonische Faunen durch TSCHERNYSCHEW beschrieben worden (Tab. XIV p. 201). Die mächtige Anhäufung von Kalken, vor Allem aber das Vorkommen von Goniatiten im Altai weist auf das Vorhandensein eines offenen Oceans hin.

Im Allgemeinen herrschen die böhmischen Formen untermischt mit einigen westeuropäischen Arten bei weitem vor. Die westliche Meeresverbindung dürfte im Süden der russischen Halbinsel etwa in der Gegend des heutigen Pontus[1], Bosporus[2] und der Balkanhalbinsel anzunehmen sein. Wir treffen hier zunächst den unterdevonischen Korallenkalk der karnischen Alpen, dessen Fauna mit der des Ural gut übereinstimmt; u. a. kommt die russische, in Böhmen fehlende Gattung *Karpinskia* hier vor. Eine arktische Meeresverbindung ist unwahrscheinlich, da das Devon in Spitzbergen und Skandinavien in Old Red-Facies entwickelt ist.

Die Ähnlichkeit des uralischen und ostamerikanischen Unterdevon ist wenig ausgeprägt, was angesichts des Fehlens gleichalter Bildungen im westlichen Nordamerika nicht auffallend ist. Jedoch liegen keine Anzeichen dafür vor, dass das pacifische Becken vom Meere verlassen war.

2. Das westeuropäische Becken umfasst Deutschland (vielleicht mit Ausnahme des nordöstlichen Theiles, in dem wahrscheinlich, wie in Russland, continentale Bedingungen herrschten), vermuthlich ganz Österreich (jedenfalls Böhmen und die Ostalpen), Frankreich (mit Ausnahme des alpinen Gebietes, in dem marine palaeozoische Bildungen fehlen), Belgien, Südengland und wahrscheinlich ganz Spanien. Im linksrheinischen Gebiet, Belgien und Devonshire fehlen Kalkbildungen überhaupt, im Harz, in Nassau und in Westfrankreich treten dieselben untergeordnet auf.

Das westeuropäische und altai-uralische Meer zeigen trotz ihrer weiten räumlichen Trennung nur in ihren entlegenen Theilen, in Asturien und dem Ural, erheblichere faunistische Verschiedenheiten bei gleichartiger Faciesentwickelung.

Das Vorhandensein einiger Halbinseln und Inseln bedingt Abweichungen untergeordneterer Art: Die faunistische und stratigraphische Verschiedenheit zwischen den klastischen Ablagerungen der Bretagne und den Ardennen deutet vielleicht auf das Vorhandensein einer normannischen Halbinsel hin, die allerdings in nördlicher Richtung — umgekehrt wie die heutige Normandie — mit dem Festlande in Verbindung stand.

Das Fehlen von tieferem Unterdevon im Thüringer Wald, im Fichtel- und ?Erzgebirge, macht das Vorhandensein einer zweiten Halbinsel wahrscheinlich. Dieselbe fand im Süden ihre Fortsetzung in einer Insel, die dem Fehlen von Unterdevon in den südlichen rheinischen Gebirgen, der Schweiz und den ganzen Westalpen entspricht. Eine derartige unterbrochene Landverbindung erklärt auch das nur locale Auftreten östlicher Kalkfaunen im Westen (Erbray, Greifenstein, Cabrières).

In Asturien, dessen Devon durch die klassischen Untersuchungen von CH. BARROIS

[1] Das neuerlich von WENJUKOFF angegebene Vorkommen unterdevonischer Kalkformen aus Podolien würde hiermit vortrefflich übereinstimmen. Leider liegen bisher nur Fossillisten vor und der von ALTH eingehend beschriebene Übergang des Obersilur in Old Red würde einer eingehenderen Widerlegung bedürfen.

[2] Vergl. Tab. XIV und besonders DE VERNEUIL, Appendice à la faune dévonienne du Bosphore. Paris, CLAYE, 1869 (Extrait de TCHIHATCHEFF, Asie Mineure, p. 425—466). Genauere stratigraphische Angaben fehlen in der citirten Arbeit. Jedoch kann nach den Abbildungen und Bestimmungen kein Zweifel darüber bestehen, dass obere (das Gros der Versteinerungen) und untere Coblenzschichten (*Rensselaeria strigiceps*, *Tropidoleptus*) vorliegen. Auf noch tiefere Horizonte deutet vielleicht *Pleurodictyum constantinopolitanum* hin. Auch das Vorkommen von Mitteldevon ist wahrscheinlich, während *Phillipsastraea pentagona* und *Roemeri* auf Oberdevon hinweist. In der Tab. XIV sind die Versteinerungen entsprechend ihrem sonst beobachteten Vorkommen angeordnet.

erschlossen ist[1], sind versteinerungsreich nur die oberen Zonen des Unterdevon entwickelt. Die Kalke von Nieva, Ferroñes und Arnao, welcher letzterer den Übergang zum Mitteldevon darstellt, enthalten eine Fauna, die nahe Beziehungen zu den oberen Kalken von Erbray und Néhou und somit auch zu dem rheinischen Devon besitzt, aber keine böhmischen Typen mehr enthält. Sowohl die charakteristischen Brachiopoden (*Pentamerus optatus*, *acutolobatus*, *Spirifer secans*) wie die Trilobiten der Greifensteiner Facies fehlen gänzlich. Die Verbreitung dieser sogenannten „hercynischen" Formen hängt also nicht nur von dem Vorhandensein kalkiger Sedimente, sondern vor Allem auch von der geographischen Lage der Vorkommen ab.

Der faunistische Unterschied zwischen Ural-Altai und Böhmen-Ostalpen scheint trotz der grossen Entfernung nicht erheblich zu sein und vor Allem darin zu bestehen, dass in dem ersteren Gebiet auch die tiefsten Schichten in der reinen Brachiopoden-Korallen-Facies entwickelt sind und somit zahlreiche silurische Anklänge (*Pentamerus vogulicus*, *Meristella nitida*, *Youngia*, *Callicrinus*, Taf. 19a) erkennen lassen. Andererseits fehlen in Böhmen die vom Harz bis zur unteren Loire verbreiteten Formen, wie *Megalanteris*, *Rhynchospira*, die langflügeligen *Athyris*-Arten (*A. Ezquerrae*, *Phalaena* etc.) und Spiriferen (*Spirifer paradoxus*), sowie die Gruppe des *Sp. primaevus*. Diese Brachiopoden sind besonders deshalb von geographischer Wichtigkeit, weil sie sowohl in kalkigen, wie in schieferig-sandigen Ablagerungen zu Hause sind. Im äussersten Westen bilden die letztgenannten Typen nebst einigen allgemein verbreiteten Formen die gesammte Fauna. Diese stufenweise Änderung deutet auf ein durch Inseln, Halbinseln und Strömungen mannigfach beeinflusstes, überwiegend flaches Meer hin, dessen grosser Reichthum an klastischen Sedimenten durch die geringe Entfernung von dem nördlich gelegenen Lande erklärt wird.

Sieht man von den faunistischen Verschiedenheiten des Ostens und Westens ab, so lassen sich in Europa drei Zonen der Sedimentbildung unterscheiden, welche von WSW. nach ONO. streichen und die von S. nach N. mit der Annäherung an den arktisch-atlantischen Continent ein allmähliches Abnehmen des Kalkgehaltes erkennen lassen.

a. Uralisch-ostalpine Zone. Im Ural (an der Belaja), in den Ostalpen (Karnische Alpen und Eisenerz), in Böhmen und Südfrankreich (Cabrières) besteht das Unterdevon gänzlich oder ganz vorwiegend aus Kalk.

b. Eine intermediäre, nicht vollkommen zusammenhängende Zone, die des Harzes, umfasst Ablagerungen, welche aus Schiefern mit eingelagerten Kalklinsen bestehen. Hierher gehören vor Allem die Wieder Schiefer des Harzes, einige an der Grenze von Unter- und Mitteldevon stehende Horizonte im Lahngebiet, im Kellerwald, in Thüringen, sowie die Kalkeinlagerungen von Erbray (Nordwestfrankreich). Vergl. p. 180–197.

c. Eine weiter nördlich gelegene Zone, die niederrheinische, enthält ausschliesslich klastisches Material, ist aber eng mit der vorhergehenden

[1] Recherches sur les terrains anciens des Asturies et de la Galice. Man vergleiche die Schichtenfolge in der Tabelle XIII. Ein fossilführendes Aequivalent der Stufe des *Spirifer Mercuri* fehlt in Asturien; da die Grenze von Silur und Devon von ganz oder fast versteinerungsleeren Quarziten und Schiefern (von Corral und Furada) gebildet wird, sind weitere Schlussfolgerungen nicht möglich.

verbunden. Typisch entwickelt ist diese unregelmässig verlaufende Zone am linken Rheinufer, in Belgien, dem grössten Theile des nördlichen und westlichen Frankreich, in Devonshire, sowie endlich in den Pyrenäen und Asturien[1].

Noch weiter nördlich, in Skandinavien (Schleifsandstein von Dalarne, Christiania, Spitzbergen, mittleres England und Schottland), folgt als continentale Bildung rother Sandstein.

3a. Das nördliche Helderberg-Meer[2] ist räumlich durch die nordatlantische Halbinsel (Nordamerika) und das im Westen von Amerika liegende Festland isolirt und faunistisch eigenartig entwickelt. Die marinen Bildungen des Unterdevon sind im Gebiete der Vereinigten Staaten und der britischen Besitzungen auf den Osten des Landes beschränkt. So verbreitet sich der Oriskany-Sandstein, ein durch Gesteinsbeschaffenheit leicht kenntliches Gebirgsglied, von New York nach NW, längs der Appalachien bis Pennsylvania, Maryland (Fundort Cumberland) und Virginia, sowie nördlich nach der canadischen Provinz Ontario (S. Walpole und Cayuga). Weiter westlich findet man hierher gehörige Schichten in Ohio und Indiana; im südlichen Illinois herrscht kieseliger Sandstein und in Missouri Kalk.

Etwas weniger ausgedehnt ist die Verbreitung der unteren Helderberg-Kalke und -Mergel, sofern man den hydraulischen Kalk und Tentaculitenkalk zum Obersilur, die Schichten vom unteren *Pentamerus*-Kalk aufwärts zum Unterdevon rechnet. Immerhin kennt man noch aus dem westlichen Tennessee die charakteristischen Fossilien des New Yorker Helderberg-Kalkes wie *Spirifer macropleurus*, *Strophomena Becki*, *Eatonia singularis*, *Dalmania micrurus* u. a.[3], und andererseits kommen noch in Maine und Neu-Braunschweig (Gaspé p. 232) 2000′ mächtige Kalke vor, die mit grösster Wahrscheinlichkeit als Unter-Helderberg angesprochen werden. Hingegen fehlen ältere Helderberg-Kalke im ganzen Inneren der britischen Besitzungen; einige isolirte Kalke bei Montreal bilden hier das nördlichste Vorkommen (p. 209).

3b. Das südliche Helderberg-Meer breitete sich über den Aequator und den grössten Theil von Südamerika bis in die antarktischen Gegenden (Falklandsinseln) aus. Zwar sind aus Centralamerika und dem nördlichen Südamerika keine hierher gehörigen Bildungen bekannt, aber die Icla-Schiefer von Bolivien, die Rotheisensteine von Lagoinha (Matto Grosso), sowie die Sandsteine von Nord- und Südbrasilien (R. Maecurú, Pará) und den Falklandsinseln zeigen eine solche Übereinstimmung mit den amerikanischen Oriskany- und Hamilton-Schichten, dass an einer directen Verbindung der Meere nicht gezweifelt werden kann.

Das ausschliessliche Auftreten klastischer Sedimente auf der Südhemisphäre legt den Gedanken an Inseln oder Continente nahe, die das südliche Helderberg-

[1] Auch das obere Unterdevon am Bosporus zeigt übereinstimmende Entwickelung, ist aber räumlich zu abgelegen, um in directe Beziehung zu den obigen Zonen gebracht zu werden.

[2] Eine Bezeichnung des kalkigen Unterdevon als Helderbergian, wie sie Clarke als Ersatz für den vieldeutig gewordenen Namen Hercyn vorschlug, ist unthunlich, weil die bezeichnende Helderbergfauna auf Amerika beschränkt ist. Das böhmische Unterdevon ist von dem Helderberg ebenso verschieden wie von der rheinischen Grauwacke. Hingegen ist die Beibehaltung des Namens in geographischem Sinne empfehlenswerth.

[3] Safford, Geology of Tennessee. Nashville 1869. p. 328.

Meer umgaben. Die nordatlantische Halbinsel (vergl. Kartenskizze III) bedingt die Trennung der gänzlich verschiedenen Meeresfaunen von Amerika und Europa (s. o. p. 212) und findet ihre Fortsetzung in einer oder mehreren südatlantischen Inseln, an deren Küsten die Verbreitung der südamerikanischen Litoralfauna nach Osten, nach Südafrika, erfolgen konnte.

Die unterdevonische Fauna des Caplandes besitzt wiederum mehr Beziehungen zu der des westeuropäischen (s. o.) Unterdevon-Meeres als Südamerika. Die Verbindung kann nur in den östlichen Theilen des heutigen Atlantic gesucht werden; denn in Mittelafrika wie in Indien fehlen zwischen den nichtmarinen mesozoischen Sandsteinen und dem Grundgebirge zweifellose Meeresabsätze des Palaeozoicum vollständig. Im Bereich von Australien und der indisch-pacifischen Inselwelt ist Unterdevon nur angedeutet.

II. Die Annahme des Fortbestandes[1] eines gewaltigen Indo-afrikanischen Continentes ist also an sich naheliegend und gewinnt an Wahrscheinlichkeit, sobald man den klastischen Charakter der im Süden und Norden von Afrika, sowie in Kleinasien (Cilicien und Bosporus) gefundenen Unterdevonschichten in Betracht zieht.

Die ziemlich verbreiteten Devonbildungen des westlichen Nordafrika gehören meist zu den höheren Stufen und schliessen sich den europäischen Vorkommen an. Als unterdevonisch könnten vielleicht die Sandsteine mit *Rhodocrinus verus* vom Fusse des marokkanischen Atlas, sowie die von Deverier bei Serdeles gesammelten Versteinerungen bezeichnet werden.

Die Annahme erscheint sehr naheliegend, dass im Vergleich zu dem Silur (vergl. die Kartenskizze II) am Nordwest- und Südwestrand der afrikanischen Landmasse ein Übergreifen des Meeres stattgefunden hat, dessen Ausdehnung jedoch angesichts der Unvollständigkeit der vorliegenden Beobachtungen nicht genauer angegeben werden kann. Mit grösserer Wahrscheinlichkeit lässt sich für den Süden von Centralasien und für China ein Rückzug des Meeres und somit eine Vergrösserung des Indo-afrikanischen Continentes annehmen. Man müsste es denn für einen Zufall halten, dass nach den bisher gemachten Aufsammlungen (die fast ausnahmslos von mir untersucht werden konnten) Silur häufig, Mitteldevon allgemein verbreitet ist, Unterdevon hingegen vollkommen fehlt.

4. Ebensowenig sind bisher in dem weiten Umkreis des Pacifischen Oceans Schichten unterdevonischen Alters bekannt geworden. Die Annahme des Fortbestandes dieses uralten Meeresbeckens beruht vor Allem darauf, dass die weltweite westöstliche Verbreitung der obersilurischen und der mitteldevonischen Flachseefauna nur denkbar ist, wenn im pacifischen Gebiet ein Meer und eine dasselbe im Norden begrenzende Küstenlinie vorhanden war.

Bezüglich des nordöstlichen Theiles von Asien liegt, wie ausdrücklich hervorgehoben werden muss, keine thatsächliche Beobachtung über das Vorkommen von Unterdevon vor. Die letzten unbedingt sicheren Angaben beziehen sich auf den Altai, dessen reine Kalkmassen auf pelagische Absatzbedingungen hinweisen. Mit Rücksicht auf diesen Umstand wurde eine Meeresverbindung Altai—Pacific construirt (vergl. Tab. XIV p. 201).

[1] Vergl. die Kartenskizze des Silur. II.

III. Als weit weniger sicher ist die Ausdehnung des arktisch-pacifischen Continentes bis in die Mitte von Sibirien zu bezeichnen, da hierfür nur einige, keineswegs einwandfreie Bestimmungen von Old Red-Flächen vorliegen. Für das Vorhandensein eines **zweiten**, mit dem ersten zusammenhängenden **arktischen Continentes, der ganz Nordamerika** mit Ausnahme des Ostens umfasste, ist das Fehlen von Unterdevon und das transgredirende Auftreten von Mitteldevon gleich bezeichnend.

Eine der auffallendsten Erscheinungen war bisher das anscheinend vollkommene Fehlen von Unterdevon in irgendwelcher Form innerhalb des **australischen Continentes**, der die marine palaeozoische Schichtfolge sonst annähernd vollständig enthält. Einige von M'Coy aus dem Obersilur von Victoria beschriebene Trilobiten (*Acidaspis* verwandt mit *A. Haueri)* und Pentameren (verwandt mit *Pentamerus pseudo-Knighti* [1]) deuteten sowohl auf Obersilur wie auf kalkiges Unterdevon hin. Erst das durch R. Etheridge beschriebene Vorkommen der bezeichnenden devonischen Gattung *Aspasmophyllum* (= *Mucophyllum* Eth.) aus Neu-Süd-Wales [2] lässt bestimmte stratigraphische Folgerungen zu. Die genannte Zaphrentiden-Gattung ist nicht zu verkennen und in Europa auf Unter- (Karnische Alpen, Erbray) und Mitteldevon (I. p. 376) beschränkt. Hiernach gehört jedenfalls der obere Theil der Hume oder Bowning series zum Unterdevon.

4. Die Transgressionen des mittleren und oberen Devon.

Die eigenartige Ausbildung der unterdevonischen Meeresfaunen und Oceane kennzeichnet das Unterdevon; zur Zeit des höheren Devon gewinnt das **perarktische Weltmeer** wieder eine **einheitliche Gestaltung**:

Durch weitausgreifende, im Unterdevon an einzelnen Punkten beginnende, **im Mitteldevon ruckweise vorschreitende Transgressionen werden getrennte Meerestheile vereinigt und mit einer gleichartigen Fauna bevölkert.** Am Beginn der Oberdevonzeit breitet sich über die Nordhemisphäre ein Weltmeer aus, das dem obersilurischen an Ausdehnung wenig nachgiebt.

Eine bedeutsame **Analogie** besteht zwischen der Meeresgeschichte des **Devon** und der Entwickelung der **Juraformation**. Der Lias ist, wie das Unterdevon, eine Zeit geringer Ausdehnung des Meeres; im Dogger beginnen, wie im Mitteldevon, die Transgressionen und erreichen in der Kimmeridgestufe, ebenso wie im unteren Oberdevon ihren Höhepunkt. Gegen Ende der Jurassischen (Purbeck. Wealden), sowie der devonischen Epoche (z. B. Catskill, oberer baltischer Sandstein) ist dann wieder ein Rückzug des Meeres zu bemerken. Für die Feststellung der devonischen Transgressionen muss das faunistische Element mehr in den Vordergrund treten als das rein stratigraphische. Wenn z. B. der Nachweis erbracht wird, dass in New York die Fauna des Oberdevon — im Gegensatz zu der mittel-

[1] Vergl. Tschernyschew, Fauna des unteren Devon am Ostabhang des Ural. p. 221, Anm. *Pentamerus Knighti* aus Australien nähert sich nach dem genannten Autor dem uralischen *Pent. vogulicus*.

[2] R. Etheridge jun., Description of a proposed new genus of Rugose Coral (*Mucophyllum*). Rec. Geol. Surv. N.S.-Wales. Vol. IV. Pt. 1. p. 11.

devonischen — kaum eine Verschiedenheit von derjenigen Europas erkennen lässt, so ist der Schluss auf die Eröffnung neuer Meeresverbindungen naheliegend, trotzdem keine Beobachtung der übergreifenden discordanten Lagerung von Oberdevon aus Amerika vorliegt. Das unregelmässige Auftreten der Versteinerungen in den alten Formationen, sowie die mächtige Wirkung der Denudation erschweren die stratigraphische Untersuchung. Die Transgression des obercambrischen Potsdamsandsteins, welche an Deutlichkeit nur von der cenomanen Transgression übertroffen wird, bildet in dieser Hinsicht eine seltene Ausnahme.

In Mitteleuropa bereitet sich die gewaltige mitteldevonische Transgression schon während der letzten Phase des Unterdevon vor. Das Vorkommen von Kalk in den oberen Coblenzschichten steht im Gegensatz zu der ausschliesslich klastischen Beschaffenheit der älteren Bildungen und weist darauf hin, dass das Meer sich vertieft oder dass der nördliche Continent, von dem die Schlamm-Massen des rheinischen Schiefergebirges stammen, in grössere Ferne gerückt ist. Ebenso deutet die Ausbildung von Greifensteiner Kalken in Nassau und bei Konieprus, sowie der mit dem Tentaculitenschiefer in enger Verbindung stehende Knollenkalk Böhmens auf eine erhebliche Vertiefung der vorhandenen Meere hin. Im polnischen Mittelgebirge und im Fichtelgebirge zeigen die Quarzite mit *Spirifer paradoxus* und *auriculatus*, in Thüringen die äquivalenten Tentaculiten-Knollenkalke ein transgressives Auftreten. Wahrscheinlich entsprechen auch die Grauwacken und Schiefer, welche den Olmützer Stringocephalenkalk unterlagern, dieser transgressiven Phase an der unteren Grenze des Mitteldevon.

Die räumliche Ausdehnung der jüngeren Devonhorizonte ist viel beträchtlicher als die des Unterdevon. Es giebt kein Devongebiet, in welchem im Hangenden des Unterdevon das Mitteldevon fehlt. Von den geographisch-faunistischen Eigenthümlichkeiten des Unterdevon bleibt nur die Sonderstellung des amerikanischen Helderberg-Meeres übrig, in dessen südlichen Theilen (Südamerika, Südafrika) das marine Oberdevon fehlt.

a) Die Verbreitung der höheren devonischen Schichten in der Nordhemisphäre und in Australien.

Die vor wenigen Jahren von mir veröffentlichte Zusammenstellung über die geographische Verbreitung des Mitteldevon[1] hat seitdem wesentliche Vervollständigungen erfahren, so dass die weite Verbreitung der Transgressionen des hohen Devon immer deutlicher hervortritt.

Der Ausgleich der specialisirten älteren und der allgemein verbreiteten jüngeren Devonfauna vollzieht sich im unteren Mitteldevon. Besonders bezeichnend ist in dieser Hinsicht der faunistische Charakter des Grazer Korallenkalkes. Das Unterdevon, die Stufe der Quarzite, Dolomite und Eruptivdecken ist so versteinerungsarm, dass eine eingehendere Vergleichung unmöglich erscheint. Die darüber liegenden Korallenkalke des Plawutsch, St. Gotthard etc. mit *Heliolites Barrandei* erweisen sich zwar durch das Vorkommen von einigen rheinischen Arten (*Spirifer speciosus, Atrypa aspera, Murchisonia bilineata, Cyathophyllum caespitosum, Favosites cristatus*)

[1] Bei Suess, Beiträge zur Stratigraphie von Centralasien. Denkschr. Wiener Akademie. 61. (1894.) p. 11 ff., p. 19–23.

als mitteldevonisch, sind daneben aber durch locale Formen gekennzeichnet. Die meisten Korallen gehören eigenthümlichen Arten an und zudem finden sich Gattungen oder Gruppen, welche am Rheine fehlen, aber in Böhmen *(Dalmania)*, Cabrières (*Hallia cornu-vaccinum* und *Pentamerus Petersi* R. Hoern.) oder Amerika *(H. cornu-vaccinum)* vorkommen. Diese localen, eine „Steierische Meeresprovinz" andeutenden Eigenthümlichkeiten verschwinden in den höheren Horizonten des Grazer Mitteldevon, sowie in dem oberdevonischen, seit langer Zeit von Steinbergen bekannten Clymenienkalk vollkommen.

Diese 3 höheren Mitteldevonzonen sind nach Penecke[1]:

Oben. c. Hochlantschkalk mit *Cyathophyllum quadrigeminum* und *Alveolites suborbicularis* = Oberer Stringocephalenkalk.

b. Kalke mit *Calceola sandalina*, *Spirifer undifer*, *Cystiphyllum vesiculosum* und *pseudoseptatum* = Crinoidenschicht und unterer Stringocephalenkalk.

a. Kalkschiefer der Hubenhalt, wo der eigenthümliche *Heliolites Barrandei* durch *Hel. porosus* ersetzt wird; ferner mit *Cyathophyllum caespitosum* Goldf., *Endophyllum elongatum* Schlot. und *Alveolites suborbicularis* = obere *Calceola*-Schichten.

Im unteren Oberdevon scheint eine Trockenlegung des Steierischen Gebietes stattgefunden zu haben, denn am Eichkogel bei Rein lagert Clymenienkalk discordant auf Obersilur und Unterdevon.

Die Ausdehnung der mittel- und oberdevonischen Schichten soll im Nachstehenden kurz gekennzeichnet werden:

1. Die südliche Grenze des niederrheinischen Mitteldevon ist unbekannt, doch sind hierher gehörige Bildungen südlich von den Vorkommen bei Bingerbrück, Stromberg und Oberrossbach (bei Homburg v. d. Höhe) nicht aufgeschlossen und fehlen im gesammten Gebiete der Westalpen. Hingegen sind in den Vogesen (Schirmeck und Breuschthal) mitteldevonische, der *Calceola*- und der Crinoidenschicht gleichstehende Horizonte vorhanden.

Die nördliche Grenze wird durch die marinen Ablagerungen von Süd-Devon gebildet, die bei Torquay im Wesentlichen mit dem rechtsrheinischen Devon[2] übereinstimmen, während weiter westlich bei Tavistock[3] im Oberdevon die belgische Famennienfacies angetroffen wird. Die sandig-schieferige Entwickelung der ganzen Formation in Nord-Devon weist auf die Annäherung an die Binnenseen und den Continent des Old Red hin; doch werden bei Ilfracombe, Pilton (s. u.) und den sonstigen Fundorten überall die Brachiopoden und sogar vereinzelte Korallen (*Endophyllum abditum* M. E. et H.) der Meeresbildungen gefunden (vergl. Tab. XIX).

2. Ob im westlichen Mediterrangebiet und in Nordafrika eine Ausdehnung des Meeres stattgefunden hat, ist nicht überall sicher erkennbar. Die

[1] K. A. Penecke, Das Grazer Devon. Mit 6 Lichtdrucktafeln. Jahrb. d. k. k. geol. Reichsanstalt. 43. (1893.) p. 567. Vergl. auch Frech, Über die Altersstellung des Grazer Devon. Mitth. d. Naturhist. Vereins für Steiermark. 1887. In beiden eine Zusammenstellung der älteren Literatur.

[2] W. A. E. Ussher, The Devonian rocks of South Devon. Quart. Journ. Geol. Soc. 1890. p. 487.

[3] Derselbe, The Devonian of the Western Region of Tavistock. Devonshire assoc. for the advanc. of science. 1889. p. 437 ff. Die englischen Localnamen enthält Tab. XIX p. 256.

Angabe des Vorkommens von *Phacops cryptophthalmus* in Süditalien kann nicht als wohlbegründet gelten. Viel besser verbürgt ist das Oberdevon bei Gerrei auf Sardinien, wo *Sporadoceras Münsteri* vorkommt; von Unter- und Mitteldevon wurden keine Spuren nachgewiesen. Einige durch v. Fritsch aus Nordmarokko mitgebrachte Oberdevonkorallen (*Phillipsastraea*) stammen aus einem Gebiet, in dem Unterdevon vorzukommen scheint. Im Centrum der Sahara nehmen Sandsteine einen weiten Flächenraum ein, welche, wie das Vorkommen von *Spirifer Bouchardi*, *Sp. laevicosta* und *Chonetes crenulatus*[1] zu beweisen scheint, den oberen Devonschichten angehören.

Die am Südabfall der Hammada, unweit Mursuk (Tripoli), von Overweg gesammelten Brachiopoden veranlassten schon 1852 E. Beyrich[2], ein devonisches Alter für diese Schichten anzunehmen. Ein Vergleich mit den inzwischen erschienenen Abbildungen der amerikanischen Oberdevonbrachiopoden erweist das Vorhandensein

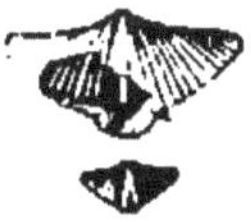

Spirifer mesacostalis Conr. (?) (*Sp. Bouchardi* Beyr.) Höheres Devon. Hammada am Wege nach Mursuk. Overweg leg.

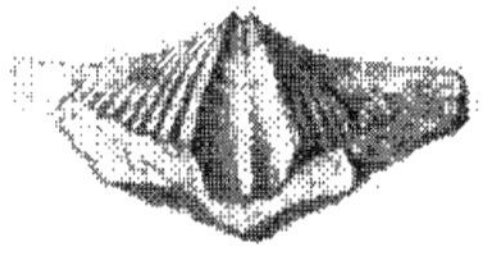

Spirifer mesacostalis Conr. Chemung group. Chemung County N. Y. Coll. Frech.

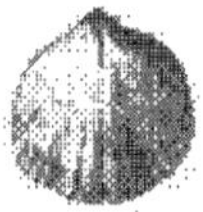

Leiorhynchus longinquus Beyr. var. *paucicosta* Frech. Höheres Devon. Hammada am Wege nach Mursuk. Overweg leg.

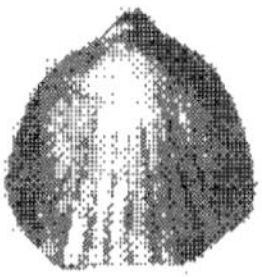

Leiorhynchus multicosta Hall. Hamilton group. Canada. Copie nach Hall.

einer nahen faunistischen Verwandtschaft, die allerdings in erster Linie auf die gleichartige Faciesentwickelung des Chemung zurückzuführen ist[3]. Die mit dem nordeuropäischen *Spirifer Bouchardi* nahe verwandte Form lässt keine Verschiedenheiten von dem amerikanischen *Sp. mesacostalis* Hall (oberes Oberdevon) erkennen. Die in Nordafrika vertretene Rhynchonellidengruppe *Leiorhynchus* ist auf Mittel- und Oberdevon beschränkt und der von Beyrich beschriebene *Leiorhynchus longinquus* stimmt im Wesentlichen mit *L. multicosta* Hall überein. Man wird also für Nordafrika wie für Vorderasien (vergl. unten) in erster Linie mit einer

---

[1] Pomel, Bull. soc. géol. de France [3.] IV. p. 528. Leider liegt nur eine ganz kurze Notiz vor und in den Bestimmungen werden (? aus demselben Horizont) Vertreter aller drei Devonabtheilungen citirt.

[2] Zeitschr. deutsch. geol. Ges. 1852 p. 532.

[3] Frech, Neues Jahrbuch 1895. II. p. 62.

oberdevonischen Transgression zu rechnen haben, welche flache sedimentreiche Meere entstehen liess.

3. Eine der wichtigsten Erweiterungen des mitteldevonischen Meeresgebietes betrifft das heutige Russland, das zur Unterdevonzeit Festland war (einschliesslich des Timangebietes[1] und der östlichen Theile von Deutschland, jedoch ausschliesslich des Ural und des südlichen Polen). Sandsteine mit Placodermen (Old Red) liegen sowohl über als auch unter marinen Brachiopodenschichten und bilden einen bezeichnenden Hinweis auf die Unregelmässigkeit der Transgression. Brachiopodenschichten mit Zweischalern und ganz vereinzelten Korallen sind im Mittel- und Oberdevon das herrschende Gestein. Cephalopodenfacies (*Gomphoceras*-Kalke) treten nur vereinzelt im Oberdevon auf.

4. Die kalkreichen Schiefer, welche in der Umgegend von Constantinopel die beiden Seiten des Bosporus zusammensetzen, gelten mit Rücksicht auf die Mehrzahl der daselbst gefundenen Versteinerungen als unterdevonisch[2]. Doch hat schon F. Roemer[3] darauf hingewiesen, dass die petrographisch z. Th. an Kramenzel-Kalke erinnernden Gesteine den höheren Abtheilungen des Devon entsprechen würden. Die damals noch fehlenden palaeontologischen Belege für diese Ansicht sind einige Jahre später durch de Verneuil erbracht worden[4]. Es kann nach der heutigen Kenntniss der devonischen Faunen keinem Zweifel unterliegen, dass *Phillipsastraea pentagona* ebenso sicher auf Oberdevon, wie *Retzia ferita*, *Cyathophyllum quadrigeminum*, *caespitosum* und *Alveolites suborbicularis* auf Mitteldevon hinweisen.

4a. Im südlichen Theile von Kleinasien, auf dem Südabhang des Antitaurus sind, nach den Angaben derselben Autoren oberdevonische Schichten mit *Spirifer Verneuili* sicher, mittel- und ? unterdevonische aller Wahrscheinlichkeit nach vertreten (vergl. Tab. XIV p. 201).

5. Im Ural und Sibirien wogte ebenso wie zur Zeit des Unterdevon ein weiter Ocean, der im Wesentlichen die aus Europa bekannt gewordene mittel- und oberdevonische Fauna enthält. Die durch Tschernyschew aus dem Ural beschriebenen Versteinerungen hätten ebensogut in Devonshire oder am Rhein gefunden sein können und auch Baron Toll[5] hat wohl die von ihm hervorgehobenen amerikanischen Beziehungen der Fauna der neusibirischen Inseln etwas überschätzt. Wenigstens sind die von ihm mit amerikanischen Namen belegten Arten sämmtlich kleine und wenig deutliche (*Prod. Hallanus*, *Spirifer Whitneyi*) oder mangelhaft erhaltene Exemplare (*Orthis Mac Farlanei*, *O. iowensis*); die auf Europa hindeutenden Brachiopoden, *Spirifer elegans*, *Rhynchonella acuminata*, sind mit grösserer Sicherheit bestimmbar. Die ganze Fauna besitzt einen indifferenten Charakter und die Mischung von deutschen und amerikanischen Typen ist erst viel

---

[1] Wo mitteldevonische Brachiopodenschichten, oberdevonischer Sandstein (Old Red) und Domanikschiefer der *Intumescens*-Stufe discordant auf Sericitschiefer lagert. Das Naphta wird im Liegenden des Domanik angetroffen. Tschernyschew, Travaux exécutés au Timane. St. Pétersbourg 1890. p. 40 ff.

[2] a) Tchihatcheff, Le Bosphore et Constantinople avec carte géologique. 1864. b) Tchihatcheff, L'Asie Mineure. 4e partie: Géologie. Vol. I. 1867. p. 479.

[3] Neues Jahrbuch. 1863. p. 521 ff. t. 5.

[4] de Verneuil, Appendice à la faune dévonienne du Bosphore. Extrait de l'Asie Mineure par Tchihatcheff. Paléontologie. p. 425—495. Paris 1869.

[5] Mém. Acad. St. Pétersbourg. Bd. 37. No. 3. p. 31.

weiter östlich in Nevada zu beobachten. Noch in Manitoba finden wir eine rein europäische Mitteldevonfauna fast ohne ostamerikanische Anklänge.

Ferner sind aus dem Gouvernement Jenisseisk (Beja) und dem Gouvernement Transbaikalien (Nertschinsk) jüngere devonische Schichten bekannt geworden. Auf oberes Mitteldevon deuten hin: *Spirifer Cheehiel (=? speciosus), Sp. undifer, Sp. (Martinia) inflatus, Strophalosia productoides, Athyris concentrica, Aulopora repens;* wesentlich höheren oberdevonischen, vielleicht untercarbonischen Schichten entstammt *Orthothetes crenistria.* Für Ost-Sibirien dürfte somit ebenso, wie für das südliche Kleinasien eine Transgression wahrscheinlich sein.

6. Persien. Die im nördlichen Grenzgebirge Persiens südlich von Asterabad gesammelten Versteinerungen lassen die Bedeutung der oberdevonischen Transgression deutlich hervortreten. Die fast nur aus Brachiopoden bestehenden Faunen des Nikaflusses, vom Pirgerde-Kuh und Tschalchung entsprechen auch faciell vollkommen dem mittleren Horizonte der genannten Abtheilung, d. h. dem Famennien oder dem Chemung. Nur das durch *Phacops latifrons?* und einige Productellen vertretene Vorkommen des Turudbarflusses ist vielleicht mitteldevonisch[1].

Am verbreitetsten sind an den erstgenannten Fundorten (deren Fauna nur unwesentliche Unterschiede erkennen lässt) grobrippige Rhynchonellen aus der Gruppe der *Rhynchonella livonica.* Die Arten stimmen vollkommen mit solchen des belgischen Famennien überein: *Rhynchonella Ieliensis* Gosselet, *Rh. Omaliusi* Goss., *Rh. pugnus* Mart. var. *triaequalis* Goss., *Rh. livonica* v. B.? Daneben sind häufig die formenreichen Gestalten der Spiriferen mit geripptem Sinus. *Spirifer Archiaci* Murch., *Sp. Verneuili* Murch. und *Sp. Anossofi* Vern., die sämmtlich ohne scharfe Grenzen ineinander übergehen. Neben den typischen devonischen Formen, wie *Atrypa, Athyris, Strept. umbraculum, Orthis striatula* und *tetragona,* ist nur eine *Productella* bemerkenswerth (*P. hirsuta* Hall var. *caleu* Wenj.), welche durch ihre Grösse (5 cm) schon an carbonische Formen erinnert.

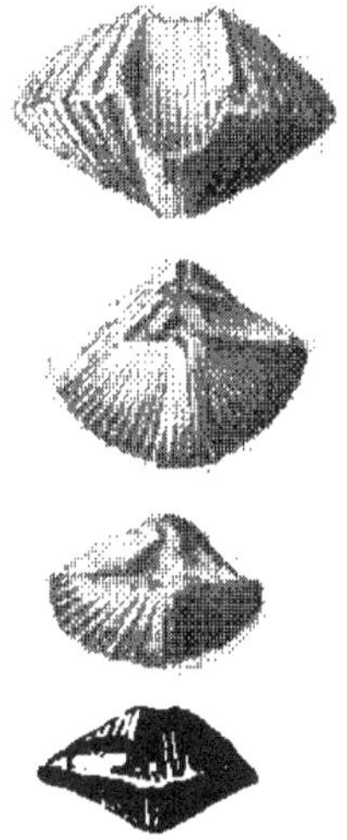

a b c d

Fig. a. *Spirifer aperturatus* Schl. Original von Schlotheim. Gegend von Köln.

Fig. b. *Spirifer aperturatus* var. *latistriata* Frech. Crinoidenschicht. Hankenbelm.

Fig. c, d. *Spirifer aperturatus* var. *latistriata* Frech. Mittleres Mitteldevon. Tschon-Terek. Tiën-Schan.

6a. In Armenien sind von älterem Palaeozoicum nur mitteldevonische Schichten angedeutet. Ein von Radde bei Kaitmitwank gesammelter *Spirifer*[2] stimmt vollkommen mit dem europäischen, auch im Tiën-Schan nachgewiesenen *Spirifer aperturatus* überein (s. u.).

[1] Frech, Über palaeozoische Faunen aus Asien und Nordafrika. N. Jahrb. 1895. II. 59 (leg. Stahl).

[2] Im Breslauer Museum. Auch Abich hat im persisch-armenischen Bergland und Hommaire de Hell am Elbrus mittel- und oberdevonische Versteinerungen gefunden.

7. Aus dem Tiën-Schan (N. vom Dorfe Tschon-Terek, Tujunthal), aus der Koktan-Kette (Fort Tongitär im südl. Tiën-Schan) und im mittleren Kwen-Lun (Südabhang der Kette Kyzyl-ungulen-Uure) liegen drei von Stoliczka und Bogdanowitsch gesammelte Devonfaunen vor, welche eine staunenerregende Übereinstimmung mit den wohlbekannten Typen des oberen rheinischen Mitteldevon erkennen lassen. *Stringocephalus Burtini*, die weitverbreitete in den Ostalpen, dem Ural und Manitoba vorkommende Art, wurde bei Fort Tongitär von Stoliczka gesammelt. Bei Tschon-Terek fanden sich u. a. *Spirifer aperturatus* Schl. var. *latistriata* Frech, *Atrypa desquamata* Sow. und *aspera* Schl., *Favosites reticulatus* Blainv., *Amplexus irregularis* Maur., *Cyathophyllum caespitosum* Goldf. und *isactis* Frech, *Endophyllum acanthicum* Frech, *Cystiphyllum vesiculosum* Goldf. und *fractum* Schlot. sp., ausserdem kommen kleine, in der Eifel seltene Korallen, wie *Chaetetes tenuissimus* Frech, *Striatopora subaequalis* M. E. et H. und *crassa* Schlot. sp., in kaum unterscheidbaren Formen vor. Auch das Gestein stimmt vollkommen mit dem der Eifeler Mergel und Kalke überein. Aus dem Kwen-Lun liegen Kalke vor, die aus *Clathrodictyon* (Fig. 2), *Actinostroma clathratum* Nich. und *Favosites Goldfussi* M. Edw. et H. bestehen und dem oberen Stringocephalenkalk entsprechen[1]. Die ältere Transgression, welche Centralasien betroffen hat, die Kwen-Lun-Transgression von Bogdanowitsch (l. c. p. 7), dürfte vollkommen der mitteldevonischen Transgression entsprechen. Die vorkommenden Versteinerungen deuten sämmtlich auf oberes Mitteldevon hin; die groben klastischen Gesteine, mit denen auch hier die Transgression beginnt, könnten also dem älteren Mitteldevon gleichstehen.

8a. In dem östlichen Theile der centralasiatischen Gebirge, in den chinesischen Provinzen Se-tschuen und Kansu ist durch Loczy Mitteldevon in der Facies von Brachiopoden-Korallenkalken gesammelt worden, dessen Versteinerungen theils von dem genannten Forscher, theils von mir bestimmt worden sind[2]. Besonders reich ist der Fundort Hoa-ling-pu, wo die Korallen in einer, mit dem rheinischen Korallenmergel übereinstimmenden Facies[3] häufig vorkommen:

- *Cyathophyllum Loczyi* Frech (nahe verwandt mit *C. helianthoides* Frech aus der Crinoidenschicht der Eifel).
- *Haplothecia? sinensis* Frech (eine verwandte Art im Oberdevon des Harzes).
- *Favosites Goldfussi* M. Edw. et H. var. *major* Frech, oberstes Mitteldevon von Bredelar in Westfalen.
- *Favosites asteriscus* Frech.
- *Favosites reticulatus* Blainv. var. Stringocephalenschichten.
- *Alveolites reticulatus* Stein.? *Calceola*-Schichten bis mittlere Stringocephalenschichten.
- *Striatopora clathrata* Stein. sp. *Calceola*-Schichten bis untere Stringocephalenschichten.

[1] Vergl. hierüber Frech (bei E. Suess), Beiträge zur Stratigraphie von Centralasien. Denkschr. Wiener Akademie. 61. (1894.) S.-A. p. 7 und p. 11 ff.

[2] Wissenschaftliche Ergebnisse der ostasiatischen Reise des Grafen Bela Szechenyi 1877—1880. t. VI f. 9—14, t. VII, VIII und IX f. 1—5. p. 682, 683.

[3] Dunkele von Concretionen erfüllte thonige Kalke mit dunkelem Schieferthon wechsellagernd.

Von den bei Hoa-ling-pu[1] vorkommenden Brachiopoden sind für die obere Stufe des Mitteldevon bezeichnend *Spirifer nudifer* F. Roem. und die Gattung *Chascothyris* (l. c. t. VII f. 10), während *Rhynchonella elliptica* und *Sp. elegans* noch in die höheren Schichten hinaufreichen. Auch die Mehrzahl der Korallenarten weist, wie die obigen Horizontangaben zeigen, auf die Stufe des *Stringocephalus Burtini* hin. Nur die Gattung *Haplothecia* wurde in der einzigen bisher bekannten Art im unteren Oberdevon gefunden. Alles in Allem haben wir es mit einem Horizonte zu thun, der etwa mit der Mitte des Stringocephalenkalkes verglichen werden kann und wie alle centralasiatischen Vorkommen nur wenige eigenthümliche Formen

Mitteldevonische Korallen aus Centralasien.

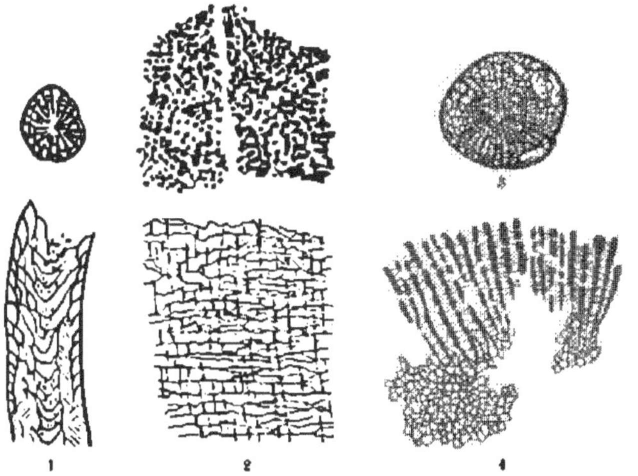

Fig. 1. *Cyathophyllum gracile* Frech var. Mittl. Mitteldevon. Tojun-Thal, Tschon-Terek, Tiën-Schan 8
Fig. 2. *Clathrodictyon Montis Casti* Frech. Ob. Mitteldevon. Mittl. Kwen-Lun. 6 : 1.
Fig. 3. *Endophyllum acanthicum* Frech. Mittl. Mitteldevon. Tschon-Terek. 3 : 1.
Fig. 4. *Striatopora subaequalis* M. Edw. et H. sp. Mittl. Mitteldevon. Tojun-Thal, Tschon-Terek, Tiën-Schan.

enthält. Eigenartig ist nur *Favosites asteriscus*, während z. B. *Cyathophyllum Loczyi* sehr nahe mit einer Art des Crinoidenkalkes verwandt ist. Bemerkenswerth ist ein kleiner, mit dem unterdevonischen *Spirifer Thetidis* Barr. übereinstimmender *Spirifer*.

Ein anderer Fundort liegt bei Paj-suj-kiang am Übergang über das Sin-Ling-Gebirge auf der Grenze der Provinzen Kansu und Schensi[2]. Auch hier er-

[1] Der Fundort befindet sich auf Section CIV der zugehörigen Karte unweit der Grenze der unabhängigen tibetanischen Fürstenthümer WSW. von Ja-Tschou-Fu. Das Mitteldevon liegt a. Th. auf ?silurischen Schiefern (ohne Versteinerungen); die vorherrschenden Gesteine sind im Liegenden uralter Granit, im Hangenden die jurassischen kohlenführenden Schichten von Se-tschuen.

[2] Loczy l. c. p. 438. Sect. LIII. Petrefactentafel VI f. 9—14.

scheinen in den mergeligen Zwischenlagen eines dunkelblauen Kalkes Versteinerungen, die mit vollkommener Sicherheit auf die mittlere oder untere Zone des Stringocephalenkalkes hinweisen: *Spirifer aperturatus* Schl. var. *latistriata* Frech (die an dem chinesischen Fundort vorkommende Form besitzt einen etwas mehr gerundeten Umriss als die bei Tschon-Terek und in der Eifel vorkommende Art, stimmt aber in der Berippung vollkommen überein; vergleiche die obige Abbildung p. 245).

Ferner sind gefunden: *Waldheimia Whidbornei* Davids., *Cypricardinia scalaris* Phill., *Favosites reticulatus* Blainv. (auch bei Tschon-Terek) und *Stromatopora concentrica* Goldf. em. Nicholson.

Die Schichten von Paj-suj-kiang gehen nach oben zu in plumpe bituminöse Kalke über, die Lóczy mit dem Kohlenkalk vergleicht. Da die weite Verbreitung des letzteren (z. B. am Yang-tszĕ) in China durch v. Richthofen bekannt ist[1] und auch das Oberdevon anderwärts nachgewiesen wurde, ist diese Annahme durchaus wahrscheinlich.

8b. Die von v. Richthofen gesammelten, durch E. Kayser[2] beschriebenen Devonversteinerungen von China sind schon seit längerer Zeit bekannt. Aus dem südwestlichen Theil des Landes und von Tschau-Tiën liegen zahlreiche Brachiopoden vor, die officinelle Verwendung in den einheimischen Apotheken finden. Die genaueren Fundorte der auf oberes Mitteldevon und Oberdevon hindeutenden Faunen sind nur theilweise bekannt. Neben kosmopolitischen Arten kommen nur westeuropäische Typen vor. Localformen fehlen, abgesehen von einigen Varietäten von *Atrypa*, gänzlich, da die von E. Kayser als neu beschriebenen Arten wieder einzuziehen sind[3].

9. Auch von den Japanischen Inseln ist Oberdevon bekannt, wie der Abguss eines typischen *Spirifer Verneuili* im Breslauer Museum beweist; das Original wurde von Gottsche in der Provinz Ise gesammelt.

10. Arktisches Nordamerika. Nach den Angaben von Meek finden sich vom Clear Water (56° 30' nördl. Br.) bis zum Eismeer nur Vertreter der Hamilton-Schichten und darüber liegt ölführender Schiefer mit *Styliolina fissurella*,

---

[1] Vergl. u. a. Neues Jahrbuch. 1895. II. p. 53.

[2] v. Richthofen, China. IV. p. 75 ff.

[3] Eine Nachuntersuchung der Originale der fünf im Nachfolgenden erwähnten Formen ergab die Übereinstimmung derselben mit westeuropäischen Arten.

1. *Atrypa reticularis* L. var. *Richthofeni* Kays. = *Orthis Richthofeni* Kays. bei Richthofen, China. IV. p. 92. t. 13 f. 2. Das von E. Kayser als neue *Orthis* beschriebene Brachiopod gehört, wie die bezeichnende, durch zahlreiche feine Anwachsstreifen und einige gröbere Rippen bezeichnete Sculptur beweist, zu *Atrypa*; an einem Exemplare wurden durch Anätzen die Spiralen freigelegt. Die ungewöhnliche Dicke der kleinen Schale, sowie die flügelartige Verbreiterung an der Schlosslinie gestatten vielleicht die Beibehaltung des Kayser'schen Namens als Bezeichnung einer Varietät der *Atrypa reticularis*. (Übrigens fand sich in dem Kästchen von *Orthis Richthofeni* eine *Orthis*, welche zu *O. Macfarlanei* gehört.)

2. *Atrypa aspera* var. *sinensis* Kays. p. 83. t. 9 f. 3 ist, wie Kayser richtig hervorgehoben hat, von der typischen wesentlich grobrippigeren *A. aspera* verschieden. Doch sei hervorgehoben, dass nach meinen Beobachtungen eine mit der chinesischen durchaus übereinstimmende Form in den oberen Stringocephalen-Kalken von Soetenich häufig vorkommt.

3. *Spirifer Cheehiel* de Kon. Die schon von E. Kayser hervorgehobenen Beziehungen zu *Sp. speciosus* sind so eng, dass man das vorliegende Stück kaum von der bekannten Art trennen würde, wenn es in der Eifel gefunden wäre. Der Unterschied des Schlosskantenwinkels und der

der dem höheren Devon entsprechen würde[1]. Die Übereinstimmung der Fauna mit Europa ist augenfällig. U. a. ist *Cyathophyllum arcticum* Meek von Alaska und dem Mackenzie-Fluss von *C. hexagonum* Goldf. kaum zu unterscheiden. Auf Mitteldevon deutet auch das Vorkommen von *Spirifer mucronatus* Hall, der in einem sicher bestimmbaren Exemplar vom Albany River (südlicher Theil der Hudsons-Bay[2]) im Breslauer Museum liegt (p. 250). Allerdings gehört diese Art zu den kosmopolitischen Formen, die in Westcanada, im Staate New York und im europäischen Mitteldevon wiederkehren. Die ungenügende Kenntniss der arktischen Gegenden lässt hier die Annahme einer weitgehenden mitteldevonischen Transgression an sich noch nicht gesichert erscheinen. Ganz bestimmte Anhaltspunkte gewährt hingegen:

11. Der Stringocephalendolomit von Manitoba (Lake Manitoba und Lake Winnipegosis) im Nordwesten der britischen Besitzungen. Das vierte Heft der „Contributions to Canadian Palaeontology" (von Whiteaves, Vol. I. Geol. Survey of Canada. 1892) enthält in wohlgelungenen Abbildungen die Darstellung der reichen Fauna, welche in jeder Hinsicht an die oberen Stringocephalenhorizonte von Paffrath und Soetenich erinnert. Mit wachsendem Erstaunen habe ich in der geologischen Landesanstalt zu Ottawa die Fauna durchmustert, welche mit einer einzigen verschwindenden Ausnahme[3] all die bekannten westdeutschen Typen zeigte: *Stringocephalus Burtini*, *Raphistoma Tyrelli* Whit. (aff. *R. Bronni*), *Macrocheilus arculatum* Schl., *Loxonema priscum* Goldf., *Euneme speciosum* (von *E. armatum* von

Form der Area ist sehr geringfügig; es bleibt eigentlich nur die etwas grössere Zahl und die ausgeprägtere Form der Rippen, sowie die grössere Breite von Sinus und Sattel. Ich würde das chinesische Exemplar nur als Varietät des *Sp. speciosus* ansehen. Jedenfalls stimmt der von Davidson, Devonian Brachiopoda Mon. t. 8 f. 6, abgebildete *Sp. speciosus* in jeder Hinsicht mit *Sp. Cheehiel* überein.

4. *Spirifer officinalis* Kays., China. IV. p. 85. t. 12 f. 1, ist ein abgeriebenes, der äusseren Sculptur vollkommen entbehrendes Exemplar von *Sp. Verneuili* Murch., der ebenfalls in zahlreichen Exemplaren vorliegt.

5. *Nucleospira takwanensis* Kays. stimmt, wie bereits früher dargelegt wurde, mit *Spirifer (Martinia) inflatus* Schnur's überein; die weite Verbreitung der Art in Westeuropa, Russland, Persien, China und Nord-Amerika ist sehr bemerkenswerth.

Wie die vorstehende Ausführung beweist, ist nicht nur in Persien, sondern auch in China die Übereinstimmung der jungdevonischen Brachiopodenfauna mit den europäischen Ablagerungen so weitgehend, dass selbst die Verbreitung der pelagischen Jura-Ammoniten kaum ähnliche Erscheinungen aufweist.

a

b

c

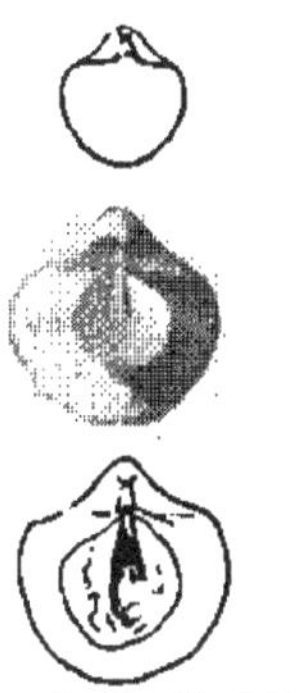

Fig. a. *Spirifer (Martinia) inflatus* Schnur. Copie des Originals. Mitteldevon. Eifel.

Fig. b, c. *Spirifer inflatus* Schnur = *Nucleospira Takwanensis* Kayser. Oberes Mitteldevon. Ta-Kwan. (Originale.)

[1] Suess, Antlitz der Erde. II. p. 283.

[2] Nicht vollkommen sicher erscheinen die Angaben von Etheridge, der vom Grinnell-Land *Spirifer* aff. *granulifera* Hall, aff. *pennata* Hall und *Sp. Aldrichi* Ethr. (soll *Sp. cultrijugatus* nahestehen) angiebt. In diesem Falle würde die Transgression noch weiter nördlich reichen, als die Kartenskizze angiebt. Leider sind die Abbildungen nicht sonderlich deutlich.

[3] *Pterinaea lobata* Whiteaves l. c. t. 38 f. 1—4 gehört einem eigenthümlichen neuen Genus an, dessen Diagnose wegen der ungenügenden Erhaltung der vorliegenden Exemplare noch nicht gegeben werden konnte. Die nahe Verwandtschaft mit *Actinopteria lobatus* Holzapfel dürfte nicht vollkommen sicher sein.

Soetenich kaum zu unterscheiden), *Murchisonia turbinata* Schl., *Paracyclas antiqua* Goldf., *Solenopsis attenuata* Whit., *Cyathophyllum caespitosum* Goldf., *C. dianthus* Goldf., *C. vermiculare* Goldf. var. *praecursor* Frech u. a. Insbesondere ist hervorzuheben, dass keine der bezeichnenden Hamiltongattungen, wie *Tropidoleptus* oder *Vitulina*, bisher in Manitoba gefunden worden ist. Von den mit amerikanischen Namen belegten Formen gehört z. B. *Spirifer fimbriatus* Conr. zu der weit verbreiteten Gruppe des *Sp. undifer* F. Roemer; *Streptorhynchus (Orthothetes) chemungensis* Hall, der im Famennien durch *Orthothetes devonicus* vertreten wird, kommt in einer nah verwandten Form auch in Russland vor u. s. w. Auch das Oberdevon ist in Manitoba durch *Rhynchonella pugnus* vertreten.

Die Lagerungsverhältnisse (Whiteaves l. c. p. 357) machen das Auftreten einer mitteldevonischen Transgression sehr wahrscheinlich. Über den obersilurischen Guelph-Kalken liegt eine Unterbrechung des beobachteten Profils, dann folgen 1. weiche rothe versteinerungsleere Schiefer; 2. darüber lagern 100' poröse Dolomite mit *Pentamerus comis* Hall (aff. *globus* Bronn) und 3. die *Stringocephalus*-Dolomite in gleicher Mächtigkeit.

Da die den *Stringocephalus* begleitende Fauna auf oberen Stringocephalenkalk hinweist, entsprechen die Dolomite mit *Pentamerus comis* dem unteren Theile desselben.

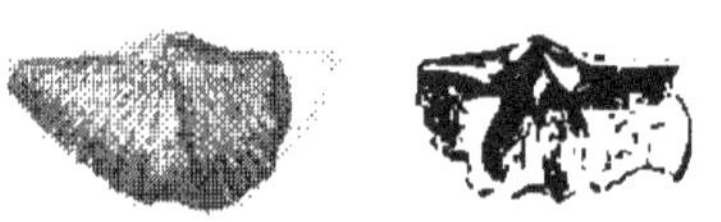

Spirifer mucronatus Hall. Mitteldevon (Crinoidenschicht). Blankenheim, Eifel, Coll. Frech. Links Schalenexemplar; rechts Innenseite der grossen Klappe.

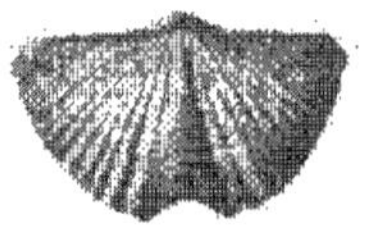

Spirifer mucronatus. Devon (Hamilton group). Widder, Canada West. Museum Breslau.

12. Nevada. Südlich von Manitoba ist zunächst kein Devon bekannt. In Nevada, in dem von Hague aufgenommenen und von Walcott palaeontologisch bearbeiteten Eureka-District finden wir eine bezeichnende Mischung von europäischen und amerikanischen Devonarten, welche der mittleren und oberen Abtheilung des Systems angehören; das tiefere Devon (Lower Helderberg und Oriskany) ist faunistisch nicht vertreten und fehlt wahrscheinlich (wie in Manitoba) überhaupt [1]. Die letzten Vorkommen der genannten Stufen fanden wir in West-Tennessee und Illinois [2].

Die ältesten von Walcott aus dem unteren Theile des Nevada limestone beschriebenen Arten verweisen mit einer Ausnahme [3] auf oberes Helderberg. Das Mittel- und Oberdevon (White Pine shale) des Eureka-Gebietes kann schon deshalb in keiner unmittelbaren Verbindung mit dem ostamerikanischen Mitteldevon gestanden haben, weil die verticale Vertheilung der Arten eine durchaus abweichende ist. Allerdings finden wir eine Anzahl von Typen, welche für die obere Helderberg-, sowie die Hamilton group bezeichnend sind und sowohl in Manitoba wie weiter

[1] In dem obersilurischen Lone mountain-Kalk findet sich *Halysites*, der darauf liegende Nevada-Kalk enthält bereits die Ober-Helderberg-Arten. Für die Fortsetzung des Profils nach unten vergl. p. 43.

[2] Geological Survey of Illinois. III. (Palaeontology by Meek and Worthen.) p. 368 ff.

[3] Einer *Goniophora* des Schoharie grit.

westlich fehlen: *Pholidops* (*Ph. bellula* Walc.), *Chonetes deflexus* Hall[1], *Spirifer varicosa* Hall, *Strophomena perplana* Hall, *Str. demissa* Hall, *Trematospira* (*T. infrequens* Walc.), *Meristella nasuta* Conr., *Rhynchonella quadricosta* Hall, *Megambonia* u. a. Daneben erscheinen aber europäische Gattungen, welche dem ostamerikanischen Devon fremd sind: *Retzia* (*R. radialis* Phill.), *Scenidium* (*Sc. devonicum* Walc.), *Scoliostoma* (*Sc. americanum* Walc.); *Mimoceras* (*M. desideratum* Walc. sp.) kommt — wie in Europa — im Unterdevon und im tieferen Mitteldevon vor, ferner europäische Arten, wie *Spirifer undifer* F. Roem., *Atrypa desquamata* Sow. und *Pentamerus Lotis* Walc.[2] Vor Allem finden sich solche Formen, welche beiden Gebieten gemeinsam sind (vergl. oben), so *Nucleospira concinna* Hall, *Ambocoelia umbonata* Conr. sp. (im südfranzösischen Devon), *Spirifer Verneuili* Sow. (überall im Oberdevon), *Spirifer inflatus* Schnur var. *Maia* Bill. (= *Sp. Maia* Bill. = *Sp. Urii* auct.) u. a.

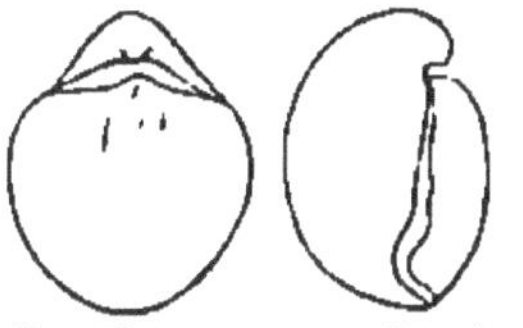

Spirifer inflatus Schnur var. *Maia* Bill.
Copien nach Walcott. Nevadakalk des oberen Mitteldevon. Eureka-District.

Bezeichnend ist das Vorkommen von *Tropidoleptus carinatus* Conr. in Nevada; derselbe findet sich im unteren Nevada-Kalk, also in einem dem Ober-Helderberg entsprechenden Horizonte. In Europa liegt eine sehr nahe verwandte Art in den Stufen des *Spirifer Hercyniae* und *primaevus*, also etwas tiefer; in Ostamerika findet sich *Tropidoleptus carinatus* im oberen Mitteldevon (Hamilton). Nevada bildet also auch in Bezug auf die verticale Verbreitung dieser sehr bezeichnenden Form einen Übergang zwischen dem Devon der alten und der neuen Welt.

12b. California[3]. Unweit der Nordgrenze des Staates finden sich in dem Complex der goldführenden Schiefer der Sierra Nevada innerhalb der Grafschaften Shasta und Siskiyou mehrere Vorkommen mitteldevonischer Kalke. Die älteren, die Mehrzahl der Fundorte umfassenden Vorkommen in der erstgenannten Grafschaft werden dem unteren Mitteldevon (Corniferous limestone) des Ostens gleichgestellt. Ein echtes ca. 18 m mächtiges Korallenriff überlagert goldführenden Schiefer und besteht aus Favositen (*Favosites canadensis* Bill.), Cyathophyllen (*Cyathophyllum robustum* Hall?), Striatoporen („*Cladopora*" *labiosa* Bill.), *Alveolites*, Syringoporen (*Syringopora Maclurei* Bill.) und Monticuliporen. Die verhältnissmässig wenig zahlreichen specifisch bestimmbaren Arten verweisen eher auf das Oberdevon von Manitoba als auf das des Staates Nevada.

Ein anderer in der Grafschaft Siskiyou gelegener Fundort (Gazelle) dürfte, wie das Vorkommen von *Phillipsastraea pentagona* beweist, dem Oberdevon angehören. Graue Kalke liegen in einer Mächtigkeit von ca. 22 m zwischen Schiefern im Hangenden

[1] = dem unlateinischen Namen *deflecta* Hall.

[2] l. c. t. 3 f. 9. Eine mit *Pentamerus Lotis* (Oberdevon) vollkommen übereinstimmende Form kommt im obersten Mitteldevon, der Zone des *Maenoceras Decheni*, im Fretterthal bei Finnentrop (Lenne) vor. Die von Holzapfel für die Art angewandte Bezeichnung *Pentamerus acutolobatus* Sandb. ist jedenfalls unrichtig gewählt (Das obere Mitteldevon. t. 18 f. 11—18).

[3] J. S. Diller and Chas. Schuchert, Devonian rocks in California. Amer. Journ. of science. Bd. 47. 1894. p. 416–422.

und basischen Eruptivgesteinen. Die Versteinerungen (*Pentamerus comis* Walc. oder *Lotis* Walc., *Bellerophon perplexus* Walc. und „*Diphyphyllum*" *fasciculus* Meek) verweisen auf das White-Pine-Gebiet des Staates Nevada.

13. In Australien ist das Vorkommen von Mitteldevon schon seit längerer Zeit bekannt. Wenn auch der Katalog australischer Fossilien von R. Etheridge (Cambridge 1878) nur Namen enthält, so wird doch die Angabe des Vorkommens von *Atrypa desquamata*, *Orthis striatula*, *Spirifer disjunctus*, *Rhynchonella pugnus*, *Heliolites porosus* und *Cyathophyllum helianthoides* eher auf mittleres und oberes Devon, als auf irgend etwas anderes hindeuten. Die Arten stammen aus Neu-Süd-Wales, Victoria (Bindi-Kalk), Tasmania (*Spirifer Chechiel*) und Queensland (*Pentamerus brevirostris* Phill. aus dem Fanning limestone, Burdekin Downs).

Die neuerlings von Etheridge aus Neu-Süd-Wales beschriebenen Korallen, ein *Cyathophyllum* aus der Verwandtschaft von *Cyath. boloniense* und vor Allem zwei typische Phillipsastraeen, erinnern in jeder Hinsicht an Formen, welche das europäische Oberdevon kennzeichnen.

Während die Kalke im Wesentlichen dem Mitteldevon und unteren Oberdevon entsprechen, bildet der Spiriferensandstein von New-South-Wales mit *Spirifer Verneuili*, „*Rhynchonella pleurodon*" und *Pteronites Pittmanni*[1] Ether. ein dem amerikanischen Chemung und dem belgischen Famennien (höheres Oberdevon) entsprechendes Schichtenglied. Die Wiederkehr derselben, einem flachen Meere angehörenden Brachiopoden und Zweischaler (*Pteronites Pittmanni* aff. *Pt. profundus* Hall, Chemung und Famennien) ist eine eigenthümliche, schwer erklärbare Thatsache.

b) Die allgemeine Verbreitung der oberdevonischen Meeresfauna.

Zur Oberdevonzeit verschwinden in Nordamerika die eigenthümlichen Formen, welche die mit den rheinischen Schichten faciell übereinstimmenden Mergelkalke des oberen Mitteldevon (Hamilton group) kennzeichnen: *Homalonotus*, *Tropidoleptus*, *Vitulina* u. a. Endemische Gattungen fehlen im Oberdevon gänzlich. Hingegen kommen, wie besonders H. S. Williams nachgewiesen, unter den Brachiopoden eine Anzahl identer Arten, insbesondere die Leitformen *Rhynchonella cuboides* und *pugnus*, vor. Auch das Auftreten von einigen identen und noch zahlreicheren vicariirenden Aviculiden[2], sowie von *Gephyroceras* und *Tornoceras* in nahe verwandten oder übereinstimmenden Arten ist bemerkenswerth.

Auf welchem Wege der Austausch der Faunen sich vollzogen hat, ist nicht ganz klar. Nach der Mitte des Continentes zu keilen von Osten her die höheren Devonbildungen allmählich aus:

Aus Iowa ist noch eine an Korallen und Brachiopoden reiche, im Wesentlichen dem Oberdevon entsprechende Fauna bekannt, in Nebraska und Kansas scheint Devon vollkommen zu fehlen, während in New Mexico und Colorado (Canyon City s. o.) Old Red Sandstone vorkommt. Südlich erstreckt sich die an Erdöl und Bitumen reiche Bildung des oberdevonischen „Black shale" bis West-Tennessee und Alabama, keilt aber weiter westlich in den Ozarkbergen aus.

[1] R. Etheridge, On the occurrence of a *Pteronites* in the *Spirifer* sandstone of Warrawang or Mt. Lambie near Rydal. Rec. Geol. Survey N. S. Wales. IV. 1. p. 28.

[2] Vicariirend treten die folgenden Arten im deutschen und amerikanischen Oberdevon auf. (E bedeutet U.-D., M.-D., O.-D. Unter-, Mittel-, Oberdevon, H. Hamilton und C. Chemung.) Auch aus

Die Verbindung der oberdevonischen Meeresbecken kann also nur im Norden oder im Süden gemacht werden. Für eine südliche Verbindung liegen keine bestimmten Anhaltspunkte vor; für einen Austausch der Faunen im Norden spricht das bereits nachgewiesene Vorhandensein eines arktischen, von Inseln umsäumten Continentes. Besonders bedeutsam ist der Umstand, dass die weit verbreiteten Formen nur zum kleineren Theile pelagische Cephalopoden, zum grösseren Theile litorale Zweischaler (s. u.) und Brachiopoden[1] sind.

Eine Verbreitung von derartigen Formen, die völlig unverändert auch in der Sahara (oben p. 243) und in Australien (oben p. 252) vorkommen, kann nur in litoralen Meerestheilen erfolgen, da der offene Ocean mit seinen abyssischen Tiefen die Faunen der gegenüberliegenden Küsten mit derselben Schärfe trennt, wie eine zusammenhängende Landmasse. Wir könnten uns also vorstellen, dass eine ausgedehnte Halbinsel, welche noch zur Zeit des Mitteldevon weit nach dem Süden

dieser Zusammenstellung ergiebt sich, dass die älteren, an die sandigen Schichten gebundenen europäischen Formen in jüngeren, isopen Bildungen Amerikas fortleben:

No.	Europa	Geolog. Horizont	Amerika	Geolog. Horizont
1.	*Aviculopecten prümiensis* Frech	M.-D.	*Aviculopecten fasciculatus* Hall	H.
2.	*A. aquisgranensis* Frech . . .	Oberes O.-D.	*A. aequilateralis* Hall	C.
3.	*A. lineatus*	Oberes O.-D.	*A. convexus* Hall	C.
4.	*A. mosellanus* Frech	Oberes U.-D.	*A. verticostatus* Hall sp. . . .	H.
5.	*Avicula Wurmi* A. Roem. sp. .	Unteres O.-D.	*Avicula Theta* Hall sp. . . .	C.
6.	*A. Justi* Frech	Unteres O.-D.	? *Pterinea (Vertumnia) reversa* Hall	C.
7.	*A. lepida* Hall var. nov. *famenniensis*	Oberes O.-D.	*Avicula lepida* Hall sp. . . .	C.
8.	*A. languedociana* Frech . . .	Unteres O.-D.	*A. Lysander* Hall sp.	C.
9.	*A. oblonga* Trenkn.	Unteres O.-D.	*A. (Leiopteria) Mitchelli* Hall sp.	H.
10.	*A. (Pteronites) belgica* Frech .	Oberes O.-D.	*A. (Pteronites) profunda* Hall	C.
11.	*Pterinaea fasciculata* Goldf. .	Oberes U.-D.	*Pterinaea flabella* Hall . . .	H.
12.	*P. dichotoma* Krantz	Unteres U.-D.	*P. Chemungensis* Hall	C.
13.	*Byssopteria (?) semiplana* Frech	U.-D.	*Byssopteria radiata* Hall . .	C.
14.	*Myalina circularis* Frech . .	Oberes U.-D.	*Myalina (Plethomytilus) oriformis* Hall	H.
15.	*M. Kochi* Frech	Unteres O.-D.	*M. (Plethomytilus) Knappi* Hall	H.
16.	*M. Beushauseni* Frech	M.-D.	*M. gibbosa* Hall	C.
17.	*M. dimidiata* Goldf. sp. . . .	Oberes M.-D.	*M. carinata* Hall sp.	C.
18.	*M. Klockmanni* Frech	Unteres O.-D.	*M. Chemungensis* Hall sp. . .	C.
19.	*M. prisca* Goldf. sp.	M.-D.	*M. simplex* Hall sp.	C.

Im amerikanischen Chemung und im belgischen Famennien finden sich die folgenden Arten, von deren Identität ich mich in der Gosselet'schen Sammlung in Lille überzeugen konnte:

1. *Avicula potens* Hall sp. (*Leptodesma* Hall l. c. t. 22 f. 28) Jeumont; wie die folgenden Arten aus dem Famennien:
2. *A. Orodes* Hall sp. (*Leptodesma* Hall l. c. t. 21 f. 10).
3. *A. longispina* Hall sp. (*Leptodesma* Hall t. 21 f. 14).
4. *A. robusta* Hall sp. (*Leptodesma* Hall t. 21 f. 16).
5. *A. umbonata* Hall sp. (*Leptodesma* Hall t. 22 f. 13).

[1] *Rhynchonella cuboides*, *Rh. pugnus* und *acuminata*, *Spirifer disjunctus*, *Productella dissimilis* Hall, *Atrypa aspera* Schl. = *A. hystrix* Hall. Ferner sind nach H. S. Williams, Bull. Geol. soc. of America. I. p. 445: *Spirifer laevis* Hall nahe verwandt mit *Sp. euryglossus* Schnur, *Productella subaculeata* Murch. mit *Pr. speciosa* Hall, *Leiorhynchus formosus* Schnur (? ident) mit *Leiorh. mesacostalis* Hall, *Orthis striatula* Schl. mit *O. tulliensis* Hall und *O. impressa* Hall. (Diese Gruppe fehlt im amerikanischen Mitteldevon.)

von Nordamerika vorsprang und den Austausch der Faunen nur in sehr beschränktem Maasse (Nevada) zuliess, zur Zeit des Oberdevon verschwand, so dass nun eine ungehinderte Verbreitung der litoralen Lebewesen längs der Küste und der vorgelagerten Inseln erfolgen konnte. Auch die weite ostwestliche Ausdehnung der Küsten des indo-afrikanischen Continents erhält durch das Vorkommen der erwähnten Famennien-Typen eine palaeontologische Begründung (Kartenskizze III).

Die Annahme der Wanderung der Brachiopoden durch die schmalen Meeresstrassen eines nordischen Archipels erklärt zugleich die auffallende Thatsache, dass die Verbreitung der pelagischen Ammonitiden viel beschränkter ist als die der litoralen Brachiopoden, Zweischaler und Korallen[1]. Nur wenige Gruppen, wie *Gephyroceras* und *Tornoceras* konnten sich auch unter diesen erschwerenden Umständen verbreiten. Bezeichnende europäische Formen, wie *Beloceras (G. multilobatus)*, *Tornoceras auris* und *Prolecanites* fehlen der amerikanischen „*Intumescens*-Fauna" (= Portage group und Naples beds[2]).

Ebenso ist die reiche wohl charakterisirte Fauna des europäischen mittleren Oberdevon, der Stufe des *Cheiloceras curvispina*[3], in Amerika unbekannt; auch dieses Fehlen ist auf Faciesunterschiede zurückzuführen. Die der Stufe des *Cheiloceras curvispina* (Nehener Schichten, Cypridinenschiefer) ungefähr homotaxe Chemung group ist eine reine Litoralbildung, in der nur ein, wahrscheinlich zu *Prolecanites* gehörender Goniatit (*Goniatites chemungensis* HALL[4]) als grosse Seltenheit vorkommt.

Die auffälligste Ausnahme von der lange aufrecht erhaltenen Regel der Altersfolge der Ammonitiden hat neuerlich J. M. CLARKE durch den Nachweis des Zusammenvorkommens von *Clymenia* und *Gephyroceras intumescens* im westlichen New York kennen gelehrt[5].

[1] *Phillipsastraea* und besonders die bezeichnende Untergattung *Pachyphyllum* finden sich in Iowa und Australien ebenso wie im Iberger Kalk; in New York und den angrenzenden Devongebieten fehlen Korallen wegen der massenhaften Zufuhr von sandigem Sediment fast gänzlich.

[2] J. M. CLARKE, The Fauna with *Goniatites intumescens* in Western New York. American geologist. 1891. p. 86 ff.

[3] Die *Cheiloceras*-Fauna ist bisher bekannt aus dem südlichen und nördlichen Frankreich, Westdeutschland, Thüringen, Polen und wahrscheinlich auch aus dem Ural.

[4] Die eigenthümliche Verbreitung dieser Gruppe, 1. im Mitteldevon und untersten Oberdevon von Europa, 2. im mittleren Oberdevon von Nordamerika, 3. im untersten Carbon beider Hemisphären, hatte mich zu der Annahme veranlasst, *Prolecanites* sei in Europa entstanden, im mittleren Oberdevon nach Amerika ausgewandert und später von dort nach Europa zurückgekehrt. HOLZAPFEL findet diese Hin- und Herwanderung „gezwungen und künstlich", ohne jedoch irgendwelche thatsächliche Einwände machen zu können. A priori betrachtet sind, wie aus dem Vorhergehenden und insbesondere aus den wohl auch für skeptische Betrachter zweifellosen Wanderungen von *Clymenia* (s. u.) hervorgeht, derartige Vorgänge sehr wohl möglich und in der Jura- und Kreideformation auch in ähnlicher Weise beobachtet worden. HOLZAPFEL hebt jedoch besonders hervor, dass ich die Gattung *Prolecanites* durch Hinzunahme von *Sandbergeroceras* zu weit gefasst hätte. Selbst wenn man die generische Verschiedenheit der beiden fraglichen Gattungen zugiebt, bleibt immer noch eine sehr nahe Verwandtschaft übrig. Dass aber für die Migrationsfrage sehr nahe Verwandtschaft zweier Gattungen und vollkommene Identität zu denselben Schlüssen berechtigen, ist wohl einleuchtend. Insbesondere macht endlich HOLZAPFEL geltend, *Prolecanites* (oder *Sandbergeroceras*) *chemungensis* könne „ebensogut" zu *Beloceras* gehören. Schon die Vergleichung der HALL'schen Abbildung mit einem *Beloceras* dürfte diese Annahme als unhaltbar erscheinen lassen; zudem habe ich mich von ihrer Unrichtigkeit durch Untersuchung des im New Yorker Museum befindlichen Originals überzeugt. Vergl. HOLZAPFEL, Palaeont. Abh. von DAMES und KAYSER. V. 1. p. 11.

[5] Amer. Journ. of science. Januar 1892. p. 57.

Bekanntlich kennzeichnet *Clymenia* in Europa zwischen Devonshire, Languedoc und dem Ural den obersten Grenzhorizont des Devon; nur in dem mittleren Oberdevon Polens ist ein Vertreter dieser leicht kenntlichen Familie gefunden worden. Das plötzliche Auftreten und Verschwinden erinnert durchaus an die unvermittelt auftretenden Cephalopodentypen des Jura, an *Arietites*, *Schlotheimia* oder an das Auftauchen der Tropitiden in den Hallstätter Kalken. Die Erklärung ist jetzt durch die schöne Entdeckung Clarke's ermöglicht und erinnert z. B. an das frühere Erscheinen von *Macrocephalites* im afrikanischen und indischen Jura. An dem unteroberdevonischen Alter der „Naples beds" ist nicht zu zweifeln; *Clymenia* ist also in den amerikanischen Gewässern entstanden und im Laufe der Oberdevonzeit nach Europa gewandert, während durch die für Cephalopoden ungünstige Faciesentwickelung der Chemung und Catskill group ihr Weiterleben in Amerika unmöglich gemacht wurde.

c) Zusammenfassung.

In allen vorstehend erwähnten Gegenden kennen wir Untersilur vereinzelt, Obersilur allgemein, Unterdevon andeutungsweise und dann höheres Devon in weiter Verbreitung. Zur Annahme einer allgemeinen, der cenomanen ähnlichen Transgression des höheren Devon sind die vorliegenden Anhaltspunkte vielleicht noch nicht ausreichend; aber in der Nordhemisphäre vermögen wir die einzelnen Stadien des Vorganges bereits mit hinreichender Sicherheit zu verfolgen:

I. Russland. Das marine Unterdevon in deutscher Entwickelung reicht bis Polen. Die Transgression des russischen Gebietes begann, wie vor Allem die Quarzite mit *Spirifer paradoxus* von Kielce erweisen, am Anfange der Mitteldevonzeit und zwar wahrscheinlich gleichzeitig von Osten und Westen her.

II. Nord- und Innerasien, China, Japan, Westamerika. Was aus den erwähnten Gebieten an devonischen Ablagerungen bisher bekannt geworden ist, entspricht dem oberen Mitteldevon (der Stringocephalenstufe) und dem Oberdevon. Vielleicht die ältesten Bildungen sind die Kalke mit Brachiopoden und *Favosites reticulatus* vom Tschon-Terek und diese stehen ungefähr der Crinoidenschicht der Eifel gleich. Die Transgression ist also hierher erst im oberen Mitteldevon gelangt und hat im Oberdevon die Eroberung des Gebietes vollendet.

III. Östliches Nordamerika. Am spätesten, zur Zeit des Tully limestone und der Genessee-Portage group (= „*Cuboides*-Zone" = Zone des *Gephyroceras intumescens*; *Gephyroceras intumescens* Beyr. = *G. Pattersoni* Hall) gelangt die Transgression nach dem Osten von Nordamerika.

IV. Auch in Australien fand eine erhebliche Erweiterung der räumlich beschränkten Unterdevonbildungen statt.

Das Vordringen des Meeres setzt sich während des mittleren und oberen Devon in den südlich von dem arktischen Old-red-Continent gelegenen Gebieten ruckweise und unregelmässig fort.

Die von Suess geäusserte Anschauung über die Transgression des Mitteldevon, die „zu gleicher Zeit vom Ural über die russische Ebene gegen West und Nordwest und von den Rocky mountains über das Thal des Mackenzie gegen Osten hin stattgefunden hat", ist daher zu modificiren. Die Transgression der russischen

Ebene erfolgte am Beginn des Mitteldevon von Ost und West gleichzeitig; die Überfluthung von Centralasien und dem nordwestlichen Amerika fand während der Zeit des Stringocephalenkalkes in südlicher und östlicher Richtung statt, zur Zeit des Oberdevon sehen wir das Meer von Westen her bis in den Osten von Nordamerika ausgreifen.

Auch für Europa, wo eine regionale Differenzirung des Mitteldevon nachweisbar ist, kann man den Höhepunkt der marinen Transgression nicht in die Mitte der Formation verlegen; sowohl Südfrankreich wie Steiermark lassen eine von der rheinischen abweichende Gliederung des ganzen oder wenigstens des unteren Mitteldevon erkennen[1]. Ferner deutet das Vorhandensein verschiedenartiger Versteinerungen in den drei Gebieten auf eine Trennung durch die nach Westen erweiterte westalpine Insel hin.

Auch das russische Mitteldevon (Tab. XV) zeigt eigenthümliche Ausbildung, die allerdings ebensowohl auf die eigenartige Facies (Einschiebung von Old Red-Sandstein), wie auf die geographische Lage zurückzuführen ist.

Im europäischen Oberdevon verschwinden diese regionalen Differenzirungen und gleichzeitig nehmen die pelagischen Goniatiten an Bedeutung und Häufigkeit zu, während dieselben im älteren Devon stets nur als vereinzelte Erscheinungen auftraten. Alles dies spricht ohne Zweifel für ein Ansteigen des Meeresspiegels in Europa und man wird somit den Höhepunkt der Ausbreitung des Meeres um so mehr in den unteren Theil des Oberdevon zu versetzen haben, als das Vordringen der europäischen Litoralthiere in den Osten Amerikas gleichzeitig erfolgte. Die mitteldevonische Transgression in Russland nimmt dann mehr den Charakter eines vorbereitenden Ereignisses an.

Gewissermaassen als Compensation dieser positiven Bewegung fand gleichzeitig ein Rückzug der Binnenseen des englischen Old Red statt, die im Oberdevon wieder das Land bedeckten.

Dagegen vollzieht sich bereits an der obersten Grenze des Devon eine Bewegung des Meeres im negativen Sinne. Die Clymenienfauna ist ausser in Mitteleuropa nur noch am Ural bekannt und fehlt in Central-Russland. Im Osten von New York ist die oberste Abtheilung des Devon, die Catskill group, in der brakischen Facies das Old Red entwickelt, während zur Zeit des älteren Devon diese Entwickelung auf den äussersten Osten der britischen Besitzungen (Akadische Provinz) beschränkt war. Auch aus dem Westen von Nordamerika, aus Arizona und wahrscheinlich aus Colorado, ist Old Red mit Fischresten bekannt. Ein Rückzug des oberdevonischen Meeres ist ferner aus Russisch-Polen[2] zu verzeichnen, wo marines Carbon gänzlich fehlt. Endlich fehlt in der Südhemisphäre — abgesehen von Australien — das marine Oberdevon gänzlich. Es beginnen also die Strandverschiebungen des Carbon, die im Grossen und Ganzen in der Nordhemisphäre eine negative Tendenz zeigen, bereits am Ende der vorhergehenden Epoche.

[1] Frech, Zeitschr. deutsch. geol. Ges. 1887. p. 424 u. 428–453.

[2] Gegend von Kielce (nach Gürich). Hier findet sich über dem Clymenienkalk unmittelbar der Zechstein.

…nvorkommen.

Böhmen	
Lücke	… Clym…
	… Cheilo… (F…
	Gep… (… Kalk m… (Ja…
H Hostliner Schiefer mit *Buchiola, Stringocephalus* und Pflanzen	… *Stringo…* *Spiri…*
G_3 Knollenkalk von Hlubocep mit *Aph. occultus*	… *Pentame…*
G_2 Tentaculitenschiefer mit *Aph. fecundus*	
G_1 Schwarzer Kalk mit *Odontochile* / F_2 z. Th. Kalk von Mnenian mit *A. fidelis*	Kalke der U… *Pr…*
F_2 z. Th. Korallenriffkalk von Konieprus mit *Rh. princeps, Sp. secans, H. revolvens, Bronteus palifer*	Schiefer der Sigal…
F_1 Plattenkalk mit *Hercynella*	Kalk B… und I… mit *Pe…* *Rh…* *I…*

Tafel 1a.

Versteinerungen des Untercambrium.

Untercambrischer Sandstein und (über demselben) Olenellus-Stufe.

Fig. 1.	*Medusites radiatus* Lns. Lugnås-Sandstein. Lugnås, Schweden. Nach Linnarsson.	Tiefstes Untercambrium.
2a, 2b.	*Medusites Lindströmi* Lns. Ebendaher. 5- und 4strahlige Ausgüsse des Körperhohlraums. Nach Linnarsson.	

3a. *Linnarssonia sagittalis* Salt. Grosse Schale. *Olenellus*-Stufe. St. John, Neu-Braunschweig.

3b. var. *transversa* Hartt. Inneres der kleinen Schale. Ebendaher. (Verbreitung der Art bis zur unteren Grenze des Silur.)

4a, 4b. *Lakhmina linguloides* Waag. *Neobolus*-Schichten. Kiura. Indische Salzkette.

4a. Inneres der grossen Schale.

4b. Inneres der kleinen Schale. Nach Waagen.

5a, 5b. *Neobolus Warthi* Waag. Innen- und Aussenseite der grossen Schale. Ebendaher. Nach Waagen.

6a, 6b. *Kutorgina cingulata* Billings sp. Kalk mit *Olenellus Thompsoni*. Swanton, Vermont.

7. *Olenellus Thompsoni* Hall. Parkers Steinbruch. Georgia, Vermont. Nach der Abbildung Walcott's etwas verkleinert.

8. *Olenellus (Mesonacis) Mickwitzi* Fr. Schmidt. Zone des *Olenellus Mickwitzi*. Reval, Esthland. Restauration nach Fr. Schmidt. Etwas verkleinert.

9. *Bathynotus holopyge* Hall. Parkers Farm. Georgia, Vermont.

10. *Microdiscus bellimarginatus* Shaler & Förste. North Attleborough, Massachusetts. Kopfschild mit gekörntem Rande von oben und von der Seite.

11. *Microdiscus speciosus* Ford. Washington County, New York.

12. *Dorypyge desiderata* Walc. Glabella mit festen Wangen, Pygidium und vergrösserte Sculptur des Kopfschildes. Highgate Springs, Vermont.

13. *Olenellus (Holmia) Kjerulfi* Lns. sp. Zone des *Olenellus Kjerulfi*. Schweden. Reconstruction nach Holm.

14. *Ptychoparia misera* Billings sp. Glabella mit festen Wangen. Anse au Loup. Strasse von Belle Isle.

Die Abbildungen sind, wo nichts anderes bemerkt ist, dem Werke Walcott's „Fauna of the Olenellus Zone" entnommen.

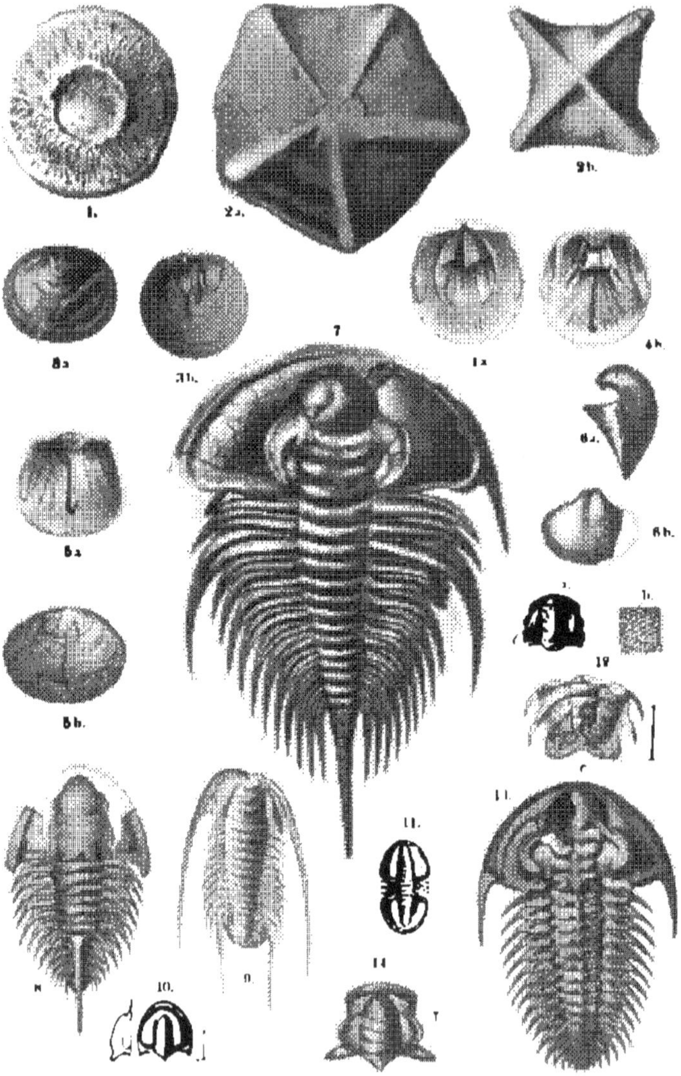
1.
2a.
2b.
3a
3b.
4a
4b.
5a
5b.
6a.
6b.
7
8
9.
10.
11.
12
13.
14

Tafel 1b.

Trilobiten des Untersten Silur. Fig. 1—15.

Symphysurus-Stufe = *Ceratopyge*-Kalk = Tremadoc = Pogonip-Kalk.

Trilobiten aus dem Oberen Cambrium. Fig. 16—22.

Fig. 1a. *Niobe Wirthi* Barr. sp. Ganzes Exemplar.
1b. Mitteltheil des Kopfschildes. Schiefer von Leimitz bei Hof, Fichtelgebirge. Copie nach Barrande, N. Jahrbuch 1868. t. VI—VII f. 27.

2. *Niobe Maccoyi* Walc. sp. (*Barrandia?* Walc.). Mitteltheil des Kopfes. Hamburg Ridge, Eureka District, Nevada. Copie nach Walcott, Paleont. of the Eureka district. t. XII f. 6.

3a u. b. *Euloma ornatum* Ang. *Ceratopyge*-Kalk (3 a γ). Vestfossen bei Christiania. Mitteltheil des Kopfstückes und Pygidium. Copie nach Brögger, Siluretagen. t. III f. 5, 6.

4. *Megalaspis heroides* Brögg. *Ceratopyge*-Kalk (3 a γ) und *Phyllograptus*-Schiefer (3 b). Krekling, Norwegen. Pygidium. Copie nach Brögger l. c. t. IV f. 4.

5a. *Symphysurus incipiens* Brögg. Schiefer mit *S. incipiens* (3 a α). Kopfschild von Vækkerö, Pygidium von Töien bei Christiania. Copie nach Brögger l. c. t. I f. 1, 3.

6. *Symphysurus eurekensis* Walc. sp. (*Illaenurus* Walc.). Pogonip-Kalk des Eureka-Districtes, Nevada. Copie nach Walcott, Paleont. of the Eureka district (1884). t. XII f. 4.

7. *Symphysurus innotatus* Salt. (*Psilocephalus* Salt.). Unterer Tremadoc-Schiefer. Penmorfa bei Tremadoc, Nord-Wales. Copie nach Salter, British Trilobites. t. XX f. 14.

8. *Remopleurides dubius* Lns. *Ceratopyge*-Schiefer und -Kalk (3 a β und γ). Christiania. Copie nach Brögger l. c. t. III f. 14.

9. *Cyclognathus micropygus* Lns. Mittelstück des Kopfschildes (versehentlich verkehrt gestellt). Z. d. *Symph. incipiens* (3 a α). Vækkerö.

10. *Parabolinella limitis* Brögg. *Ceratopyge*-Schiefer (3 a β). Christiania. Mitteltheil und Wange. Copie nach Brögger l. c. t. III f. 2.

11a u. b. *Ceratopyge forficula* Sars. *Ceratopyge*-Schiefer (3 a β). Christiania. Kopf und Schwanzschild. Nach Brögger l. c. t. III f. 17 u. 19. Leitform des tiefsten Untersilur in Skandinavien.

Fig. 12. *Dicellocephalus serratus* BOECK. *Ceratopyge*-Kalk (3 a γ). Christiania. Pygidium. Copie nach BRØGGER l. c. t. III f. 8. Die Gattung ist in Amerika im Obercambrium, in Europa im tiefsten Silur zu Hause.

13. *Shumardia pusilla* SARS sp. (= *Conophrys salopiensis* CALLAWAY). *Ceratopyge*-Schiefer und -Kalk (3 a β, 3 a γ). Tōien, Norwegen. Kopfschild. Copie nach BRØGGER l. c. t. XII f. 3.

14. *Triarthrus Angelini* LNS. *Ceratopyge*-Kalk (3 a γ). Vestfossen, Norwegen. Copie nach BRØGGER l. c. t. III f. 1.

15. *Lichapyge primula* BARR. sp. Schiefer von Leimitz bei Hof. Copie nach BARRANDE, N. Jahrbuch 1868. t. VI—VII f. 34.

Obercambrium.

16. *Eurycare latum* BOECK. Mittlerer *Olenus*-Schiefer (2 c). Oslo, Norwegen. Kopfschild restaurirt nach BRØGGER l. c. t. XII f. 2.

17. *Dicellocephalus pepinensis* D. D. OWEN. Obercambrium (Potsdam-Sandstein). Minnesota. Restauration nach HALL, 16. Rep. on the State Cab. of Nat. history Albany. t. X f. 14.

18a u. b. *Dicellocephalus magnificus* BILLINGS. Obercambrische Kalkgerölle im Untersilur von Point Levis, Quebec. Copie nach BILLINGS' Palaeozoic Fossils p. 400.

19a u. b. *Agnostus reticulatus* ANG. Unterster *Olenus*-Schiefer (2 a). Ringsaker bei Mjösen. Copie nach BRØGGER l. c. t. I f. 11 a, 11 b.

20a u. b. *Sphaerophthalmus alatus* BOECK. Mittlerer *Olenus*-Schiefer (2 d). Schweden. Nach LINNARSSON und BRØGGER l. c. t. II f. 14, 14 a.

21. *Ctenopyge flagellifera* ANG. Mittlerer *Olenus*-Schiefer (2 d). Slemmestad, Norwegen. Copie nach BRØGGER l. c. t. II f. 15.

22a—c. *Cyclognathus costatus* BRØGG. Mittlerer *Olenus*-Schiefer (2 d). Vestfossen, Norwegen. a. Kopf, b. Glied des Thorax, c. Pygidium 2 : 1. Copie nach BRØGGER l. c. t. I f. 5 a, 5 b, 5 d.

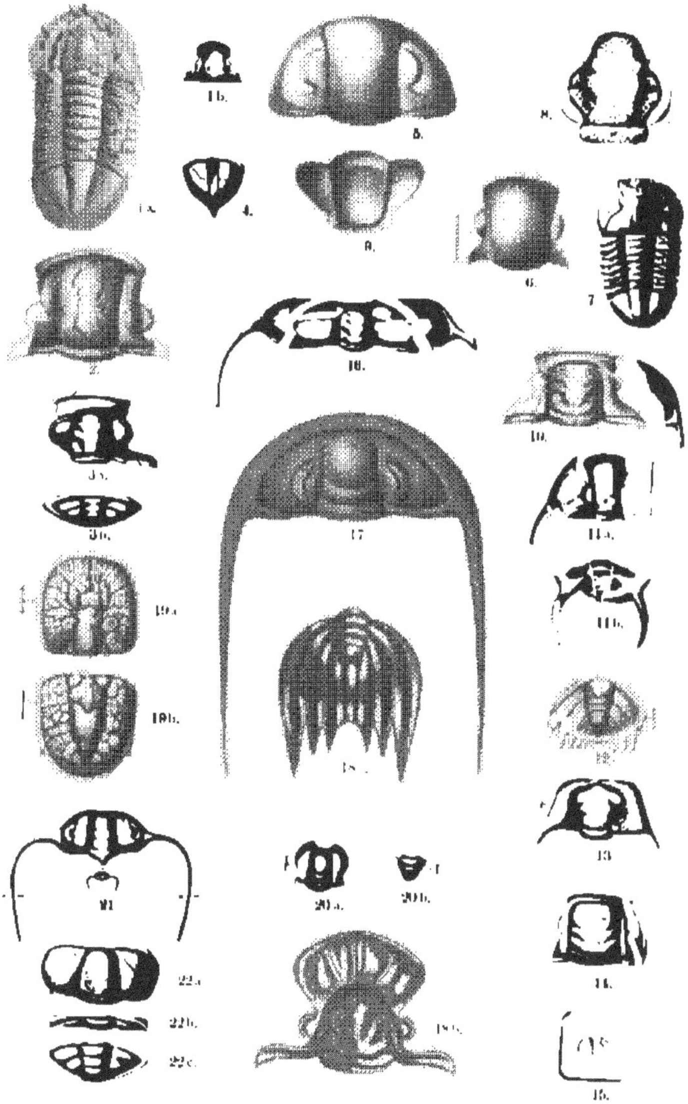

Tafel 19a.

Kalkiges Unterdevon des Harzes, des Urals und des Loire-Gebietes.

Fig. 1, 1a. *Karpinskia conjugula* Tschern. Unteres Unterdevon. Hüttenwerk Sinjatschichinsk, O.-Ural. (Tschern. t. 14 f. 5a, c.)

2, 2a. *Rhynchonella pila* Schnur var. *irbitensis* Tschern. Unteres Unterdevon Trifonowa, O.-Ural. (Tschern. t. 9 f. 14a, 14c.)

3. *Schmidtella uralica* Tschern. Unterdevon. Fl. Tscherunschka, O.-Ural. (Tschern. t. 1 f. 6.)

4. *Youngia uralica* Tschern. Unterdevon. Nicolaje-Pawdinsk, O.-Ural. (Tschern. t. 1 f. 5.)

5, 5a. *Pentamerus Sieberi* v. B. var. *rectifrons* Barr. Joachimskopf bei Zorge. (Kayser t. 27 f. 13, 13c.)

6, 6a. *Spirifer robustus* Barr. Unteres Unterdevon. Zwischen Bogoslawsk und Pawdinsk. (Tschern. t. 6 f. 3b, d.)

7, 7a. *Rhynchonella nympha* Barr. Klosterholz. (Kayser t. 15 f. 2, 7.)

8—8b. *Spirifer infirmus* Barr. Unteres Unterdevon. Fl. Iwdel, O.-Ural. (Tschern. t. 6 f. 13a, b, d.)

9. *Pentamerus costatus* Gieb. Klosterholz bei Ilsenburg. (Kayser t. 27 f. 1a.)

10. *Pentamerus vogulicus* Arch. Vern. Unteres Unterdevon. Bogoslawsk, O.-Ural. (Tschern. t. 11 f. 1a; 1/2 nat. Gr.)

11, 11a. *Platyceras multiplicatum* Gieb. Scheerenstieg. (Kayser t. 16 f. 7, 7a.)

12. *Meristella Circe* Barrande. Unterer und mittlerer Kalk von Erbray (Unterdevon). (Barrois t. 6 f. 5c.)

13. *Meristella biplicata* Barrois. Unterer Kalk von Erbray (Unterdevon). (Barrois t. 6 f. 8a.)

14. *Athyris ferronesensis* Arch. Vern. Unterer und mittlerer Kalk von Erbray. (Barrois t. 7 f. 8b.)

15. *Athyris Ezquerrae* Arch. Vern. Unterer und mittlerer Kalk von Erbray. (Barrois t. 7 f. 11a.)

16. *Platyostoma disjunctum* Gieb. Scheerenstieg. (Kayser t. 16 f. 6a.)

17. *Platyceras selcanum* Gieb. (= *mons* Barr.). Unterer und mittlerer Kalk von Erbray. (Barrois t. 13 f. 7b.) Verbreitet in Böhmen, dem Harz und den Ostalpen.

18. *Spirifer sericeus* A. Roem. Unterer Kalk von Erbray. (Barrois t. 9 f. 10a.)

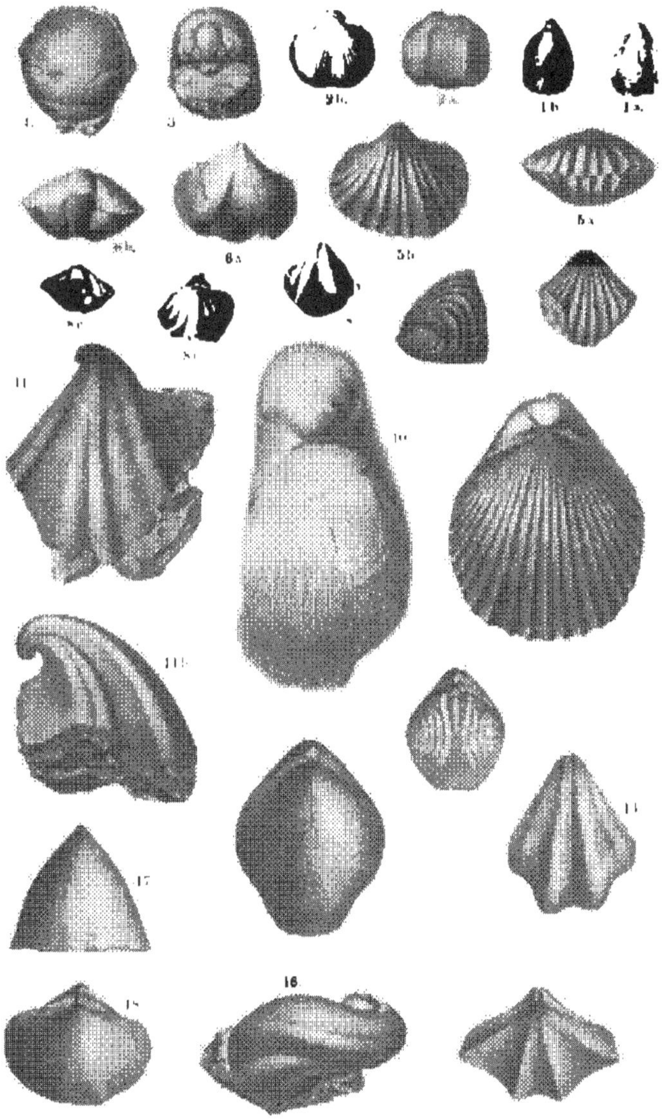
16.

Tafel 19b.

Versteinerungen des unterdevonischen Riffkalkes von Konieprus.

Mit Ausnahme von Fig. 7 Copien nach BARRANDE, Système Silurien. Vol. I, V, VI.

Fig. 1a—1c. *Pentamerus procerulus* BARR. (*P. acutolobatus* SDB. var. *procerula* BARR.). Unterdevon. Riffkalk. Konieprus. (BARRANDE Vol. V, t. 21 f. 14b, 14c, 17c.)

2a, b. *Strophomena Stephani* BARR. Riffkalk. Konieprus. (BARRANDE Vol. V. t. 40 f. 23, 27.)

3a, b. *Merista herculea* BARR. Riffkalk. Konieprus. (BARRANDE Vol. V. t. 10 f. 8a, 11b, 12a.) (Vergl. Taf. 13 Fig. 1b, 1c.)

4, 4a. *Chonetes Verneuili* BARR. Riffkalk. Konieprus. (BARRANDE Vol. V. t. 46 f. 1a, b.)

5. *Strophomena Bouéi* BARR. Riffkalk. Konieprus. (BARRANDE Vol. V. t. 46 f. 24.)

6, 6a. *Spirifer secans* BARR. Unterdevon. Riffkalk. Konieprus. (BARRANDE Vol. V. t. 6 f. 16c, 17b.)

7a—7c. *Aristozoe regina* BARR. em. NOVÁK. Unterdevon. Riffkalk. Konieprus. Fig. 7a. Linke Klappe. Fig. 7b. Vorletztes Segment des Abdomens (= *Bactropus longipes* BARR.). Fig. 7c. Mittelrippe des Steuerruders (= *Ceratiocaris debilis* BARR.). Fig. 7b und 7c in natürlicher Verbindung. Nach NOVÁK.

8a, b. *Terebratula (?) melonica* BARR. Unterdevon. Riffkalk. Konieprus. (BARRANDE Vol. V. t. 18 f. 3b.)

9a—9c. *Rhynchonella (Wilsonia) princeps* BARR. Riffkalk. Konieprus. (BARRANDE Vol. V. t. 25 f. 2a, b, d.)

10. *Bronteus palifer* BARR. Glabella. Riffkalk. Konieprus. (BARRANDE Vol. I. t. 45 f. 6.)

11. *Conocardium bohemicum* var. *depressa* BARR. Konieprus. (BARRANDE Vol. VI. t. 197 f. 14.)

Abgesehen von den auf dieser Tafel zusammengestellten Leitformen des unterdevonischen weissen Riffkalkes sind anderwärts abgebildet:

Taf. 19c (Gastropoden) und

a. *Gyroceras alatum* BARR. Taf. 15 Fig. 4. Unterdevon. Riffkalk. Konieprus.

b. *Harpes venulosus* BARR. Taf. 17 Fig. 3. Unterdevon. Riffkalk. Konieprus.

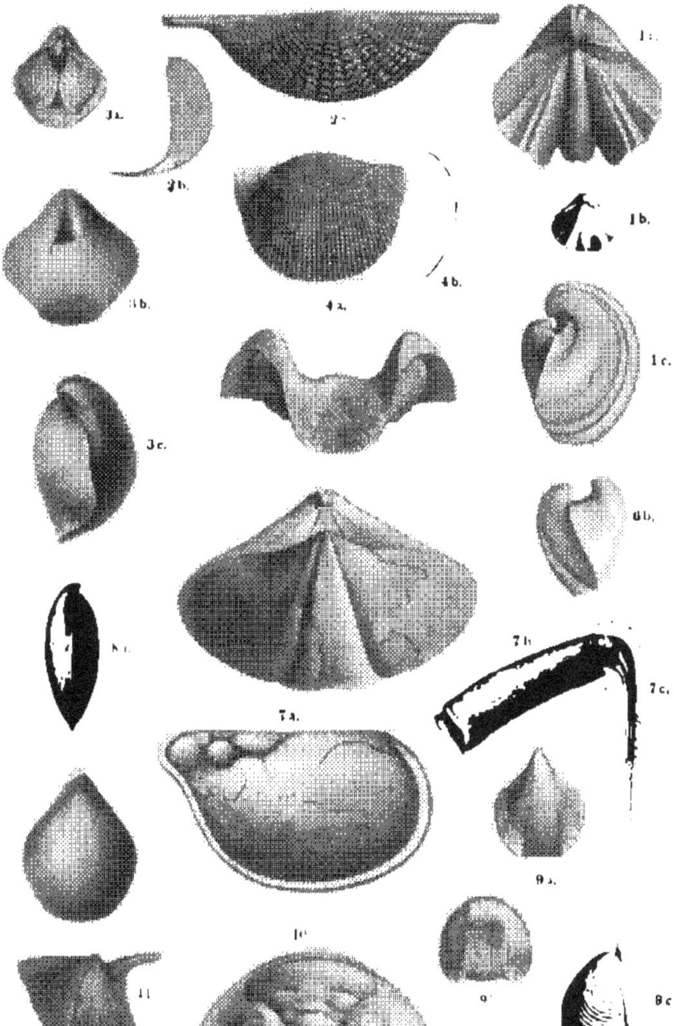

Tafel 19c.

Unterdevon.

a. Gastropoden des böhmischen und karnischen Riffkalkes (Fig. 1—9).
b. Ergänzung zu den Zweischalern des rheinischen Unterdevon (Fig. 10, 11, vergl. Taf. 24a).

Fig. 1a—1c. *Triangularia paradoxa* Frech. Schwarzer Gastropodenkalk des Wolayer Thörls (Karnische Alpen). 2/1. (Frech, Zeitschr. deutsch. geol. Ges. 1894, t. 34 f. 6c, 6d, 6e.)

2a, 2b. *Trematonotus fortis* Barr. Weisser Riffkalk. Konieprus. 1/1. Seiten- und Rückenansicht desselben Exemplars. (Frech l. c. t. 28 f. 2a, 2b.)

3. *Trematonotus insectus* Frech. Grauer Riffkalk des Wolayer Sees. 1/2. (Frech l. c. t. 33 f. 1c.)

4a, 4b. *Oxydiscus Geyeri* Frech. Schwarzer Gastropodenkalk des Wolayer Thörls. 1/1. (Frech l. c. t. 34 f. 2a, 2c.)

5. *Trochus pressulus* Tschern. var. *alpina* Frech. Grauer Riffkalk des Wolayer Thörls. 1/1. (Frech l. c. t. 34 f. 1a.)

6a. *Polytropis Guilleri* Barr. sp. Weisser Riffkalk. Konieprus. 6b. Desgleichen. Wolayer Thörl. (Frech l. c. t. 35 f. 1a, 1c.)

7. *Porcellia aberrans* Koken. Weisser Riffkalk. Konieprus. (Koken, N. Jahrb. Beil.-Bd. VI. t. 13 f. 6.)

8. *Tubina spinosa* Barr. Weisser Riffkalk. Konieprus. (Koken, N. Jahrb. Beil.-Bd. VI. t. 13 f. 8. Versehentlich verkehrt gestellt.)

9. *Platyostoma naticoides* A. Roem. sp. 2/3. In der Pfeilrichtung zusammengedrückt. Rother Kalk des Pasterkriffes bei Vellach, Karawanken (= *Natica bohemica* Barr.). Überall verbreitet. (Frech t. 36 f. 4a.)

b. Zweischaler des rheinischen Unterdevon.

10. *Limoptera semiradiata* Frech. Oberer Theil der Stufe des *Spirifer Hercyniae*. Schichten von Zendscheid, Eifel. (Frech, Aviculiden. t. 5 f. 8.)

11a, 11b. *Pterinaea laevis* Gf. emend. Obere Coblenzschichten.
- 11a. Steinkern der convexen linken Klappe, Laubach bei Coblenz.
- 11b. Steinkern eines zweiklappigen Exemplars; von der Seite der flachen rechten Klappe, Ems. Der hintere Flügel ist an dem Seitenzahn abgebrochen und ergänzt. Vergl. Taf. 24b Fig. 4.

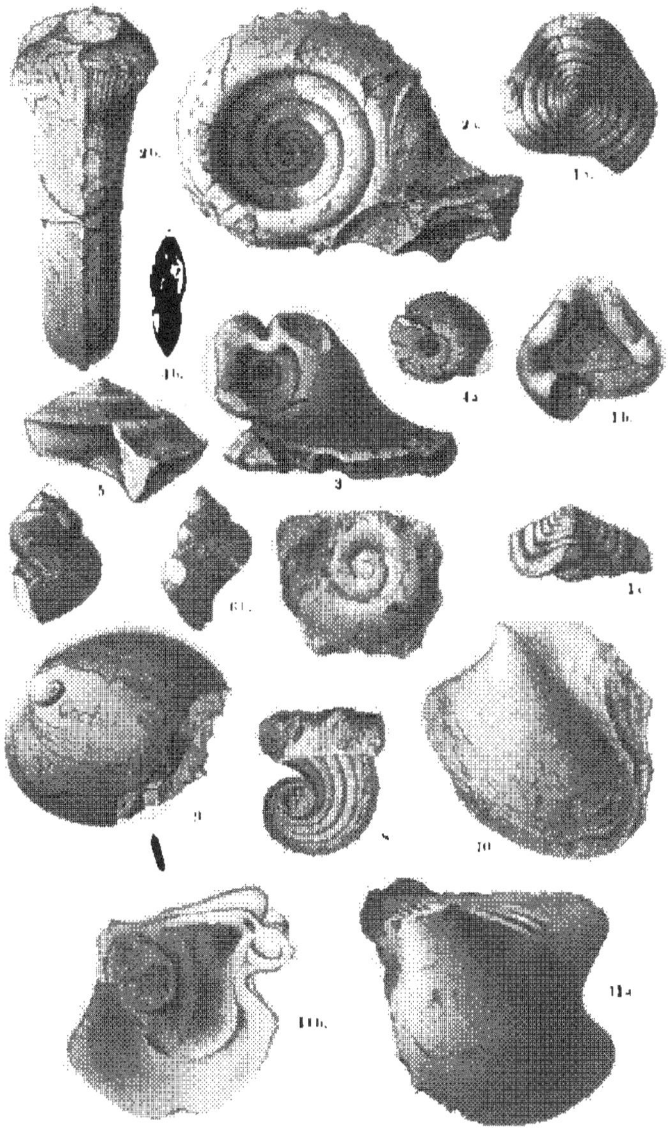

Tafel 19d.

Greifensteiner Kalk (oberes Unterdevon, Zone des Aphyllites fidelis) aus Nassau und Böhmen.

Mitteldevonische Superstiten.

Fig. 1. *Bronteus (Thysanopeltis) speciosus* Corda. Unteres Mitteldevon (Günteröder Kalk). Wahrscheinlich Günterod. (Novák t. 3 f. 10.)

1a. Derselbe. Oberes Unterdevon (Zone des *Aphyllites fidelis*). Pygidium der breiten Form. (Novák t. 5 f. 14.) Konieprus. Auch im Kalk bei Greifenstein.

2a, 2b. *Proëtus eremita* Barr. Oberes Unterdevon (Zone des *Aph. fidelis*). Glabella und freie Wange. Greifenstein. (Novák t. 1, f. 3, 4.)

2c. Derselbe, Pygidium. Konieprus. (Novák t. 1 f. 6.)

3. *Proëtus (Phaetonellus) planicauda*. Unteres Mitteldevon (Stufe des *Aph. occultus*). Günterod. (Novák t. 4 f. 6.) Auch im Greifensteiner Kalk.

4a. *Proëtus orbitatus* Barr. Kopf. Oberes Unterdevon (Zone des *Aph. fidelis*). Konieprus. (Novák t. 1 f. 14.)

4b. Derselbe. Pygidium. Greifenstein. (Novák t. 1 f. 19.)

5. *Dalmania (Odontochile) rugosa* Barr. Oberes Unterdevon (G_1). Karlstein. (Barrande Vol. I. t. 24 f. 17.)

6. *Dalmania (Odontochile) Hausmanni* Brongn. sp. Oberes Unterdevon (G_1). Dworetz. (Barrande Vol. I. t. 24 f. 10.)

7. *Cheirurus (Crotalocephalus) gibbus* Beyr. Oberes Unterdevon. Mnenian. (Barrande t. 41 f. 10.)[1]

8. *Cheirurus (Crotalocephalus) Sternbergi* Boeck. sp. Oberes Unterdevon. Mnenian. (Barrande t. 41 f. 29.)[1]

9a—9c. *Leptaena tenuissima* Barr. sp. Greifensteiner Kalk. Konieprus. (Barrande Vol. V t. 69 f. VII 2c, e, 3a.)

10. *Acidaspis (Trapelocera) vesiculosa* Beyr. Oberes Unterdevon. Greifenstein. (Novák t. 1 f. 9.)

11. *Phacops fecundus major* Barr. Steinkern. Oberes Unterdevon. „Bicken." (Novák t. 3 f. 6.)

---

[1] Die feine, in der Längsrichtung verlaufende Strichelung ist keine Eigenthümlichkeit der Structur, sondern die Schraffur der mechanisch reproducirten Zeichnung.

Fig. 12a, 12b. *Phacops breviceps* Barr. typ. Schalenexemplar. Oberes Unterdevon Greifensteiner Kalk. (Schon im Koneprusser Kalk beobachtet.) Mnenian. (Nach Barrande 1. t. 22 f. 24, 25.)[1]

13. *Bronteus Dormitzeri* Barr. Oberes Unterdevon (Greifensteiner Kalk). Mnenian. (Barrande t. 48 f. 41.)[1]

14. *Bronteus Dormitzeri* Barr. mut. *applanata* Novák. Unteres Mitteldevon (Günteröder Kalk). Wahrscheinlich Günterod. Glabella mit Schale. (Novák t. 5 f. 2.) Jüngere Mutation des unterdevonischen typischen *B. Dormitzeri*.

15a—15c. *Rhynchonella Baucis* Barr. sp. Greifensteiner Kalk. Konieprus. (Barrande Vol. V. t. 17, f. IV 10a, c, d.)

16a, 16b. *Spirifer indifferens* Barr. Greifensteiner Kalk (oberes Unterdevon). Konieprus. (Barrande Vol. V. t. 8 f. 5a, 6c.)[1]

17. *Merista passer* Barr. Greifensteiner Kalk (oberes Unterdevon). Konieprus. (Barrande Vol. V. t. 14 f. 12a.)

[1] Die feine, in der Längsrichtung verlaufende Strichelung ist keine Eigenthümlichkeit der Structur, sondern die Schraffur der mechanisch reproducirten Zeichnung.

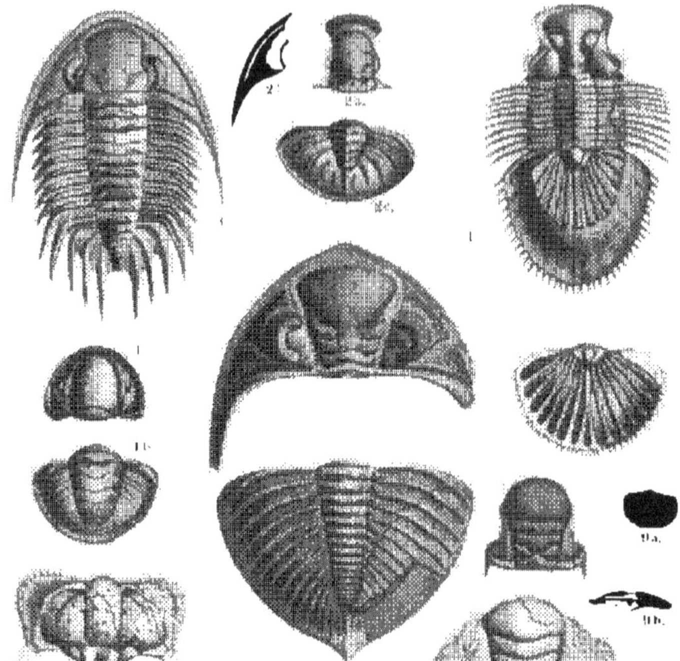
9 a.
9 b.
12 a.
9 c.
15 c.
12 b.
17.

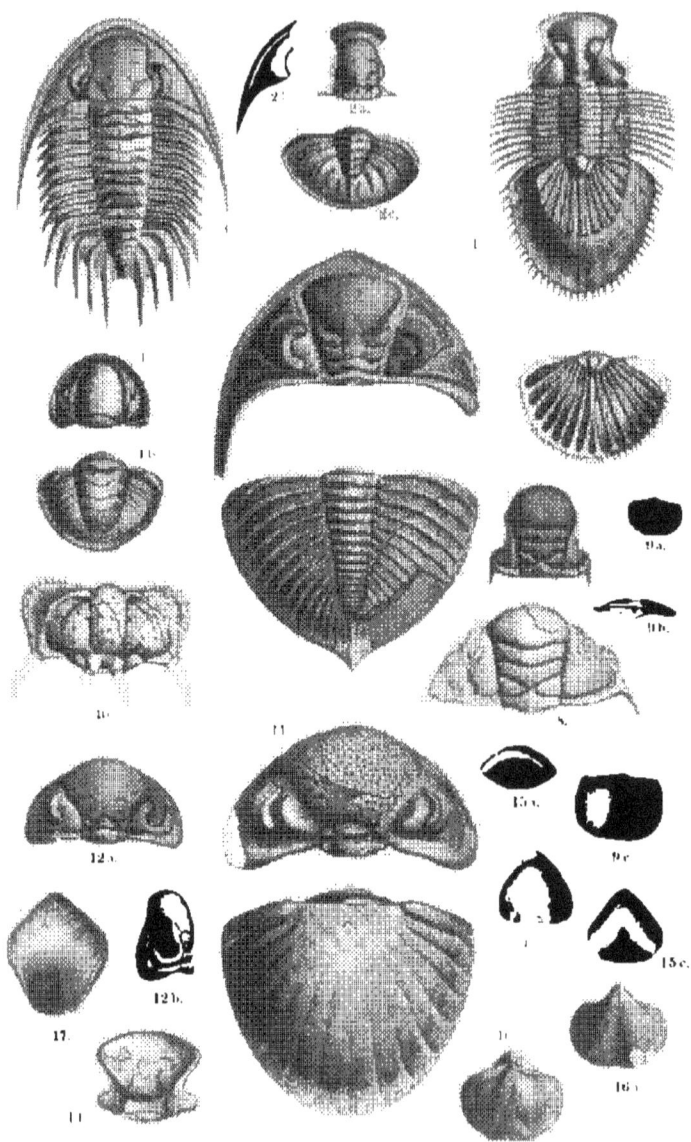

Tafel 23 a.

Die geologisch wichtigen Brachiopoden des rheinischen Unterdevon.

Fig. 1 a, 1 b. *Spirifer paradoxus* Schl. s. str. Obere Coblenzschichten.

1 a. Steinkern mit abgebrochenen Flügeln. Krebsbachthal b. Ehrenbreitstein.

1 b. Vollständiges Schalenexemplar. Bastenmühle b. Wittlich. (Beide gesammelt von F. Frech.)

2. *Spirifer carinatus* Schnur. Obere Coblenzschichten. Daleiden. Steinkern von der Seite. Museum Breslau. Vergl. Taf. 24 b.

3 a, 3 b. *Orthis dorsoplana* Frech. Oberste Coblenzschichten (Zone des *Spirifer speciosus*). Papiermühle bei Haiger. Schalenexemplar und Steinkerne der Stielklappe. (Beide gesammelt von F. Frech.)

4. *Anoplotheca venusta* Gf. sp. (= *lamellosa* Sandb.). Obere Coblenzschichten (schon im Untercoblenz beginnend). 2/1. Laubachthal bei Coblenz. Nach Sandberger.

4 a, 4 b. Innen- und Aussenseite der Stielklappe. *f* Schlossfortsatz, a_1 a_2 oberer und unterer Theil des Schliessmuskeleindruckes, *s* mittlere Wandplatte, *x* unbekannter Eindruck.

4 c. Steinkern der Brachialklappe. *d* Schlosszähne, *c* Schliessmuskel, *v* Gefässeindrücke.

5 a. *Spirifer Hercyniae* Gieb. Steinkern. Untere Coblenzschichten (Stufe des *Sp. Hercyniae*). Oberstadtfeld, Eifel. Museum Breslau.

5 b. Schalenexemplar aus dem mittleren Kalk von Erbray. (Copie nach Barrois, Erbray. t. 9 f. 16.)

6 a—6 c. *Spirifer primaevus* Steining. Siegener Grauwacke (Stufe des *Sp. primaevus*).

6 a. Steinkern der Brachialklappe und Ansicht des Schlosses derselben (6 b).

6 c. Steinkern der Stielklappe. Beide vom Kohlenbacher Stollen bei Siegen. Museum Breslau.

7. *Spirifer Mercuri* Gossel. Brachialklappe. Stufe des *Sp. Mercuri* (Gedinnien). Mondrepuits. Tiefstes Unterdevon. Collection Frech.

8. *Rensselaeria strigiceps* F. Roem. Steinkern. Porphyroidschiefer. Singhofen (untere Zone der Stufe des *Sp. Hercyniae*). Museum Breslau. (Vergl. die nicht gelungene Abbildung auf Taf. 23 Fig. 5.)

9. *Tropidoleptus rhenanus* Frech nov. nom. (= *Trop. laticosta* auct.). Abguss der Stielklappe. Stufe des *Sp. Hercyniae* (untere Coblenzschichten s. str.). Oberstadtfeld, Eifel. Museum Breslau.

NB. Die älteren Arten stehen in dem unteren, die jüngeren in dem oberen Theile der Tafel.

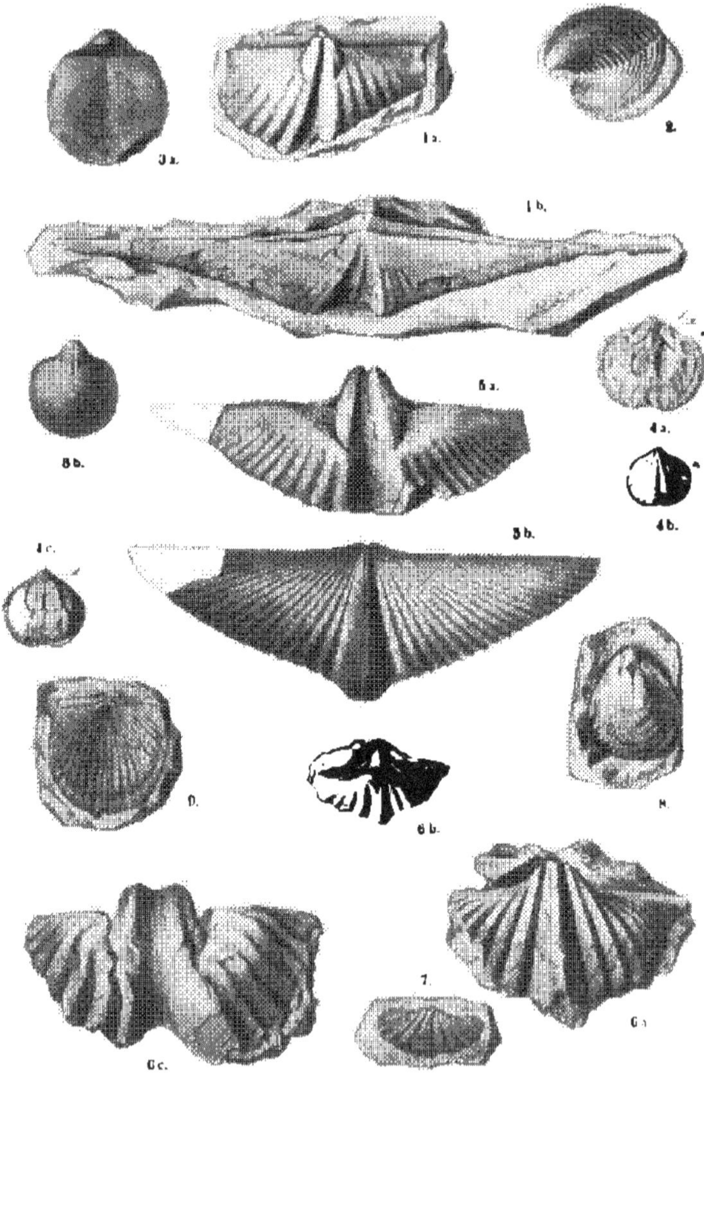
3 a.
1 a.
2.
1 b.
4 a.
5 a.
3 b.
4 b.
5 b.
4 c.
9.
6 b.
8.
7.
6 a.
6 c.

Tafel 23b.

Crinoiden und Seesterne des Hunsrückschiefers.

Fig. 1. *Acanthocrinus rex* JAEK. Von Caub am Rhein, unten *Tropidoleptus rhenanus* nov. nom. (Orig. Geol. L.-Anstalt Berlin.) 1/2 nat. Gr. (JAEKEL t. 1.)

2. *Agriocrinus Frechi* JAEK. Von Bundenbach. Nat. Gr. (Original im Museum für Naturkunde, Berlin.) (Nach JAEKEL t. 9.)

3. *Codiacrinus Schultzei* FOLLM. Von Bundenbach. Nat. Gr. (FOLLMANN t. 2 f. 1b.)

4. *Calycanthocrinus decadactylus* FOLLM. Von Gemünden, Hunsrück. 2/3. Nat. Gr. (FOLLMANN t. 1 f. 2.)

5a, 5b. *Triacrinus elongatus* FOLLM. Von Gemünden. Kelch (nat. Gr.) und Diagramm (vergr.). (FOLLMANN t. 1 f. 1, 1a.) ID. Infrabasalia. PD. Parabasalia. R. Radialia.

6. *Ophiurella primigenia* STÜRTZ. Bundenbach. Nat. Gr. (STÜRTZ t. 1 f. 1, 1a.) Fig. 6b. Vergrössertes Armstück mit Stacheln.

7. *Aspidosoma Tischbeinianum* F. ROEM. Von Bundenbach. A. Subcentraler After. STÜRTZ t. 12 f. 1. (1/2. Nat. Gr.)

Copien nach:

1. JAEKEL, Palaeozoische Crinoiden Deutschlands.
2. FOLLMANN, Unterdevonische Crinoiden.
3. STÜRTZ, Palaeozoische Seesterne. Palaeontogr. XXXII.

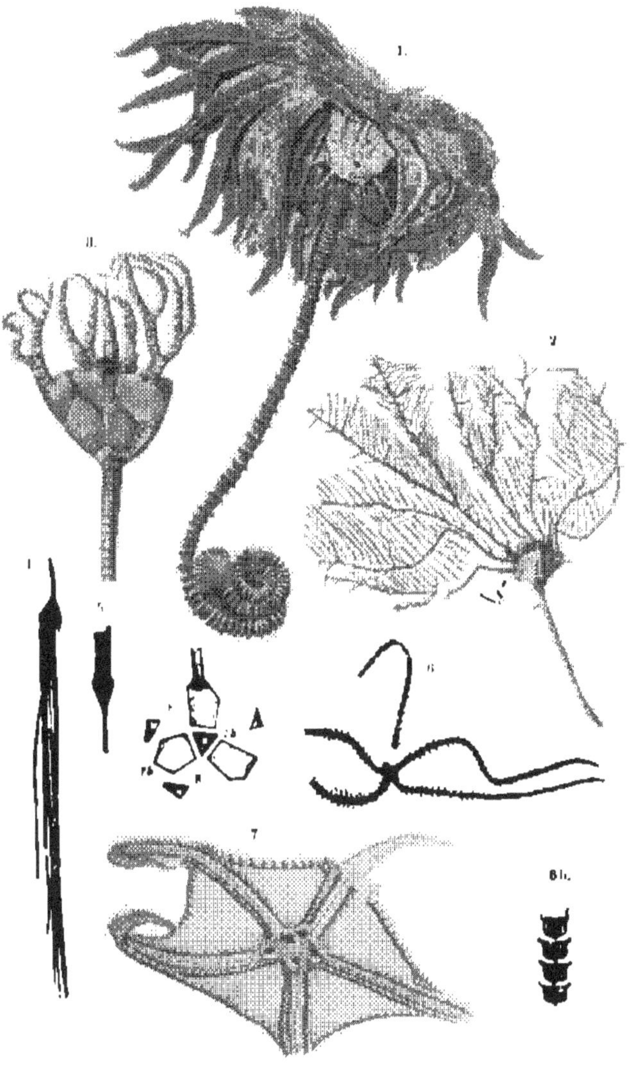

Tafel 24a.

Die geologisch wichtigen Zweischaler des rheinischen Unterdevon.

Hierzu noch Taf. 19d Fig. 10, 11.

Fig. 1. *Ctenodonta crassa* Beush. Steinkern der rechten Klappe. Der Wirbel ist entfernt, so dass die nicht unterbrochene Zahnreihe frei liegt. Coblenzquarzit. Rhens.

2. *Ctenodonta unioniformis* Sdb. sp. Linke Klappe. Untere Coblenzschichten. Nellenköpfchen bei Coblenz.

3. *Leptodomus striatulus* F. Roem. Obere Coblenzschichten. Daleiden, Eifel.

4a—c. *Cypricardella elongata* Beush. Untere Coblenzschichten. Oberstadtfeld, Eifel.
   a. Steinkern der rechten Klappe.
   b. Schloss der linken, c. Schloss der rechten Klappe nach Wachsabdrücken.

5. a. *Myophoria circularis* Beush. Steinkern der linken Klappe.
   b. Schloss derselben, vergrössert, nach einem Wachsabdruck von 5a. Coblenzquarzit. Oberlahnstein.

6. *Modiomorpha bilsteinensis* Beush. Steinkern der rechten Klappe. Siegener Grauwacke. Bilstein bei Olpe.

7. *Palaeosolen costatus* Sandb. Linke Klappe, nach einem zweiten Exemplar ergänzt. Untere Coblenzschichten. (Untere Zone, Porphyroid.) Singhofen, Nassau. 2/3. Nat. Gr.

8. *Actinodesma vespertilio* Maur. Junges Exemplar. Abguss der rechten Klappe. Obere Coblenzschichten. Müllers Bruch bei Coblenz.

9. *Gosseletia securiformis* Follm. Obere Coblenzschichten. Steinbruch oberhalb der Bastenmühle, Lieserthal bei Wittlich.
   a. Ein doppelklappiges Exemplar, auf der einen Hälfte mit Schale versehen, auf der anderen Steinkern.
   b. Schlosszähne, undeutlich erhalten.

10. *Gosseletia truncata* F. Roem. Steinkern mit Zähnen. Obere Coblenzschichten. Coblenz.

11. *Gosseletia trigona* Goldf. Steinkern von etwas abweichendem Umriss. Obere Coblenzschichten. Daleiden.

12. *Gosseletia (Cyrtodontopsis) Kayseri* Frech. Steinkern der linken Klappe von Niederlahnstein. Obere Coblenzschichten. Miellen bei Ems.

Fig. 13. *Cyrtodonta declivis* A. ROEM. Oberes Unterdevon, Hauptspiriferensandstein des Rammelsberges im Harz.

a. Steinkern.

b. Schlossabdruck desselben.

14. *Kochia capuliformis* C. KOCH. Stufe des *Spirifer primaevus*. Siegener Grauwacke und Taunusquarzit.

a. Ein mit beiden Klappen erhaltener grosser Steinkern. Untere Coblenzschichten, untere Zone = Porphyroidschiefer. Singhofen.

b. Steinkern eines jungen, *Avicula*-ähnlichen Exemplars, linke Klappe. Taunusquarzit. Steinkopf bei Leisel.

Fig. 1—7 sind Copien nach BEUSHAUSEN, Lamellibranchiaten des rheinischen Devon.

Fig. 8—14 nach FRECH, Aviculiden des deutschen Devon. (Zu letzteren noch Taf. 19d Fig. 10, 11.)

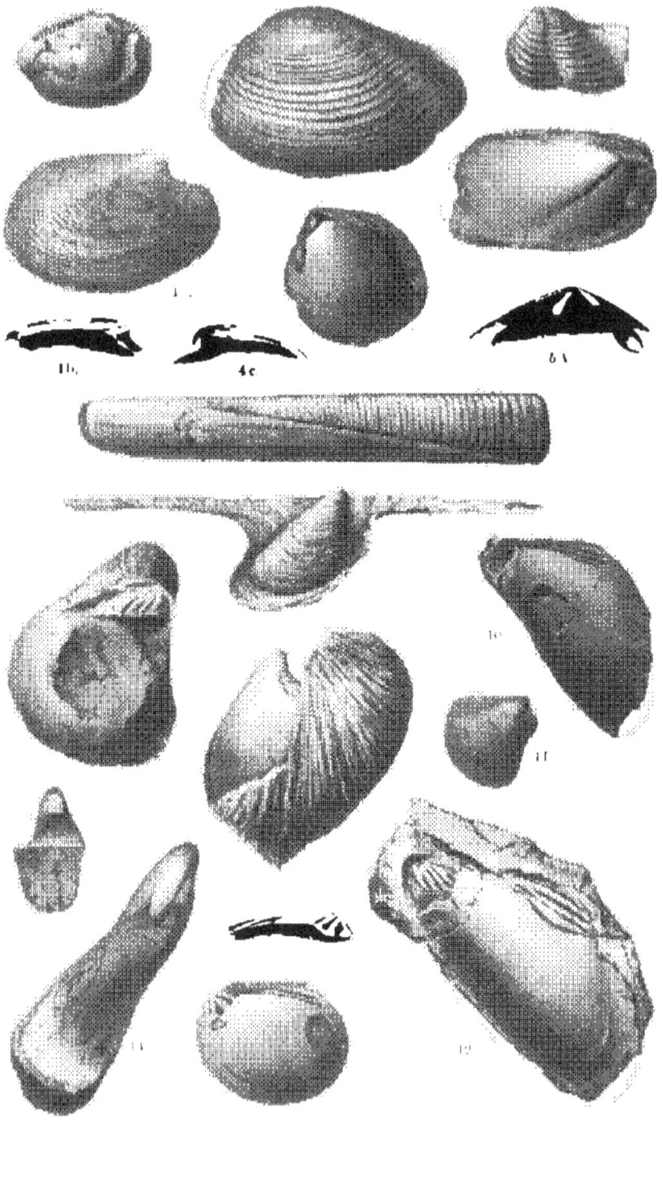

Tafel 24b.

Ein grosser Block von braunem Sandstein mit den Leitformen der oberen Coblenzstufe.

Niederlahnstein (Breslauer Museum). 5/6. Nat. Grösse.

Fig. 1. *Grammysia marginata* GOLDF.

2. *Spirifer carinatus* SCHNUR (= *ignoratus* MAUR). Abdrücke und Steinkerne beider Klappen, am zahlreichsten auf der Tafel vertreten. (Vergl. Taf. 23a Fig. 2.)

3. *Pterinea fasciculata* GOLDF. Theil des Abdrucks und Steinkern der convexen (linken) Klappe. (Vergl. Taf. 24 Fig. 2.)

4. *Pterinea laevis* GOLDF. Steinkern der flachen (rechten) Klappe, mit dem grossen hinteren Muskeleindruck, Mantelsaum und Seitenzähnen. Der Wirbel ist weggebrochen. (Vergl. Taf. 19e Fig. 11a.)

5. *Strophomena (Strophodonta) piligera* SANDB. Steinkern der rechten oder Stielklappe.

6. *Rhynchonella (Wilsonia) pila* SCHNUR. Steinkern der Stielklappe.

7. *Orthis hysterita* GMEL. Steinkern der Brachial- oder Armklappe.

8. *Orthis circularis* SOW. mut. nov. *postuma* FRECH. Steinkern der Stielklappe.

9. *Chonetes sarcinulatus* SCHL. Oben: Steinkern der Stielklappe; unten: Abdruck der Aussenseite.

NB. Durch ein Versehen des Photographen ist rechts und links vertauscht, so dass die Zweischaler scheinbar umgekehrte Bezeichnungen der Klappen tragen.

Tafel 25a.

Helderberg-Versteinerungen aus dem Osten von Nordamerika.

Nach J. Hall (und J. M. Clarke).

Die untere Helderberggruppe entspricht dem europäischen Unterdevon, die oberen Helderbergschichten sind z. Th. schon Aequivalente des europäischen Mitteldevon.

Fig. 1a, 1b. *Spirifer arrectus* Hall. Steinkern und Schalenexemplar der Stielklappe. Oriskany-Sandstein. Schoharie, N. Y. 1/1.

2. *Spirifer macropleura* Conrad. Unter-Helderberg. Helderberg, Mt. N. Y. 1/1.

3. *Rensselaeria ovoides* Eaton sp. Vergrösserte Schlossplatte der Stielklappe. Oriskany-Sandstein, Helderberg, Mt. N. Y. 2/1.

4a, 4b. *Rensselaeria Marylandica* Hall. 4a. Schalenexemplar. 4b. Inneres der Brachialklappe mit der getheilten Schlossplatte und der Schleife. Cumberland, Maryland. 1/1.

5a, 5b. *Spirifer perlamellosus* Hall. 5a. Schalenexemplar. 5b. Stielklappe von innen. Unter-Helderberg. Helderberg, Mt. N. Y. 1/1.

6a—6c. *Leptocoelia flabellites* Conr. 6a. Stielklappe von innen. 6b, 6c. Schalenexemplar von verschiedenen Seiten. Oriskany-Sandstein, Cumberland, Maryland. 1/1.

7a, 7b. *Lichas (Terataspis) grandis* Hall et Clarke. Ober-Helderberg-Kalk. Von oben und von der Seite. Glabella mit festen Wangen. Cayuga, Provinz Ontario. 1/2.

8. *Phacops cristata* var. *pipa* Hall et Clarke. Kopfschild, Oriskany-Sandstein, Cayuga, Ontario. 1/1.

9. *Orthostrophia strophomenoides* Hall. Steinkern der Brachialklappe mit Eindrücken des Schlossfortsatzes, der vier Adductoren, Ovarialeindruck und den Gefässeindrücken des Mantels. Unter-Helderberg, Clarksville, N. Y. 2/3.

10. *Meristella bella* Hall. Stielklappe von innen. Unter-Helderberg, Schoharie, N. Y. 1/1.

11. *Meristella Walcotti* Hall. Aufgebrochen, mit den Schleifen und Spiralkegeln. Oriskany-Sandstein, Cayuga, Ontario. 1/1.

12. *Metaplasia pyxidata* Hall *(Spirifer)*. Steinkern der Stielklappe. Oriskany-Sandstein, Cayuga, Ontario. 1/1.

13a, 13b. *Coelospira concava* Hall. 13a Stielklappe von innen, 13b Schalenexemplar von unten. Unter-Helderberg, Clarksville, N. Y. 1/1.

14a, 14b. *Dalmania (Coryeephalus) dentatus* Barrett. Kopf und Pygidium. Unter-Helderberg, Port Jervis, Orange Cy., N. Y. 1/1.

15. *Dalmania (Coronura) aspectans* Hall et Clarke. Pygidium. Hornsteinkalk des Ober-Helderberg, Columbus, Ohio. 2/3.

16. *Dalmania (Odontocephalus) bifida* Hall et Clarke. Pygidium. Ober-Helderberg (Hornstein-)Kalk. Schoharie, N. Y. 1/1.

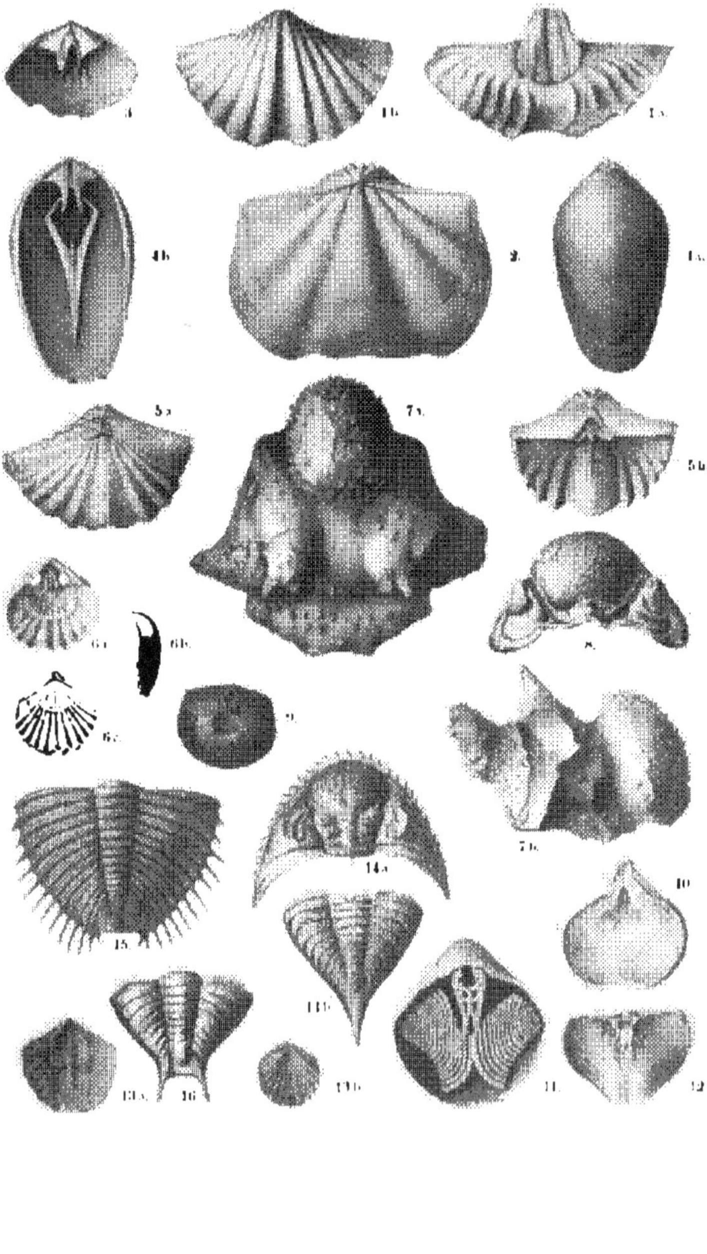
4 b
2
5 a
7 a
5 b
8
9
7 b
14 a
10
15
16
11
12

Tafel 30a.

Cephalopoden des Mitteldevon.

(Vergl. für die mitteldevonischen Nautileen Taf. 15 Fig. 7, 8 und für die Goniatiten Taf. 25 Fig. 6, 7.)

Fig. 1. *Aphyllites occultus* Barr. sp. Zone des *Aph. occultus* (unteres Mitteldevon, Wissenbacher Schiefer).

1a. Ausgewachsenes Exemplar von Grube Langscheid, Ruppachthal, Nassau.

1b, 1c. Ein kleineres Exemplar ebendaher. Copien nach E. Kayser t. 6 f. 1, 4, 4a (= *G. verna-rhenanus* Maur. et Kays.).

2. *Aphyllites platypleura* Frech. Ebendaher (= *G. occultus* E. Kays. non Barr.). Rückenansicht. Copie nach E. Kays. t. 5 f. 9a.

3. *Prolecanites lunulicosta* Sdb. sp. Unterstes Oberdevon. Zone des *Pr. lunulicosta*. Rotheisenstein der Grube Constanze bei Langenaubach unweit Haiger. Copie nach Frech. (An Stelle der missrathenen Fig. 11 Taf. 35.)

4. *Anarcestes vittiger* Sdb. sp. Zone des *Aph. occultus* (unteres Mitteldevon, Wissenbacher Schiefer). Grube Langscheid, Ruppachthal, Nassau. Copien nach E. Kayser, t. 5 f. 14a, 15, 17a (= *Goniatites subnautilinus* var. *vittiger* Sdb. = *ruppachensis* Kays. 1879 = *vittatus* Kays. 1883. Non = *Goniatites vittiger* Phill.; letzterer Name verfällt der Synonymik.).

4a. Rückenansicht eines grösseren Exemplars.

4b. Seitenansicht eines kleineren Stückes.

5. *Pinacites Jugleri* A. Roem. sp. Unteres Mitteldevon, Wissenbacher Schiefer, Wissenbach. (Die Art ist im obersten Unterdevon und im ganzen unteren Mitteldevon verbreitet.) Copie nach Kays. t. 6 f. 1.

6a, b. *Jovellania triangularis* Arch. Vern. sp. Unteres Mitteldevon. Zone des *Anarcestes subnautilinus*. Wissenbacher Schiefer. Copie nach Sandberger.

7. *Bactrites ellipticus* nov. nom. (= *B. carinatus* Sdb. non Mstr.[1]) Unteres Mitteldevon. Zone des *Aph. occultus*. Wissenbach. Copien nach Sandberger (Verst. Nassaus t. 17 f. 3, 31, 3n).

---

[1] *Orthoceras carinatum* Mstr., Beitr. III. t. 19 f. 8, ist ein echtes aus dem Obersilur von Elbersreuth stammendes *Orthoceras* „mit Centralsipho“.

Fig. 8a—8c. *Anarcestes lateseptatus* Beyr. var. *plebeia* Barr. Unteres Mitteldevon.

8a. Kleines Exemplar von Hlubocep in Böhmen (G_3; Coll. Frech). 1/1.

8b. Medianer Querschnitt von Hasselfelde im Harz (Coll. Frech). In der Mitte die Embryonalblase. 1/1.

8c. Original F. Roemer's von Bennisch, Österr.-Schlesien (Museum Breslau). Text II. S. 169. Sämmtlich 1/1.

9. *Anarcestes praecursor* Frech. Oberes Unterdevon. Stufe des *Aph. fidelis* (Greifensteiner Kalk) Konieprus. Coll. Frech. Text S. 169. 1/1.

10. *Anarcestes lateseptatus* Beyr. Unteres Mitteldevon. Wissenbacher Schiefer, Wissenbach. Gezeichnet nach einem Abguss des Originalexemplars Beyrich's, Text II. S. 169. 1/1.

(Fig. 8a—10: Nach Fliegel, Zeitschr. deutsch. geol. Ges. 1896.)

11. *Posidonia hians* Waldschm. Oberes Mitteldevon. Zone der *Pos. hians*. Odershauser Kalk. Wildungen. 1/1. Copien nach Frech.

12. *Macrodus unilateralis* Sow. Höheres Oberdevon (Marwood beds) Marwood. Norddevon. Original Museum Breslau. 1/1.

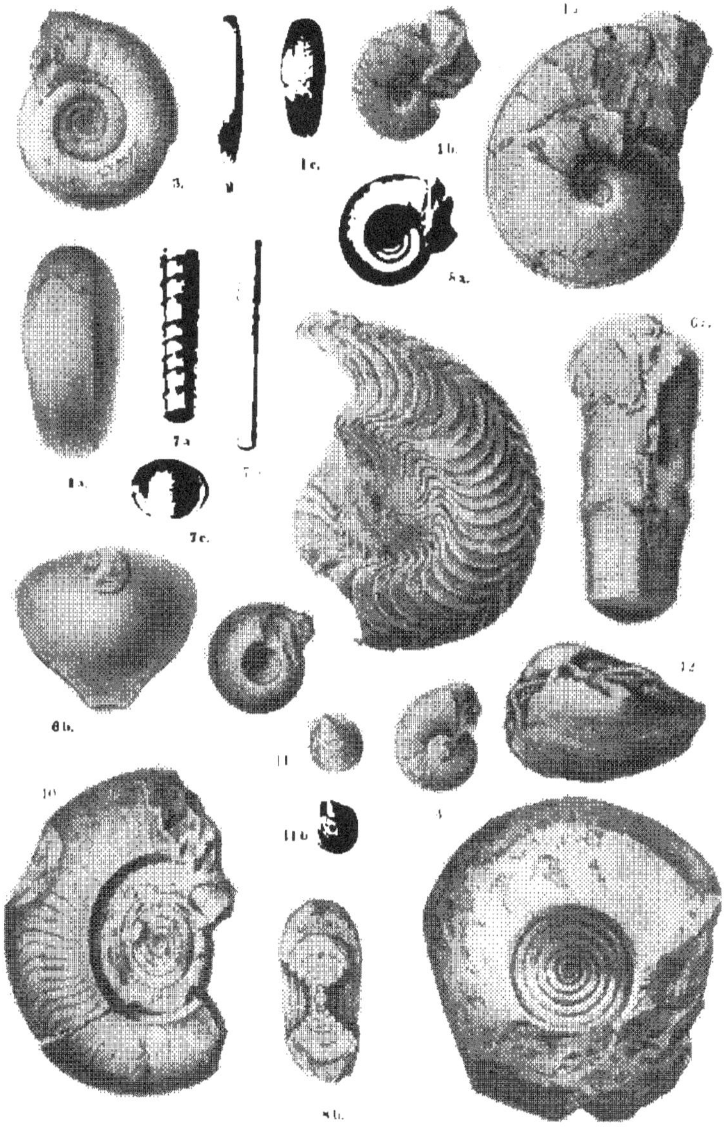
3.
9
1 c.
1 b.
1 a
5 a.
1 a.
7 a
7 c.
6 a
6 b.
12
11
10
11 b
5
8 b.

Tafel 32a.

Cephalopoden des Oberdevon und oberen Mitteldevon.

Fig. 1a, 1b. *Oxyclymenia undulata* Mstr. sp. Sculptur. Comprimirte, wenig involute Form, Übergang zu *O. bisulcata*. Oberes Oberdevon, Klein-Pal, Karnische Alpen. Coll. Frech. 3/2.

1c. *Oxyclymenia undulata* Mstr. sp. Typische Form mit Mündungsrand und kurzer, 1/2 Umgang umfassender Wohnkammer. Oberes Oberdevon, Schübelhammer, Fichtelgebirge. Breslauer Sammlung. (E. Coll. Münster.) 1/1.

2A. *Cyrtoclymenia laevigata* Mstr. sp. Embryonalblase. Clymenienkalk, Gross-Pal, Karnische Alpen. Coll. Frech. Stark vergrössert.

3. *Cheiloceras Verneuili* Mstr. em. Gümbel sp. = *Goniatites retrorsus amblylobus* Sdb. e. p. Steinkern mit Labialwülsten und Loben. Mittleres Oberdevon, Nehden. Coll. Frech. 1/1.

4a, 4b. *Cheiloceras planilobum* Sandb. sp. Rother Clymenienkalk des Pic de Cabrières, Languedoc. Coll. Frech. 1/1. 4a. Vollständige Schale mit Sculptur. 4b. Dasselbe Exemplar von der anderen Seite mit abgesprengter Schale und Labialwülsten.

5a, 5b. *Cheiloceras subpartitum* Mstr. Mit Mündungssaum. Dasselbe Exemplar von zwei Seiten. Mittleres Oberdevon (bituminöse Kalkplatten), Val d'Isarne, Abhang des Mt. Bataille bei Cabrières. Coll. Frech. 1/1.

6A. *Beloceras Kayseri* Holzapfel. Embryonalgewinde mit Anfangsblase. Stark vergrössert. Unteres Oberdevon. Rother Kalk des Pic de Cabrières. Coll. Frech.

7a. *Gephyroceras retrorsum* v. Buch. var. *tripartita* Sdb. (= *Koeneni* Holzapfel). Unteres Oberdevon, Martenberg bei Adorf. Mit wohlerhaltener Sculptur. Breslauer Sammlung. 1/1.

7b. *Gephyroceras retrorsum* (v. Buch) Beyr. Unteres Oberdevon, Martenberg bei Adorf. Rückenansicht. Breslauer Sammlung. 1/1.

8. *Tornoceras guestfalicum* Frech (n. sp.). Mittleres Oberdevon, Nehden bei Brilon. Mit Labialwülsten. Coll. Frech. 1/1.

9a, 9b. *Beloceras multilobatum* Beyr. Unteres Oberdevon. Rother Kalk des Pic de Cabrières. Coll. Frech. 1/1.

10. *Gephyroceras complanatum* Sandb. sp. Mit Mündungssaum. Unteres Oberdevon, Martenberg bei Adorf. Breslauer Sammlung. 1/1.

Fig. 11. *Tornoceras simplex* v. Buch sp. var. Steinkern mit Lobenlinie und Sculptur. Unteres Oberdevon, Büdesheim. Breslauer Sammlung. 1/1.

12a, 12b. *Tornoceras simplex* v. Buch sp. 12a. Mündungssaum. 12b. Exemplar mit Wohnkammer und oberflächlichem Eindruck der Sutur in der Mitte der Kammer. Unteres Oberdevon. Schwarzer Knollenkalk, Val d'Isarne bei Cabrières. Coll. Frech. 1/1.

13. *Aphyllites evexus* v. Buch Typus (= *Agoniatites inconstans* var. *expansus* bei Holzapfel). Oberes Mitteldevon, Eisenstein des Martenberges bei Adorf. Copie nach Holzapfel t. 6 f. 3. 2/3.

14. *Aphyllites evexus* v. Buch var. *fulguralis* Whidb. Oberes Mitteldevon, Enkeberg bei Behringhausen. Copie nach Holzapfel t. 7 f. 1. 2/3.

15. *Aphyllites evexus* v. Buch var. *costulata* d'Arch. Vern. Oberes Mitteldevon, Grottenberg bei Brilon. Copie nach Holzapfel t. 8 f. 5. 2/3.

16a, 16b. *Anarcestes cancellatus* d'Arch. Vern. Mit Mündung. Oberes Mitteldevon, Eisenstein des Martenberges bei Adorf. Breslauer Sammlung. 1/1.

17a, 17b. *Maeneceras terebratum* Sandb. Oberes Mitteldevon, Eisenstein des Martenberges bei Adorf. Copie nach Holzapfel t. 6 f. 9 u. 9a. 2/3.

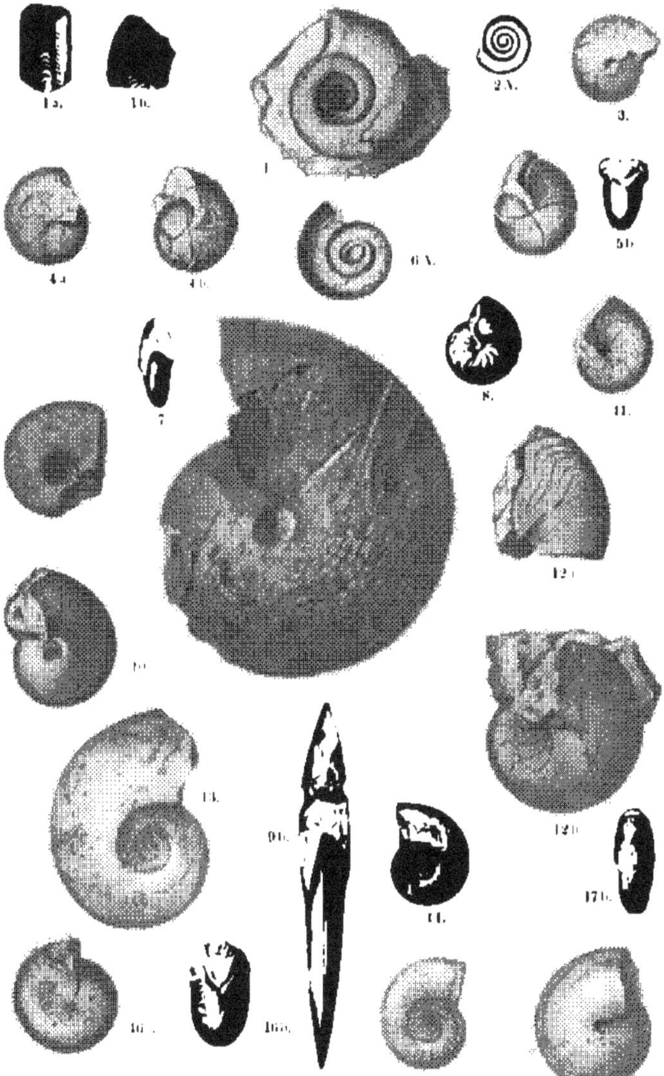
1a.
1b.
1
2 X.
3.
4a
4b.
6 X.
5b
7
8.
11.
12a
13.
9b.
12b
14.
17b.
16a.
16b.

Erklärung der Kartenskizze I.

Die Meere und Continente der untercambrischen Zeit.

A. Meere.

Die mit einiger Sicherheit nachweisbaren Meere sind auf S. 48—54 besprochen und abgegrenzt: 1. Das Meeresbecken der Rocky Mountains und des Pacific. 2. Das nordatlantische Meer. 3. Die Pendschab-Provinz des Untercambrium. Weitere Gebiete sind ebenfalls vom Meere bedeckt, aber weniger sicher zu begrenzen: 4. Die sibirischen und chinesischen Meere stellen, wie das Vorhandensein von Tiefseefacies beweist, bedeutende oceanische Becken dar. Eine directe Verbindung beider mit dem Pacific ist als sicher anzunehmen, ein Zusammenhang des sibirischen und nordatlantischen Meeres wahrscheinlich. Ob der sibirische Ocean mit dem chinesischen unmittelbar zusammenhing oder in der Gegend der chinesischen Grenze durch eine nach O. verlaufende Landmasse abgeschnitten war, ist bei dem Fehlen geologischer Beobachtungen unsicher. 5. Das Vorhandensein eines südaustralischen Meeres ist zwar zweifellos; aber bei dem Fehlen genauerer palaeontologischer Bestimmungen kann über die Beziehungen desselben zu dem Pacific- und dem Pendschab-Meer nichts gesagt werden.

B. Continente.

Das Vorhandensein I. eines algonkischen, II. eines arktischen, III. eines mitteleuropäischen Continentes wurde S. 54 besprochen. (Eine nomenclatorische Trennung der beiden unmittelbar zusammenhängenden Landmassen I. und II. erschien nothwendig, weil die Sicherheit der Beweisführung bei beiden sehr verschieden ist: Das Vorhandensein eines altcambrischen algonkischen Continentes beruht auf dem Nachweis einer obercambrischen Transgression, die Annahme eines arktischen Continentes stützt sich nur auf das Fehlen cambrischer Versteinerungen in den mangelhaft durchforschten hohen Breiten.)

IV. Die Construction eines afrikanischen und eines V. indisch-polynesischen Continentes beruht — abgesehen von den eben erwähnten negativen Merkmalen — auf der palaeontologisch eigenartigen Beschaffenheit der untercambrischen Salt-Range-Fauna.

Anmerkung. Die gelegentlich eingefügten Ortsnamen deuten auf die zerstreuten exotischen Vorkommen der betreffenden Formation hin.

VI. Die Annahme eines brasilianischen Festlandes beruht auf Folgerungen, die für die mittel- und obercambrische Zeit Gültigkeit haben. Im Norden von Argentinien (Salta und Jujuy) finden sich obercambrische klastische Ablagerungen, die auf eine in nicht allzu grosser Entfernung befindliche Landmasse hinweisen. Andererseits macht die gänzliche Verschiedenheit der ost- und westamerikanischen Fauna des Mittelcambrium die Annahme einer durchgreifenden continentalen Scheidung wahrscheinlich. Im Obercambrium ist die Scheidungslinie zwischen der amerikanischen und der nordatlantischen Fauna weiter ostwärts gerückt. Die mittelcambrische Transgression in Europa[1], die obercambrische in Nordamerika sind besonders kenntlich gemacht.

---

[1] Nachtrag. Die beiden während des Druckes veröffentlichten Arbeiten von POMPECKJ und JAHN (Jahrb. geol. Reichsanst. 1895. p. 495 ff. bezw. p. 641) stimmen bezüglich der Altersdeutung des böhmischen Cambrium mit den Angaben des Textes (II. p. 88 ff.) nicht überein. 1. Über die angebliche „*Olenus*-Stufe“ (II p. 96. D1α, D1β) werden neue Beobachtungen nicht beigebracht und die Deutung derselben als tieferes Untersilur bedarf somit keiner weiteren Vertheidigung. 2. Im Cambrium von Skrej und Tejrovic weisen die Verf. unter dem *Paradoxides*-Schiefer (II. p. 89. No. 7) eine mit selbstständiger Fauna versehene tiefere Conglomerat- und Sandsteinbildung (l. c. No. 8) mit *Orthis Kuthani* POMP. und *perpasta* POMP. (= *Romingeri* l. c.) nach. *Paradoxides* fehlt, aber die übrigen, durchweg als neu beschriebenen Trilobiten (insbesondere *Protypus? bohemicus* POMP.) sind wenig deutlich. Für die Altersbestimmung bleibt somit der *Paradoxides*-Schiefer übrig. Nach der klaren Zusammenstellung POMPECKJ's (l. c. p. 594) kann es nach meiner Ansicht keinem Zweifel unterliegen, dass die böhmischen *Paradoxides*-Schichten der vorletzten skandinavischen Zone (mit *P. Tessini*) entsprechen. Allerdings ist die Zahl der identen Arten (4) nur gering; aber in den übrigen Zonen findet sich überhaupt keine übereinstimmende Form. Von den „verwandten“ Arten der tieferen *Oelandicus*-Zone sind zwei (*Agnostus regius* und *Paradoxides oelandicus*) zu streichen; *Agn. rex* und *P. rugulosus*, mit denen dieselben verglichen werden, sind die jüngeren, ebenfalls in Böhmen vorkommenden Mutationen, welche auf das höhere *Tessini*-Niveau hinweisen. Gerade die neuen dankenswerthen Beobachtungen machen es zweifellos, dass in Böhmen Vertreter der *Olenus*- und *Olenellus*-Stufen (Ober- und Untercambrium) fehlen (II. p. 88); die nur 12—20 m mächtigen Schichten mit *Orthis Kuthani* entsprechen als heterope und heterotope Bildung dem *Oelandicus*-Horizont. Die Schichten mit *Paradoxides bohemicus* sind als isope und theilweise isotope Bildung der *Tessini*-Zone vergleichbar.

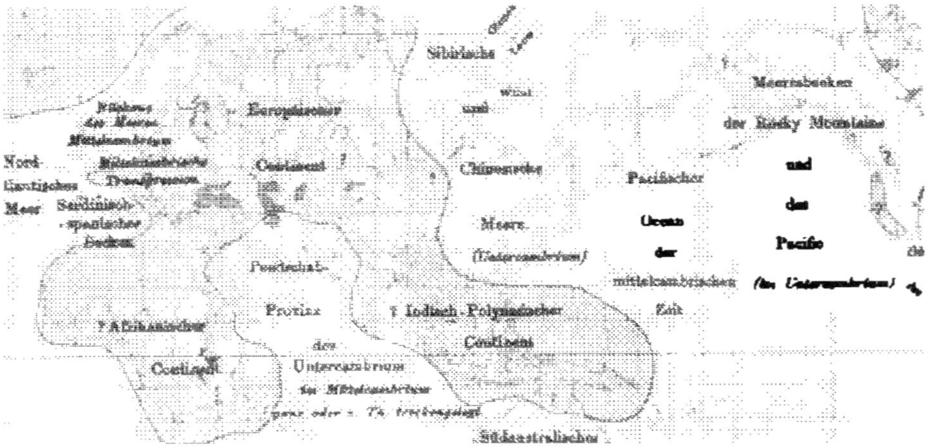

Nord-
Europäischer
Continent
Sibirische
und
Chinesische
Meere
(Untercambrium)
Pacifischer
Ocean
der
mittelcambrischen
Zeit
Meeresbecken
der Rocky Mountains
und
des
Pacific
Provinz
des
Untercambrium
? Indisch-Polynesischer
Continent
? Afrikanischer
Continent
Südaustralisches

Erklärung der Kartenskizze II.

Die Meere und Continente der untersilurischen Zeit.

A. Meere.

Vier palaeontologisch unterscheidbare Meeresbecken des tieferen Untersilur sind auf S. 89—95 kurz gekennzeichnet worden: 1. Das böhmisch-mediterrane Meeresbecken. 2. Das baltische Meeresbecken. 3. Das nordatlantische Meeresbecken. 4. Das pacifisch-amerikanische Meeresbecken, welch letzteres alle übrigen an Grösse weitaus übertrifft.

5. Ein Zusammenhang der baltischen und pacifischen Gebiete ist durch Vermittelung der sibirischen und chinesischen Meere[1] wahrscheinlich. Die letzteren erstreckten sich, wie es scheint, ohne wesentliche Unterbrechung bis zum Himalaya und bis Ober-Birma, wo NOETLING u. a. *Echinosphaerites* fand.

6. Das südaustralische Meer enthält in Victoria und in Neuseeland nur Graptolithenfaunen.

7. und 8. Das arktische und das ostgrönländische Meer ist durch das Vorkommen sicher bestimmter Versteinerungen erwiesen. Doch gestatten die wenigen vorliegenden Reste kaum die Vermuthung, dass hier ein Zusammenhang zwischen dem baltischen Becken und dem pacifischen amerikanischen Ocean bestand. Die Angaben über die Ausdehnung dieser Meere sind selbstverständlich hypothetischer Art.

B. Continente.

I. Der für die cambrische Zeit als einheitliche Masse angenommene arktische Continent ist durch Transgressionen[2] in zwei Theile zerlegt; die grössere östliche Masse, der arktische Continent des Silur, liegt im Norden von Russland und Sibirien und wird durch die obersilurische Transgression theilweise bedeckt.

II. Der grönländische Continent vergrössert sich andererseits durch die altsilurischen Faltungen im Norden von Europa (caledonisches Gebirge in Nord-

---

[1] Ob ein mittelbarer oder unmittelbarer Zusammenhang zwischen den Meeren im Norden und im Süden Asiens bestand, ist angesichts der in der Mitte des Gebiets mangelnden Beobachtungen nicht zu entscheiden.

[2] Die Annahme derselben hängt selbstverständlich von der Hypothese des cambrischen Continentes ab.

schottland und Skandinavien) und im Osten von Nordamerika („palaeo-appalachische Faltung"). Die letztere beginnt schon am Ende des Cambrium und trennt auch im Untersilur die abweichenden Meeresfaunen von Amerika und England. Jedenfalls lag die alte Faltungszone im SO. des heutigen Gebirges.

III. Die Annahme der Fortdauer eines brasilianischen, mit den alten Appalachien zusammenhängenden Festlandes beruht vor Allem auf dem Vorhandensein klastischer Transgressionsbildungen des unteren Obersilur im Norden von Brasilien.

IIa. Die zweifelhafte algonkische, ebenfalls dem grönländischen Continent angegliederte Halbinsel ist der Rest des gleichnamigen cambrischen Festlandes und wurde von WALCOTT ausschliesslich auf das Auftreten von Urgebirge westlich der Hudson-Bay hin construirt.

IIb. Die Colorado-Insel beruht auf dem völligen Fehlen silurischer Ablagerungen zwischen Obercambrium und Devon im Colorado-Cañon und den angrenzenden Gebieten.

IIc. Eine europäische Landenge trennt die verschiedenen Faunen von 1., 2. und 3.; dieselbe ist ebenfalls der Rest des gleichnamigen Festlandes und führt von dem caledonischen Gebirge südwärts zu dem

IV. Indo-afrikanischen Continent hinüber. Die Vorbehalte, welche bezüglich der Annahme der gleichnamigen cambrischen Festländer gemacht wurden, beziehen sich auch auf die silurische Zeit. Allerdings ist das Fehlen silurischer Ablagerungen um vieles beweiskräftiger, da dieselben versteinerungsreicher und somit leichter kenntlich als cambrische Bildungen zu sein pflegen. Auch verdient das Profil der Salt Range, wo zwischen Cambrium und Carbon eine Lücke vorhanden ist, Erwähnung.

Ein Blick auf die Karte lässt erkennen, dass die am Ende des Untersilur beginnende Transgression die Meerestheile der Nordhemisphäre vor Allem dadurch mit einer einheitlichen „periarktischen" Fauna erfüllte, dass zahlreiche schmälere Landengen und Halbinseln unter Wasser gesetzt wurden. Die im Norden von Russland angenommene ausgedehnte Transgression hat als Fixpunkte nur den Timan, die Insel Waigatsch und Neusibirien aufzuweisen. Ebenso ist andererseits von der in Centralamerika angenommenen Transgression nur die Aufhebung der faunistischen Trennung und eine Transgression im unteren Amazonas-Gebiet sicher. Unteres Obersilur in klastischer Facies kommt auch im Nordwesten von Argentinien, in Salta vor (Coll. Brakebusch, Berliner Museum).

l dunkel gehalten.

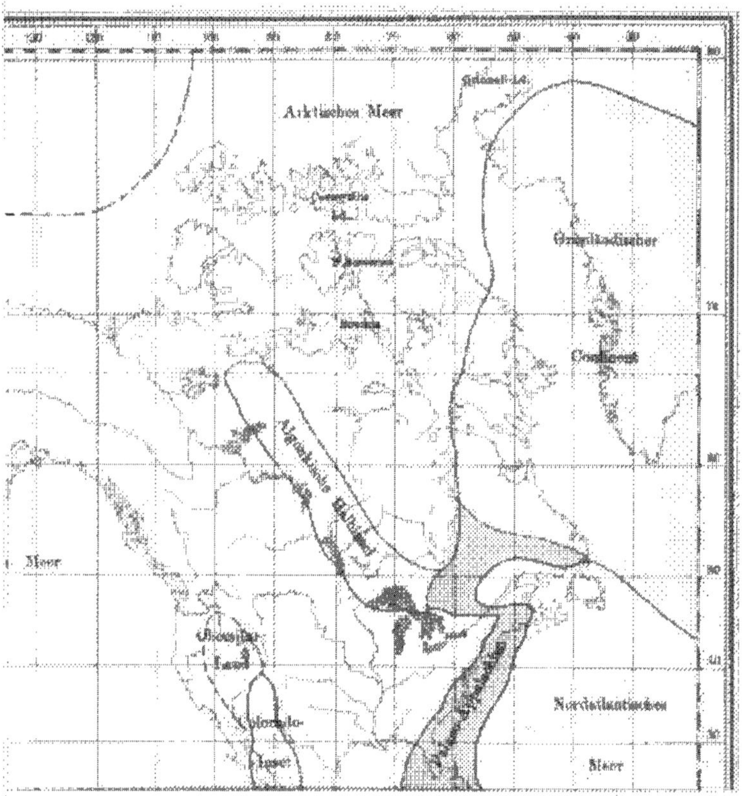

Erklärung der Kartenskizze III (Unterdevon).

(Vergl. besonders S. 235.)

Für die Zeit des Unterdevon lassen sich unterscheiden:

I. Ein arktisch-atlantischer Continent, auf dessen Vorhandensein das Auftreten von Old Red Sandstone (p. 225 ff.) in Grossbritannien, Skandinavien, Spitzbergen und Ostcanada hinweist.

Ia. Ein südöstlicher Fortsatz desselben ist die russische Halbinsel, ein Gebiet, in dem marine Bildungen zwischen Silur und dem transgredirenden Mitteldevon fehlen.

1. Das altai-uralische Becken wird im Westen von der russischen Halbinsel, im Osten von dem arktischen Festlande begrenzt. Die mächtige Anhäufung von Kalken, vor Allem aber das Vorkommen von Goniatiten im Altai weist auf das Vorhandensein eines offenen Oceans hin.

2. Das westeuropäische Becken umfasst Deutschland (vielleicht mit Ausnahme des nordöstlichen Theiles, in dem wahrscheinlich, wie in Russland, continentale Bedingungen herrschten), ferner ganz Österreich (jedenfalls Böhmen und die Ostalpen), Frankreich (mit Ausnahme des alpinen Gebietes, in dem marine palaeozoische Bildungen fehlen), Belgien, Südengland und wahrscheinlich ganz Spanien.

Die faunistische und stratigraphische Verschiedenheit zwischen den Ablagerungen der Bretagne und der Ardennen deutet auf das Vorhandensein einer normannischen Halbinsel hin, die in nördlicher Richtung — umgekehrt wie die heutige Normandie — mit dem Festlande in Verbindung stand.

Das Fehlen von tieferem Unterdevon im Thüringer Wald, im Fichtel- und ? Erzgebirge, macht das Vorhandensein einer thüringischen Halbinsel wahrscheinlich. Dieselbe fand im Süden ihre Fortsetzung in einer Insel, die dem Fehlen von Unterdevon in den südlichen rheinischen Gebirgen, der Schweiz und den ganzen Westalpen entspricht.

3a. Das nördliche Helderberg-Meer ist räumlich durch die nordatlantische Halbinsel (Nordamerika) und das im Westen von Amerika liegende Festland isolirt und faunistisch eigenartig entwickelt. Die marinen Bildungen des Unterdevon sind im Gebiete der Vereinigten Staaten und der britischen Besitzungen auf den Osten des Landes beschränkt.

3b. Das südliche Helderberg-Meer breitete sich über den Aequator und den grössten Theil von Südamerika bis in die antarktischen Gegenden (Falklandsinseln) aus. Zwar sind aus Centralamerika und dem nördlichen Südamerika keine hierher gehörigen Bildungen bekannt, aber die Icla-Schiefer von Bolivien, die Rotheisensteine von Lagoinha (Matto Grosso), sowie die Sandsteine von Nord- und Südbrasilien (R. Maecurú, Pará) und den Falklandsinseln zeigen eine grosse Übereinstimmung mit den amerikanischen Orishany- und Hamilton-Schichten.

Das ausschliessliche Auftreten klastischer Sedimente auf der Südhemisphäre legt den Gedanken an Inseln oder Continente nahe, die das südliche Helderberg-Meer umgaben. Die nordatlantische Halbinsel, welche die Trennung der gänzlich verschiedenen Meeresfaunen von Amerika und Europa bedingt, findet ihre Fortsetzung in einer oder mehreren südatlantischen Inseln, an deren Küsten die Verbreitung der südamerikanischen Litoralfauna nach Osten, nach Südafrika, erfolgen konnte.

Die unterdevonische Fauna des Caplandes besitzt wiederum mehr Beziehungen zu der des westeuropäischen (s. o.) Unterdevon-Meeres als Südamerika.

II. Die Annahme des Fortbestandes eines gewaltigen indo-afrikanischen Continentes ist also an sich naheliegend und gewinnt an Wahrscheinlichkeit, sobald man den klastischen Charakter der im Süden und Norden von Afrika, sowie in Kleinasien (Cilicien und Bosporus) gefundenen Unterdevon-Schichten in Betracht zieht.

4. Die Annahme des Fortbestandes des uralten pacifischen Meeresbeckens beruht vor Allem darauf, dass die weltweite westöstliche Verbreitung der obersilurischen und der mitteldevonischen Flachseefauna nur denkbar ist, wenn im pacifischen Gebiet ein Meer und eine dasselbe im Norden begrenzende Küstenlinie vorhanden war.

III. Weniger sicher ist die Annahme einer Ausdehnung des arktisch-pacifischen Continentes bis in die Mitte von Sibirien. Für das Vorhandensein dieses zweiten, mit dem arktisch-atlantischen Festland zusammenhängenden Polargebietes ist das Fehlen von Unterdevon und das transgredirende Auftreten von Mitteldevon bezeichnend. Strenggenommen erfolgte erst durch diese mitteldevonische Transgression eine Gliederung der einheitlichen arktischen Landmasse.

In Australien sind kalkige unterdevonische Meeresbildungen neuerdings nachgewiesen (Neu-Süd-Wales p. 240). Schon wegen der abweichenden Faciesentwickelung in Südafrika und Südamerika sind Vergleichungen in dieser Richtung ausgeschlossen. Doch ist eine Ähnlichkeit dieser zu dem Pacifischen Ocean gehörenden Meeresfauna mit dem uralischen und ostalpinen Unterdevon unverkennbar. Im Mitteldevon vergrösserte sich auch das australische Meer beträchtlich (Queensland).

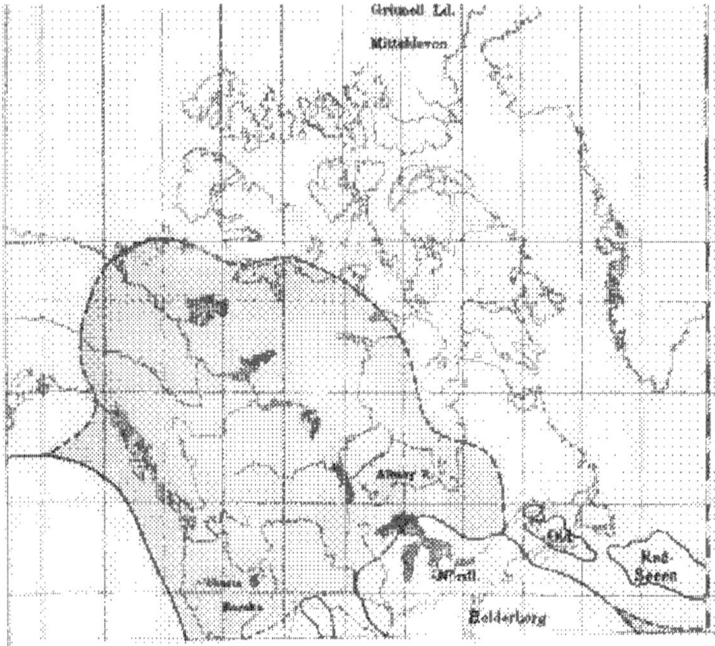

www.ingramcontent.com/pod-product-compliance
Lightning Source LLC
Chambersburg PA
CBHW021504210326
41599CB00012B/1137
* 9 7 8 3 7 4 1 1 7 3 2 4 0 *